"十二五"普通高等教育本科国家级规划教材

高等学校电气名师大讲堂推荐教材

# 电路与模拟电子技术

## （第4版）

■ 殷瑞祥　主编

U0364024

高等教育出版社·北京

内容提要

电路与模拟电子技术是电子信息类、计算机类等专业的一门理论性、实践性都比较强的工程基础课程,既具有较强的系统性又强调工程性,是从事电子系统硬件学习的入门课程。全书包括两部分内容:电路理论基础和模拟电子技术基础,书中着重基本概念、基本原理和基本电路的分析与应用。例题和习题除围绕上述重点外,还注意思考性、启发性,使读者能增强分析问题和解决问题的能力。

为提高读者应用计算机辅助手段分析设计电子电路的能力,附录介绍了利用 Multisim 进行电路分析和设计的方法,同时为了配合理论教学,书中还安排了一章实验内容,提供了 16 项电路与模拟电子技术实验。

本书为新形态教材,全书一体化设计,将各章讲义(PDF 文件)和例题配套的 Multisim 仿真视频文件(34 个)制作成二维码,扫描即可实现在线学习。同时配套数字课程资源网站,针对全书内容,制作了与主教材配套的电子教案(PPT 文件)、与例题配套的 Multisim 仿真源文件(34 个)以及期末参考试卷及参考答案,以方便教师授课、学生自学。

本书兼顾了深度和广度,适合于电子信息类专业、计算机类专业及相关专业学科本专科学生,也可作为各种成人教育的教材。本书对于相关工程技术人员也是一本实用的参考书。

## 图书在版编目(CIP)数据

电路与模拟电子技术／殷瑞祥主编. --4 版. --北京:高等教育出版社,2022.4

ISBN 978 - 7 - 04 - 057510 - 1

Ⅰ.①电… Ⅱ.①殷… Ⅲ.①电路理论-高等学校-教材②电子技术-高等学校-教材 Ⅳ.①TM13②TN01

中国版本图书馆 CIP 数据核字(2021)第 258432 号

Dianlu yu Moni Dianzi Jishu

| 策划编辑 | 金春英 | 责任编辑 | 王耀锋 | 封面设计 | 李树龙 | 版式设计 | 杨 树 |
| 插图绘制 | 杨伟露 | 责任校对 | 刘娟娟 | 责任印制 | 赵 振 | | |

| 出版发行 | 高等教育出版社 | 网 址 | http://www.hep.edu.cn |
| 社 址 | 北京市西城区德外大街 4 号 | | http://www.hep.com.cn |
| 邮政编码 | 100120 | 网上订购 | http://www.hepmall.com.cn |
| 印 刷 | 天津鑫丰华印务有限公司 | | http://www.hepmall.com |
| 开 本 | 787mm×1092mm 1/16 | | http://www.hepmall.cn |
| 印 张 | 29.25 | 版 次 | 2003 年 12 月第 1 版 |
| 字 数 | 600 千字 | | 2022 年 4 月第 4 版 |
| 购书热线 | 010-58581118 | 印 次 | 2022 年 12 月第 2 次印刷 |
| 咨询电话 | 400-810-0598 | 定 价 | 59.00 元 |

# 电路与模拟电子技术

## （第4版）

殷瑞祥　主编

1　计算机访问 http://abook.hep.com.cn/12221213，或手机扫描二维码、下载并安装 Abook 应用。

2　注册并登录，进入"我的课程"。

3　输入封底数字课程账号（20位密码，刮开涂层可见），或通过 Abook 应用扫描封底数字课程账号二维码，完成课程绑定。

4　单击"进入课程"按钮，开始本数字课程的学习。

《电路与模拟电子技术》（第4版）配套数字课程资源网站，针对全书内容，制作了与主教材配套的电子教案（PPT文件）、例题和习题配套的Multisim仿真源文件34个以及期末参考试卷及答案，以方便教师授课，学生自学。

课程绑定后一年为数字课程使用有效期。受硬件限制，部分内容无法在手机端显示，请按提示通过计算机访问学习。

如有使用问题，请发邮件至 abook@hep.com.cn。

扫描二维码
下载 Abook 应用

# 第4版前言

本书为"十二五"普通高等教育本科国家级规划教材。本书第 3 版自 2017 年出版至今已经 4 年，针对目前教材形式的变化，本次修订对教材进行了适当的修改。

为了保证基础教学内容的相对稳定，第 4 版修订基本保持了第 3 版的主要内容，对在教学过程中发现的一些错漏和不恰当的叙述进行了更正。考虑到当前 Multisim 仿真软件在电子电气教学中已经广泛应用，第 4 版修订中，对书中绝大部分例题都建立了 Multisim 仿真文件，这些文件可通过扫描二维码获得，以便采用本教材的师生在教学过程中进行仿真。为了便于读者学习，第 4 版在第 1 章至第 9 章的每一章末尾增加了"本章主要概念与重要公式"，将一章的内容进行了浓缩。附录 2 关于仿真软件 Multisim 介绍的内容在本次修订做了全新修改，将 Multisim 软件版本更新到最新的 14.0 版，与目前各学校师生使用的版本一致。修订中还更新和补充了各章思考题与习题。

本书为新形态教材，全书一体化设计，将各章讲义（PDF 文件）和例题配套的 Multisim 仿真视频文件（34 个）制作成二维码，扫描即可实现在线学习。同时配套数字课程资源网站，针对全书内容，制作了与主教材配套的电子教案（PPT 文件）、与例题配套的 Multisim 仿真源文件（34 个）以及期末参考试卷及参考答案，以方便教师授课、学生自学。

感谢四川大学雷勇教授为本书担任主审，雷教授对修订提出了指导性建议，并指出了修订稿中的错漏。

感谢使用本书第 1、2、3 版的全国高校教师给我们反馈的修改建议，感谢高等教育出版社为本书修订所做的大量工作。

限于作者水平，书中难免存留错漏，欢迎使用本书的教师和广大读者批评指正。

殷瑞祥

2021 年 10 月于广州

# 第3版前言

本书第 2 版于 2009 年出版至今已经 7 年,随着各个专业教育教学改革的深入,更多专业在教学过程中对本课程提出了新的需求,许多学时较少的电子信息类专业的教学也使用了我们的教材,同时在教学内容与教学要求上也提出了一些要求。面对教学需要,我们对教材进行了适当的修订。

第 3 版修订中,增加了引言,对电子学发展历史进行了简要介绍,以期读者对学科的发展有一些认识。第 1 章中对电路模型的建立进行了更科学的阐述,并对理想元件模型做了新的归类,提出了双端口理想元件,将理想变压器和受控电源归类为双端口理想元件。第 2 章对电路分析方法进行了重新归纳,把以解方程为手段的各种方法归为电路分析的系统方法,并给出了全电路方程的概念,使得电路分析方法更系统。此外,对非线性电路的线性化方法提出了系统的描述。重新整理了对放大电路分析方法的介绍,使得内容更系统。

修订中还纠正了第 2 版中的若干错误,更新和补充了各章思考题与习题。

第 3 版修订还配套了数字化教学资源,可通过网络注册免费下载获取(网站地址为 http://abook. hep. com. cn/12221210)。教学资源包括:PPT 电子教案,书中各章主要例题的 Multisim 电路仿真文件,Multisim 软件使用指南视频文件及视频解码器。

感谢使用本书第 1、2 版的全国高校教师给我们反馈的修改建议,感谢高等教育出版社为本书修订所做的大量工作。

限于作者水平,书中难免存留错漏,欢迎使用本书的教师和广大读者批评指正。

殷瑞祥

2016 年 10 月于广州

# 第2版前言

本书第 1 版于 2003 年 12 月出版至今已经 5 年,这 5 年正是我国高等学校深化教学改革如火如荼的 5 年,本课程经历了新一轮改革,遇到了许多新问题,在教学内容与教学要求上也提出了新的要求。面对教学需要,我们对教材进行了较大篇幅的修订。

首先,为应对电子技术教学内容不断扩大的要求,在教材中压缩了电路部分内容,增强了电子技术应用的内容。根据电路分析基础的规律,按照分析方法的归类,将第 1 版中涉及正弦稳态分析的三章内容精简合并成一章;第 2 章增加电路分析的网孔分析方法;将第 1 版第 7 章分成两章,半导体器件基础与二极管电路单列一章,增加了二极管应用电路的介绍;直流电源放到第 9 章,加深了串联型稳压电源和开关稳压电源的内容,便于内容的衔接;晶体管放大电路基础一章增加了频率特性内容;集成运算放大器及其应用改名为模拟集成电路及其应用电路,增加了集成运算放大器核心单元电路——差分放大电路和镜像电流源偏置电路,增加集成功率放大器及其应用电路内容;信号产生电路一章增加石英晶体正弦波振荡电路内容,充实了非正弦振荡电路的定量分析;实验部分增加了 4 项实验内容。

其次,考虑到 EDA 技术应用已经比较普遍,将第 1 版第 12 章的内容归并到附录,不再单列一章;A/D 和 D/A 转换内容作为附录放到书末,不单列一章。

本次修订还更新和补充了各章思考题与习题。

第 2 版书稿承蒙清华大学王鸿明教授主审,王教授对全书修订内容布局、内容组织和文字叙述提出了很好的建议,并为书稿纠正了错误,在此向王教授表示由衷的感谢。

感谢使用本书第 1 版的全国高校教师给我们反馈的修改建议,感谢西安交通大学刘晔副教授提供的书面修订建议,感谢四川大学雷勇教授提供的修订意见。高等教育出版社为本书修订做了大量工作,作者深表感谢。

限于作者水平,书中难免存留错漏,欢迎使用本书的教师和广大读者批评指正。

殷瑞祥
2009 年 1 月于广州

# 第1版前言

本书是针对计算机类专业编写的电工电子基础教材,与电气信息类、电子信息类专业不同,计算机类专业学生既要比较熟练地掌握电工电子技术的方法和应用,但又不要求做深入的研究;但也不同于一般非电类专业只要求了解电工电子技术的概念即可,它对分析与设计都有一定的要求,以便掌握计算机相关硬件知识和从事计算机接口电路的分析与设计,对于电机及其控制则一般不做要求。因此,计算机类专业在实施专业教学的过程中,既不能按照电类专业那样设置多门课程进行电工电子基础教学,又难以套用非电类专业采用电工学教材的模式开展教学。国内大多数高等学校计算机类专业培养计划的课程设置都是将电路基础和模拟电子技术合并设立一门课程,后续安排数字电路(部分学校对硬件要求不高的也可不设)和数字逻辑课程来完成电工电子基础教学,本书正是在这样的背景下为满足教学需要,同时在多年教学基础上整理编写的。

在内容组织上,考虑到后续课程的差异,我们单独设立一章介绍 A/D、D/A 转换,使模拟电子电路与数字电子电路能够衔接,对于不设立数字电路课程的专业,可在数字逻辑课程中简单介绍逻辑单元功能电路(逻辑门、触发器)。

随着电工电子技术的发展,各种计算机辅助分析、设计手段越来越完善,因此,我们除了介绍电子电路基本分析设计思路,还专门设一章介绍应用 EWB 进行电子电路分析与设计的方法。

本书 1~6 章为电路基础内容,主要介绍基本的电路理论和分析方法,着重电路的分析方法阐述,7~11 章为模拟电子技术内容,以应用电路来组织内容,着重介绍应用电路的分析和设计,第 12 章介绍 EDA 技术,第 13 章安排了 12 个电路与模拟电子技术实验,由于各个学校实验室情况不同,因此,没有在实验中规定设备,以满足不同的需求。

在编写过程中,编者认真总结多年教学经验,学习参考了国内外同类、相关教材及著作。本教材以培养学生分析问题和解决问题能力,提高学生素质为目标,注重基本概念、基本原理、基本方法的论述,既能使学生掌握好基础,又能启发学生思考、开阔视野。文字叙述力求简明扼要,便于自学。

本书的编写大纲是在华南理工大学电工教研室全体教师集体讨论的基础上制订的,华南理工大学电工教研室的罗昭智老师、朱宁西老师、丘晓华老师、樊利民老师和张琳老师参与了教材的部分编写工作。

由于编者水平有限,书中难免存在缺点和错误,恳请广大读者批评指正。

殷瑞祥

2003 年 8 月于广州

# 目录

I

# 引言 电子学的发展

绪论.PPT

电是一种自然现象，人类很早就开始了对电的认识。在中国古代，认为闪电是阴气与阳气相激而生成的，有"阴阳以回薄而成雷，以申泄而为电"的说法。公元前约 600 年，古希腊的哲学家泰利斯（Thales，约公元前 624—公元前 547 或 546）就发现琥珀摩擦会吸引绒毛或木屑，这种现象称为静电（static electricity）。

英国人吉尔伯特（William Gilbert，1544—1603）是世界上第一个从科学原理上来研究电现象的人，1600 年吉尔伯特发明了验电器（electroscope），为后来人们对电进行更科学的研究提供了试验基础，因此称他为电学之父。

美国科学家富兰克林（Benjamin Franklin，1706—1790）经过多次试验，进一步揭示了电的性质，认为电是一种没有重量的流体，存在于所有物体中，1732 年富兰克林第一次提出了电流的概念。1733 年，法国人迪非（Deffe，1698—1739）发现正、负电并提出电为二流体说。

1752 年，美国科学家富兰克林完成了著名的"捕捉天电"的风筝试验，证明天空的闪电和地面上的电是一回事。一年后富兰克林制造出世界上第一个避雷针。1753 年，英国人约翰（John Canton，1718—1772）发明了静电感应装置，证明了静电感应的存在。1772 年，意大利人迦伐尼（Luigi Galvani，1737—1798）提出带电体间距的平方反比定律和介电常数概念。

法国人查利·奥古斯丁·库仑（Charlse-Augustin de Coulomb，1736—1806）从 1785 年开始，用自己发明的扭秤对电荷间的作用力做了一系列的实验研究，发现带电体相互之间静电平方反比定律——库仑定律。

1799 年，意大利人亚历山大·伏打（Volta，1745—1827）发明了著名的"伏打电池"，伏打电池的发明，使人们第一次获得可以人为控制的持续电流，为以后电流现象的研究提供了物质基础。

德国物理学家乔治·西蒙·欧姆（Georg Simon Ohm，1789—1854）1825 年开始进行电导率方面的试验，用自制的细长金属丝测定出几种金属的相对电导率。用同样材料不同粗细的导线做试验发现，如果导线的长度和横截面成正比，则它们的电导值相同。1826 年欧姆提出了电压、电流与电阻的关系——欧姆定律。

19 世纪 30 年代末，英国著名物理学家詹姆斯·普雷斯科特·焦耳（James Prescott Joule，1818—1889）开始研究电流热效应。1840 年—1841 年，他在《论伏打电流产生的热》和《电的金属导体产生的热和电解时电池组所放出的热》两篇论文中，提出了焦耳定律，指出"在一定的时间内，伏打电流通过金属导体产生的热与电流强度的平方和导体电阻乘积成正比"。

1820 年 9 月,法国物理学家安德烈·玛丽·安培(André Marie Ampère,1775—1836)报告了两根载流导线存在相互影响的实验结果:相同方向的平行电流彼此相吸,相反方向的平行电流彼此相斥。通过一系列经典的和简单的试验,他认识到磁是由运动的电产生的。他用这一观点来说明地磁的成因和物质的磁性。他提出分子电流假说:电流从分子的一端流出,通过分子周围空间由另一端注入。

丹麦物理学家汉斯·克里斯蒂安·奥斯特(Hans Christian Oersted,1777—1851)通过对磁效应的反复研究,于 1820 年发现了电流的磁效应,证明了电和磁能相互转化,这为电磁学的发展打下基础。

1831 年,英国物理学家、化学家迈克尔·法拉第(Michael Faraday,1791—1867)发现了电磁感应定律。法拉第在软铁环两侧分别绕两个线圈,其中一个线圈为闭合回路,并在导线下端附近平行放置一个磁针,另一线圈与电池组相连(接有开关)形成有电源的闭合回路。试验发现,合上开关,磁针偏转;切断开关,磁针反向偏转,这表明在无电池组的线圈中出现了感应电流。

1845 年,德国著名物理学家古斯塔夫·罗伯特·基尔霍夫(Gustav Robert Kirchhoff,1824—1887)发表了他的第一篇论文,提出了稳恒电路网络中电流、电压、电阻关系的两条电路定律,即著名的基尔霍夫电流定律(KCL)和基尔霍夫电压定律(KVL),解决了电器设计中电路方面的难题。

英国数学家、物理学家詹姆斯·克拉克·麦克斯韦(James Clerk Maxwell,1831—1879)是继法拉第之后集电磁学大成的伟大科学家。1864 年,麦克斯韦提出了电磁理论。从 1862 年至 1864 年,他连续发表 3 篇电磁学论文:《论法拉第的力线》《论物理力线》《电磁场的动力学理论》,运用场论的观点,以演绎法建立了系统的电磁理论。1873 年出版的《电学和磁学论》一书,全面地总结了 19 世纪中叶以前对电磁现象的研究成果,建立了完整的电磁理论体系。

1888 年,德国物理学家海因里希·鲁道夫·赫兹(Heinrich Rudolf Hertz,1857—1894)用实验证实了电磁波的存在。依照麦克斯韦理论,电扰动能辐射电磁波,赫兹用实验证实了韦伯与麦克斯韦理论的正确性。1888 年 1 月,赫兹将实验成果总结在《论动电效应的传播速度》一文中。赫兹实验结果公布后,轰动了全世界的科学界。由法拉第开创、麦克斯韦总结的电磁理论,至此才取得决定性的胜利。赫兹不仅证实了麦克斯韦发现的真理,更重要的是开创了无线电电子技术的新纪元。

人类有意识地应用电始于 19 世纪初。

1821 年,法拉第发明了一种简单的装置,在装置内,只要有电流通过线路,线路就会绕着一块磁铁不停地转动。这是世界上第一台使用电流将物体运动起来的装置——电动机。

美国发明家塞缪尔·莫尔斯(Samrel Finley Breese Morse,1791—1872)从电线中流动的电流突然截止时会迸出火花这一事实得到启发,"异想天开"地想,如果将电流截止片刻发出火花作为一种信号,电流接通而没有火花作为另一种信号,电流接通时间加长又作为一种信号,这三种信号组合起来,就可以代表全部的字母和数字。经过几年的琢磨,1837 年,莫尔斯设计出了著名且简单的电码,称为莫尔斯电码,利用"点""划"和"间隔"的不同组合来表示字母、数字、标点和符号。

美国发明家亚历山大·格拉汉姆·贝尔(Alexander Graham Bell,1847—1922)在做聋哑人用的"可视语言"实验时,发现了一个有趣的现象:在电流流通和截止时,螺旋线圈会发出噪声。"电可以发出声音!"思维敏捷的贝尔马上想到,"如果能够使电流的强度变化,模拟出人在讲话时的声波变化,那么,电流将不仅可以像电报机那样输送信号,还能输送人发出的声音。"根据这个原理,贝尔于 1875 年发明了电话,开创了有线通信的历史。

1879 年,美国发明家托马斯·阿尔瓦·爱迪生(Thomas Alva Edison,1847—1931)发明了电灯,使电走进了千家万户。

1893 年,美国发明家、物理学家尼古拉·特斯拉(Nikola Tesla,1856—1943)发明了无线电。几乎同时,俄国物理学家和电工学家亚历山大·斯捷潘诺维奇·波波夫(Александр Степанович Попов,1859—1906)于 1894 年制成了一台无线电接收机,第一次在接收机上使用了天线,这也是世界上的第一根天线,开创无线电通信的历史。

英国电气工程师约翰·安布罗斯·弗莱明(John Ambrose Fleming,1864—1945)经过反复试验发现,如果在真空灯泡里装上碳丝和铜板,分别充当阴极和屏极,则灯泡里的电子就能实现单向流动。1904 年,弗莱明研制出一种能够充当交流电整流和无线电检波的特殊灯泡——"热离子阀",产生了世界上第一只电子管——真空二极管。弗莱明发明的"真空二极管"是人类电子文明的开端。

1906 年,在弗莱明的基础上,美国发明家李·德弗雷斯特(Lee deForest,1873—1961)发明了真空三极管,使电子管成为能广泛应用的电子器件。

1947 年,美国物理学家威廉·布拉德福德·肖克莱(William Bradford Shockley,1910—1989)、约翰·巴丁(John Bardeen,1908—1991)、沃尔特·布喇顿(Walter Brattain,1902—1987)在贝尔实验室发明了晶体管,将电子技术带入晶体管时代,三人于 1956 年因此共同获得了诺贝尔物理学奖。

1958 年 9 月 12 日,德州仪器工程师杰克·基尔比(Jack Kilby,1923—2005)发明了世界上第一块集成电路,在锗材料上将包括锗晶体管的 5 个元件集成在一起,制成了一个移相振荡器,并因此获得了 2000 年诺贝尔物理学奖。

1959 年 7 月,美国仙童(Fairchild)半导体创始人之一罗伯特·诺顿·诺伊斯(Robert Norton Noyce,1927—1990)利用二氧化硅屏蔽的扩散技术和 PN 结隔离技术,发明了硅平面工艺,并基于硅平面工艺制成了世界上第一块硅集成电路,使得集成电路可量产化,从此开创了电子技术的集成电路时代。

计算机是 20 世纪电子技术最重要的应用。1946 年 2 月,第一台电子计算机 ENIAC 在美国加州问世,ENIAC 用了 18 000 个电子管和 86 000 个其他电子元件,有两个教室那么大,运算速度却只有 300 次(各种运算)/秒或 5 000 次(操作)/秒,耗资 100 万美元以上。尽管 ENIAC 有许多不足之处,但它毕竟是计算机的始祖。从 1960 年到 1964 年,在计算机中使用晶体管代替了电子管,称为"晶体管计算机时代"(第二代)。晶体管比电子管小得多,不需要暖机时间,消耗能量较少,处理更迅速、更可靠。从 1965 年到 1970 年,集成电路被应用到计算机中,称为"中小规模集成电路计算机时代"(第三代),体积更小、价格更低、可靠性更高、计算速度更快。1970 年以后计算机中采用了大规模集成电路(LSI)和超大规模集成电路(VLSI),产生了第四代计算机,目前已经成为人类生产和生活的重要组成部分。

移动通信是电子技术影响人类生活的另一重要应用。1902 年,美国人内森·斯塔布菲尔德(Nathan Stubblefield)制成了第一个无线电话——内森·斯塔布菲尔德装置;1938 年,美国贝尔实验室为美国军方制成了世界上第一部"移动电话";1973 年 4 月,摩托罗拉公司工程师马丁·劳伦斯·库帕(Martin Lawrence Cooper)发明了世界上第一部推向民用的手机,被称为现代"手机之父"。经过几十年的发展,移动通信已走过 20 世纪 80 年代的第一代(1G)模拟制式、90 年代第二代(2G)数字制式,发展到 21 世纪的第三代(3G),从单一的语音通信发展到多媒体通信。目前,第四代(4G)移动通信已经商用,第五代(5G)移动通信也已经开始应用,进入互联网通信时代。

100 多年来,电子技术的快速发展对人类社会发展起到了重要促进作用,已经深入到生产和生活的方方面面,可以预见,电子技术还将在更多领域发挥更加重要的作用。

# 第1章 电路的基本概念与基本定律

本章在物理学的基础上,主要介绍电路模型的概念、电路中的基本物理量及其参考方向和电路的工作状态,还将介绍基本电路元件及其特性,最后介绍集中参数电路的拓扑约束关系——基尔霍夫定律。这些内容是分析和计算电路的基础。

第 1 章.PPT

本章所涉及的内容在中学物理课程和大学物理课程中大多介绍过,在本课程中对这些概念的重新叙述,需要在电路分析的层面上加强工程应用意识,这也是本课程与物理学的本质差异,学习中必须注意。初学者学习本章内容需要深刻理解电路中电压参考极性和电流参考方向的意义,强化电路模型的概念,牢固掌握集中参数电路的基本约束关系——基尔霍夫定律和元件伏安特性约束。

## 1.1 电路组成与功能

在日常工作和生活中,为完成某种预期的目的,常常需要设计、安装各式各样的功能电路。所谓电路,就是按所要完成的功能,将一些电气设备或元器件按一定方式连接而成,以备电流流过的通路。如果电路工作时其中电流的大小和方向不随时间变化,称为直流电路;如果电路工作时其中的电流是随时间按正弦规律变化的交流电流时,则称为正弦交流电路。

图 1-1-1 是一个手电筒电路,电池是整个电路的电源,它发出电能(将化学能转换成电能);电珠是负载,它消耗电能(将电能转换成光能和热能);电源和负载由导线和开关连接成一个闭合回路。

图 1-1-2 是一个扩音机的电路示意图,该电路实现了信号的传递和处理。首先由话筒把声音转换成相应的电压和电流,即电信号,然后通过电路传递到扬声器,最后由扬声器再将电信号还原成为声音。由于话筒输出的电信号比较微弱,不足以推动扬声器发声,因此中间还需要用放大器来对信号进行放大(实际上,放大器需要另外的直流电源供电,在放大器中,直流电源提供的能量被转换为信号能量。由于我们在考虑信号处理的过程中,主要关注信号的变化,因此,给放大器供电的直流电源没有特别画出)。在此例中,话筒是输出信号的设备,称为信号源,相当于电源,但它与电池、发电机等电源不同,信号源输出的电信号(电压或电流)的变化规律取决于所加的信息(如此例中的声音)。

图 1-1-1 手电筒电路　　　　　图 1-1-2 扩音机的电路示意图

电路的种类很多,但无论电路的复杂程度如何,通常都由三大部分组成:

电源(或信号源)　电源是将其他形式的能量转换成电能的电气设备。如把化学能转换成电能的电池、把机械能转换成电能的发电机、将声音转换成电信号的话筒等。

负载　负载是将电能转换成其他形式能量的电气设备。如将电能转换成光能的白炽灯,将电能转换成声能的扬声器,将电能转换成机械能的电动机等。

中间环节　中间环节是连接电源(或信号源)和负载的元件或部件。如导线、开关、熔断器、放大器等。

实际电路的结构形式和所能完成的任务是多种多样的,但按其功能可以分为两大类:

一是进行电能的传输和转换(如电力系统、手电筒电路等),这类电路主要关注的是能量传输和转换的效率。

二是进行信号的传递和处理(如扩音机电路、收音机、电视机等),这类电路主要关注信号传输和处理质量,如保真度。

## 1.2 电路中的基本物理量: 电压、电流、电位、功率

### 1.2.1 电流

在导体中,电流是由带电粒子有规则的定向运动而形成的宏观电荷移动,在数值上等于单位时间内通过某一导体横截面的电荷量。

设在时间 $\mathrm{d}t$ 内通过导体横截面 $A$ 的电荷量为 $\mathrm{d}q$,则电流 $i$ 定义为

$$i = \frac{\mathrm{d}q}{\mathrm{d}t} \qquad\qquad (1-2-1)$$

如果电流不随时间变化,即 $\frac{\mathrm{d}q}{\mathrm{d}t} = $ 常数,则这种电流称为直流电流。直流电流用大写字母 $I$ 表示,因此,上式可以写为

$$I = \frac{q}{t} \qquad\qquad (1-2-2)$$

式中,$q$ 是时间 $t$ 内流过导体横截面 $A$ 的电荷量。

本书以后均用大写字母表示不随时间变化的物理量，用小写字母表示随时间变化的物理量。

习惯上规定，正电荷移动的方向为电流的方向（即实际方向）。电流的方向是客观存在的，当一个电路的元件参数和电路结构确定以后，流过各元件的电流大小和方向也就确定了。但在电路分析尤其是复杂电路的分析中，我们事先往往很难判断电路中各处电流的实际方向，而且电路中电流的方向还可能是随时间变化的（如交流电路）。但不论怎样，电路中各处电流只具有两个可能的方向，为了分析与计算方便，任意选择其中一个方向作为电流的正方向，称为参考方向，即可将电路中具有方向的物理量电流用代数量（有正有负）来表示。

参考方向并不一定与实际方向相同，当电流的实际方向与其参考方向相同时，则电流为正值；反之，当电流的实际方向与参考方向相反时，则电流为负值。只有在选定了参考方向以后，电流的值才有正负之分。由于电流的参考方向影响着电流的正负，因此，在电路分析过程中，一旦选定了电流的参考方向，将不宜再进行重新选择（即每个电流的参考方向原则上只能选择一次）。

如图 1-2-1 所示，流过电阻 $R$ 的电流为 $I$，其实际方向是由 A 到 B（如虚线箭头所示）。左图中指定参考方向为由 A 到 B（如实线箭头所示），电流 $I$ 的参考方向与实际方向相同，$I>0$；右图中选择电流参考方向为由 B 到 A（如实线箭头所示），参考方向与实际方向相反，$I<0$。

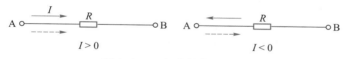

图 1-2-1  电流的参考方向

电路中电流的参考方向是为对电路进行数学分析而人为设定的，合理设置电流参考方向可以给电路的分析带来便利，在电路分析中一般用箭头表示电流参考方向，也可用双下标表示，例如 $I_{AB}$ 表示参考方向是由 A 指向 B。

电流是国际单位制（SI）中的基本物理量，单位是安培（A）。电子电路中用安培计量电流显得太大，常以毫安（$1\ \text{mA} = 10^{-3}\text{A}$）或微安（$1\ \mu\text{A} = 10^{-6}\ \text{A}$）为计量单位。

### 1.2.2  电压、电位和电动势

电路本质上是电场的一个特例，电路中某点的电位（或称电势）是单位正电荷在该点所具有的电位（势）能，数值上等于电场力将单位正电荷沿任意路径从该点移动到参考点所做的功。a 点的电位记作 $V_a$。

电路中两点间的电位差称为电压，数值上等于电场力把单位正电荷从起点移到终点所做的功，即

$$U_{ab} = V_a - V_b \qquad\qquad (1-2-3)$$

式中，$V_a$ 为 a 点的电位，$V_b$ 为 b 点的电位，$U_{ab}$ 为 a、b 间的电压。

电压的极性规定为从高电位点指向低电位点，即电位降的方向。与电流类似，在比较复杂的电路中，两点间电压的实际极性往往很难预测，出于同样的考虑，在分析电路前对电压选择一个参考极性（或称参考方向），从而将带有极性的物理量电压用代数值描述。如果参考极性与实际极性相同，则电压为正；如果参考极性与实际极性相反，则电压为负。电路中电压的参考极性一般用"＋""－"表示，"＋"号表示参考极性的高电位点，"－"号表示参考极性的低电位点，也可用箭头（由"＋"极指向"－"极）或双下标来表示电压的参考极性。

电路中同一元件的电压和电流都存在设定参考极性和参考方向的问题，为了分析方便，常取一致的参考方向（即在同一电路元件上，电流的参考方向从电压参考极性的"＋"极指向"－"极），称为关联参考方向。这样，我们在一个元件上只要设定一个参考方向（电压或电流），另一个就自然确定了，如果未加特别声明，本书都将采用关联参考方向。

电路中任意一点的电位，就是该点与零电位点（一般称为参考点）之间的电压，因此，电压与电位本质上是相同的，都表示了电路中功和能的概念。但电位与电压又是有区别的：电位数值依赖于参考点的选择，电路中某点的电位会因所选参考点的不同而不同；而电压却与参考点的选择无关。

在国际单位制（SI）中，电压、电位的单位均为伏特（V）。

**例 1-2-1**　如图 1-2-2 所示，已知：电压源 $U_1 = 3$ V，$U_2 = 6$ V。在下列两种情况下求各点电位以及 $U_{ab}$ 和 $U_{bc}$。

（1）取 a 点为参考点，如图 1-2-2（a）所示；

（2）取 b 点为参考点，如图 1-2-2（b）所示。

(a)　　　　　　　　　　　　　　　(b)

图 1-2-2　例 1-2-1 的图

**解：**（1）取 a 点为参考点，如图 1-2-2（a）所示，由图可得

$$V_a = 0 \text{ V}, \quad V_b = U_1 = 3 \text{ V}, \quad V_c = U_1 + U_2 = (3 + 6) \text{ V} = 9 \text{ V}$$

$$U_{ab} = V_a - V_b = (0 - 3) \text{ V} = -3 \text{ V}$$

$$U_{bc} = V_b - V_c = (3 - 9) \text{ V} = -6 \text{ V}$$

（2）取 b 点为参考点，如图 1-2-2（b）所示，由图可得

$$V_a = -U_1 = -3 \text{ V}, \quad V_b = 0 \text{ V}, \quad V_c = U_2 = 6 \text{ V}$$

$$U_{ab} = V_a - V_b = (-3 - 0) \text{ V} = -3 \text{ V}$$

$$U_{bc} = V_b - V_c = (0 - 6) \text{ V} = -6 \text{ V}$$

由此可见，电位与参考点的选取有关，参考点不同，各点电位不同；而电压与参考点的选取无关，参考点不同，两点之间的电压不变，但电压的参考极性不同，则符号不同。

原则上，电路中的参考点可以任意选取，但在电工技术中，通常选大地为参考点，电路中用符号"⏚"表示；在电子技术中则选公共点或机壳作为参考点，电路中用符号"⊥"表示。

电动势是对电源中非电场力做功（转变成电能）能力的表述，数值上等于非电场力克服电场力把单位正电荷从电源负极移动到正极所做的功，因此电动势的方向从电源负极指向正极，即电源电位升的方向。电动势用 $E$（或 $e$）表示，如图 1-2-3 所示，$U_{ab} = E$。电路分析中与电压、电流一样，事先也给电源电动势规定一个参考方向，为了与电源元件的电压参考极性相区别，常用箭头表示。

在国际单位制（SI）中电动势的单位也是伏特（V）。

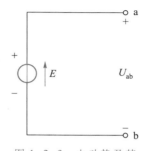

图 1-2-3 电动势及其参考方向

### 1.2.3 功率和能量

电荷流经电路中的元件，其电位发生变化，说明电场力对电荷做功，这部分能量被认为由该元件从电路中吸收。从 $t_0$ 到 $t_1$ 这段时间内，某元件吸收的电能可从电压的定义中求得

$$W = \int_{q(t_0)}^{q(t_1)} u \cdot \mathrm{d}q$$

因为 $i = \dfrac{\mathrm{d}q}{\mathrm{d}t}$，所以在关联参考方向下

$$W = \int_{t_0}^{t_1} ui \cdot \mathrm{d}t \tag{1-2-4}$$

对于直流电路，电压、电流均为恒定值，则

$$W = UI(t_1 - t_0) \tag{1-2-5}$$

电路中，将单位时间内消耗的电能定义为（电）功率，即电路吸收能量对时间的导数，结合电路中电压电流的参考方向，电路中功率的计算可以表示为

$$p = \frac{\mathrm{d}W}{\mathrm{d}t} = \begin{cases} ui & \text{关联参考方向} \\ -ui & \text{非关联参考方向} \end{cases} \tag{1-2-6}$$

在直流电路中：$P = UI$（关联参考方向）或 $P = -UI$（非关联参考方向）。

值得注意的是，采用非关联参考方向时，计算电路功率需要在公式中增加一个负号。由于考虑的功率是电路中元件消耗（吸收）电能的速度，因此，当 $P > 0$ 时，表示元件吸收功率，是电路中的负载；当 $P < 0$ 时，表示元件发出功率，是电路中的电源。

在国际单位制中,能量 $W$ 的单位为焦耳(J),功率 $P$ 的单位为瓦特(W)。若时间单位为小时(h),功率以千瓦(kW)为单位,则电能的单位为千瓦时(kW·h),也称"度",这是供电部门度量用电量的常用单位。

如图 1-2-4 所示,已知某元件两端电压为 5 V,A 点电位高于 B 点电位,流过元件的电流为 2 A,实际方向为从 A 到 B。若电压和电流采用关联参考方向,如图 1-2-4(a)所示,则 $U=5$ V,$I=2$ A,$P=UI=10$ W$>0$,此元件吸收的功率为 10 W;若电压和电流采用非关联参考方向,如图 1-2-4(b)所示,则 $U=-5$ V,$I=2$ A,仍然有 $P=-UI=10$ W$>0$,因此,参考方向的选择不会改变电路的实际工作情况。

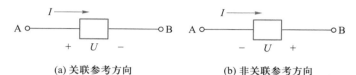

(a) 关联参考方向　　　　　　　(b) 非关联参考方向

图 1-2-4　参考方向

**例 1-2-2**　图 1-2-5 是一个蓄电池充电电路,已知蓄电池的电动势 $E=$ 12 V,内阻 $R_{02}=1$ Ω;供电电源内阻 $R_{01}=$ 0.5 Ω,线路电阻 $R=0.5$ Ω,电路中开关 S 断开时,充电器(点画线框所示)的输出电压(称为开路电压)$U_1=14$ V。求:

(1) 充电电流 $I$;

(2) 外电源提供给蓄电池的功率 $P$;

(3) 蓄电池中转变为化学能的功率 $P_E$,内阻 $R_{02}$ 消耗的功率。

**解:**(1) 由 $U_1=I(R_{01}+R+R_{02})+E$,得

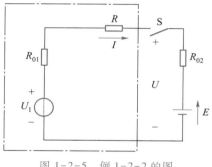

图 1-2-5　例 1-2-2 的图

$$I=\frac{U_1-E}{R_{01}+R+R_{02}}=\frac{14-12}{2}\text{ A}=1\text{ A}$$

充电电源输出电压　$U=U_1-(R_{01}+R)I=13$ V

(2) 给蓄电池充电的外电源功率　$P=-UI=-(13\times1)$ W$=-13$ W

(3) 蓄电池中转变为化学能的功率　$P_E=EI=(12\times1)$ W$=12$ W

内阻 $R_{02}$ 消耗的功率　$P_{R_{02}}=I^2R_{02}=(1^2\times1)$ W$=1$ W

可见 $P+P_E+P_{R_{02}}=0$,即外电源发出的功率等于蓄电池转化为化学能的功率与蓄电池内阻消耗的功率之和,达到功率平衡。

**例 1-2-3**　如图 1-2-6 所示电路,求各元件的功率,说明哪些是负载,哪些是电源。

**解:**A 元件采用非关联参考方向,$P_A=-(20\times5)$ W$=-100$ W$<0$(产生)。

B 元件采用关联参考方向,$P_B=(20\times2)$ W$=40$ W$>0$(吸收)。

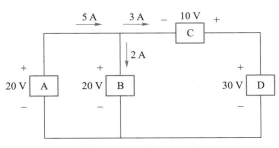

图 1-2-6　例 1-2-3 图

C 元件采用非关联参考方向, $P_C = -(10×3)$ W $= -30$ W$<0$(产生)。

D 元件采用关联参考方向, $P_D = (30×3)$ W $= 90$ W$>0$(吸收)。

元件 A、C 功率小于 0,是电源;元件 B、D 功率大于 0,是负载。

$P_A + P_C + P_B + P_D = 0$,电路中所有电源产生的功率等于所有负载吸收的功率,达到功率平衡。

## 1.3 电路模型

实际电路都是由起特定作用的元件或器件连接组成的,如电池、白炽灯、发电机、变压器、话筒、扬声器等。这些实际元器件的电磁性能一般较为复杂,要完全把它们的电磁性能描述出来是比较困难的,但每一种实际电路元器件都具有一个占主要作用的特性。例如白炽灯,它除了具有消耗电能的性质(电阻性)外,当电流通过时也会产生磁场,即它具有电感性,但由于它的电感很微小,可以忽略不计,所以电阻特性是白炽灯的主要电磁特性。

为了便于对实际电路进行分析计算,将实际电路元件理想化(或称为模型化),即在一定条件下只考虑元器件的主要电磁性能,而忽略其次要因素,根据这一理想化的特性,由若干具有简单特性的理想电路元件构成各个实际元器件的模型,这样就可以完全由理想电路元件构成一个能表达实际电路主要电磁性能的模型电路,称为实际电路的电路模型。

理想电路元件是组成电路模型的最小单元,一般是从具有某种确定的电磁性质元器件理想化得到,理想电路元件的特性具有精确的数学定义。

图 1-3-1 所示为手电筒电路的电路模型。在该图中,电阻元件 $R$ 是电珠的电路模型,电压源 $U_S$ 和电阻 $R_0$(称为电源的内阻)串联作为干电池的模型,连接导线(包括开关)均用理想导线表示,其电阻忽略不计。

本书所讨论的电路均为实际电路的电路模型。今后本书所说电路一般均指由理想电路元件构成的电路模型,并将理想电路元件简称为电路元件。

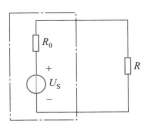

图 1-3-1　手电筒电路的
电路模型

### 1.4　基本电路元件模型

电路模型是从实际电路抽象出来的可以用数学方法准确表述的一种理想电路,各种实际电路元器件的主要电磁特性由若干简单的理想元件等效替代,这些简单的理想电路元件分别描述一种特定的电路物理量之间的联系。显然,理想元件种类越少,电路模型越简单。在电路分析中,涉及的物理量主要包括电压、电流、电荷、磁通,图 1-4-1 给出了基本理想电路元件关系。

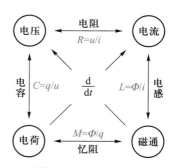

图 1-4-1　基本理想
电路元件关系

电路中的四个基本变量(电压 $u$、电流 $i$、电荷 $q$、磁通 $\Phi$)之间的对应函数关系构成了电路的基本理想元件特性。电荷与电流、磁通与电压(电动势)之间的微分关系在物理学中已经学过。

对于二端元件,若电荷与电压之间存在代数约束,由电容元件描述;若磁通与电流之间存在代数约束,由电感元件描述;若电压与电流之间存在代数约束,由电阻元件描述。这三种基本电路元件都有对应的实际元器件原型并很早就被人们认识和使用,而对应于电荷与磁通之间的代数约束,直到 1971 年才由美籍华人学者蔡绍棠教授提出用忆阻元件模型加以描述,并且找到了一些原型器件,如库仑电池、热敏电阻、氖气灯泡等,由于在线性电路中电流与电荷、磁通与电压的一阶微分关系,忆阻元件和电阻元件是完全等同的:

$$M = \frac{\Phi}{q} = \frac{\mathrm{d}\Phi}{\mathrm{d}q} = \frac{\mathrm{d}\Phi}{\mathrm{d}t} \cdot \frac{\mathrm{d}t}{\mathrm{d}q} = \frac{u}{i} = R$$

这也正是忆阻元件很长一段时间未被重视的原因,本书主要针对线性电路进行讨论,所以,后面将不再特别介绍忆阻元件。

实际上,在电路中常有一些元器件具有多于两个的外接端,为了对这些元器件构建电路模型,需要多端的理想元件,建立不同位置电压电流之间的约束关系。最常用的是双端口理想元件。

#### 1.4.1　单端口理想元件

**一、电阻元件**

电阻是表征电路中阻碍电流流动特性的参数,而电阻元件是表征电路中消耗电能的理想元件,但习惯上也简称为电阻。所以,通常我们所说的电阻既是电路元件,又是表征其量值大小的参数。电阻的图形符号如图 1-4-2(a)中所示。从元件特性看,电阻两端电压和流过的电流关系(伏安特性)是代数关系,即可以用电压-电流平面的一条曲线表示。如果伏安关系是一条过原点的正斜率直线,则称为线性电阻,电阻 $R$ 的值不随电压或电流变化(即 $R$ 为常数);否则称为非线性电阻。如果电阻 $R$ 的值随时间变化,称为时变电阻,否则称为时不变电阻。本书以后所讨论的电阻,如无特别说明,均为线性时不变电阻。线性电阻的伏安特性(欧姆定律)可用图 1-4-2(b)所示的曲线表示,称为线性电阻的伏安特性(VCR)曲线。

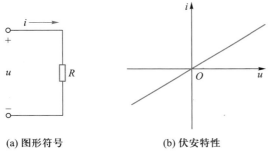

(a) 图形符号　　　　　(b) 伏安特性

图 1-4-2　电阻的图形符号及其伏安特性

1. 电阻元件的电压、电流关系

采用关联参考方向时,任意瞬间,(线性)电阻两端的电压和流过它的电流服从欧姆定律,即

$$u = R \cdot i \tag{1-4-1}$$

金属导体的电阻由下式决定

$$R = \rho \frac{l}{A} \tag{1-4-2}$$

式中,$\rho$ 是导体的电阻率,$l$ 是导体的长度,$A$ 是导体的横截面面积。

在国际单位制中,电阻的单位是欧姆($\Omega$)。电阻 $R$ 的倒数称为电导 $G$

$$G = \frac{1}{R} \tag{1-4-3}$$

电导表示了电路允许电流流动的特性,电导的单位为西门子($1 \text{ S} = 1 \text{ } \Omega^{-1}$)。

2. 电阻元件的功率和能量

某一时刻电阻上的功率(称为瞬时功率)为

$$p = ui = i^2 R = \frac{u^2}{R} = Gu^2 = \frac{i^2}{G} \tag{1-4-4}$$

由于电阻 $R$ 和 $G$ 都是正实常数,所以电阻上的功率总为正,即电阻是一种耗能元件。在 $t_0$ 到 $t_1$ 时间内,电阻消耗的能量为

$$W = \int_{t_0}^{t_1} p \, \mathrm{d}t \tag{1-4-5}$$

电阻是对电流有阻碍作用并消耗电能的一类器件的模型,如白炽灯、电阻炉等都属于这类器件。

## 二、电容元件

电容元件(简称电容)是一种表征电路元件储存电荷特性的理想元件,其原始模型是两块金属极板中间用绝缘介质隔开的平板电容器,参见图 1-4-3(a)。当在两极板加上电压后,极板上分别积聚着等量的正、负电荷,在两个极板之间产生电场。积聚的电荷越多,所形成的电场就越强,电容所储存的电场能也就越大。同"电阻"一样,"电容"一词既表示一种理想电路元件,又表示该元件的参数,以下简称电容。

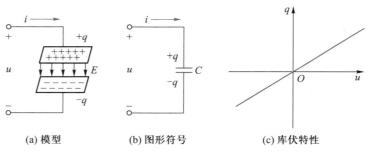

(a) 模型　　　　(b) 图形符号　　　　(c) 库伏特性

图 1-4-3　电容模型、图形符号及其库伏特性

线性电容的图形符号及其库伏特性如图 1-4-3(b)(c)所示。两极板之间的电压与极板上储存的电荷量满足线性关系

$$q = Cu \tag{1-4-6}$$

式中,$C$ 是电容的参数,称为电容(量),它表征电容储存电荷的能力。当 $C$ 为常数时,称为线性电容;当 $C$ 不为常数时,称为非线性电容。如果 $C$ 随时间变化,称为时变电容,否则称为时不变电容。本书如无特别说明,均为线性时不变电容。

在国际单位制中,电容的单位为法拉(F),当电容两端充上 1 伏特(V)的电压时,极板上若储存了 1 库仑(C)的电荷量,则该电容的值为 1 法拉(F)。法拉单位很大,常用微法(1 μF = $10^{-6}$F)和皮法(1 pF = $10^{-12}$F)为计量单位。

### 1. 电容元件的电压、电流关系

当电路中有电流流入电容,极板上的电荷量 $q$ 将发生变化,电容的端电压 $u$ 也将发生变化时,根据电流的定义

$$i = \frac{dq}{dt} = \frac{d(Cu)}{dt} = C\frac{du}{dt} \tag{1-4-7}$$

在关联参考方向下,电容元件的电流与其电压的导数(变化率)成正比,而与电容元件端电压的绝对值无关,说明电容元件是一种动态元件。

当电容两端电压不随时间变化(即直流)时,则电压的导数为零,即没有电流流过电容元件,说明电容在直流情况下相当于开路,或者说电容具有隔离直流(简称隔直)的作用。

需要注意的是,若要电容两端电压发生突变(导数为无穷大),则电路需要

提供无穷大的充电电流,这在实际情况中一般是不可能的,所以,当电路不能提供无穷大电流时,电容两端的电压是不能突变的。

对式(1-4-7)两边积分,可得

$$u = \frac{1}{C}\int_{-\infty}^{t} i\mathrm{d}t = \frac{1}{C}\int_{-\infty}^{0} i\mathrm{d}t + \frac{1}{C}\int_{0}^{t} i\mathrm{d}t = u(0) + \frac{1}{C}\int_{0}^{t} i\mathrm{d}t \qquad (1-4-8)$$

式中,$u(0)$ 是 $t=0$ 时电容两端电压的初始值,这里接受了 $u(-\infty)=0$ 的事实。上式表明,当前状态下电容两端的电压与电路对电容充电的过去状况有关,这说明电容具有记忆能力,因此,将其称为记忆元件。

2. 电容元件的功率和能量

根据电路功率的定义,关联参考方向下,电容的瞬时功率为

$$p = u \cdot i = Cu\frac{\mathrm{d}u}{\mathrm{d}t} \qquad (1-4-9)$$

数值上有三种可能:

(1)电压绝对值增大,$p>0$,电容吸收电功率并将电能转化为电场能储存起来;

(2)电压绝对值减小,$p<0$,电容发出电功率,将储存的电场能转化为电能输出;

(3)电压绝对值保持不变,$p=0$,此时电容功率为零。

在 $-\infty$ 到 $t$ 时间内,电容储存的电场能(从电路获得)为

$$W = \int_{-\infty}^{t} ui\mathrm{d}t = \int_{0}^{u} Cu\mathrm{d}u = \frac{1}{2}Cu^2 \qquad (1-4-10)$$

由式(1-4-10)可见,某一时刻电容中所储存的电场能只取决于该时刻电容两端电压的大小,而与电压的形式和方向无关。

电容是一种储能元件,电容与电路其他部分之间实现能量的相互转换,理想电容在这种转换过程中,其本身并不消耗能量。

### 三、电感元件

电感元件是另一种储能元件,电感元件的原始模型是用导线绕成的螺线管线圈。当线圈中通以电流 $i$,在线圈中就会产生磁通 $\Phi$,并储存磁场能量。表征电感元件(简称电感)产生磁通存储磁场能力的参数称为电感(也称自感),用 $L$ 表示,它在数值上等于单位电流产生的磁链。

图 1-4-4 所示是电感模型、图形符号及其韦安特性,设该电感的匝数为 $N$,则磁链 $\Psi=N\Phi$,得

$$L = \frac{\Psi}{i} = \frac{N\Phi}{i} \qquad (1-4-11)$$

若 $L$ 不随电流和磁通的变化而变化,则称为线性电感;当 $L$ 随电流或磁通而变化时,则称为非线性电感。如 $L$ 不随时间变化,称为时不变电感,否则为时变电感。

以后若无特殊说明,本书讨论的均为线性时不变电感。

在国际单位制中,电感的单位为亨利(H),亨利单位太大,常以毫亨(1 mH = $10^{-3}$ H)和微亨(1 $\mu$H = $10^{-6}$ H)为计量单位。

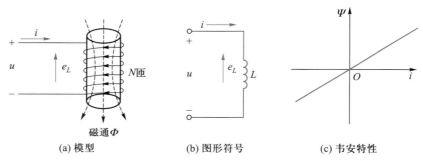

(a) 模型　　　　　(b) 图形符号　　　　(c) 韦安特性

图 1-4-4　电感模型、图形符号及其韦安特性

**1. 电感元件的电压、电流关系**

电感线圈中通以电流就会产生磁通,变化的电流产生变化的磁通,根据物理学中电磁感应定律,线圈中磁通发生变化将产生感应电动势 $e_L$。感应电动势的大小与磁通的变化率成正比,感应电动势的方向和磁通 $\Phi$ 符合右手螺旋定则,如图 1-4-4 所示参考方向下,可得

$$e_L = -\frac{\mathrm{d}\Psi}{\mathrm{d}t} = -L\frac{\mathrm{d}i}{\mathrm{d}t} \qquad (1-4-12)$$

而电感两端的电压为

$$u = -e_L = L\frac{\mathrm{d}i}{\mathrm{d}t} \qquad (1-4-13)$$

式(1-4-13)表明,电感两端的电压与流过电感的电流变化率成正比,而与电流的大小无关,说明电感也是动态元件。当电感电流不变化(即直流情况)时,电感两端的电压为零,也就是说,对直流来说,电感相当于短路。

由式(1-4-13)还可看到,若要电感电流突变,就需要外加无穷大的电压,实际上这是不可能的,因此,电感中的电流是不能突变的。

根据楞次定律,电感产生的感应电动势将阻碍磁场的变化。电流增大,引起磁场增强,这时 $e_L$ 阻碍电流的增大。同理,电流减小,引起磁场减弱,这时 $e_L$ 则阻碍电流的减小。可见,感应电动势具有阻碍电流变化的性质。将式(1-4-13)两边积分,得到电感上的电流与其端电压的关系为

$$i = \frac{1}{L}\int_{-\infty}^{t} u\mathrm{d}t = \frac{1}{L}\int_{-\infty}^{0} u\mathrm{d}t + \frac{1}{L}\int_{0}^{t} u\mathrm{d}t = i(0) + \frac{1}{L}\int_{0}^{t} u\mathrm{d}t \qquad (1-4-14)$$

式中,$i(0)$ 是 $t=0$ 时电感中通过的电流,称为初始值。这里接受了 $i(-\infty)=0$ 的事实。上式表明,当前状态下流过电感的电流与电路加载到电感上的电压过去状况有关,这说明电感也是记忆元件。

## 2. 电感的功率与能量

根据电路功率的定义,电感元件的瞬时功率为

$$p = u \cdot i = Li\frac{\mathrm{d}i}{\mathrm{d}t} \qquad (1-4-15)$$

其数值存在三种情况:

（1）电流绝对值增大,$p>0$,电感吸收电功率并将电能转化为磁场能储存起来;

（2）电流绝对值减小,$p<0$,电感将储存的磁场能转化为电能向电路发出电功率;

（3）电流绝对值保持不变,电感中磁场保持不变,$p=0$,电感功率为零。

理想电感与外部电路之间实现能量转换,转换过程中电感本身不消耗能量,即电感是一个无损耗储能元件,在$-\infty$到$t$时间内,电感储存的磁场能(从电路获得)为

$$W = \int_{-\infty}^{t} ui\mathrm{d}t = \int_{0}^{i} Li\mathrm{d}i = \frac{1}{2}Li^2 \qquad (1-4-16)$$

电感储存的磁场能只与该时刻电流的绝对值大小有关,而与电流的方向无关。

### 四、有源电路元件

前面介绍三种基本的二端电路元件都不能主动向电路提供能量,因此称为无源元件。电路中能向外提供能量的电路元件称为有源电路元件,理想的有源电路元件包括理想电压源和理想电流源。

#### 1. 理想电压源

理想电压源是从实际电源抽象得到的一种二端电路元件模型,其图形符号如图 1-4-5 所示。

理想电压源两端电压 $u_S$ 是时间的函数,它不会因为流过电源的电流而变化,总保持原有的时间函数关系,理想电压源中的电流由外电路决定。当电压源为恒定值(不随时间变化)$U_S$ 时,理想电压源也称为恒压源。图 1-4-6 所示为理想电压源接外电路及伏安特性。

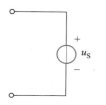

图 1-4-5　理想电压源的
　　　　　图形符号

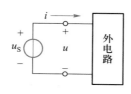

(a) 理想电压源接外电路

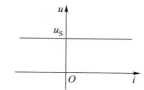

(b) 伏安特性

图 1-4-6　理想电压源接外电路及伏安特性

图 1-4-6 中,理想电压源的电压、电流采用了非关联参考方向,所以理想电压源的功率计算式为 $p = -ui$。

理想电压源不接负载时,电流 $i$ 为零,电源处于"开路状态"。由于短路时端电压应为零,这与理想电压源的特性不符,所以不允许将理想电压源短路。理论上,理想电压源模型可以提供无穷大的电流,但实际上,这种理想的电源是不存在的。

2. 理想电流源

理想电流源也是一种抽象的电路模型,其图形符号如图 1-4-7(a)所示。

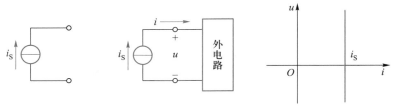

(a) 理想电流源的图形符号　　(b) 理想电流源接外电路　　(c) 理想电流源伏安特性

图 1-4-7　理想电流源的图形符号、接外电路及其伏安特性

理想电流源的电流为 $i_S$,是时间的函数,$i_S$ 与其两端电压无关,总是保持原有时间函数关系。理想电流源两端电压由外电路决定。当电流 $i_S$ 不随时间变化,为恒定值 $I_S$ 时,理想电流源也称为恒流源。图 1-4-7(b)为理想电流源接外电路的情况,其伏安特性如图 1-4-7(c)所示。

图 1-4-7(b)中,理想电流源电压、电流采用了非关联参考方向,所以理想电流源的功率计算式为 $p = -ui$。

当理想电流源两端短路时,其端电压 $u = 0$,$i = i_S$,即短路电流就是理想电流源的电流。理想电流源的"开路"是不允许的,因为开路时,电流必须为零,这与理想电流源的特性不符。

3. 实际电源的模型

实际上,理想电压源和理想电流源都是不存在的,实际电源不可能输出无穷大的功率。实际电压源(简称电压源)随着输出电流的增大,端电压将下降,因此可以用理想电压源 $u_S$ 和一个内阻 $R_0$ 串联来等效。

图 1-4-8(a)是电压源接有负载的情况。从图中可得 $u = u_S - iR_0$,外特性如图 1-4-8(b)所示。输出电流越大,电源两端的电压就越低。在很多情况下,实际电源的内阻比负载小得多,可以忽略不计,这时,可将电压源当作理想电压源来处理。例如电力电网,在一定条件下可近似认为是一个理想电压源。

理想电流源同样也是不存在的。实际电流源(简称电流源)可以用理想电流源与内阻并联来表示,如图 1-4-9(a)所示。电流源接有负载电阻 $R_L$ 时输出的电流为 $i = i_S - u/R_0$。

电流源两端电压越大,其输出的电流就越小。当电流源的内阻比负载电阻大得多时,往往可以近似地将其看作理想电流源。

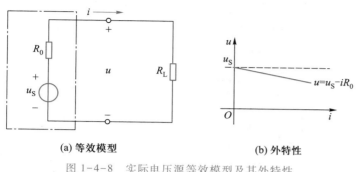

**(a) 等效模型**　　　　　　**(b) 外特性**

图 1-4-8　实际电压源等效模型及其外特性

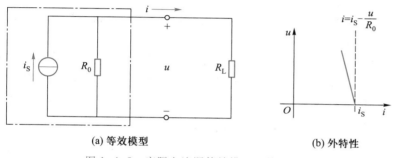

**(a) 等效模型**　　　　　　**(b) 外特性**

图 1-4-9　实际电流源等效模型及其外特性

　　实际上,理想电压源是内阻为零的电压源,而理想电流源则是内阻为无穷大的电流源。

## 1.4.2　双端口理想元件

　　电路中常常出现具有多个外接端的元件,当这些外接端中有两个端的电流始终保持大小相同而方向相反(一个流入,另一个流出)的关系时,则将这两个外接端组合成元件的一个端口,上面介绍的二端元件的两个外接端就是一个端口,因为只有一个端口,所以称为单端口元件。电路中研究任意多端元件是很困难的,一般只讨论具有多个端口的电路,双端口元件是最常见的。双端口电路元件中,出现了两个端口的电压和电流,如图 1-4-10 所示,其电压电流关系(VCR)往往涉及不同端口,这是一种转移(控制)关系。电路理论中,双端口的理想元件包括理想变压器和线性受控电源。

图 1-4-10　双端口元件

### 一、理想变压器

　　理想变压器是从耦合线圈(电感)构成变压器理想化抽象得到的。根据电磁感应定律,只要电感线圈中的磁场发生变化,就会在线圈中感应出电压,如果磁场的变化是由另一线圈中电流产生的,这时就出现了两个线圈之间的能量耦合(耦合电感),耦合的大小与线圈的尺寸、相互位置等有关,利用这种耦合关系实现能量和信号传递的器件就是变压器,如图 1-4-11(a)所示。

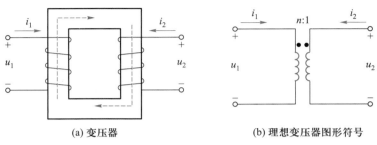

(a) 变压器　　　　　　　(b) 理想变压器图形符号

图 1-4-11　变压器结构与理想变压器图形符号

将变压器理想化(全耦合、无损耗、自感无穷大),得到理想变压器模型。其图形符号如图 1-4-11(b)所示。

图 1-4-11(b)中,两个标志"·"称为同名端,表示当两个端口的电流同时流进(或流出)同名端时,两个线圈电流产生的磁场互相加强,反之则互相削弱。理想变压器的参数是其变比 $n$,电压电流关系为

$$\begin{cases} u_1 = nu_2 \\ i_1 = -\dfrac{1}{n}i_2 \end{cases} \qquad (1-4-17)$$

利用理想变压器,可以实现电压变换、电流变换和阻抗变换(阻抗的概念参见第 3 章)。

理想变压器的两个端口分别接外电路时,将发生功率的传输,根据式(1-4-17),两个端口功率之间满足

$$p_1 = u_1 i_1 = -u_2 i_2 = -p_2$$

说明理想变压器一个端口(如 1 端口)从电路吸收的功率,将完全从另一端口(2端口)输出给外电路,理想变压器是无损耗元件。需要注意的是,变压器是建立在交变的磁场基础上的,因此,变压器(包括理想变压器)不能在直流状态下工作。

**二、线性受控电源**

受控电源是为了描述电子器件(如晶体管)的信号传输工作而抽象出来的一类新型双端口理想电路元件,其输出端口具有类似电源的特性,因此,受控电源分为受控电压源和受控电流源两类。受控电源的输出端口的电压或电流受输入端口电压或电流的控制。

由于控制输出的变量有电压和电流两种,同时受控电源的输出也有电压源输出和电流源输出两种。因此,受控电源共有四种:电压控制电压源(voltage controlled voltage source,VCVS)、电流控制电压源(current controlled voltage source,CCVS)、电压控制电流源(voltage controlled current source,VCCS)和电流控制电流源(current controlled current source,CCCS)。

　　理论上,控制变量对受控电源输出的控制方式可以多种多样,既可以是线性的,也可以是非线性的。在本书所讨论的线性电路中,将只考虑线性受控电源,称为线性受控电源(或理想受控电源),其输出电压或电流与控制它的电压或电流成比例关系,比例系数称为受控电源的控制参数。

　　在电路上为了区别于理想(或称独立)电源,受控电源的输出端图形符号采用菱形,如图 1-4-12 所示。线性受控电源的特性可以由两个线性方程来表征

$$\text{VCVS:}\quad i_1 = 0,\quad u_2 = \mu u_1 \qquad\qquad (1-4-18)$$

$$\text{VCCS:}\quad i_1 = 0,\quad i_2 = g u_1 \qquad\qquad (1-4-19)$$

$$\text{CCVS:}\quad u_1 = 0,\quad u_2 = r i_1 \qquad\qquad (1-4-20)$$

$$\text{CCCS:}\quad u_1 = 0,\quad i_2 = \beta i_1 \qquad\qquad (1-4-21)$$

其中,$\mu$ 量纲为一,称为电压放大系数(或电压传输系数);$g$ 具有电导量纲,称为转移电导(或跨导);$r$ 具有电阻量纲,称为转移电阻;$\beta$ 量纲为一,称为电流放大系数(或电流传输系数)。

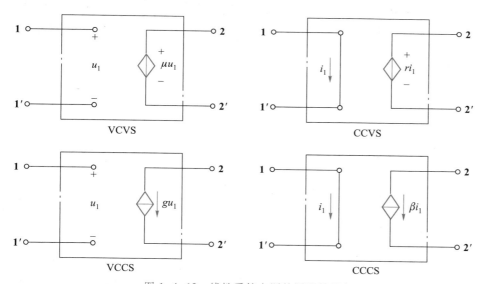

图 1-4-12　线性受控电源的图形符号

　　为了突出受控电源的控制作用,受控电源控制端口(输入端口)或为开路或为短路,因此,在实际电路分析时,为了简化电路图,受控源常常只保留菱形的输出端口,控制输入端口一般不特别画出,而只是在电路中其他支路标出控制变量。

### 1.5　电路的工作状态与电气设备的额定值

#### 1.5.1　电路的工作状态

电路在工作时,所接的负载不同,将处于不同的工作状态,具有不同的特点。电路的工作状态主要有以下三种。

**一、开路工作状态**

当某一部分电路对外连接端断开时,这部分电路外接端没有电流流过,则这部分电路所处的状态称为开路。图1-5-1中开关 $S_1$ 单独断开时, $R_1$ 所在支路开路;开关 $S_2$ 单独断开时, $R_2$ 所在支路开路;若开关 $S_1$ 和 $S_2$ 同时都断开,电源与全部负载断开,则电源工作在开路状态,也称空载状态。电源空载时不输出功率( $P = UI = 0$ ),此时电源的端电压(图1-5-1中为a、b间的电压)称为开路电压(或空载电压),常用符号 $U_{oc}$ 表示,它在数值上等于电源的电动势,即 $U_{oc} = E$ 。

**二、短路工作状态**

当用导线(电阻为0)将某一部分电路的两个外接端直接连接起来时,称这部分电路被短路(或短接)。短路时,短路部分电路的端电压为零。

如图1-5-2所示电路,当开关 $S_1$ 单独闭合时, $R_1$ 被短路;当开关 $S_2$ 单独闭合时, $R_2$ 被短路;当 $S_1$ 和 $S_2$ 同时闭合(或用导线直接将a、b连接起来)时,则电源处于短路工作状态。电源短路工作时,电流比正常工作电流大得多,称为短路

电流 $I_{sc} = \dfrac{U_{oc}}{R_0}$ 。

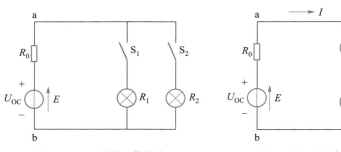

图1-5-1　开路工作状态　　　　　图1-5-2　短路工作状态

一般电压源的内阻 $R_0$ 都很小,所以电源短路时其短路电流很大,很容易烧毁电源,引起事故。产生短路的原因往往是由于绝缘损坏或接线不慎,短路事故是非常严重的事故,在工作中应尽量避免,此外还必须在电路中接入熔断器等短路保护装置,以便发生短路时,过大的电流将熔断器烧断,从而迅速将电源与短路部分电路切断,确保电路其他部分的安全运行。

**三、负载工作状态**

当电源接有负载时,电路中有电流流过,此时的状态称为负载工作状态,如

图 1-5-3 所示,电路中的电流为 $I = \dfrac{U_{OC}}{R_0 + R_L}$。

　　实际工作中电源(包括内阻)往往是确定的,所以电流 $I$ 的数值取决于负载电阻 $R_L$ 的大小。当电路中的电流等于电源或供电线的设计容量(额定电流)时,称为"满载"(或额定状态);当电路中的电流大于额定电流时,称为"过载";当电路中的电流小于额定电流时,称为"欠载"。一般来说,电路不宜工作在过载状态,但短时少量的过载还是可以的,长时过载可能会引起事故的发生,是绝不允许的。为保证电路安全工作,一般需在电路中接入必要的过载保护装置。

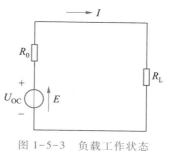

图 1-5-3 　负载工作状态

　　在图 1-5-3 中,$R_L$ 电阻值减小时,电源的输出电流 $I$ 增大,电源的输出功率也增大,这时,称电源的负载增大,因此,实际工作中所谓负载的大小是指负载电流或功率的大小,而不是负载电阻值的大小。

### 1.5.2　电气设备的额定值

　　电气设备(包括导线、开关等)的导电部分都具有一定的电阻,由于电阻的热效应,电流流过时,该电气设备就会发热,电流越大,发热量也越大,电气设备的温升也就越高。如果温升超过允许的数值,电气设备会由于过热,而使其性能变坏,甚至烧毁。例如,导线中流过的电流过大,会使其表面的绝缘材料遭受损坏,达不到绝缘的效果,甚至可能会因短路而引起火灾。

　　电气设备在长期连续运行或规定的工作条件下允许通过的最大电流,称为额定电流,用符号 $I_N$ 表示。

　　根据电气设备所用绝缘材料的耐压程度和允许温升等情况,规定正常工作时的电压,称为额定电压,用符号 $U_N$ 表示。如果所加电压超过额定值过多,绝缘材料可能被击穿。

　　电气设备在额定电压、额定电流下工作时的功率称为额定功率,用 $P_N$ 表示。

　　根据电气设备工作性质的不同,还存在其他一些额定值(电动机有额定转速、额定转矩等)。额定值均用原参数符号加下标 N 表示。

　　电气设备的额定值表明了电气设备的正常工作条件、状态和容量,通常标在设备的铭牌上,在产品说明书中也可以查到。使用电气设备时,一定要注意它的额定值,避免出现不正常的情况和发生事故。

　　在实际使用时,电气设备的实际电压、电流、功率等值不一定等于其额定值,这一点是要引起注意的。

　　表 1-5-1 中给出了当电线周围环境温度为 35 ℃时,明线敷设的塑料绝缘铜心导线的安全载流量。当实际环境温度高于 35 ℃时,导线的安全载流量可乘以表 1-5-2 中的校正系数加以校正。

表 1-5-1　明线敷设的塑料绝缘铜心导线的安全载流量

| 导线截面积/mm² | 0.5 | 1 | 1.5 | 2 | 2.5 | 4 | 6 | 8 | 10 |
|---|---|---|---|---|---|---|---|---|---|
| 安全载流量/A | 8 | 18 | 22 | 26 | 30 | 40 | 50 | 63 | 75 |

表 1-5-2　校正系数表

| 周围空气温度/℃ | 35 | 40 | 45 | 50 | 55 |
|---|---|---|---|---|---|
| 校正系数 | 1.00 | 0.93 | 0.85 | 0.76 | 0.66 |

**例 1-5-1**　有一只白炽灯,标有 220 V/40 W 的字样。问:

(1) 能否将其接到 380 V 的电源上使用?

(2) 若将它接到 127 V 的电源上使用,其实际功率为多少?

**解:**(1) 白炽灯上标有 220 V/40 W 的字样,表示其额定电压为 220 V,额定功率为 40 W,所以不能将其接到 380 V 的电源上使用,否则会因电压过高而烧毁。

(2) 在额定工作电压 220 V 时,白炽灯灯丝的电阻为

$$R = \frac{U_N^2}{P_N} = \left(\frac{220^2}{40}\right) \ \Omega = 1\ 210\ \Omega$$

将它接到 127 V 的电源上时,假设白炽灯的电阻不变(实际上随着电压不同,灯丝温度也不同,所呈现的电阻值也会变化),此时的功率为

$$P = \frac{U^2}{R} = \left(\frac{127^2}{1\ 210}\right) \ W \approx 13.3\ W$$

由此可见,将该灯接到 127 V 的电源上,虽然能安全工作,但白炽灯的亮度不够,其功率不再是 40 W,而只有 13.3 W。

**例 1-5-2**　一额定值为 1 W/100 Ω 的电阻,其额定电流为多少? 使用时,电阻两端可加的最大电压为多少?

**解:**电阻的额定电流为

$$I_N = \sqrt{\frac{P_N}{R}} = \sqrt{\frac{1}{100}}\ A = 0.1\ A$$

所以电阻两端可加的最大电压为

$$U_N = RI_N = (100 \times 0.1)\ V = 10\ V$$

由此可见,我们在选用电阻时,不能只看它的电阻值,还应考虑流过的电流或电阻两端承受的电压,以选取功率相当的电阻元件。

## 1.6　基尔霍夫定律

电路是由电路元件连接而构成的,如果工作信号频率较低,信号波长远远大于电路元件尺寸,这时,信号通过电路元件的时间可以忽略,电路工作过程中信

号在同一个元件上的各个位置都相同,即信号能量被严格约束在电路内部,不会产生电磁能量向外辐射,这类电路称为集中参数电路(或称集总参数电路)。反之,如果电路工作信号频率很高,信号波长与电路元件尺寸相当,这时,信号通过电路元件的时间将不能忽略,电路工作过程中信号在同一元件上不同位置将出现差异,信号能量不再被约束在电路内部而向空间辐射,这类电路称为分布参数电路,分布参数电路一般需要采用电磁场的方式来分析,此分析方法已超出本书范围。

对于集中参数电路,可以用组成电路的各元件伏安特性 VCR(如欧姆定律)约束和电路元件之间连接关系的拓扑约束完全描述电路工作状况。

基尔霍夫定律是由德国物理学家 G.R.基尔霍夫(Gustav Robert Kirchhoff,1824—1887)于 1845 年提出的,描述了集中参数电路的拓扑约束,包括基尔霍夫电压定律和基尔霍夫电流定律。在讨论基尔霍夫定律之前,先介绍几个名词。

支路:电路中的每一分支称为支路,一条支路流过同一个电流,称为支路电流。图 1-6-1 所示电路中有三条支路,三个支路电流分别为 $I_1$、$I_2$、$I_3$。

节点:电路中支路与支路之间的连接点称为节点(实际上,两条支路串联可以等效为一条支路,所以,一般将三条或三条以上支路的连接点称为节点)。图 1-6-1 所示电路中有两个节点:a和 b。

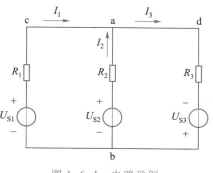

图 1-6-1　电路举例

回路:电路中的任意一个闭合路径称为回路。图 1-6-1 所示电路中有三个回路:abca、abda 和 adbca。

网孔:回路中不包含其他支路的最简单的回路称为网孔。图 1-6-1 所示电路中有两个网孔:abca 和 abda。

## 1.6.1　基尔霍夫电流定律

基尔霍夫电流定律(Kirchhoff's current Law,简称 KCL)是物理学中物质守恒在电路中的体现,对于集中参数电路,电路中既不会产生出"新"的电荷,"原有"的电荷也不会消失,即电路中遵守电荷守恒。把电荷守恒运用于电路中的节点,就得出了基尔霍夫电流定律。

在任一瞬时,流入电路中任一节点的电流之和等于流出该节点的电流之和。

基尔霍夫电流定律也称基尔霍夫第一定律或节点电流定律。在图 1-6-1 中,对节点 a 可以写出 $I_1+I_2=I_3$,也可改写为 $I_1+I_2-I_3=0$。

基尔霍夫电流定律还可以描述为:在任一瞬时,流入(出)电路任一节点的电流代数和恒等于零。如果规定参考方向为流入节点的电流取正号,流出节点的电流取负号,则在任一瞬时,流入任一节点的支路电流为零,记为 $\sum i = 0$。

基尔霍夫电流定律的推广

基尔霍夫电流定律可以应用于包围部分电路的任一假设的闭合面,即在任一瞬间,流入电路中某一闭合面的电流之和等于流出该闭合面的电流之和。例如,图 1-6-2 所示电路,将虚线所示的闭合面看作一个广义的节点,则根据基尔霍夫电流定律可以写出 $I_1+I_2=I_3+I_4$,或写成 $I_1+I_2-I_3-I_4=0$。

**例 1-6-1**　在图 1-6-3 所示电路中,已知 $I_1=3$ A,$I_4=5$ A,$I_5=4$ A。求 $I_2$、$I_3$ 和 $I_6$。

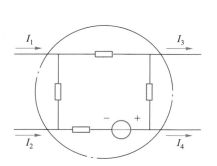

图 1-6-2　基尔霍夫电流定律的推广

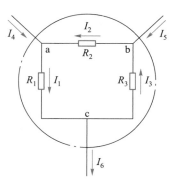

图 1-6-3　例 1-6-1 的图

**解:**应用基尔霍夫电流定律列方程求解,由节点 a 可列方程 $I_2+I_4=I_1$,得

$$I_2 = I_1 - I_4 = -2 \text{ A}$$

由节点 b 可列方程 $I_3+I_5=I_2$,得 $I_3=I_2-I_5=-6$ A。

由虚线所示的广义节点列方程 $I_4+I_5=I_6$,得 $I_6=9$ A。

## 1.6.2　基尔霍夫电压定律

基尔霍夫电压定律(Kirchhoff's voltage law,简称 KVL)是物理学中能量守恒在电路中的体现,本质上,电路是电场的特定形式,而电场是一种有源场,参考点(零电位点)确定以后,电路中任何一点电位在每一瞬间都是确定的。因此,电荷从电路中任何一点出发,沿任意路径返回到原处,电场力所做的功为零,结合电压的概念和上面回路的定义,基尔霍夫电压定律表述为:在任一瞬时,电路任一回路中各段支路电压的代数和恒等于零。

基尔霍夫电压定律也称基尔霍夫第二定律或回路电压定律。其数学表达式为 $\sum u=0$。以图 1-6-1 中的 abca 回路为例,从 a 点为开始,顺时针环行一周,如图 1-6-4 所示,取电位降为正号,电位升为负号,由基尔霍夫电压定律得

$$-I_2R_2 + U_{S2} - U_{S1} + I_1R_1 = 0$$

或改写为　　　　　　　　　　　$$I_1R_1 - I_2R_2 = U_{S1} - U_{S2}$$

基尔霍夫电压定律也可以推广到开口回路,即广义的回路。如图 1-6-5 所示电路,应用基尔霍夫电压定律,以 a 为起点,沿顺时针方向环行一周,则

$$U_{ab} - U_S + IR = 0$$

或写为

$$U_S = IR + U_{ab}$$

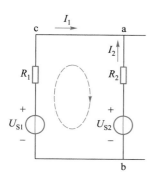

图 1-6-4 基尔霍夫电压定律

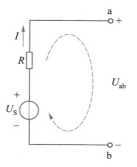

图 1-6-5 基尔霍夫电压定律的推广

应当指出,基尔霍夫定律对于集中参数电路具有普遍适用性,其既适用于线性电路,也适用于非线性电路,同时,在电路工作的任一瞬时,随时间变化的电压和电流都满足基尔霍夫定律的约束。

**例 1-6-2** 图 1-6-6 所示电路中,已知:$U_{S1} = 80$ V,$U_{S2} = 100$ V,$R_1 = 2$ Ω,$I = 5$ A,$I_2 = 2$ A,试用基尔霍夫定律求电阻 $R_2$ 和供给负载 N 的功率。

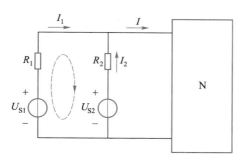

图 1-6-6 例 1-6-2 图

**解:**由 KCL 列方程 $I_1 + I_2 - I = 0$,得

$$I_1 = 3 \text{ A}$$

由 KVL 列方程

$$-U_{S1} + I_1 R_1 - I_2 R_2 + U_{S2} = 0$$

将已知条件带入上述方程

$$-80 + 3 \times 2 - 2R_2 + 100 = 0$$

得

$$R_2 = 13 \text{ Ω}$$

供给负载 N 的功率为

$$P = I(U_{S2} - I_2 R_2) = 370 \text{ W}$$

**例 1-6-3**　求图 1-6-7(a)所示电路中 A 点的电位。

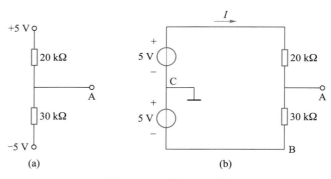

图 1-6-7　例 1-6-3 图

**解:**将图 1-6-7(a)改画成图 1-6-7(b),由图 1-6-7(b)可得

$$I = \frac{(5 + 5)\text{ V}}{(20 + 30)\text{ k}\Omega} = 0.2\text{ mA}$$

$$V_A = U_{AB} + U_{BC} = (30 \times 0.2 - 5)\text{ V} = 1\text{ V}$$

**例 1-6-4**　如图 1-6-8 所示电路,分别求开关 S 断开和闭合时 A 点的电位 $V_A$。

**解:**(1) 当开关 S 断开时,可将图 1-6-8 改画成图 1-6-9(a)所示电路。

$$I = \frac{(12 + 18)\text{ V}}{(20 + 10 + 30)\ \Omega} = 0.5\text{ A}$$

$$V_A = U_{AD} + U_{DC} = 30\ \Omega \times 0.5\text{ A} - 18\text{ V} = -3\text{ V}$$

(2) 当开关 S 闭合时,可将图 1-6-8 改画成图 1-6-9(b)所示电路。

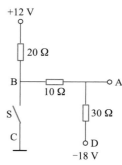

图 1-6-8　例 1-6-4 的图

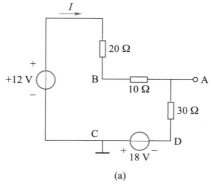

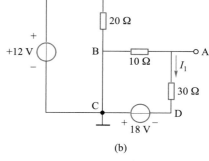

图 1-6-9　例 1-6-4 分解图

$$I_1 = \frac{18 \text{ V}}{(10 + 30) \ \Omega} = 0.45 \text{ A}$$

$$V_A = U_{AD} + U_{DC} = 30 \ \Omega \times 0.45 \text{ A} - 18 \text{ V} = -4.5 \text{ V}$$

## 本章主要概念与重要公式

### 一、主要概念

（1）电路的组成

为完成特定功能,将一些电气设备或元器件按一定方式连接而成以备电流流过的通路称为电路。电路通常都由三大部分组成:电源(或信号源)、负载和中间环节。

（2）电路的功能

电路的功能分为两大类:电能的传输和转换、信号的传递和处理。

（3）电路的基本物理量

电流:单位时间内通过某一导体横截面的电荷量。

电位:电路中某点的电位是单位正电荷在该点所具有的电位(势)能。

电压:电路中两点间的电位差。

电功率:单位时间内消耗的电能。

（4）电流的参考方向

电流是有方向的物理量,电流的方向为正电荷流动的方向。在分析电路前为电流设定一个方向称为参考方向,采用代数量表示电流,若电流值为正,表示电流方向与参考方向一致,若电流值为负,表示电流方向与参考方向相反。在分析过程中,不能变更参考方向。

（5）电压的参考极性(方向)

电压也是有极性或方向的物理量,电压的极性(方向)为高电位点指向低电位点。在分析电路前为电压设定一个极性或方向称为参考极性(方向),采用代数量表示电压,若电压值为正,表示电压极性与参考极性一致,若电压值为负,表示电压极性与参考极性相反。在分析过程中,不能变更参考极性。

（6）关联参考方向

电路中同一支路的电流参考方向从电压参考极性的"+"指向"-"。

（7）电路模型

由理想电路元件构成的能表达实际电路主要电磁性能的模型电路。

（8）理想电路元件

从具有某种确定的电磁性质元器件理想化得到,理想电路元件的特性具有精确的数学定义。

（9）有源电路元件

电路中能向外提供能量的电路元件。

（10）理想电源

理想（独立）电压源：电源两端电压确定，不受流过的电流影响。

理想（独立）电流源：流出电源的电流确定，不受电源两端电压影响。

（11）受控电源

受控电源是一类新型双端口理想电路元件，其输出端口具有电源特性，但输出的电压或电流受输入端口电压或电流的控制。

（12）电路的三种工作状态

开路工作状态、短路工作状态、负载工作状态。

（13）电气设备的额定值

额定电流、额定电压、额定功率。

（14）电源与负载

在电路工作过程中，若某元件的电功率大于零，吸收电能，则表现为负载；在电路工作过程中，若某元件的电功率小于零，向外释放电能，则表现为电源。

（15）基尔霍夫电流定律 KCL

集中参数电路中，任意时刻流入（出）任一节点的所有支路电流代数和为零。

（16）基尔霍夫电压定律 KVL

集中参数电路中，任意时刻沿任一闭合回路的所有支路电压降代数和为零。

## 二、重要公式

（1）电功率

$$p(t) = \begin{cases} u(t) \times i(t) & 关联参考方向 \\ -u(t) \times i(t) & 非关联参考方向 \end{cases}$$

（2）理想元件特性（关联参考方向）

电阻元件：$u = Ri$

电容元件：$i(t) = C\dfrac{\mathrm{d}u(t)}{\mathrm{d}t}$　或　$u(t) = u(t_0) + \dfrac{1}{C}\displaystyle\int_{t_0}^{t} i(\xi)\,\mathrm{d}\xi$

电感元件：$u(t) = L\dfrac{\mathrm{d}i(t)}{\mathrm{d}t}$　或　$i(t) = i(t_0) + \dfrac{1}{L}\displaystyle\int_{t_0}^{t} u(\xi)\,\mathrm{d}\xi$

理想变压器：$\begin{cases} u_1 = n \cdot u_2 \\ i_1 = -\dfrac{1}{n}i_2 \end{cases}$

（3）储能元件的储能

电容元件：$W_C(t) = \dfrac{1}{2}C \cdot u^2(t)$

电感元件：$W_L(t) = \dfrac{1}{2}L \cdot i^2(t)$

（4）KVL：$\sum_{k=1}^{N} u_k = 0$

（5）KCL：$\sum_{k=1}^{N} i_k = 0$

**思考题与习题**

E1-1 电路如题图 E1-1 所示,已知 $R=3\ \Omega$。在下列两种情况下,求流过电阻 $R$ 的电流 $I$ 和 $R$ 两端的电压 $U_{AB}$,并说明其实际方向。

（1）$U_{S1}=6\ V$,$U_{S2}=9\ V$;

（2）$U_{S1}=9\ V$,$U_{S2}=6\ V$。

E1-2 电路如题图 E1-2 所示,在开关 S 合上与打开这两种情况下,求 A、B 两点的电位。

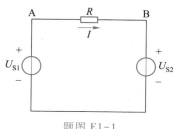

题图 E1-1

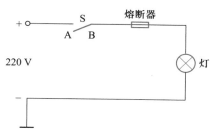

题图 E1-2

E1-3 求题图 E1-3 所示电路中的 $U_{AB}$、$U_{BD}$、$U_{AD}$。

E1-4 电路如题图 E1-4 所示,求各元件的功率,并说明哪些元件是电源,哪些元件是负载。检查电源发出的功率和负载吸收的功率是否平衡。

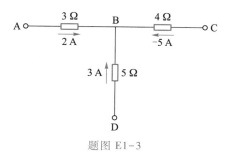

题图 E1-3

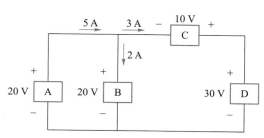

题图 E1-4

E1-5 在题图 E1-5 所示电路中,已知 $I=2\ A$,$U_{S1}=48\ V$,$R_{01}=R_{02}=0.5\ \Omega$,$R_1=6\ \Omega$,$R_2=5\ \Omega$。求 $U_{S2}$ 的大小和方向,并说明在这个电路中哪个电源吸收功率,哪个电源输出功率。

E1-6 在题图 E1-6 所示电路中,已知 AB 段产生的电功率为 500 W,其他三段消耗的电功率分别为 50 W、400 W、50 W,电流方向如图中所示。

（1）试标出各段电路两端电压的极性;

（2）试计算各段电压的数值。

E1-7 一个额定值为 220 V、10 kW 的电阻炉可否接到 220 V、30 kW 的电源上使用? 如果将它接到 220 V、5 kW 的电源上,情况又如何?

31

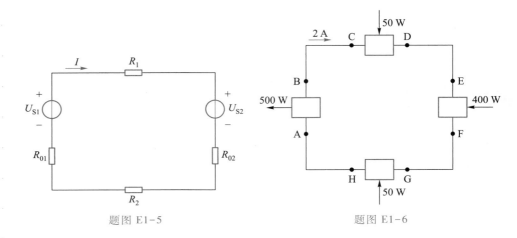

题图 E1-5　　　　　　　　　　　　题图 E1-6

E1-8　某电路需要一只 1 kΩ/1 W 的电阻元件，但手边只有 $\frac{1}{2}$ W 的 250 Ω、500 Ω、750 Ω、1 kΩ 的电阻多只。怎样连接才能符合阻值和功率的要求？

E1-9　电路如题图 E1-9 所示，已知 $I_S = 2$ A，$U_S = 10$ V。分别求理想电流源和理想电压源的功率，并说明功率平衡关系。

E1-10　直流电压源的开路电压 $U_S$ 为 230 V，内阻为 $R_0$，经两根电阻为 $R_1$ 的供电线对负载供电，如题图 E1-10 所示。

（1）当接入 $R_{L1}$ 时（开关 $S_1$ 闭合），负载电流 $I_L = 2$ A，电源端电压 $U_1 = 228$ V，负载端电压 $U_2 = 224$ V，求 $R_0$、$R_1$ 和 $R_{L1}$ 的值；

（2）当电路又接入负载 $R_{L2}$ 后（开关 $S_2$ 闭合），总负载电流 $I_L = 10$ A，试问：$U_1$、$U_2$、$I_{L1}$、$I_{L2}$、$R_{L2}$ 各为多少？

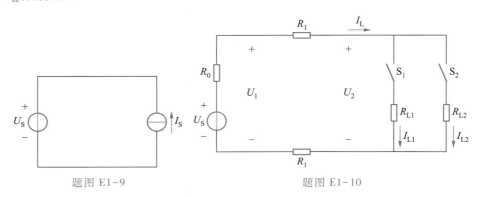

题图 E1-9　　　　　　　　　　　　题图 E1-10

E1-11　在题图 E1-11(a) 所示电路中，电感 $L = 10$ mH，电流 $i(t)$ 的波形如题图 E1-11(b) 所示，试计算 $t \geq 0$ 时的电压 $u(t)$、瞬时功率 $p(t)$，并绘出它们的波形图。

E1-12　题图 E1-12(a) 所示电路中，电容 $C = 2$ μF，电压 $u(t)$ 的波形如题图 E1-12(b) 所示。

（1）试求流过电容的电流 $i(t)$ 及电容的瞬时功率 $p(t)$，并绘出波形图；

（2）当 $t = 1.5$ s 时，电容是吸收功率还是发出功率？其值如何？

E1-13　求题图 E1-13 所示电路中的电流 $I$。

32

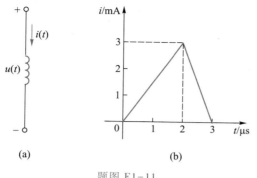

题图 E1-11

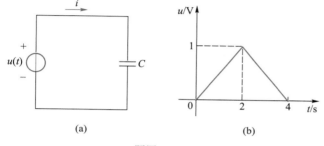

题图 E1-12

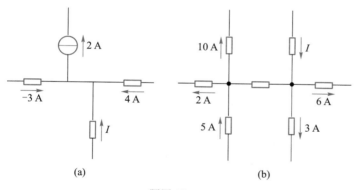

题图 E1-13

E1-14　在题图 E1-14 所示电路中,已知: $U_{S1} = 7$ V, $U_{S2} = 16$ V, $U_{S3} = 14$ V, $R_1 = 16$ Ω, $R_2 = 3$ Ω, $R_3 = 9$ Ω。求:

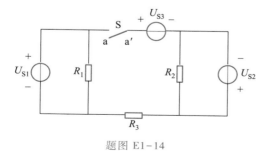

题图 E1-14

33

（1）开关 S 打开时开关两端的电压 $U_{aa'}$；

（2）开关 S 闭合时流过开关的电流，并说明其实际方向。

E1-15　在题图 E1-15 所示电路中，已知：$U_{S1} = 6$ V，$U_{S2} = 10$ V，$R_1 = 4$ Ω，$R_2 = 2$ Ω，$R_3 = 4$ Ω，$R_4 = 1$ Ω，$R_5 = 10$ Ω。求电路中 A、B、C 三点的电位 $V_A$、$V_B$、$V_C$。

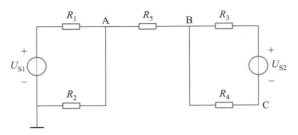

题图 E1-15

E1-16　电路如题图 E1-16 所示，分别求开关 S 断开和闭合时 A 点的电位 $V_A$。

E1-17　在题图 E1-17 所示电路中，求 A 点的电位 $V_A$。

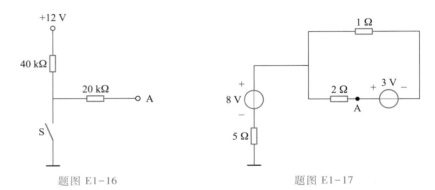

题图 E1-16　　　　　　　　　　　题图 E1-17

E1-18　题图 E1-18 所示电路中（点画线圆内的元件是晶体管），已知：$R_C = 3$ kΩ，$R_E = 1.5$ kΩ，$I_B = 40$ μA，$I_C = 1.6$ mA，求 $I_E$、$U_{CE}$ 和 C 点的电位 $V_C$。

E1-19　题图 E1-19 所示电路中，已知 $I = 2$ A，$U_{AB} = 6$ V，求电阻 $R$ 的值。

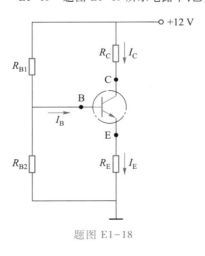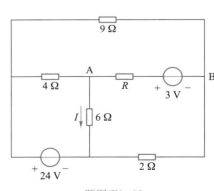

题图 E1-18　　　　　　　　　　　题图 E1-19

E1-20　电路如题图 E1-20 所示,已知: $I_{S1}=2$ A, $I_{S2}=4$ A, $U_{S1}=8$ V, $U_{S2}=5$ V, $U_{S3}=6$ V, $R_1=2$ Ω, $R_2=4$ Ω, $R_3=6$ Ω, $R_4=8$ Ω, $R_5=10$ Ω,求各电源的输出功率。

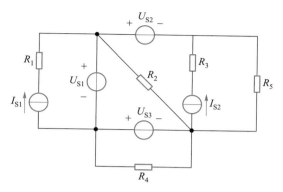

题图 E1-20

E1-21　试求题图 E1-21 所示电路中的电流 $I$ 及各元件的功率。

E1-22　题图 E1-22 所示理想变压器电路中,电源电压 $u_S=12\sin 100t$ V,求 1 kΩ 负载电阻 $R_L$ 两端的电压 $u_L$ 和吸收的功率。

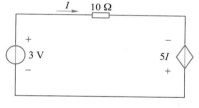

题图 E1-21

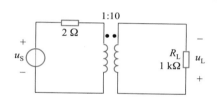

题图 E1-22

E1-23　含受控源的电路如题图 E1-23 所示,试求:

(1) 题图 E1-23(a) 中的 $i_1$ 和 $u_{ab}$;(2) 题图 E1-23(b) 中的 $u_{cb}$。

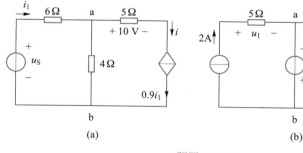

(a)　　　　　　　　(b)

题图 E1-23

E1-24　已知题图 E1-24 电路中, $R=2$ Ω, $i_1=1$ A,求 $i$。

E1-25　已知题图 E1-25 电路中, $u_S=10$ V, $i_1=2$ A, $R_1=4.5$ Ω, $R_2=1$ Ω,求 $i_2$。

E1-26　已知题图 E1-26 所示电路的输入电阻 $R_{ab}=0.25$ Ω,求理想变压器的变比 $n$。

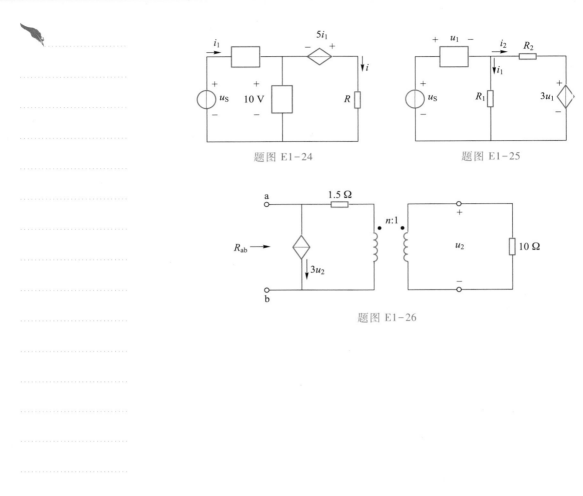

题图 E1-24　　　　　　　　　　　题图 E1-25

题图 E1-26

# 第2章  电路分析的基本方法

本章以直流稳态电路为对象介绍电路分析的基本方法,这些方法可以方便地推广应用到其他电路分析场合,是本课程的重要基础内容。

当电路工作了足够长的时间,电路中的电压和电流在给定的条件下已达到某一稳定值(或稳定的时间函数),这种状态称为电路的稳定工作状态,简称稳态。

如果电路中的激励(即电源)只有直流电压源(恒压源)和直流电流源(恒流源),并且电路在直流电源的激励下已经工作了很长时间,那么电路各处的电压和电流也将趋于恒定,呈现为不随时间变化的直流量。这样的电路称为直流稳态电路。

第 1 章已经指出,对于直流而言,电容相当于开路,电感相当于短路,因此,在直流稳态电路中起作用的无源元件只有电阻(但是,在电路工作的初期未进入稳态时,电容和电感会对电路的工作产生影响,这些内容在第 4 章讨论),故也称为直流电阻电路。

本章的重点是要掌握电路分析的方法,特别是等效电路分析法和节点分析法,这是学习后面各章内容的主要基础。

对于本章所介绍的电路定理,首先要弄清定理适用的条件,理解定理所描述的内容,然后着重学习这些电路定理在电路分析中的应用。

## 2.1 等效电路分析法

在电路分析和计算中,常常可以用简单的等效电路替代复杂的电路部分,从而简化电路结构,方便电路分析。

### 2.1.1 等效电路的概念

一个电路可以分割成若干部分电路,它们通过导线(理想导体)互相连接构成整个电路,各部分电路的对外连接端至少为两个(否则由 KCL 可知,该部分电路与外接电路无电气关联,各自独立工作)。在某些电路的分析与计算问题中,对于部分电路内部的工作情况并不感兴趣,而只关心该部分电路对外接电路的影响,这时这个部分电路就像一个电路元件一样。

如果有两个外接端相同的部分电路 $N_1$ 和 $N_2$,如图 2-1-1 所示,它们分别与任意外接电路 N 组成完整电路后,外接电路 N 的工作状况完全一致,即部分电路 $N_1$ 和 $N_2$ 在电路中的作用完全相同,称这两个部分电路互为等效电路,它们在组成电路时可以互相替换。

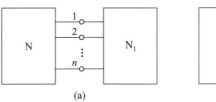
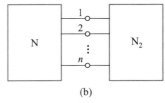

图 2-1-1  等效电路的概念

值得注意的是,等效电路只是它们对外的作用等效,两个等效电路内部一般具有不同的结构,工作情况也不相同,因此,等效电路的等效只对外不对内。在分析电路时,利用等效电路的概念,可以用结构简单的部分电路来替换结构复杂的部分电路(互相等效),从而简化电路。

为方便讨论,仅考虑只有两个端钮与外电路连接的情况,即二端网络。若二端网络中含有电源,称为有源二端网络;若二端网络中不含电源,则称为无源二端网络。图 2-1-2(a)所示电路中的 $R_1$、$R_2$、$U_{S1}$、$U_{S2}$ 组成的部分电路为有源二端网络,用 $N_1$ 表示;$R_3$、$R_4$、$R_5$、$R_6$ 组成的部分电路为无源二端网络,用 $N_2$ 表示。

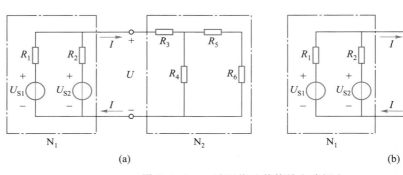

图 2-1-2  二端网络及其等效电路概念

为了确定两个二端网络的等效关系,定义端钮上的电压与电流之间的关系为二端网络的外特性($u$-$i$ 特性),由于二端网络仅仅通过端口的电压和电流与外接电路相互作用,因此,具有相同外特性的两个电路互为等效电路。

图 2-1-2(b)所示电路中用 $N_3$ 表示的电阻 $R$ 与图 2-1-2(a)中的部分电路 $N_2$ 具有相同的外特性,因此,$N_2$ 与 $N_3$ 互为等效电路,它们对 $N_1$ 的作用完全相同,可以互相替换。

由于外接端多于两个的部分电路与外电路之间联系的电压、电流不再只有两个,因而列出完全描述其外特性的表达式(方程)将变得困难,所以一般等效电路分析法通常只用于二端网络。

下面介绍几种电路分析中常用的等效电路。

## 2.1.2  电阻的串联和并联等效

### 一、电阻的串联等效

两个或多个二端元件首尾相接,中间无分叉,这样的连接方式称为串联连接,显然,串联连接的每个元件中流过同一电流。考虑 $n$ 个电阻元件串联连接组成的二端网络 $N_1$,如图 2-1-3(a)所示。

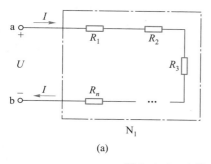 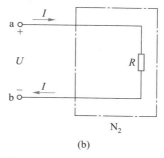

图 2-1-3 电阻串联等效电路

由于每个串联电阻中流过相同的电流 $I$,可以方便地写出 $N_1$ 的外特性

$$U = R_1I + R_2I + R_3I + \cdots + R_nI = (R_1 + R_2 + R_3 + \cdots + R_n)I$$

$$(2-1-1)$$

对于由单个电阻构成的二端网络 $N_2$,如图 2-1-3(b)所示,其外特性为

$$U = RI$$

若使

$$R = R_1 + R_2 + R_3 + \cdots + R_n = \sum_{k=1}^{n} R_k \qquad (2-1-2)$$

则 $N_1$ 与 $N_2$ 的外特性完全相同,即 $N_1$ 与 $N_2$ 是等效的。

> $n$ 个电阻 $R_1,R_2,\cdots,R_n$ 串联等效为一个电阻,其等效电阻值 $R_{eq}$ 等于各串联电阻之和:$R_{eq} = R_1 + R_2 + \cdots + R_n$。

在 $n$ 个电阻串联的电路中,各串联电阻两端的电压分别为 $U_k = R_kI$ ( $k=1,2,\cdots,n$ ),由 KVL 可知,$U_1 + U_2 + \cdots + U_n = U = RI$。因此,每个串联电阻电压都是端口总电压的一部分

$$U_k = \frac{R_k}{R}U = \frac{R_k}{R_1 + R_2 + \cdots + R_n}U \qquad (2-1-3)$$

上式称为串联电阻的电压分配公式。显然,电阻值越大的串联电阻所分得的电压越大,在极端情况下,如果串联电路中存在一个开路元件,则二端网络的总电压将全部分配到该开路元件上。

**例 2-1-1** 图 2-1-4 所示是电阻分压器电路,设输入的信号电压 $U_i$ 为 50 V,$R_1 = 1$ kΩ,$R_2 = 9$ kΩ,问从 ab 端得到的输出电压 $U_o$ 为多少?

**解:**输出电压即为电阻 $R_1$ 上的分压,由式(2-1-3)可得

$$U_o = \frac{R_1}{R_1 + R_2}U_i = 50 \text{ V} \times \frac{1 \text{ Ω}}{(9+1) \text{ Ω}} = 5 \text{ V}$$

例 2-1-1
Multisim 仿真

如果将图 2-1-4 中的两个电阻合为一个电阻 $R$,即 $R=R_1+R_2$。并在 $R$ 上设一个可以滑动的接触点,滑动接触点时,相当于改变 $R_1$ 和 $R_2$ 的比例,而保持 $R=R_1+R_2$ 不变,如图 2-1-5 所示,输出电压跟随接触点滑动而变化。调节接触点可以得到一个从 0 到 $U_i$ 连续可变而极性不变的电压。这种带有中间滑动端的电阻称为电位器。收音机就是用电位器来调节音量(音频输出电压)的大小。

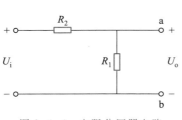 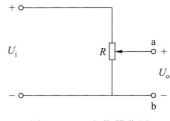

图 2-1-4　电阻分压器电路　　　　　　图 2-1-5　电位器分压

### 二、电阻的并联等效

两个或多个二端元件连接在同一对节点之间,这样的连接方法称为并联连接,显然,并联连接的每个元件具有相同的电压。考虑 $n$ 个电阻元件 $R_1$,$R_2$, $R_3$,$\cdots$,$R_n$ 并联而成的二端网络 $N_1$,图 2-1-6(a)所示。利用 KCL 和欧姆定律,可以得到其外特性

$$I = I_1 + I_2 + \cdots + I_n = \frac{U}{R_1} + \frac{U}{R_2} + \cdots + \frac{U}{R_n} = U\left(\frac{1}{R_1} + \frac{1}{R_2} + \cdots + \frac{1}{R_n}\right) = U\sum_{k=1}^{n}\frac{1}{R_k}$$

$$(2-1-4)$$

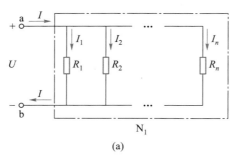

(a)　　　　　　　　　　　　　　　　　(b)

图 2-1-6　电阻并联等效电路

而对图 2-1-6(b)由单一电阻 $R$ 构成的二端网络 $N_2$,其外特性为

$$I = U \cdot \frac{1}{R} \tag{2-1-5}$$

若使

$$\frac{1}{R} = \frac{1}{R_1} + \frac{1}{R_2} + \cdots + \frac{1}{R_n} = \sum_{k=1}^{n}\frac{1}{R_k} \tag{2-1-6}$$

则 $N_1$ 与 $N_2$ 的外特性完全相同，$N_1$ 与 $N_2$ 等效。

> $n$ 个电阻 $R_1, R_2, \cdots, R_n$ 并联等效为一个电阻，等效电阻 $R_{eq}$ 的倒数等于各并联电阻倒数之和：$\dfrac{1}{R_{eq}} = \dfrac{1}{R_1} + \dfrac{1}{R_2} + \cdots + \dfrac{1}{R_n}$。

如果采用电导 $G$ 表示电阻元件的参数，则

> $n$ 个电导 $G_1, G_2, \cdots, G_n$ 并联等效为一个电导，等效电导 $G_{eq}$ 等于各并联电导之和：$G_{eq} = G_1 + G_2 + \cdots + G_n$。

在 $n$ 个电阻并联的电路中，流过各并联电阻的电流分别为 $I_k = U/R_k (k = 1, 2, \cdots, n)$，由 KCL 可知，$I_1 + I_2 + \cdots + I_n = I = U/R$。因此，每个并联电阻电流都是端口总电流的一部分

$$I_k = \frac{R}{R_k}I = \frac{1/R_k}{\displaystyle\sum_{m=1}^{n} \frac{1}{R_m}}I = \frac{G_k}{\displaystyle\sum_{m=1}^{n} G_m}I \qquad (2-1-7)$$

式（2-1-7）称为并联电阻的电流分配公式。显然，电阻值越小的并联电阻所分得的电流越大，在极端情况下，如果并联电路中存在一个短路元件，则二端网络的总电流将全部分配给该短路元件，这种情况在电子技术中称为旁路。

**例 2-1-2** 电路如图 2-1-7 所示，已知 $R_1 = 1\ \Omega$, $R_2 = 3\ \Omega$, $R_3 = 6\ \Omega$, $R_4 = 12\ \Omega$, $R_5 = 6\ \Omega$, $U = 21\ V$，求电路中的电流 $I$。

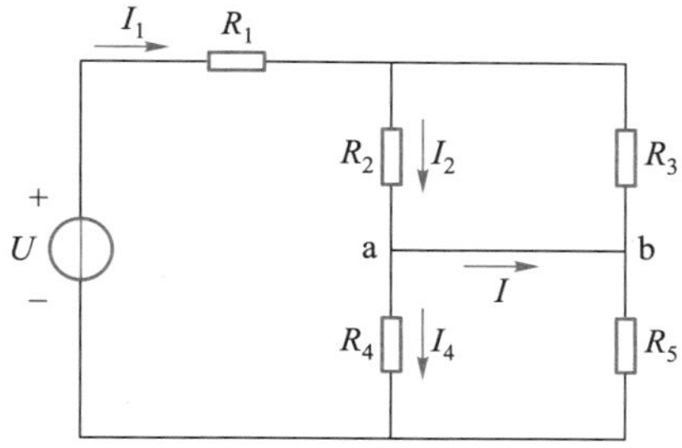

**解：**设电流 $I_1$、$I_2$、$I_4$ 的参考方向如图中所示。应用串、并联等效得

例 2-1-2
Multisim 仿真

图 2-1-7 例 2-1-2 的图

$$I_1 = \frac{U}{R_1 + R_2 /\!/ R_3 + R_4 /\!/ R_5}$$

$$= \frac{21}{1 + \dfrac{3 \times 6}{3 + 6} + \dfrac{12 \times 6}{12 + 6}}\ A$$

$$= 3\ A$$

为了简便，本书常采用"$/\!/$"符号来表示电阻的并联。再应用式（2-1-7）得

$$I_2 = \frac{R_3}{R_2 + R_3}I_1 = \frac{6}{3+6} \times 3\ A = 2\ A \qquad I_4 = \frac{R_5}{R_4 + R_5}I_1 = \frac{6}{12+6} \times 3\ A = 1\ A$$

对节点 a 应用 KCL，得电流

$$I = I_2 - I_4 = (2 - 1)\ A = 1\ A$$

### 三、电阻串并联的特点

1. 电阻串联的特点

（1）流过每个电阻的电流相等。

（2）各串联电阻对总电压进行分压。

（3）等效电阻大于任何一个串联电阻。

2. 电阻并联的特点

（1）所有电阻两端的电压相等。

（2）各并联电阻对总电流进行分流。

（3）等效电阻小于任何一个并联电阻。

### 2.1.3　理想电压源、理想电流源的串联和并联

#### 一、理想电压源的串联等效

$N$ 个理想电压源串联，如图 2-1-8（a）所示，其外特性为

$$u_{ab} = U_{S1} + U_{S2} + \cdots + U_{SN} = U_S \tag{2-1-8}$$

等效成一个数值为 $U_S$ 的理想电压源，如图 2-1-8（b）所示。

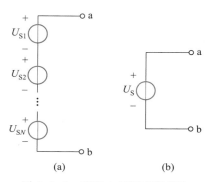

图 2-1-8　理想电压源串联等效

> $N$ 个理想电压源 $U_{S1}$、$U_{S2}$、$\cdots$、$U_{SN}$ 串联，等效为一个理想电压源，等效理想电压源数值等于各串联理想电压源数值的代数和，即：$U_S = U_{S1} + U_{S2} + \cdots + U_{SN}$。

实际工作中电压源串联使用的例子很多，例如，收录机使用 4 节 1.5 V 电池串联来获得 6 V 的电源电压。

#### 二、理想电压源与非电压源支路的并联等效

实际工作中还常常遇到电压源与其他电路并联的情况，如图 2-1-9（a）所示，从外特性等效的观点来看，任何一条非电压源支路与理想电压源并联后，对外连接端口的电压源特性并没有改变，因此，图 2-1-9（a）所示电路等效为图 2-1-9（b）所示的一个等值理想电压源。

值得注意的是，图 2-1-9（b）所示等效电压源中的电流 $I$ 不等于等效前电压源的电流 $I_S$。这是由于等效电路只是外部特性等效，内部工作并不等效。

42

图 2-1-9　理想电压源与非电压源支路并联等效

　　理想电压源与非电压源支路并联等效的一个实际例子是,采用电压源供电的电力系统中,所有用户(负载)都与供电电压源并联连接,但每个用户并不受已经接入电网用户的影响。

　　**例 2-1-3**　电路如图 2-1-10(a)所示,已知 $R_1 = 5\ \Omega$,$R_2 = 18\ \Omega$,$R_3 = 6\ \Omega$,$I_S = 1\ A$,$R = 8\ \Omega$,$U_S = 16\ V$,求电流 $I$。

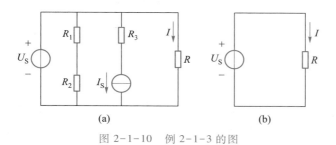

图 2-1-10　例 2-1-3 的图

　　**解**:图 2-1-10(a)所示电路可以等效变换为图 2-1-10(b)所示电路,因此电路中电流

$$I = \frac{U_S}{R} = \frac{16}{8}\ A = 2\ A$$

　　需要特别注意的是,不同数值的理想电压源不能并联连接,否则由并联理想电压源构成的回路因 KVL 约束将出现无穷大电流。实际电路中,将不同数值的电压源并联连接,虽然不会出现无穷大电流,但却会因电流太大而损坏电压源,故应当避免。

　　**三、理想电流源的并联等效**

　　$N$ 个理想电流源并联,如图 2-1-11(a)所示,其外特性为

$$I = I_{S1} + I_{S2} + \cdots + I_{SN} = I_S \tag{2-1-9}$$

等效成一个数值为 $I_S$ 的电流源,如图 2-1-11(b)所示。

　　$N$ 个理想电流源 $I_{S1}$、$I_{S2}$、$\cdots$、$I_{SN}$ 并联,等效为一个理想电流源,等效理想电流源数值等于各并联理想电流源数值的代数和,即:$I_S = I_{S1} + I_{S2} + \cdots + I_{SN}$。

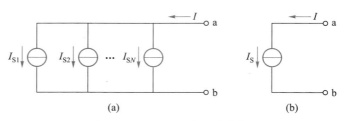

图 2-1-11　理想电流源并联等效

### 四、理想电流源与非电流源支路的串联等效

电路分析中还会遇到理想电流源与其他电路串联的情况,如图 2-1-12(a)所示,从外特性等效的观点来看,任何一条非电流源支路与理想电流源串联后,对外连接端口的电流源特性并没有改变,因此,图 2-1-12(a)所示电路等效为图 2-1-12(b)所示电路。

图 2-1-12　理想电流源与非电流源支路串联等效

值得注意的是,图 2-1-12(b)所示等效电流源中的电压 $U$ 不等于等效前电压源的电压 $U_S$。这是由于等效电路只是外部特性等效,内部工作并不等效。

**例 2-1-4**　电路如图 2-1-13(a)所示,已知 $R_1 = 5$ kΩ,$R_2 = 8$ kΩ,$R_3 = 2$ kΩ,$R_4 = 7$ kΩ,$I_S = 5$ mA,$U_S = 16$ V,求电流 $I_1$。

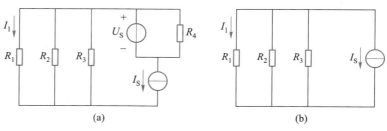

图 2-1-13　例 2-1-4 的图

**解**:图 2-1-13(a)所示电路可以化简为图 2-1-13(b)所示电路。该电路中等效电流源对三个并联电阻供电,$I_1$ 可以用分流公式(2-1-7)求得

$$I_1 = -\frac{G_1}{G_1 + G_2 + G_3}I_S = -\frac{0.2}{0.2 + 0.125 + 0.5} \times 5 \text{ mA} \approx -1.2 \text{ mA}$$

式中,$G_1$、$G_2$、$G_3$ 是相应电阻 $R_1$、$R_2$、$R_3$ 的电导。

需要特别注意的是,不等数值的理想电流源不能串联连接,否则在串联理想电流源的连接点处将因 KCL 约束而使得电流源两端出现无穷大电压,迫使空间导电。实际电路中,将不同数值的电流源并联连接,虽然不会出现无穷大电压,但却会因电压太大而损坏电流源,故应当避免。

### 2.1.4 电源模型的等效变换

理想电压源及理想电流源实际上都是不存在的。在第 1 章中已介绍了实际电源的电压源模型与电流源模型,如图 2-1-14 所示。

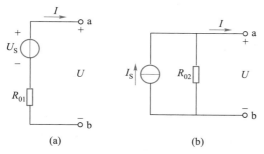

图 2-1-14 实际电源的电压源模型与电流源模型

实际上两种电源模型都是对实际电源的等效,因此,从等效电路的概念出发,电压源模型与电流源模型之间可以进行等效变换,只要对外电路作用相等,即等效变换前后对外电路提供的电压 $U$ 和电流 $I$ 相同。图 2-1-14(a)所示电路的外特性为

$$U = U_S - IR_{01} \qquad (2-1-10)$$

图 2-1-14(b)所示电路的外特性为

$$I = I_S - \frac{U}{R_{02}} \quad \text{或} \quad U = I_S R_{02} - IR_{02} \qquad (2-1-11)$$

要使电压源模型与电流源模型互相等效,它们的外特性必须相等,因此,两种电源模型的等效转换条件为

$$\begin{cases} R_{01} = R_{02} = R_0 \\ U_S = I_S R_0 \end{cases} \qquad (2-1-12)$$

**例 2-1-5** 电路如图 2-1-15(a)所示,已知 $R_1 = R_2 = 2\ \text{k}\Omega$,$R_3 = 4\ \text{k}\Omega$,$I_S = 1\ \text{mA}$,$U_S = 10\ \text{V}$,$U = 3\ \text{V}$,求电阻 $R$。

**解:**将电流源模型($I_S$,$R_1$)变换为电压源模型,如图 2-1-15(b)所示。等效后的电压源电压为 $I_S R_1 = 1\ \text{mA} \times 2\ \text{k}\Omega = 2\ \text{V}$,内阻不变仍为 $R_1$。

对回路 I 应用 KVL,有 $R_3 I_3 + U - U_S = 0$,即,$4I_3 + 3 - 10 = 0$,得 $I_3 = \dfrac{7}{4}\ \text{mA}$。

对回路 II 应用 KVL,有 $-I_3 R_3 + U_S + I_1 R_2 + I_1 R_1 - I_S R_1 = 0$,得 $I_1 = -\dfrac{1}{4}\ \text{mA}$。

根据 KCL 得 $\quad I_R = I_1 + I_3 = \left(\dfrac{7}{4} - \dfrac{1}{4}\right)\ \text{mA} = 1.5\ \text{mA}$。

例 2-1-5
Multisim 仿真

 注意:
不带串联电阻的纯理想电压源(称为无伴电压源)和不带并联电阻的纯理想电流源(称为无伴电流源)之间是不能等效变换的。

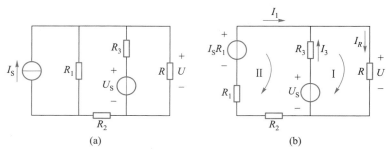

图 2-1-15　例 2-1-5 的图

应用欧姆定律得　　$R = \dfrac{U}{I_R} = \dfrac{3}{1.5}\ \text{k}\Omega = 2\ \text{k}\Omega$。

**例 2-1-6**　电路如图 2-1-16(a)所示,已知 $R_1 = 3\ \Omega, R_2 = 2\ \Omega, R_3 = 12\ \Omega,$ $I_S = 4\ \text{A}, U_S = 6\ \text{V}$,求 $U_{ab}$。

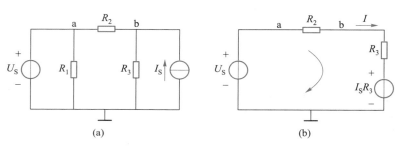

图 2-1-16　例 2-1-6 的图

**解**:由于与理想电压源 $U_S$ 并联的元件不影响电压源的外特性,因此电阻 $R_1$ 不影响外电路,应用有伴电源等效变换将电流源模型($I_S, R_3$)变换为电压源模型,如图 2-1-16(b)所示。

$$I = \frac{-I_S R_3 + U_S}{R_2 + R_3} = \frac{-48 + 6}{12 + 2}\ \text{A} = -3\ \text{A}$$

$$U_{ab} = R_2 I = 2I = -6\ \text{V}$$

**例 2-1-7**　电路如图 2-1-17 所示,已知 $R_1 = 4\ \Omega, R_2 = 2\ \Omega, R_3 = 4\ \Omega, R_4 = 3\ \Omega, R_5 = 5\ \Omega, I_{S1} = 4\ \text{A}, I_{S2} = 3\ \text{A}, U_S = 8\ \text{V}$,求 $R_5$ 支路的电流 $I_5$。

**解**:因为与理想电流源串联的元件不影响电流源的外特性,因此电阻 $R_2$ 不影响电流源 $I_{S1}$ 的外特性。利用电源等效变换将电压源($R_1, U_S$)变换为电流源模型,如图 2-1-18(a)所示。再将并联的电流源等效合并,电阻 $R_1$、$R_2$ 并联等效合并,图 2-1-18(a)所示电路变换为图 2-1-18(b)所示电路。进一步

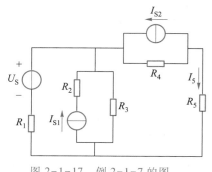

图 2-1-17　例 2-1-7 的图

将电流源变换为电压源,如图2-1-18(c)所示,图中电压源 $U$ 的电压为

$$U = \left( \frac{U_S}{R_1} + I_{S1} \right) \cdot ( R_1 /\!/ R_3 ) = 12 \text{ V}$$

由欧姆定律可得

$$I_5 = \frac{12 - R_4 I_{S2}}{R_1 /\!/ R_3 + R_4 + R_5} = \frac{12 - 9}{2 + 3 + 5} \text{ A} = 0.3 \text{ A}$$

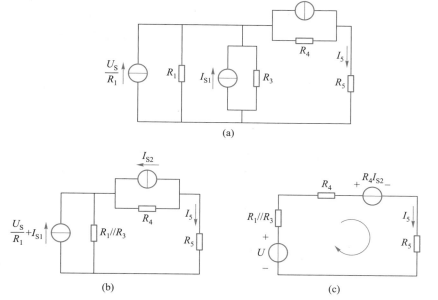

图 2-1-18   例 2-1-7 等效电路变换

## 2.2   电路分析的系统方法

　　利用等效电路的方法可以有效地将分析对象电路从复杂转化为简单,但是,仅仅使用等效并不能完全解决电路的分析问题,而且,有些电路通过等效仍然还具有比较复杂的结构,这时必须采用更加系统的方法才能对电路实施分析。

### 2.2.1   全电路方程

　　一个确定的电路是由确定的电路元件按照确定的拓扑结构连接而成。假设确定的电路具有 $B$ 条支路 $N$ 个节点,其中,每条支路都是一个具有确定电压电流关系(VCR)的元件。分析这样的电路,实际上就是要得出每条支路的电压和电流,其他的物理量都能从支路电压和电流导出,因此,电路分析所要确定的变量为 $2B$ 个( $B$ 个支路电压和 $B$ 个支路电流)。

为了确定 $2B$ 个变量($u_1 u_2 \cdots u_B$, $i_1 i_2 \cdots i_B$),需要建立关于这些变量的 $2B$ 个线性方程组(对于线性电路),从第 1 章可知,对于每条支路对应的元件,都有一个元件外特性所约束的 VCR 方程(共有 $B$ 个)

$$f(u_b, i_b) = 0 \qquad b = 1, 2, \cdots, B \qquad (2-2-1)$$

例如,电阻支路的 VCR 方程为 $u = iR$,电压源支路的 VCR 方程为 $u = u_s$,电流源支路的 VCR 方程为 $i = i_s$。

电路的 $N$ 个节点都受到 KCL 的约束,但是,其中只有 $(N-1)$ 个节点的 KCL 方程是独立的,这样可以得到 $(N-1)$ 个关于支路电流独立的 KCL 方程

$$\sum_{\text{节点}n} i_k = 0 \quad n = 1, 2, \cdots, N-1 \qquad (2-2-2)$$

根据图论的知识,具有 $B$ 条支路 $N$ 个节点的电路,存在且仅存在 $(B-N+1)$ 个独立的回路,针对每一个独立的回路,可以列出一个关于支路电压独立的 KVL 约束方程

$$\sum_{\text{回路}l} u_k = 0 \quad l = 1, 2, \cdots, B-N+1 \qquad (2-2-3)$$

联立上述方程式(2-2-1)~式(2-2-3),构成分析电路全部所需的独立方程,称为全电路方程。通过解方程组可以得出电路每条支路的电压和电流。

**例 2-2-1** 列出图 2-2-1 所示电路的全电路方程。

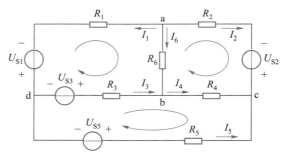

图 2-2-1 例 2-2-1 的图

**解**:电路含有 4 个节点、6 条支路(为简化分析,将有伴电压源视为一条支路),电路应含有 6-4+1=3 个独立的回路,其中的一种独立回路选择如图 2-2-1 所示(回路绕行方向采用顺时针)。

对于 6 条支路列出 VCR 方程

$$\begin{cases} U_{ad} = I_1 R_1 - U_{S1} \\ U_{ac} = I_2 R_2 - U_{S2} \\ U_{bd} = U_{S3} - I_3 R_3 \\ U_{bc} = I_4 R_4 \\ U_{cd} = U_{S5} - I_5 R_5 \\ U_{ab} = I_6 R_6 \end{cases}$$

对于节点 a、b、c 列写 KCL 方程

$$\begin{cases} I_1 + I_2 + I_6 = 0 \\ I_3 - I_4 + I_6 = 0 \\ I_2 + I_4 + I_5 = 0 \end{cases}$$

对于图示的 3 个独立回路列写 KVL 方程

$$\begin{cases} U_{ab} + U_{bd} - U_{ad} = 0 \\ U_{ac} - U_{bc} - U_{ab} = 0 \\ U_{bc} + U_{cd} - U_{bd} = 0 \end{cases}$$

## 2.2.2　支路电流分析法

从上面的例子可以看出,全电路方程虽然可以确定电路的所有支路电压和电流,但是对于规模不是很大的电路,全电路方程组的数量都是很大的,而解方程的工作量随着方程数的增加将呈指数增加,需要采取措施减少方程组的规模。

仔细观察全电路方程,不难发现,利用 VCR 方程,实际上已经将支路电压都表示成了支路电流的函数,因此,如果将各支路电流作为基本变量(或称中间变量),将元件特性约束 VCR 直接代入到 KVL 方程中,这样得到仅仅含有支路电流变量($B$ 个变量)的 KCL 和 KVL 方程组($B$ 个方程),就可首先解出电路中各支路电流,然后再由 VCR 确定支路电压。

仍然以图 2-2-1 所示电路为例,说明支路电流法的分析步骤。

(1)选定各支路电流的参考方向及回路的绕行方向,如图所示。

(2)列写独立的 KCL 方程

$$\begin{cases} I_1 + I_2 + I_6 = 0 \\ I_3 - I_4 + I_6 = 0 \\ I_2 + I_4 + I_5 = 0 \end{cases} \tag{2-2-4}$$

(3)列写独立回路的 KVL 方程

在列写 KVL 方程时直接将 VCR 的关系应用到每条支路上,得到

$$\begin{cases} \text{回路 abda:} \quad R_6 I_6 - R_3 I_3 + U_{S3} + U_{S1} - R_1 I_1 = 0 \\ \text{回路 acba:} \quad R_2 I_2 - U_{S2} - R_4 I_4 - R_6 I_6 = 0 \\ \text{回路 bcdb:} \quad R_4 I_4 - R_5 I_5 + U_{S5} - U_{S3} + R_3 I_3 = 0 \end{cases} \tag{2-2-5}$$

(4)联立求解上述独立方程(共 6 个),可得到待求的各支路电流。

(5)最后利用 VCR 确定各支路的电压

$$\begin{cases} U_{\mathrm{ad}} = I_1 R_1 - U_{\mathrm{S1}} \\ U_{\mathrm{ac}} = I_2 R_2 - U_{\mathrm{S2}} \\ U_{\mathrm{bd}} = U_{\mathrm{S3}} - I_3 R_3 \\ U_{\mathrm{bc}} = I_4 R_4 \\ U_{\mathrm{cd}} = U_{\mathrm{S5}} - I_5 R_5 \\ U_{\mathrm{ab}} = I_6 R_6 \end{cases}$$

通过设置中间变量的方式,将原本 12 个方程的求解,分成两步,解方程数降低到了 6 个,大大减小了分析工作量。支路电流法是求解复杂电路最基本、最直接的一种方法。

**例 2-2-2**　电路如图 2-2-2 所示,已知 $R_1 = 7\ \Omega$, $R_2 = 11\ \Omega$, $R_3 = 7\ \Omega$, $U_{\mathrm{S1}} = 70\ \mathrm{V}$, $U_{\mathrm{S2}} = 6\ \mathrm{V}$。求支路电流 $I_1$、$I_2$、$I_3$。

**解**:电路只有 2 个节点、3 条支路。

(1)选定各支路电流的参考方向及回路的绕行方向如图 2-2-2 所示。

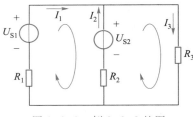

(2)列出独立节点的 KCL 电流方程式

$$I_1 + I_2 - I_3 = 0$$

(3)选取独立回路,列出独立回路的 KVL 电压方程

图 2-2-2　例 2-2-2 的图

$$R_1 I_1 - R_2 I_2 - U_{\mathrm{S1}} + U_{\mathrm{S2}} = 0$$
$$R_2 I_2 + R_3 I_3 - U_{\mathrm{S2}} = 0$$

代入电路参数

$$I_1 + I_2 - I_3 = 0$$
$$7I_1 - 11I_2 - 70 + 6 = 0$$
$$11I_2 + 7I_3 - 6 = 0$$

(4)联立求解以上方程组,得 $I_1 = 6\ \mathrm{A}$; $I_2 = -2\ \mathrm{A}$; $I_3 = 4\ \mathrm{A}$。

(5)最后利用功率平衡校验计算结果是否正确。

$$R_1 I_1^2 + R_2 I_2^2 + R_3 I_3^2 - I_1 U_{\mathrm{S1}} - I_2 U_{\mathrm{S2}}$$
$$= [\,7 \times 6^2 + 11 \times (-2)^2 + 7 \times 4^2 - 6 \times 70 - (-2) \times 6\,]\ \mathrm{W}$$
$$= 0\ \mathrm{W}(功率平衡)$$

### 2.2.3　网孔电流分析法

支路电流分析方法是一种普遍适用的电路分析方法,但是在应用中存在两个问题:一是如何选取独立回路来列写 KVL 方程并没有十分简便有效的方法,虽然可以确定存在 $(B-N+1)$ 个独立的回路,但独立回路的选取却不是唯一的,

例 2-2-2
Multisim 仿真

对于简单电路可以通过观察凭经验来选取,但若电路结构复杂、规模较大时,就难以确定独立回路组;二是当电路规模较大时利用支路电流法分析所列出的方程数仍然较大,解方程工作量较大。

如果分析的电路是平面电路,即电路图上不存在交叉支路,所有电路部分可以完全画在一个平面上,这样的电路就像一张平铺的渔网,网络图论已经证明,平面电路的所有内网孔构成了电路的一组独立回路$[(B-N+1)$个$]$。而这组独立回路可以简单地通过观察得到。

仔细观察支路电流法所列出的方程,其中$(N-1)$个结点 KCL 方程很简单,这些方程实际上说明,电路的 $B$ 个支路电流变量不是一组独立变量,它们相互之间受到 KCL 约束,只有$(B-N+1)$个独立变量。

事实上,平面电路的任一支路或者只存在于一个网孔(电路最外围支路)或者为两个网孔所共有(电路的内部支路),如果假设每个网孔(独立的回路)中有一沿该网孔流通的电流(称为网孔电流),若某支路为一个网孔独有,则该支路电流就是这一网孔电流,如果某支路共存于两个网孔,则该支路电流由两个网孔电流叠加构成。

如图 2-2-3(a)所示的平面电路共有 3 个内网孔,对三个网孔分别设定网孔电流 $I_{m1}$、$I_{m2}$、$I_{m3}$,如图 2-2-3(b)所示,为了方便分析,一般网孔电流统一采用顺(逆)时针方向,显然

$$I_1 = I_{m1}, \quad I_2 = -I_{m2}, \quad I_3 = -I_{m3}$$
$$I_4 = I_{m1} - I_{m3}, \quad I_5 = I_{m1} - I_{m2}, \quad I_6 = I_{m3} - I_{m2} \quad (2-2-6)$$

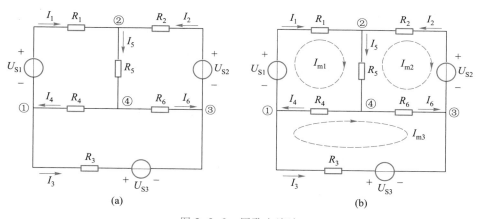

图 2-2-3 网孔电流法

为了规范方程的列写,在列写回路 KVL 方程时,将回路中无源支路的电压降之和列于方程的左边,而方程的右边则列写回路中纯电源支路电压升之和。

回路中无源支路电压降之和 = 回路中纯电源支路电压升之和

$$(2-2-7)$$

对图 2-2-3(b)所示电路中的 3 个内网孔列写 KVL 方程

$$\begin{cases} R_1 I_1 + R_4 I_4 + R_5 I_5 = U_{S1} \\ - R_2 I_2 - R_5 I_5 - R_6 I_6 = - U_{S2} \\ - R_3 I_3 - R_4 I_4 + R_6 I_6 = U_{S3} \end{cases} \quad (2-2-8)$$

如果考虑上面支路电流和网孔电流的关系式(2-2-6),则网孔 KVL 方程可以表示成

$$\begin{cases} (R_1 + R_4 + R_5)I_{m1} - R_5 I_{m2} - R_4 I_{m3} = U_{S1} \\ - R_5 I_{m1} + (R_2 + R_5 + R_6)I_{m2} - R_6 I_{m3} = - U_{S2} \\ - R_4 I_{m1} - R_6 I_{m2} + (R_3 + R_4 + R_6)I_{m3} = U_{S3} \end{cases} \quad (2-2-9)$$

式(2-2-9)称为平面电路的网孔方程组,如网孔电流采用一致的顺时针(或逆时针)选取方法,网孔方程组可以写成下面的标准方式

$$\text{网孔 } k: R_{kk} \cdot I_{mk} + \sum_{j \neq k} R_{kj} I_{mj} = U_{Sk} \quad k = 1, 2, \cdots, M \quad (2-2-10)$$

式中,$M$ 为网孔数($B-N+1$);$I_{mk}$ 为设定的网孔 $k$ 的网孔电流,$R_{kk}$ 为网孔 $k$ 中所有支路电阻之和,称为网孔 $k$ 的自电阻;$R_{kj}$ 为网孔 $k$ 和网孔 $j$ 共有支路电阻之和的负值,称为网孔 $k$ 和网孔 $j$ 的互电阻;$U_{Sk}$ 为沿网孔 $k$ 一周所有纯电源支路电压升之和。

网孔方程式(2-2-10)的基本变量是网孔电流,方程数量和变量数目完全相同,解方程组可以得到网孔电流值,进而可以确定各个支路电流,最后再由 VCR 通过支路电流确定支路电压。

将网孔电流法分析电路的过程总结如下:

(1)设定网孔电流并在电路图上标明,全部网孔电流均选为顺时针(或逆时针)参考方向;

(2)按式(2-2-10)列出网孔方程组;

(3)求解网孔方程组,得到各网孔电流;

(4)根据支路电流与网孔电流的线性组合关系,求得各支路电流;

(5)利用元件特性 VCR 方程,求各支路电压。

**例 2-2-3** 用网孔电流法重新分析例 2-2-2 电路。

**解**:(1)设定网孔电流 $I_{m1}$、$I_{m2}$ 如图 2-2-4 所示。

(2)列写网孔方程组

$$\begin{cases} (R_1 + R_2)I_{m1} - R_2 I_{m2} = U_{S1} - U_{S2} \\ - R_2 I_{m1} + (R_2 + R_3)I_{m2} = U_{S2} \end{cases}$$

(3)代入元件参数值,解网孔方程组

$$\begin{cases} (7+11)I_{m1} - 11I_{m2} = 70-6 \\ - 11I_{m1} + (11+7)I_{m2} = 6 \end{cases} \Rightarrow$$

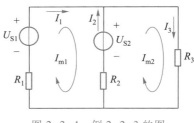

图 2-2-4 例 2-2-3 的图

$$\begin{cases} 18I_{m1} - 11I_{m2} = 64 \\ -11I_{m1} + 18I_{m2} = 6 \end{cases} \Rightarrow \begin{cases} I_{m1} = 6 \text{ A} \\ I_{m2} = 4 \text{ A} \end{cases}$$

（4）求各支路电流

$$I_1 = I_{m1} = 6 \text{ A}; \quad I_2 = I_{m2} - I_{m1} = -2 \text{ A}; \quad I_3 = I_{m2} = 4 \text{ A}$$

从式（2-2-10）可以看到，采用网孔电流分析法分析电路时，宜采用电压源作为电源模型，如果电路中含有伴电流源（带并联电阻），应先利用电源模型的转换使之转化为电压源模型，这一步骤在熟练以后可省略。

如果电路出现无伴电流源（即没有并联电阻），不能通过电源模型转换得到电压源，在列写涉及无伴电流源的网孔电流方程时，将无法直接写出方程右边的电源电压升，而需要将其特别处理。

如果无伴电流源 $I_S$ 为两个内网孔 $j$ 和 $k$ 共有（即处于电路内部），首先为无伴电流源假设一个电压变量（未知量），将其视为电压源，列写网孔电流方程组，方程组中增加了一个为无伴电流源设置的电压变量，需要补充一个方程才能求解方程组。实际上，由于无伴电流源为网孔 $j$ 和 $k$ 共有，在设置一致的网孔电流方向下，无伴电流源的数值就是这两个网孔电流的差，因此，只要补充电源方程 $I_{mj} - I_{mk} = I_S$，即可使方程数等于变量数。

如果无伴电压源 $I_S$ 接在电路最外层，仅仅包含在一个网孔 $j$ 中，网孔 $j$ 的电流就是已知的电流源数值，已经无须求解，因此，对于网孔 $j$ 不必再列写网孔电流方程，而直接写出其数值 $I_{mj} = I_S$。实际上，这种情况减少了所要求解的网孔方程组数量。

**例 2-2-4** 用网孔电流法求图 2-2-5 所示电路中 5 Ω 电阻的功率。

**解**：电路中含有 2 个无伴电流源，一个处于外层，另一个在电路内部。设内部的无伴电流源两端电压为 $U$，同时对 3 个内网孔分别设顺时针方向的网孔电流 $I_1$、$I_2$、$I_3$，如图 2-2-5 所示。

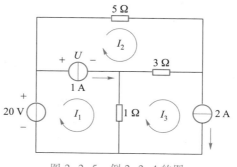

图 2-2-5 例 2-2-4 的图

将 1 A 电流源当作电压源，对网孔 1 和网孔 2 列写网孔方程

$$I_1 - I_3 = 20 - U$$

$$8I_2 - 3I_3 = U$$

对含有外层电流源的网孔 3 直接写出网孔电流值 $I_3 = 2$ A，并代入上述网孔方程中

$$I_1 - 2 = 20 - U$$

$$8I_2 - 3 \times 2 = U$$

53

根据 1 A 电流源的连接方式,补充一个电流源方程:$I_1-I_2=1$ A,解方程得到 $I_2=3$ A,计算电阻功率 $P_{5\,\Omega}=5\times I_2^2=45$ W。

从本质上看,网孔电流分析法是通过选取(假设)网孔电流为中间变量,把 $2B$ 个方程的全电路方程组降低到 $(B-N+1)$ 个网孔方程组,分 3 步分析电路,第 1 步先求取网孔电流(假设的中间变量),第 2 步求解支路电流,第 3 步再求解支路电压。

网孔电流分析法的思想可以推广到非平面电路,这时独立回路不再限定为电路的内网孔,分析电路的中间变量为在每个独立回路中假设的回路电流,这样的分析方法称为回路电流分析法,因此,网孔电流分析法是回路电流法在平面电路中的一个特例。

### 2.2.4　节点电压分析法

在支路电流分析法和网孔电流分析法中均使用电流作为基本分析变量(中间变量),对电路进行分步分析。对于非平面电路,网孔电流分析法虽然可以转换成回路电流分析法,但是,与支路电流分析法一样,如何选取足够数量的独立回路却没有简捷的方法,从而给这两个方法的实施带来了困难。

事实上,在设置中间变量简化全电路方程的过程中,将支路电压作为基本变量也是可行的,只要确定了各支路电压,支路电流完全可以确定。

仔细观察电路的结构,不难发现,电路中每条支路必定接在两个节点之间,支路电压实际上就是该支路所连两个节点的电位差,如果知道了电路中各个节点的电位,则可由节点电位求解所有支路电压和电流。因此,节点电位可以作为简化全电路方程的中间变量,而且,一般电路的节点数总是小于支路数,因此,采用节点电位可以减少电路分析的方程组数量。

**一、节点电压的概念**

电位是一个相对量,选择不同的参考点,电路中各节点电位的数值也随之不同,为此,在电路中选择一个节点作为参考节点,其电位为零,在电路图上用"⊥"标记,那么,所有非参考节点的电位实际上就是该节点与参考节点之间的电压,将其定义为非参考节点的节点电压。将电路中 $(N-1)$ 个节点电压作为中间变量,可以完全确定所有支路电压和支路电流。

值得注意的是,节点电压只有在选定了参考节点后才有意义。因此,采用节点电压分析法分析电路,必须首先在电路中选定参考节点。

**二、节点电压方程**

以一个例子说明以节点电压为基本变量的电路方程组形式。

在图 2-2-6(a)所示电路中,共有 3 个节点,选定 1 个节点作为参考节点后,只有 2 个独立节点(即非参考节点)A、B。列写 KCL 方程

$$节点\ A:I_3=I_1+I_2$$
$$节点\ B:I_3=I_4+I_5$$

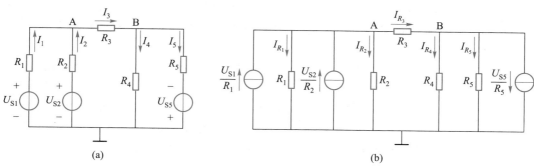

图 2-2-6　节点电压方程的推导

根据欧姆定律,将各个支路电流用节点电压表示

$$I_1 = \frac{U_{S1} - U_A}{R_1}; \quad I_2 = \frac{U_{S2} - U_A}{R_2}; \quad I_3 = \frac{U_A - U_B}{R_3};$$

$$I_4 = \frac{U_B}{R_4}; \quad I_5 = \frac{U_B + U_{S5}}{R_5}$$

将上述各支路电流代入 A、B 两节点电流方程,整理得节点电压方程组

$$\begin{cases} \dfrac{U_A}{R_1} + \dfrac{U_A}{R_2} + \dfrac{U_A - U_B}{R_3} = \dfrac{U_{S1}}{R_1} + \dfrac{U_{S2}}{R_2} \\[3mm] \dfrac{U_B - U_A}{R_3} + \dfrac{U_B}{R_4} + \dfrac{U_B}{R_5} = -\dfrac{U_{S5}}{R_5} \end{cases}$$

从上面推导过程可以看出,节点电压方程是由节点电压表示的 KCL 方程,因此,KCL 是节点电压分析法的基本出发点。

仔细观察上面的节点电压方程,不难看出,如果将电路中所有电压源模型(带有串联电阻的有伴电压源)全部转换为电流源模型,如图 2-2-6(b)所示,则节点电压方程具有下面结构:方程的左边为流出节点的无源支路(电阻)电流总和,而方程的右边为流入节点的纯电源支路电流的总和,即

$$\sum_{\text{流出节点}} I_{Rk} = \sum_{\text{流入节点}} I_{Sk} \qquad (2-2-11)$$

### 三、由观察法快速建立节点电压方程

将节点电压方程做进一步整理,合并每个节点电压变量的系数,得到

$$\begin{cases} \left( \dfrac{1}{R_1} + \dfrac{1}{R_2} + \dfrac{1}{R_3} \right) U_A + \left( -\dfrac{1}{R_3} \right) U_B = \dfrac{U_{S1}}{R_1} + \dfrac{U_{S2}}{R_2} \\[4mm] \left( -\dfrac{1}{R_3} \right) U_A + \left( \dfrac{1}{R_3} + \dfrac{1}{R_4} + \dfrac{1}{R_5} \right) U_B = -\dfrac{U_{S5}}{R_5} \end{cases}$$

在节点 A 的方程左边,节点电压 $U_A$ 的系数为所有连接到节点 A 的电阻支路电导之和,称为节点 A 的自电导,记作 $G_{AA}$;节点电压 $U_B$ 的系数为连接在节点

A 和 B 之间的电阻支路电导之和的负值,称为节点 A 与节点 B 的互电导,记作 $G_{AB}$,如果两个节点之间没有电阻支路直接相连,则相应的互电导为零;显然,$G_{AB} = G_{BA}$。

节点 A 的方程右边的常数项为连接到节点 A 的纯电源支路流入节点 A 的电源电流之代数和,记作 $I_{SA}$;如果没有纯电源支路接到节点 A,则 $I_{SA} = 0$。

节点 B 的方程具有完全相同的结构,因此,可以从电路的组成结构根据节点电压方程的结构特点,通过观察直接列写电路方程,而无须一步一步从电路基本定律去推导节点电压方程。节点电压方程的一般形式为

$$节点\ k: \ G_{kk} \cdot U_k + \sum_{j \neq k} G_{kj} \cdot U_j = I_{Sk} \quad k = 1, 2, \cdots, N - 1$$

$$(2 - 2 - 12)$$

需要注意,采用节点电压法分析电路,电路中电源宜取电流源模型,如果电路中含有电压源(带串联电阻),可利用电源模型的转换使之转化为电流源模型,如图 2-2-6(b)所示,但在熟练以后这种转换也可省略。

**例 2-2-5**　在图 2-2-7 所示电路中设 d 为参考节点,列出各节点电压方程。

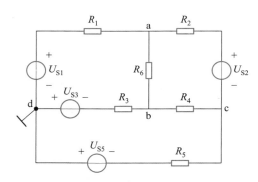

图 2-2-7　例 2-2-5 的图

**解**:该电路有 3 个独立节点 a、b、c。采用观察法直接列写节点电压方程

节点 a:　$\left( \dfrac{1}{R_1} + \dfrac{1}{R_2} + \dfrac{1}{R_6} \right) \cdot U_a - \dfrac{1}{R_6} \cdot U_b - \dfrac{1}{R_2} \cdot U_c = \dfrac{U_{S1}}{R_1} + \dfrac{U_{S2}}{R_2}$

节点 b:　$-\dfrac{1}{R_6} \cdot U_a + \left( \dfrac{1}{R_3} + \dfrac{1}{R_4} + \dfrac{1}{R_6} \right) \cdot U_b - \dfrac{1}{R_4} \cdot U_c = -\dfrac{U_{S3}}{R_3}$

节点 c:　$-\dfrac{1}{R_2} \cdot U_a - \dfrac{1}{R_4} \cdot U_b + \left( \dfrac{1}{R_2} + \dfrac{1}{R_4} + \dfrac{1}{R_5} \right) \cdot U_c = -\dfrac{U_{S2}}{R_2} - \dfrac{U_{S5}}{R_5}$

**例 2-2-6**　列出图 2-2-8 所示电路中各节点方程。

**解**:如图选择参考节点,对 4 个独立节点分别赋予 1、2、3、4 的名称。由观察法列写节点电压方程:

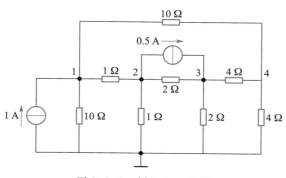

图 2-2-8 例 2-2-6 的图

节点 1：$(1+0.1+0.1)U_1-U_2-0.1U_4=1$

节点 2：$-U_1+(1+1+0.5)U_2-0.5U_3=-0.5$

节点 3：$-0.5U_2+(0.5+0.5+0.25)U_3-0.25U_4=0.5$

节点 4：$-0.1U_1-0.25U_3+(0.1+0.25+0.25)U_4=0$

## 四、弥尔曼定理

如果电路只含有两个节点(单节点偶电路)，所有支路都连接在两个节点之间，如图 2-2-9 所示，则利用节点电压方程可给出节点电压的求解公式。

$$U_{\text{A}}=\frac{\dfrac{U_{\text{S1}}}{R_1}+\dfrac{U_{\text{S2}}}{R_2}+\dfrac{U_{\text{S3}}}{R_3}+\cdots+\dfrac{U_{\text{S}N}}{R_N}}{\dfrac{1}{R_1}+\dfrac{1}{R_2}+\dfrac{1}{R_3}+\cdots+\dfrac{1}{R_N}} \qquad (2-2-13)$$

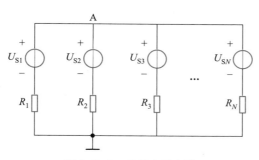

图 2-2-9 单节点偶电路

在电路理论中，该公式称为**弥尔曼定理**。

### 五、无伴电压源的处理

采用节点电压分析法分析电路，如果出现无伴电压源(即没有串联电阻)，不能通过电源模型转换得到电流源模型，在列写涉及无伴电压源的节点电压方程时，将无法直接写出方程右边的电源电流，需要特别处理。

如果无伴电压源 $U_{\text{S}}$ 接在非参考节点 $j$ 和 $k$ 之间，首先为无伴电压源假设一个电流变量(未知量),将其视为电流源,列写节点电压方程组,方程组中增加了一个为无伴电压源设置的电流变量,需要补充一个方程才能求解方程组。实际上,由于无伴电压源接在两个非参考节点之间,而无伴电压源的数值就是这两个节点电压的差,因此,只要补充电源方程 $U_j - U_k = U_S$,即可使方程数等于变量数。

如果无伴电压源 $U_S$ 接在非参考节点 $j$ 和参考节点之间,节点 $j$ 的电压就是已知的电压源数值,已经无须求解,因此,对于节点 $j$ 不必再列写节点电压方程,而直接写出其数值 $U_j = U_S$。这种情况下,实际上减少了所要求解的节点方程组数量,所以在应用节点法分析电路时应尽量将无伴电压源的一端选为参考节点。

**例 2-2-7** 试用节点电压法分析图 2-2-10 所示电路中 4 Ω 电阻的功率。

例 2-2-7
Multisim 仿真

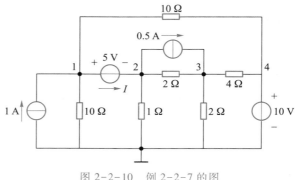

图 2-2-10 例 2-2-7 的图

**解**:电路中含有 2 个无伴电压源,其中 10 V 电压源接在节点 4 与参考点之间,所以节点 4 不必再列节点方程,且 $U_4 = 10$ V。5 V 电压源接在节点 1 和 2 之间,为其假设一个电流 $I$,如图 2-2-10 所示,并将其当作电流源对节点 1、2、3 列写节点方程

$$0.2U_1 - 0.1U_4 = 1 - I$$

$$1.5U_2 - 0.5U_3 = I - 0.5$$

$$-0.5U_2 + 1.25U_3 - 0.25U_4 = 0.5$$

补充电压源方程 $U_1 - U_2 = 5$ V,解方程得 $U_3 = 2.85$ V,计算 4 Ω 电阻的功率

$$P_{4\Omega} = \frac{(U_4 - U_3)^2}{4} = 12.78 \text{ W}$$

## 2.3 电路定理

前面两节讨论了电路分析的基本方法,实际上,许多时候面临的问题并不是要对电路的所有电压电流进行全面分析计算,而可能只关注电路的一个部分,还有的时候需要对电路的不同成分分别研究,这些特殊的情况,都需要区别对待。这一节讨论几个电路定理,这些定理可以简化电路分析的工作,同时还会对认识电路工作机理给出指引。

## 2.3.1 叠加定理

叠加定理是线性电路普遍适用的基本定理,它是线性电路的重要性质之一。

当电路中存在多个理想电源(又称为独立电源)时,电路中各支路电压、电流响应都是这些独立电源共同激励所产生的。对于线性电路,响应电压、电流与激励电源之间满足线性(可加性和齐次性)关系,利用线性关系可将多电源激励的电路问题分解为多个单电源激励的电路问题,这就是叠加定理。

> 包含多个独立电源的线性电路,要确定电路中任意响应电压或电流,可分别计算每个独立电源单独激励(其他独立电源置零)时的响应,总响应为各独立电源单独激励产生响应的代数和。

应用叠加定理可以把一个复杂电路分解成若干简单电路来研究(如图 2-3-1 所示),然后将这些简单电路的研究结果叠加,便可求得原来电路中的电流或电压。

$$I_1 = I_1' + I_1'' \quad I_2 = I_2' + I_2'' \quad I_3 = I_3' + I_3''$$

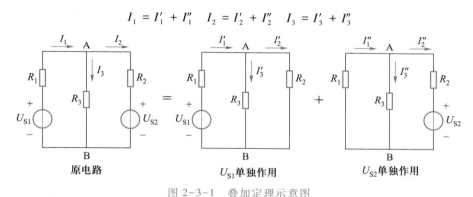

图 2-3-1 叠加定理示意图

**例 2-3-1** 如图 2-3-2(a)所示电路,应用叠加定理求电压 $U$。

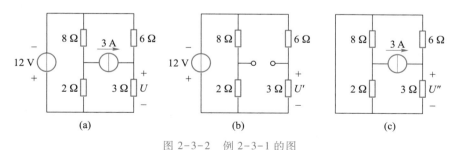

图 2-3-2 例 2-3-1 的图

**解:** (1)12 V 电源单独作用时,3 A 电流源替换为开路,如图 2-3-2(b)所示电路,有

$$U' = -\frac{3}{3+6} \times 12 \text{ V} = -4 \text{ V}$$

(2)3 A 电流源单独作用时,12 V 电压源替换为短路,如图 2-3-2(c)所示

电路,有

$$U'' = 3 \times \frac{6 \times 3}{3 + 6} \text{ V} = 6 \text{ V}$$

（3）叠加确定总响应,可得

$$U = U' + U'' = -4 \text{ V} + 6 \text{ V} = 2 \text{ V}$$

应用叠加定理要注意的问题:

（1）叠加定理只适用于求解线性电路的电压和电流响应。

（2）叠加时只将独立电源分别考虑,电路中其他部分（包括受控电源）的结构和参数不变。

（3）各独立电源单独激励分析时,应保留各支路电流、电压的参考方向。确保最后叠加时各分量具有统一的参考方向。

（4）叠加定理是电路线性关系的应用,由于电路中功率与激励电源的关系为二次函数,不具有线性关系,因此,叠加定理只能用于电压或电流的计算,不能直接用来计算功率。

（5）运用叠加定理求解时也可以把电源分组求解,每个分电路的电源个数可能不止一个,必须保证每个独立电源包含且仅包含在一个分电路中。如图 2-3-3 所示,将独立电源分成电压源与电流源两组。

叠加定理是电路频域分析的理论基础,当线性电路在一个复杂信号激励下,可分别对信号的各个频率分量进行分析,详细内容参考下一章。

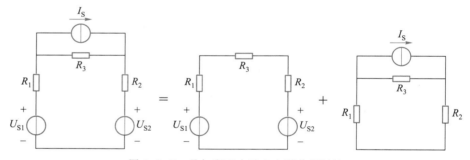

图 2-3-3  叠加定理中独立电源分组讨论

### 2.3.2  替代定理

替代定理是存在唯一解的集中参数电路（线性和非线性）普遍适用的基本定理,在电子技术领域应用十分广泛。

电路中的一个二端网络 $N_1$（可以是一条简单支路,也可以是一个电路部分）与电路 N 构成了具有唯一解的集中参数电路,如图 2-3-4（a）所示,并且已经知道,端口电压、电流为 $u_0$ 和 $i_0$,说明 N 和 $N_1$ 的端口电压电流关系（VCR）曲线相交于 $Q(u_0, i_0)$,称之为工作点。从上几节的分析可知,二端网络的端口电压、电流之间是受到本身特性约束的,相互不独立,也就是说,只要 N 保持不变,工作点上电压和电流就不能任意变化,一旦电压确定,电流也就随之确定,反之亦然。

因此,如果用另一个二端电路结构 $N_1'$ 替代 $N_1$,且保证替代后 $N_1'$ 的电压电流特性曲线过 $Q$ 点,则 N 的内部工作就不会改变。

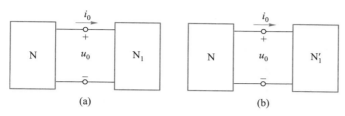

图 2-3-4 替代定理

考虑替代简化电路分析的目的,$N_1'$ 采用最简单的替代结构——电压源或电流源,这样就得到电路普遍适用的替代定理。

> 如果 $N_1$ 的端口电压电流 $u_0$ 和 $i_0$ 已知,则用数值为 $u_0$ 的电压源或数值为 $i_0$ 的电流源替代 $N_1$,电路 N 其余部分的各处工作状态不会改变。

这里必须区别替代定理与等效电路的不同,替代定理是在电路固定的前提下,替代一个已知端口电压电流的分支,对其他部分进行分析;而等效电路方法并不要求被替换的部分端口电压电流已知,两者的等效可以适用于各种电路结构中,并不局限于固定的电路。

**例 2-3-2** 在图 2-3-5(a)所示电路中,已知电阻 $R$ 上的电流为 0.2 A,求电阻 $R$ 的电阻值。

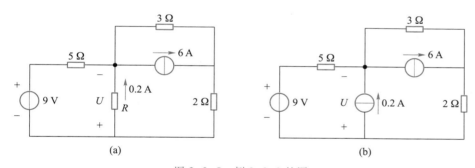

图 2-3-5 例 2-3-2 的图

**解:** 按照图 2-3-5(a),利用等效电路分析方法,不难分析得到 $U = 4$ V,因此,电阻 $R = U/I = 20$ Ω。

现在用替代定理,将已经知道端口电流的电阻 $R$ 用电流源替代,如图 2-3-5(b)所示,在替代后的电路上分析计算电压 $U$,利用叠加定理可以得到

$$U = -9 \times \frac{3+2}{3+2+5} \text{ V} + 6 \times \frac{5 \times 3}{5+2+3} \text{ V} - 0.2 \times \frac{5 \times (3+2)}{5+3+2} \text{ V} = 4 \text{ V}$$

所得到的结果与原电路一致,电阻 $R = U/I = 20$ Ω。

电子系统常在一些关键的电路测试点标注出正常工作时的电压电流值,检

测系统时,直接在测试点注入标准信号(即用电源替代),逐级排查电子系统中的故障位置。这是替代定理的一个典型应用。

### 2.3.3　等效电源定理

在复杂电路中,如果只需要计算某一条支路的电压或电流时,常常使用等效电源定理来简化电路分析,而不需要对整个电路进行全面求解,分析电路时将待求支路从电路中分离出来,其余部分的电路(二端网络)可视为待分析支路的等效电源。等效电源定理包含两个表述形式:戴维南定理和诺顿定理。

**一、戴维南定理**

任何一个有源二端线性网络,对外电路而言,等效成一个数值为 $U_{OC}$ 的理想电压源和阻值为 $R_0$ 的内阻相串联的电压源,如图 2-3-6(b)所示。等效电源的电动势就是有源二端网络的开路电压 $U_{OC}$,即将负载断开后 a、b 两端之间的电压,如图 2-3-6(c)所示;而内阻 $R_0$ 等于把有源二端网络中所有独立电源置零(理想电压源替换为短路,理想电流源替换为开路)后所得到的无源二端网络 $N_0$ 在 a、b 两端看进去的等效电阻,如图 2-3-6(d)所示。

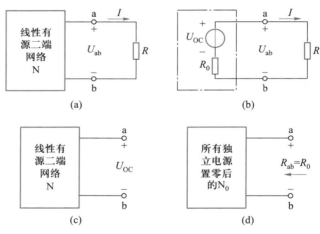

图 2-3-6　戴维南定理

例 2-3-3　电路如图 2-3-7 所示,已知:$R_1 = 20\ \Omega$,$R_2 = 30\ \Omega$,$R_3 = 30\ \Omega$,$R_4 = 20\ \Omega$,$U_S = 10\ V$。当 $R_5 = 10\ \Omega$ 时,求 $I_5$。

解:利用戴维南定理进行计算,将电阻 $R_5$ 作为负载,电路其他部分作为等效电源。首先确定等效电源参数,如图 2-3-8(a)所示,有源二端网络的开路电压 $U_{OC}$ 为

$$U_{OC} = \frac{R_2}{R_1 + R_2}U_S - \frac{R_4}{R_3 + R_4}U_S = 2\ V$$

为确定等效电源内阻,将理想电压源替换为短路,得到如图 2-3-8(b)所示的无源二端网络,则

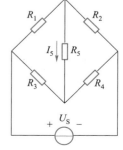

图 2-3-7　例 2-3-3 的图

例 2-3-3
Multisim 仿真

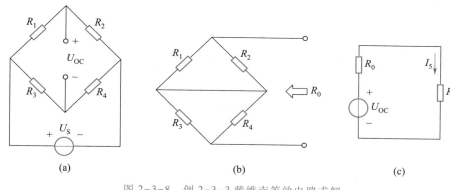

图 2-3-8 例 2-3-3 戴维南等效电路求解

$$R_0 = R_1 /\!/ R_2 + R_3 /\!/ R_4 = 24 \ \Omega$$

最后,将戴维南等效电路应用到原电路得图 2-3-8(c)所示电路

$$I_5 = \frac{U_{OC}}{R_0 + R_5} = \frac{2}{24 + 10} \ A \approx 0.059 \ A$$

**例 2-3-4**  如图 2-3-9(a)所示,当 S 断开时,电压表读出的电压为 18 V;当 S 闭合时,电流表中读出的电流为 1.8 A。试求有源二端网络的戴维南等效电路。

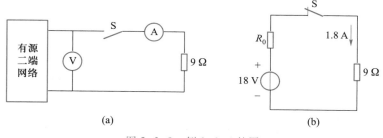

图 2-3-9 例 2-3-4 的图

**解:**如果不考虑电压表的内阻(即电压表内阻为 ∞),则当开关 S 断开时电压表测得的电压即是有源二端网络的开路电压 $U_{OC} = 18 \ V$。

同样地,如果不考虑电流表内阻(即电流表内阻为 0),设有源二端网络等效电阻内阻为 $R_0$,则测量电流时的等效电路如图 2-3-9(b)所示,根据 KVL 有

$$(9 \ \Omega + R_0) \times 1.8 \ A = 18 \ V \qquad R_0 = \left(\frac{18}{1.8} - 9\right) \ \Omega = 1 \ \Omega$$

所以戴维南等效电路的内阻 $R_0 = 1 \ \Omega$。

**二、诺顿定理**

戴维南定理说明,任意有源二端线性网络等效为一个电压源模型,而诺顿定理则将有源二端线性网络等效为一个电流源模型。

任意有源二端线性网络,对外电路而言,等效成一个电流为 $I_{SC}$ 的理想电流源

和阻值为 $R_0$ 的内阻相并联的电流源,如图 2-3-10(b)所示。等效电源中的理想电流 $I_{SC}$ 数值上等于该二端网络的短路电流,等效电源内阻 $R_0$ 等于有源二端网络中所有独立电源置零(理想电压源替换为短路,理想电流源替换为开路)后所得到的无源二端网络 $N_0$ 在 a、b 两端所呈现的等效电阻,如图 2-3-10(d)所示。

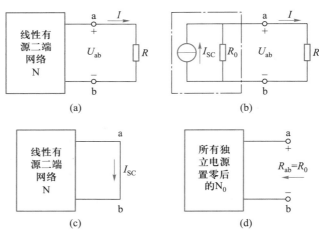

(a)　　　　　　　(b)

(c)　　　　　　　(d)

图 2-3-10　诺顿定理

例 2-3-5
Multisim 仿真

**例 2-3-5**　电路如图 2-3-11 所示,已知 $R_1 = 4\ \Omega, R_2 = 2\ \Omega, R_3 = 10\ \Omega$, $U_{S1} = 12\ V, U_{S2} = 24\ V$。用诺顿定理求电路中电阻 $R_1$ 上的电流 $I$。

**解:**把原电路中除电阻 $R_1$ 以外的部分化简为诺顿等效电路。

第一步:求等效电源的理想电流源 $I_{SC}$。

如图 2-3-12(a)所示,将 ab 两点短路,求其短路电流 $I_{SC}$。

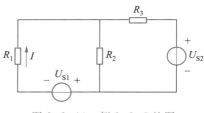

图 2-3-11　例 2-3-5 的图

注意,图 2-3-12(a)所示电路中,ab 两点短路后,虽然理想电压源 $U_{S1}$ 与电阻 $R_2$ 并联,但在分析电路时却不能将 $R_2$ 去掉。

利用电源等效变换可将图 2-3-12(a)中的电压源($U_{S2}, R_3$)转换为电流源,如图 2-3-12(b)所示;将 $R_2$、$R_3$ 并联后,再将电路变换为图 2-3-12(c)所示电路,由图可直接计算短路电流为

$$I_{SC} = -\frac{U_{S1} + \frac{U_{S2}}{R_3} \cdot (R_2 \ /\!/ \ R_3)}{R_2 \ /\!/ \ R_3} = -\frac{12 + 4}{1.67}\ A = -9.58\ A$$

第二步:将有源二端网络中的所有理想电源置零,得到如图 2-3-12(d)所示的无源二端网络,则

$$R_0 = R_2 \ /\!/ \ R_3 = \frac{2 \times 10}{2 + 10}\ \Omega \approx 1.67\ \Omega$$

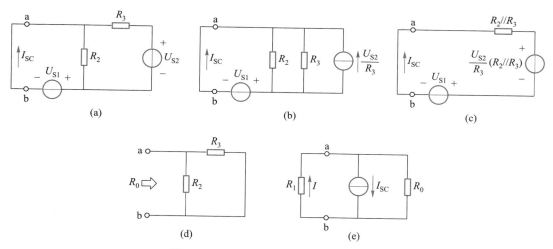

(a)　　　　　　　　(b)　　　　　　　　(c)

(d)　　　　　　　　(e)

图 2-3-12　例 2-3-5 诺顿等效电路求解

第三步：在原电路中二端网络用其诺顿等效电路替换，如图 2-3-12（e）所示，有

$$I = \frac{R_0}{R_1 + R_0} I_{SC} \approx \frac{1.67}{4 + 1.67} \times (-9.58) \text{ A} \approx -2.82 \text{ A}$$

### 三、等效电源电路的求解方法

求解某些简单二端网络的等效内阻时，可以直接用电阻的串并联方法求得，参见例 2-3-5。但是，有些二端网络的电阻不能用简单的串并联方法获得等效内阻，如图 2-3-13 所示电路就无法用串联的方法来求解等效电阻。如果二端网络中还含有受控电源，一般都无法简单地用串并联等效得到等效电源参数。

下面介绍几种常用的求等效电源电路的方法。

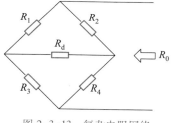

图 2-3-13　复杂电阻网络

### 1. 开路、短路法

先求出有源二端网络端口的开路电压 $U_{OC}$，再求有源二端网络端口的短路电流 $I_{SC}$，如图 2-3-14 所示，则该等效电路参数为

$$U_{OC}, \quad R_0 = \frac{U_{OC}}{I_{SC}} \quad \text{或} \quad I_{SC}, \quad R_0 = \frac{U_{OC}}{I_{SC}}$$

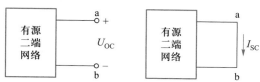

图 2-3-14　开路、短路法求二端网络等效电阻

65

**2. 外加激励法**

在有源二端网络端口处外加激励电压源 $U$（或电流源 $I$），求出端口处的响应电流 $I$（如加电流源激励则求电压响应 $U$）与激励的关系，如图 2-3-15 所示，根据电路线性特性，有

$$U = U_{oc} + R_0 I \quad 或 \quad I = \frac{U}{R_0} - I_{sc}$$

这一关系完全确定了等效电路的参数。

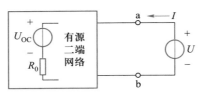 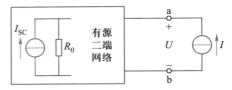

图 2-3-15　外加激励法求二端网络等效电路

**3. 测量法（外接负载法）**

许多情况下，有源二端网络的内部结构可能并不能确切给出（特别是一些复杂的网络），同时有源二端网络也常不允许端口开路或短路（尤其大多数网络不能将端口短路工作，否则将损坏网络内部器件），这时可以采用测量的方法来确定网络的等效电源电路。这也是实验室常用的二端网络参数测量方法。

给有源二端网络外接一个可变负载电阻 $R$，调节负载电阻值，分别在两种不同负载 $R_1$ 和 $R_2$ 时测量端口电压、电流，如图 2-3-16 所示。

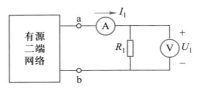 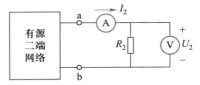

图 2-3-16　测量法求二端网络等效电路

根据戴维南定理，可知两次测量的电压与电流之间满足

$$U_1 = U_{oc} - R_0 I_1 \quad U_2 = U_{oc} - R_0 I_2$$

由这两个关系可以确定等效电路参数

$$R_0 = \frac{U_1 - U_2}{I_2 - I_1} \quad 或 \quad R_0 = \frac{U_2 - U_1}{I_1 - I_2}$$

$$U_{oc} = U_1 + \frac{U_1 - U_2}{I_2 - I_1} I_1 \quad 或 \quad U_{oc} = U_2 + \frac{U_2 - U_1}{I_1 - I_2} I_2$$

$$I_{sc} = I_1 + \frac{I_1 - I_2}{U_2 - U_1} U_2 \quad 或 \quad I_{sc} = I_2 + \frac{I_2 - I_1}{U_1 - U_2} U_2$$

事实上，开路、短路法是外接负载法的一个特例，当 $R_1 = \infty$（开路）时，有 $I_1 =$

$0, U_1 = U_{oc}$;当 $R_2 = 0$（短路）时，有 $U_2 = 0, I_2 = I_{sc}$。

## 2.3.4 最大功率传输定理

对于一个线性有源二端网络，接在它两端的负载电阻不同时，从二端网络传递给负载的功率也不同。单纯从负载获取功率的角度出发，在什么条件下，负载能从电源得到最大的功率呢？

将线性有源二端网络用戴维南或诺顿等效电路代替，如图 2-3-17 所示。

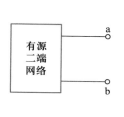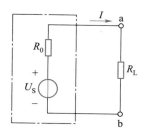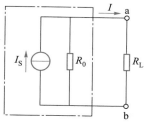

图 2-3-17　有源二端网络向负载传输功率

负载电阻 $R_L$ 从有源二端网络（电源）获得的功率为

$$P_L = R_L \cdot I^2 = R_L \cdot \left( \frac{U_S}{R_0 + R_L} \right)^2 \qquad (2-3-1)$$

当等效电源参数确定时，负载获得的功率与负载电阻值呈二次函数关系，存在一个极值。现在来确定这个极值点，令 $\dfrac{\mathrm{d}P_L}{\mathrm{d}R_L} = 0$，有

$$\frac{\mathrm{d}P_L}{\mathrm{d}R_L} = U_S^2 \left[ \frac{(R_0 + R_L)^2 - 2(R_0 + R_L)R_L}{(R_0 + R_L)^4} \right] = U_S^2 \frac{(R_0 - R_L)}{(R_0 + R_L)^3} = 0$$

唯一极值点为 $R_L = R_0$，由于

$$\left. \frac{\mathrm{d}^2 P_L}{\mathrm{d}R_L^2} \right|_{R_L = R_0} = -\frac{U_S^2}{8R_0^3} < 0$$

说明上面所确定的极值点为最大点，这时负载从等效电源获得最大功率，负载电阻从给定的电源获得最大功率为

$$P_{Lmax} = \frac{U_S^2}{4R_0} \qquad (2-3-2)$$

> 若等效电源确定（$U_S, R_0$），当且仅当负载电阻等于等效电源内阻（即 $R_L = R_0$）时，等效电源向负载传输最大功率，$P_{Lmax} = \dfrac{U_S^2}{4R_0}$。

注意：

最大功率传输定理是在电源确定的前提下，调节负载电阻获得最大功率。如果 $R_L$ 固定，而 $R_0$ 可以改变，则 $R_0$ 越小，$R_L$ 获得的功率会越大。当 $R_0 = 0$ 时，$R_L$ 获得的功率最大。

若采用诺顿等效电路,则负载最大功率可表示为 $P_{\text{Lmax}} = \dfrac{1}{4}I_{\text{S}}^2 R_0$。

**例 2-3-6**　在图 2-3-18 所示电路中,若电阻 $R$ 可变,问 $R$ 等于多大时,它才能从电路中吸取最大功率? 并求此最大功率。

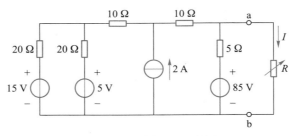

图 2-3-18　例 2-3-6 的图

**解:**利用电源等效变换可以将图 2-3-18 所示电路进行如图 2-3-19 所示的变换。

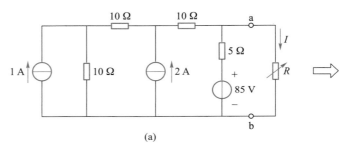

(a)

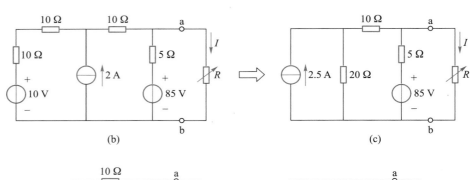

(b)　　　　　　　　　(c)

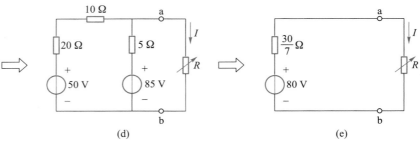

(d)　　　　　　　　　(e)

图 2-3-19　例 2-3-6 的电路变换

由图 2-3-19(e)不难得到,当 $R = \dfrac{30}{7}\ \Omega \approx 4.286\ \Omega$ 时,获得最大功率,其值为

$$P_{R\max} = \dfrac{80^2}{4 \times \dfrac{30}{7}}\ \mathrm{W} \approx 373\ \mathrm{W}$$

## 2.4 含受控电源的电路分析

受控电源的输出端虽然具有电源的性质,但却受到另一支路电压或电流的控制,因此,在分析含有受控电源的线性电路时,不能像独立电源那样处理受控电源,下面分别讨论在各种分析方法中受控电源的处理。

### 一、等效电路分析法中受控电源的处理

受控电源输出端既然具有电源的性质,在作电路等效变换时,就可以按照两种电源模型的转换方法,根据需要进行适当的电源模型变换。

但是,由于受控电源的控制量对于输出起着控制作用,一旦控制量消失(被变换掉),则受控电源的输出将无法确定。因此,在电路等效变换过程中,必须确保每个受控电源的控制量不会消失。由于这个原因,对于含受控电源的电路,一般比较少使用等效变换改变其结构。

### 二、网孔电流分析法和节点电压分析法中受控电源的处理

由于受控电源的输出并不是确定值,包含了控制变量,所以在列写电路方程时,多出了控制变量,必须补充方程,才能使方程组完备。事实上,受控电源的控制量本身必然是电路中的某个电压或电流,因此,总能利用 KCL、KVL 和欧姆定律将控制量表示成网孔电流(或节点电压)的线性组合,即控制方程。

归纳起来,当电路中出现受控电源时:

(1)将受控电源输出端口当作独立电源(非确定量),列写网孔电流方程(或节点电压方程)组,这时方程中因每个受控电源而增加了 1 个控制量变量。

(2)为每个受控电源补充 1 个控制方程,即将控制量表示成网孔电流(或节点电压)的线性组合。

(3)联立上述方程,使变量数与方程数一致,求解网孔电流或节点电压。

### 三、叠加定理应用中受控电源的处理

如果电路含有受控电源,在应用叠加定理分析过程中,不仅需要分别考虑独立电源的作用,还必须始终保留着受控电源,换句话说,受控电源不能单独激励电路工作。

**例 2-4-1** 如图 2-4-1 所示电路,已知 $R_1 = R_2 = 2\ \Omega$,$R_3 = 1\ \Omega$,$U_s = 20\ \mathrm{V}$,$I_s = 2\ \mathrm{A}$,应用叠加定理求 $I_1$、$I_2$。

**解:**(1)电压源 $U_s$ 单独激励,如图 2-4-2 所示,则

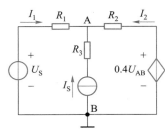

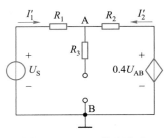

图 2-4-1 例 2-4-1 的图　　　　图 2-4-2 $U_{\mathrm{S}}$ 单独激励

$$I_1' = -I_2'$$

$$U_{\mathrm{AB}} = U_{\mathrm{S}} - R_1 I_1' = 20 - 2I_1' = 0.4U_{\mathrm{AB}} - R_2 I_2'$$

解得 $U_{\mathrm{AB}} = 12.5 \mathrm{~V}, I_1' = 3.75 \mathrm{~A}, I_2' = -3.75 \mathrm{~A}$。

（2）$I_{\mathrm{S}}$ 单独作用，如图 2-4-3 所示。

$$I_1'' + I_2'' = -I_{\mathrm{S}}$$

$$U_{\mathrm{AB}} = -R_1 I_1'' = 0.4U_{\mathrm{AB}} - R_2 I_2''$$

解得 $U_{\mathrm{AB}} = 2.5 \mathrm{~V}, I_1'' = -1.25 \mathrm{~A}, I_2'' = -0.75 \mathrm{~A}$。

（3）将上述结果叠加

$$I_1 = I_1' + I_1'' = (3.75 - 1.25) \mathrm{~A} = 2.5 \mathrm{~A}$$

$$I_2 = I_2' + I_2'' = (-3.75 - 0.75) \mathrm{~A} = -4.5 \mathrm{~A}$$

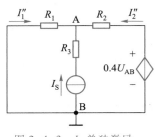

图 2-4-3 $I_{\mathrm{S}}$ 单独激励

#### 四、含受控电源的等效电源电路

如果有源二端网络内含有受控电源，在应用等效电源定理时，在确定了开路电压或短路电流后，为了确定等效电源内阻，将所有独立电源置零，但受控电源必须保留。由于保留了受控电源，较难通过电阻串并联等效来计算等效电阻。因此，对于含有受控电源的有源二端网络，一般直接采用开路、短路法或外加激励法获取等效电源参数。

**例 2-4-2** 电路如图 2-4-4 所示，已知 $R_1 = 6 \mathrm{~\Omega}, R_2 = 4 \mathrm{~\Omega}, U_{\mathrm{S}} = 20 \mathrm{~V}, I_{\mathrm{S}} = 10 \mathrm{~A}$，用戴维南定理求 $I_2$。

**解：**（1）将含 $I_2$ 支路断开，如图 2-4-5(a) 所示，求 a-b 端开路电压 $U_{\mathrm{OC}}$，由图得

$$I_1 = -I_{\mathrm{S}}$$

$$U_{\mathrm{OC}} = U_{\mathrm{S}} - R_1 I_1 = 20 + 6I_{\mathrm{S}} = 80 \mathrm{~V}$$

（2）将含 $I_2$ 支路短路，如图 2-4-5(b) 所示，求 a-b 端短路电流 $I_{\mathrm{SC}}$，由图得

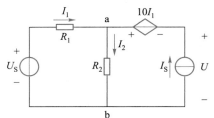

图 2-4-4 例 2-4-2 的图

$$I_{\mathrm{SC}} = I_1 + I_{\mathrm{S}} = \frac{U_{\mathrm{S}}}{R_1} + I_{\mathrm{S}} = \frac{40}{3} \mathrm{~A}$$

（3）由开路电压和短路电流计算等效电阻

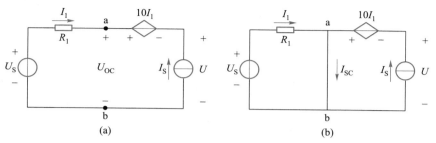

图 2-4-5　例 2-4-2 戴维南等效电路求解

$$R_0 = \frac{U_{OC}}{I_{SC}} = 6\ \Omega$$

（4）将戴维南等效电路代入原电路，如图 2-4-6 所示，计算 $I_2$。

$$I_2 = \frac{U_{OC}}{R_0 + R_2} = \frac{80}{6 + 4}\ A = 8\ A$$

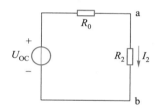

图 2-4-6　例 2-4-2 戴维南等效电路

## 本章主要概念与重要公式

**一、主要概念**

（1）等效电路的概念

两个外接端相同的部分电路在电路中的作用完全相同，称这两个部分电路互为等效电路。等效电路具有相同的外特性，但内部结构并不相同，等效只对外不对内。

（2）串联与并联

串联：多个二端元件首尾相接，所有元件流过同一电流。

并联：多个二端元件都接在同一对节点之间，所有元件具有相同电压。

（3）电阻元件的串并联等效

多个电阻串联等效为阻值是各串联电阻阻值之和的单一电阻。

多个电阻并联等效为电导值是各并联电阻电导值之和的单一电阻。

（4）电源的串并联等效

多个电压源串联等效为单一电压源，其数值为各串联电压源数值的代数和。

多个电流源并联等效为单一电流源，其数值为各并联电流源数值的代数和。

不同数值的电压源不能并联，不同数值的电流源不能串联。

（5）全电路方程

（$N-1$）个节点的 KCL 方程；（$B-N+1$）个独立回路的 KVL 方程；$B$ 个元件外特性所约束的 VCR 方程。

（6）支路电流分析法

以各支路电流作为基本变量（或称中间变量），将元件特性约束 VCR 直接代入到 KVL 方程中，得到仅含有支路电流变量的 KCL 和 KVL 方程组，先解出各支路电流，然后再由 VCR 确定支路电压。

（7）网孔电流分析法

对于平面电路，为每个内网孔设定网孔电流，以网孔电流作为基本变量（或称中间变量），列写网孔方程（KVL）组，解出网孔电流，然后利用网孔电流计算各支路电流，最后再利用 VCR 确定支路电压。

（8）节点电压分析法

设定电路中一个节点为参考节点，以非参考节点的节点电压作为基本变量（或称中间变量），列写节点方程（KCL）组，解出节点电压，然后利用节点电压计算各支路电压，最后再利用 VCR 确定支路电流。

（9）叠加定理

包含多个独立电源的线性电路，要确定电路中任意响应电压或电流，可分别计算每个独立电源单独激励（其他独立电源置零）时的响应，总响应为各独立电源单独激励产生响应的代数和。

（10）替代定理

如果部分电路 $N_1$ 的端口电压电流 $u_0$ 和 $i_0$ 已知，则用数值为 $u_0$ 的电压源或数值为 $i_0$ 的电流源替代 $N_1$，电路其余部分 N 的各处工作状态不会改变。

（11）戴维南定理

任何一个有源二端线性网络，对外电路而言，等效为一个数值为 $U_{oc}$ 的理想电压源和阻值为 $R_0$ 的内阻相串联的电压源。

（12）诺顿定理

任意有源二端线性网络，对外电路而言，等效为一个电流为 $I_{sc}$ 的理想电流源和阻值为 $R_0$ 的内阻相并联的电流源。

（13）最大功率传输定理

若等效电源确定（$U_s$, $R_0$），当且仅当负载电阻等于等效电源内阻，即 $R_L = R_0$ 时，等效电源向负载传输最大功率，$P_{Lmax} = \dfrac{U_s^2}{4R_0}$。

## 二、重要公式

（1）电阻串联等效

$$R_{eq} = R_1 + R_2 + \cdots + R_n$$

（2）串联电阻分压公式

$$U_k = \frac{R_k}{R_{eq}} U = \frac{R_k}{R_1 + R_2 + \cdots + R_n} U$$

（3）电阻并联等效

$$\frac{1}{R_{eq}} = \frac{1}{R_1} + \frac{1}{R_2} + \cdots + \frac{1}{R_n} \quad 或 \quad G_{eq} = G_1 + G_2 + \cdots + G_n$$

（4）并联电阻分流公式

$$I_k = \frac{R_{eq}}{R_k}I = \frac{1/R_k}{\sum\limits_{m=1}^{n}\frac{1}{R_m}}I = \frac{G_k}{G_{eq}}I$$

（5）网孔电流方程的一般形式

$$网孔\ k: R_{kk}\cdot I_{mk} + \sum_{j\neq k}R_{kj}I_{mj} = U_{Sk} \quad k = 1,2,\cdots,M$$

（6）节点电压方程的一般形式

$$节点\ k: G_{kk}\cdot U_k + \sum_{j\neq k}G_{kj}\cdot U_j = I_{Sk} \quad k = 1,2,\cdots,N-1$$

（7）弥尔曼定理

$$U_A = \frac{\dfrac{U_{S1}}{R_1} + \dfrac{U_{S2}}{R_2} + \dfrac{U_{S3}}{R_3} + \cdots + \dfrac{U_{SN}}{R_N}}{\dfrac{1}{R_1} + \dfrac{1}{R_2} + \dfrac{1}{R_3} + \cdots + \dfrac{1}{R_N}}$$

（8）最大功率传输定理

$$P_{Lmax} = \frac{U_S^2}{4R_0} = \frac{1}{4}I_S^2 R_0$$

## 思考题与习题

E2-1　如题图 E2-1 所示电路，求电流 $I$ 与电压 $U$。

E2-2　如题图 E2-2 所示电路，已知 $I = 2$ A，$U_{ab} = 6$ V，求 $R$。

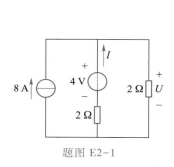

题图 E2-1

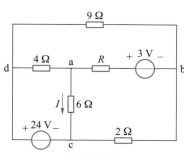

题图 E2-2

E2-3　题图 E2-3 所示电路中，已知 $R_1 = 400\ \Omega$，$R_3 = 600\ \Omega$，$R_6 = 60\ \Omega$，$I_{S2} = 40$ A，$I_{S7} = 36$ A，求 $I_4$ 和 $I_5$。

E2-4　电路如题图 E2-4 所示，求各支路电流。

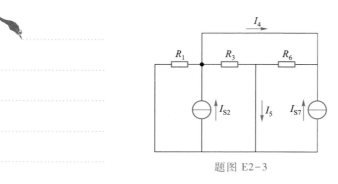

题图 E2-3

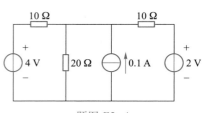

题图 E2-4

E2-5　题图 E2-5 所示电路中，$I_{S1}=2$ A，$I_{S2}=4$ A，$R_1=2$ Ω，$R_2=4$ Ω，$R_3=6$ Ω，$R_4=8$ Ω，$R_5=10$ Ω，求各电源的输出功率。

E2-6　电路如题图 E2-6 所示。（1）$U_S=18$ V，求 $U_2$；（2）若 $U_2=15$ V，求 $I$ 及 $U_S$。

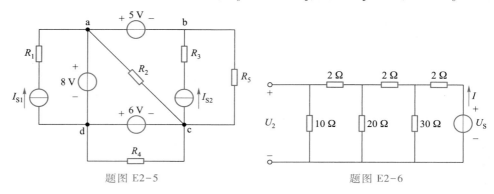

题图 E2-5

题图 E2-6

E2-7　电路如题图 E2-7 所示，求流过 6 Ω 电阻的电流。

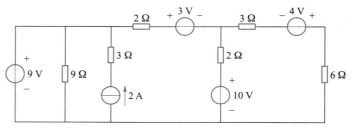

题图 E2-7

E2-8　电路如题图 E2-8 所示，已知 $U_{S1}=20$ V，$U_{S2}=10$ V，$U_{S3}=10$ V，$R_1=R_4=10$ kΩ，$R_2=R_3=R_5=5$ kΩ。求电阻 $R_5$ 两端的电压。

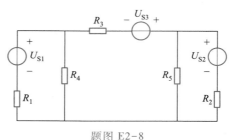

题图 E2-8

E2-9　电路如题图 E2-9 所示,求 b 点电位。

E2-10　电路如题图 E2-10 所示,已知 $I_C = 2.5$ mA,$R_C = 5$ kΩ,$R_L = 10$ kΩ。求电流 $I$。

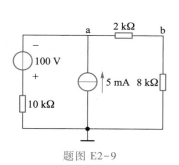

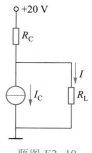

题图 E2-9　　　　　　　　　题图 E2-10

E2-11　已知电路如题图 E2-11(a)(b)所示,从图(a)得知,$U_{ab} = 10$ V,从图(b)得知,a、b 两点之间的短路电流 $I_{SC} = 22$ mA,求有源二端网络 N 的戴维南等效电路。

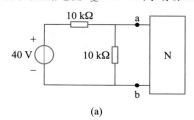

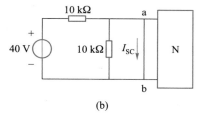

(a)　　　　　　　　　　　　　(b)

题图 E2-11

E2-12　电路如题图 E2-12 所示,求 $I$。

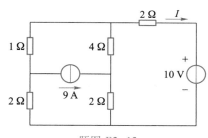

题图 E2-12

E2-13　电路组成及参数如题图 E2-13 所示,设 D 点接地,求 A、B、C 三点的电位。

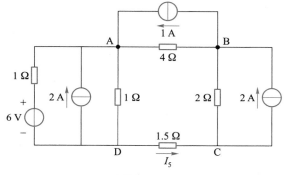

题图 E2-13

E2-14 电路如题图 E2-14 所示,求 $I$。

E2-15 电路如题图 E2-15 所示,已知: $U_{S1} = U_{S2} = U_{S3} = 10$ V, $R_1 = 2$ Ω, $R_2 = R_3 = R_4 = 1$ Ω, $I = 10$ A,求 $U_{S4}$。

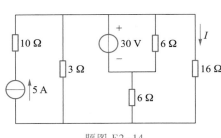

题图 E2-14 　　　　　　　　　　　　题图 E2-15

E2-16 电路如题图 E2-16 所示,已知: $U_S = 5$ V, $I_S = 1$ A, $R_1 = 4$ Ω, $R_2 = 20$ Ω, $R_3 = 3$ Ω, $R_4 = 3$ Ω。用诺顿定理求电阻 $R_4$ 中的电流。

E2-17 电路如题图 E2-17 所示,S 断开时,电压表读数为 18 V;S 闭合时,电流表读数为 1.8 A。试求有源二端网络的戴维南等效电路,并求 S 闭合时的电压表读数。

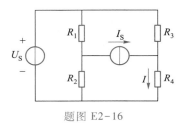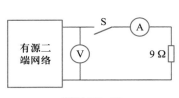

题图 E2-16 　　　　　　　　　　　　题图 E2-17

E2-18 电路如题图 E2-18 所示。(1)S 断开时, $V_A$ 是多少?(2)S 闭合时, $V_A$ 是多少?

E2-19 如题图 E2-19 所示电路,已知 $I_S = 2.8$ A, $R_1 = R_2 = R_3 = 5$ A, $U_{S1} = 12$ V, $U_{S2} = 20$ V。求 $U_3$。

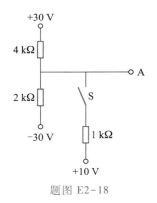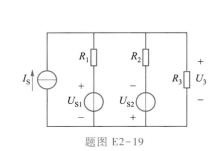

题图 E2-18 　　　　　　　　　　　　题图 E2-19

E2-20 如题图 E2-20 所示电路,求 $U_{ab}$。

E2-21 如题图 E2-21 所示电路,求各支路电流。

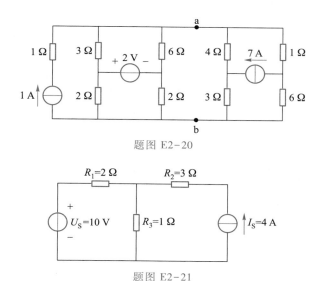

题图 E2-20

题图 E2-21

E2-22 如题图 E2-22 所示电路,节点 1、2、3 的电压分别为 $U_1$、$U_2$、$U_3$,试列出该电路的节点电压方程组。

E2-23 如题图 E2-23 所示电路,用节点电压法求节点 a、b 之间的电压 $U_{ab}$。

E2-24 用节点电压法求解题图 E2-24 所示电路中负载电阻 $R_L$ 两端的电压。

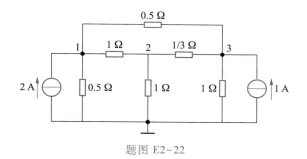

题图 E2-22

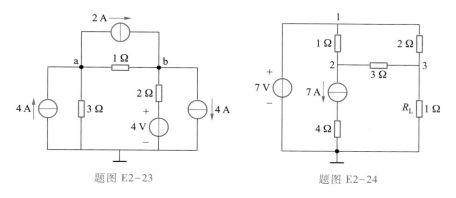

题图 E2-23                    题图 E2-24

E2-25 求题图 E2-25 所示各电路中负载获得最大功率时的 $R_L$ 值及最大功率。

E2-26 题图 E2-26 所示电路中,负载电阻可以任意改变,试问 $R_L$ 等于多大时可获得最大功率?并求出该最大功率 $P_{Lmax}$。

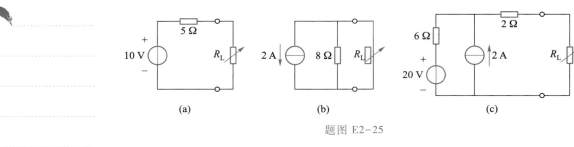

(a)　　　　　　　　　(b)　　　　　　　　　(c)

题图 E2-25

E2-27　试求题图 E2-27 所示有源二端电路的戴维南等效电路。

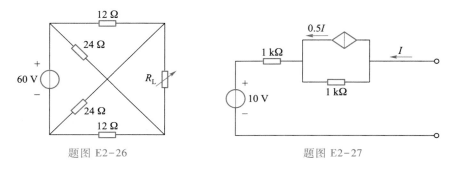

题图 E2-26　　　　　　　　　　　　题图 E2-27

E2-28　试求题图 E2-28 所示电路中的电流 $I$。

E2-29　试求题图 E2-29 所示电路中各支路的电流。

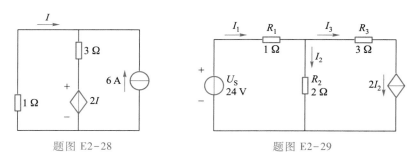

题图 E2-28　　　　　　　　　　　　题图 E2-29

E2-30　在题图 E2-30 所示电路中,已知 $R_1 = 6\ \Omega$, $R_2 = 40\ \Omega$, $R_3 = 4\ \Omega$, $U_S = 6\ V$,求电流 $I_2$。

E2-31　题图 E2-31 所示变压器电路中,为使负载电阻获得最大功率,试问变压器的变比 $n$ 应该为多大?

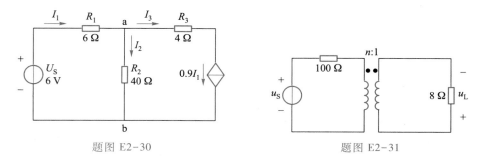

题图 E2-30　　　　　　　　　　　　题图 E2-31

# 第3章 交流稳态电路分析

第 3 章.PPT

本章在上一章介绍的电路分析基本方法基础上,研究一类特殊激励——正弦信号的电路。由于易于产生且便于远距离传输,正弦交流电在工业生产和日常生活中得到广泛应用,交流电机也较直流电机结构简单、成本低、效率高。

所谓正弦稳态电路,是指电路中的激励(电压源或电流源)和在电路中各部分所产生的响应(电压或电流)均是按正弦规律变化的电路,在交流电路中所说的稳态,是指电压和电流随时间变化的函数规律稳定不变。

与直流电路不同,交流电路中电压和电流都是随时间变化的,必须考虑电容和电感的作用,电路方程将从代数方程转变成微分方程,这给分析计算带来困难。利用正弦稳态电路中所有电压、电流均为同频率正弦量的特点,将电路分析的问题转换到相量域中进行,从而将时间域中需要微分方程描述的正弦稳态电路转换到相量域中用代数方程描述。

从信号分析的角度来看,正弦信号是信号空间的基信号,任何现实电路中存在的随时间周期变化的信号均可以按照傅里叶级数(傅里叶变换)将其分解成不同频率正弦量的叠加;线性电路对正弦信号进行加、减、比例(放大)、微分和积分等线性运算后,得到的结果仍然是同频率正弦信号;利用叠加定理,可以将单一频率正弦激励电路的分析推广到任意信号激励下电路分析,这就是现代电路分析中的傅里叶分析方法——频域分析。

本章首先讨论单一频率正弦信号激励下稳态线性电路的相量分析方法,然后对电力系统特有的三相电路进行简单的介绍,最后把相量分析推广到一般非正弦周期电路——谐波分析。

学习本章的重点是要掌握相量的概念及相量分析方法,对照相量域和直流稳态时间域关系,领会各种电路分析方法在相量域中的使用。

正弦稳态功率和功率因数是在正弦稳态电路中提出的新概念,学习中容易出现理解困难的情况,需要加以重视。

谐波分析是一种常用的信号分析手段,不仅要求对高等数学中的定积分计算要熟练运用,还要进行大量的相量(复数)运算,所以在学习过程中应保持细心和耐心。

## 3.1 正弦量的基本概念

正弦电压或电流的值随时间按正弦规律周期变化,图 3-1-1 所示为正弦交流电流的波形,图示波形的正弦电流可以用数学式子表示如下

$$i(t) = I_\mathrm{m}\sin\left[\frac{2\pi}{T}(t + t_0)\right] = I_\mathrm{m}\sin\left(\frac{2\pi}{T}t + \frac{2\pi}{T}t_0\right) = I_\mathrm{m}\sin(\omega t + \theta)$$

$$(3 - 1 - 1)$$

式中,$i(t)$ 为正弦电流的瞬时值,$I_\mathrm{m}$ 为振幅或最大值,$T$ 为正弦函数的周期;三角函数的变量 $(\omega t + \theta)$ 是随时间变化的弧度或角度,称为瞬时相位;$\theta = \frac{2\pi}{T}t_0$ 是 $t = 0$ 时的相位,称为初始相位,简称初相位;$\omega = \frac{2\pi}{T}$ 是相位随时间变化的速率,称为角频率。要完整表示一个正弦电流(或电压),需要确定其周期、振幅和初相位,因此,周期、振幅和初相位也称为正弦量的三要素。

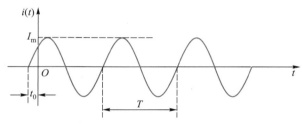

图 3-1-1　正弦交流电流的波形

### 3.1.1　周期和频率

周期函数变化一次所需的时间称为周期,用 $T$ 表示,单位为秒(s)。单位时间内周期函数变化的次数称为频率,用 $f$ 表示,单位为赫兹(Hz),即 $1\ \mathrm{Hz} = 1\ \mathrm{s}^{-1}$。当频率很高时,常用千赫($1\ \mathrm{kHz} = 10^3\ \mathrm{Hz}$)和兆赫($1\ \mathrm{MHz} = 10^6\ \mathrm{Hz}$)为计量单位。

从周期和频率的定义可以看到,频率 $f$ 是周期 $T$ 的倒数,即

$$f = \frac{1}{T}$$

$$(3 - 1 - 2)$$

因为正弦函数在一个周期内相位变化为 $2\pi$ 弧度(rad),所以,正弦量周期 $T$、频率 $f$ 和角频率 $\omega$ 的关系可用下式表示

$$\omega = \frac{2\pi}{T} = 2\pi f$$

$$(3 - 1 - 3)$$

角频率 $\omega$ 的单位是弧度每秒(rad/s),当 $\omega$ 是定值时,图 3-1-1 中的时间轴也可以用角度坐标 $\omega t$ 表示。

**例 3-1-1**　已知某正弦量的频率 $f = 50$ Hz,求其周期 $T$ 和角频率 $\omega$。

**解:**

$$T = \frac{1}{f} = \frac{1}{50}\ \mathrm{s} = 0.02\ \mathrm{s}$$

$$\omega = 2\pi f = 2 \times 3.14 \times 50 \ \text{rad/s} = 314 \ \text{rad/s}$$

### 3.1.2 幅值和有效值

正弦量在任一瞬间的值称为瞬时值,用小写字母表示,如 $i$、$u$ 分别表示电流、电压的瞬时值。正弦量的峰值(最大值)称为振幅,用大写字母加下标 m 表示,如 $I_m$、$U_m$ 分别表示电流、电压的振幅。

正弦电压、电流的数值随时间周期变化,瞬时值和幅值只是在某一特定时刻的取值。为了表征正弦电压、电流在电路中的功率效应,工程上常用有效值来衡量正弦电压或电流的做功能力并度量其"大小"。

如图 3-1-2 所示,将周期电流 $i$ 加载到 1 Ω 电阻,如果在一个周期 $T$ 内,该电阻获得的能量与某直流电流 $I$ 流过它时在相同时间 $T$ 所获得的能量相等,则这一直流电流的数值 $I$ 称为周期电流 $i$ 的有效值。

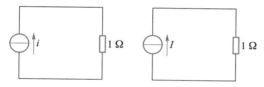

图 3-1-2 正弦电流的有效值

根据定义,$\int_0^T i^2 R \mathrm{d}t = I^2 RT$,因此,周期电流的有效值为

$$I = \sqrt{\frac{1}{T} \int_0^T i^2 \mathrm{d}t} \tag{3-1-4}$$

即有效值等于瞬时值的平方在一个周期内平均值的开方,所以有效值也称为方均根值(root mean square,RMS)。

考虑周期电流为正弦电流,即 $i = I_m \sin(\omega t + \theta)$,则

$$I = \sqrt{\frac{1}{T} \int_0^T I_m^2 \sin^2(\omega t + \theta)\mathrm{d}t} = \sqrt{\frac{I_m^2}{T} \int_0^T \frac{1 - \cos 2(\omega t + \theta)}{2}\mathrm{d}t} = \sqrt{\frac{I_m^2}{T} \frac{1}{2} T} = \frac{I_m}{\sqrt{2}}$$

因此,正弦交流电流的有效值与振幅的关系可简化为

$$\begin{cases} I = \dfrac{I_m}{\sqrt{2}} = 0.707 I_m \\ I_m = \sqrt{2} I = 1.414 I \end{cases} \tag{3-1-5}$$

同理,可以求得正弦交流电压有效值与振幅之间的关系为

$$\begin{cases} U = \dfrac{U_m}{\sqrt{2}} = 0.707 U_m \\ U_m = \sqrt{2} U = 1.414 U \end{cases} \tag{3-1-6}$$

平常所说的交流电压或电流的大小,若无特别说明,均是指有效值。一般交流电压表和电流表的读数也是指有效值。

**例 3-1-2**　设某正弦电压的表达式为 $u = 311\sin(314t)$ V,求其有效值 $U$ 和 $t = 0.1$ s 时的瞬时值。

**解：**
$$U = \frac{U_m}{\sqrt{2}} = \frac{311}{\sqrt{2}} \text{ V} \approx 220 \text{ V}$$

可见,平常所用的 220 V 交流电,其最大值为 311 V。

当 $t = 0.1$ s 时,$u = 311\sin(314t)$ V $= 311\sin 31.4$ V $= 0$ V。

### 3.1.3　相位和相位差

从图 3-1-1 可以看出,正弦量的初相位与所取计时起点有关。由于正弦量的相位是以 $2\pi$ 为周期变化的,因此,初相位的取值范围为 $-\pi \leqslant \theta \leqslant \pi$。在一个线性正弦稳态电路中,所有电压 $u$ 和电流 $i$ 的频率都是相同的,但初相位不一定相同,设电压、电流的表达式为

$$u = U_m\sin(\omega t + \theta_u) \qquad\qquad i = I_m\sin(\omega t + \theta_i)$$

两个同频率正弦量的相位之差称为相位差,用 $\varphi$ 表示。上面 $u$ 和 $i$ 的相位差为

$$\varphi = (\omega t + \theta_u) - (\omega t + \theta_i) = \theta_u - \theta_i \qquad\qquad (3-1-7)$$

式(3-1-7)说明,两个同频率正弦量的相位差就是它们的初相位之差。由于正弦量的周期性,和初相位类似,相位差的取值范围也为 $-\pi \leqslant \varphi \leqslant \pi$。

从图 3-1-3 可见,由于 $\theta_u > \theta_i$,在 $-\pi \leqslant \omega t \leqslant \pi$ 区间,$u$ 比 $i$ 先达到最大值,称在相位上电压超前电流 $\varphi$ 角,或者说电流滞后电压 $\varphi$ 角。如果两正弦量的相位差为 0,称两正弦量同相;如果 $\varphi = \pm\pi$,称两正弦量反相;如果 $\varphi = \pm\dfrac{\pi}{2}$,称两正弦量正交。

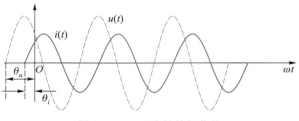

图 3-1-3　正弦量的相位差

在比较两正弦量的相位时,要注意以下几点:

(1)同频率,只有同频率的正弦量才有不随时间变化的相位差。

(2)同函数,在数学上,正弦量既可用正弦函数表示,也可用余弦函数表示,必须化成同一函数(正弦或余弦)才能用式(3-1-7)计算相位差。

（3）同符号，两个正弦量数学表达式前的符号要相同（同为正或负），因为符号不同，则相位相差±180°。

在分析计算交流电路时，往往以某个正弦量为参考量，即将该正弦量的初相位设为零，然后求其他正弦量与该参考量的相位关系。

**例 3-1-3** 某正弦交流电流的有效值 $I = 10$ A，频率 $f = 50$ Hz，初相位 $\theta = \pi/4$，求该电流 $i$ 的表达式和 $t = 2$ ms 时的瞬时值。

**解：**
$$\omega = 2\pi f = 2 \times 3.14 \times 50 \text{ rad/s} = 314 \text{ rad/s}$$

$$I_m = \sqrt{2}I = 10\sqrt{2} \text{ A}$$

$$i = I_m \sin(\omega t + \theta) = 10\sqrt{2} \sin\left(314t + \frac{\pi}{4}\right) \text{ A}$$

当 $t = 2$ ms 时

$$i = 10\sqrt{2} \sin\left(314 \times 2 \times 10^{-3} + \frac{\pi}{4}\right) = 14 \text{ A}$$

**例 3-1-4** 已知两个同频率正弦电压的表达式为 $u_1 = 200\sin(314t+45°)$ V，$u_2 = -100\cos(314t+30°)$ V，求这两个正弦电压的相位差。

**解：** 由于 $u_1$ 和 $u_2$ 的函数形式和符号不同，需先将 $u_2$ 化成与 $u_1$ 同符号、同函数的表达式

$$u_2 = -100\cos(314t + 30°) \text{ V}$$
$$= -100\sin(314t + 30° + 90°) \text{ V}$$
$$= 100\sin(314t + 30° + 90° - 180°) \text{ V}$$
$$= 100\sin(314t - 60°) \text{ V}$$

所以两电压的相位差 $\varphi_{12} = 45° - (-60°) = 105°$，即电压 $u_1$ 比 $u_2$ 超前 105°，或者说电压 $u_2$ 比 $u_1$ 滞后 105°。

## 3.2 正弦量的相量表示法及相量图

振幅、频率和初相位是正弦量三个特征值。表示正弦量有多种方法，如用图 3-1-1 所示的波形图，或用三角函数式表示 $i = I_m \sin(\omega t + \theta)$，考虑数学上的欧拉公式 $e^{j\alpha} = \cos\alpha + j\sin\alpha$，其中 $j = \sqrt{-1}$ 为虚数因子，正弦量 $i$ 可以表示成

$$i(t) = I_m \sin(\omega t + \theta) = \text{Im}\{I_m e^{j(\omega t + \theta)}\} \qquad (3-2-1)$$

式中，$\text{Im}\{\cdot\}$ 表示取虚部。上式表明，正弦量与一个复函数一一对应，可以用复函数表示正弦量。

复数可以通过图形加以表示，设横坐标为实部，纵坐标为虚部，则复数表现为直角坐标系中的一个矢量：矢量的长度为复数的模，矢量与横轴之间的夹角为复数的辐角，如图 3-2-1 所示。

如果矢量的辐角为 $(\omega t + \theta)$，长度为 $I_m$，则该矢量以角速度 $\omega$ 按逆时针方向旋转，

$t=0$ 时旋转矢量的辐角为 $\theta$。这样的旋转矢量在虚轴上的投影正是式(3-2-1)所表示的正弦量,如图 3-2-2 所示。

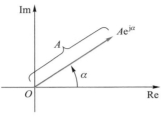
图 3-2-1　复数的矢量表示

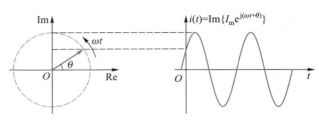
图 3-2-2　正弦量的旋转矢量表示

定义一个复常数,$\dot{I}_m = I_m e^{j\theta} = I_m\underline{/\theta}$,它是旋转矢量在 $t=0$ 时的复数表达。那么

$$i(t) = I_m \sin(\omega t + \theta) = \mathrm{Im}\{\dot{I}_m e^{j\omega t}\} \tag{3-2-2}$$

式中,$e^{j\omega t}$ 称为旋转因子,它反映了旋转矢量逆时针旋转的角速度,对应正弦量随时间变化的快慢。

复数 $\dot{I}_m = I_m e^{j\theta} = I_m\underline{/\theta}$ 称为正弦量 $i(t) = I_m \sin(\omega t+\theta)$ 的振幅相量,它包含了正弦量的振幅与初相位参数,电路分析中还常使用正弦量的有效值相量

$$\dot{I} = I e^{j\theta} = I\underline{/\theta} = \frac{1}{\sqrt{2}}\dot{I}_m \tag{3-2-3}$$

当频率一定时,相量唯一地表征了正弦量。

将同频率正弦量相量画在同一个复平面中(极坐标系统),称为相量图。从相量图中可以方便地看出各个正弦量的大小及它们相互间的相位关系。为方便起见,相量图中一般省略极坐标轴而仅仅画出代表相量的矢量,如图 3-2-3 所示。

**例 3-2-1**　设有两个正弦量 $u_1 = 30\sqrt{2}\sin(\omega t+45°)$ V,$u_2 = 40\sqrt{2}\sin(\omega t-30°)$ V,试求这两个正弦量的振幅相量和有效值相量,并画出其相量图。

**解:**因为两个正弦量的振幅和有效值分别为

$$U_{1m} = 30\sqrt{2} \text{ V}, \quad U_1 = 30 \text{ V}, \quad U_{2m} = 40\sqrt{2} \text{ V}, \quad U_2 = 40 \text{ V}$$

两个正弦量的初相位分别为

$$\theta_1 = 45°, \quad \theta_2 = -30°$$

两个正弦量的相量分别为

$$\dot{U}_{1m} = 30\sqrt{2}\, e^{j45°} \text{ V}, \quad \dot{U}_1 = 30 e^{j45°} \text{ V}$$

$$\dot{U}_{2m} = 40\sqrt{2}\, e^{-j30°} \text{ V}, \quad \dot{U}_2 = 40 e^{-j30°} \text{ V}$$

相量图如图 3-2-4 所示。

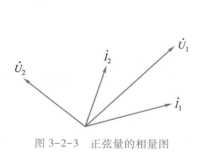

图 3-2-3 正弦量的相量图

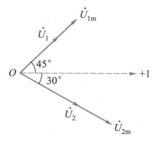

图 3-2-4 例 3-2-1 的相量图

**例 3-2-2** 已知正弦电流 $i_1 = 6\sqrt{2}\sin(\omega t + 30°)$ A，$i_2 = 4\sqrt{2}\sin(\omega t + 60°)$ A，求电流 $i = i_1 + i_2$。

**解：**将已知正弦电流分别用有效值相量表示，并展开为虚部和实部形式

$$\dot{I}_1 = 6e^{j30°}\ \text{A} = (6\cos 30° + j6\sin 30°)\ \text{A} = (5.2 + j3)\ \text{A}$$

$$\dot{I}_2 = 4e^{j60°}\ \text{A} = (4\cos 60° + j4\sin 60°)\ \text{A} = (2 + j3.46)\ \text{A}$$

$$\dot{I} = \dot{I}_1 + \dot{I}_2 = (5.2 + j3)\ \text{A} + (2 + j3.46)\ \text{A} = (7.2 + j6.46)\ \text{A} = 9.67\underline{/41.9°}\ \text{A}$$

$$i = i_1 + i_2 = \text{Im}\{\sqrt{2}(\dot{I}_1 + \dot{I}_2)\cdot e^{j\omega t}\} = 9.67\sqrt{2}\sin(\omega t + 41.9°)\ \text{A}$$

事实上，在单一频率正弦电源激励下的线性电路中，所有稳态响应电压和电流均是正弦激励的线性函数，因此，正弦稳态电路中的电压和电流响应均为与激励同频率的正弦量，其频率是已知的或特定的，分析过程中不会改变，可以不必考虑。

由正弦量的旋转矢量图可以看出，如果两个正弦量频率相同，则矢量旋转的角速度也相同，两个正弦量的关系完全可以由初始时刻的矢量（即相量）关系确定。对正弦稳态线性电路的分析正是对同频率正弦量（激励与响应）关系的分析，借助相量，可以将正弦时间函数的线性运算转化为复常数的线性运算，从而使分析过程简化。

相量（复数）可用极坐标形式或直角坐标形式表示，在进行复数运算时，乘、除运算宜采用极坐标形式，而加、减运算宜采用直角坐标形式。

$$\dot{U}_1 \pm \dot{U}_2 = (U_1\cos\theta_1 + jU_1\sin\theta_1) \pm (U_2\cos\theta_2 + jU_2\sin\theta_2)$$

$$= (U_1\cos\theta_1 \pm U_2\cos\theta_2) + j(U_1\sin\theta_1 \pm U_2\sin\theta_2)$$

$$\frac{\dot{U}}{\dot{I}} = \frac{Ue^{j\theta_u}}{Ie^{j\theta_i}} = \frac{U}{I}e^{j(\theta_u - \theta_i)}$$

由于 $e^{\pm j90°} = \cos 90° \pm j\sin 90° = \pm j$，任一相量乘以 +j 后，该相量逆时针旋转 90°；乘以 -j 后，相量顺时针旋转 90°，因此，虚数因子 j 称为 90°旋转因子。

😊 注意：

相量只是表示正弦量，但并不等于正弦量，正弦量具有振幅、频率和初相位三个特征，而正弦量的相量只有模和辐角两个参数，只能表示出正弦量的振幅和初相位，不能将频率表示出来。

85

## 3.3　单一频率正弦稳态电路分析

### 3.3.1　元件的相量模型

直流稳态电路中,由于激励电源不随时间变化,电容元件等效为开路,电感元件等效为短路,只需考虑电路中的电阻参数。但在正弦稳态电路中,激励电源随时间按正弦规律变化,必须考虑电感和电容的作用。

正弦稳态电路中,元件两端的电压和流过元件的电流同样受到元件特性及基尔霍夫定律的约束,应该注意到,这些约束关系都是线性方程且所有变量都是同频率的正弦量,因此,完全可以用相量来表示这两类约束关系,从而建立电路的相量模型。

**一、电阻元件**

图 3-3-1(a)所示是一个理想的线性电阻电路的时域模型。

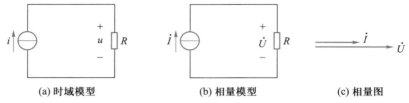

(a) 时域模型　　　　　(b) 相量模型　　　　　(c) 相量图

图 3-3-1　电阻元件的相量模型

设电流源为正弦函数 $i(t) = I_m \sin(\omega t) = \sqrt{2} I \sin(\omega t)$,根据欧姆定律,电阻两端的电压为

$$u = Ri = RI_m \sin(\omega t) = U_m \sin(\omega t) \qquad (3-3-1)$$

由上式可见,电阻元件上的电压与电流的关系为:

(1)电压与电流是同频率的正弦量。

(2)电压与电流的相位相同。

(3)大小关系为 $U = RI$ 或 $U_m = RI_m$。

若电压与电流均用相量来表示,则

$$\dot{U} = R\dot{I} \quad 或 \quad \dot{U}_m = R\dot{I}_m \qquad (3-3-2)$$

上式为电阻元件电压与电流的相量关系,也称为电阻元件欧姆定律的相量形式,式中 $\dfrac{\dot{U}}{\dot{I}} = R = Z_R$,是正弦交流电路中电阻元件的相量域参数,其值与直流电路中的电阻一样,与频率无关。图 3-3-1(b)所示是纯电阻元件的相量模型,图中电压、电流变量用相量表示,元件的参数用相量域参数表示。图 3-3-1(c)是电阻电路中电压、电流的相量图。

## 二、电容元件

图 3-3-2(a)所示是一个理想的线性电容电路的时域模型,其电压、电流的参考方向如图所示。

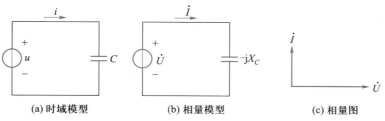

(a) 时域模型　　　　　(b) 相量模型　　　　　(c) 相量图

图 3-3-2　电容元件的相量模型

设加在电容两端的电压为正弦函数 $u = U_m \sin(\omega t) = \sqrt{2}\, U\sin(\omega t)$,根据电容的特性

$$i = C\frac{\mathrm{d}u}{\mathrm{d}t} = C\frac{\mathrm{d}}{\mathrm{d}t}U_m\sin(\omega t) = \omega C U_m\cos(\omega t)$$

$$= I_m\sin(\omega t + 90°) \tag{3-3-3}$$

由上式可见,电容元件上的电压与电流的关系为:

(1) 电压、电流是同频率的正弦量。

(2) 电压的相位滞后电流 90°。

(3) 电压、电流的大小关系为 $I = \omega C U = \dfrac{U}{X_C}$ 或 $I_m = \omega C U_m = \dfrac{U_m}{X_C}$,式中,

$$X_C = \frac{1}{\omega C} = \frac{1}{2\pi f C} \tag{3-3-4}$$

称为电容元件的容抗,具有电阻的量纲,单位为欧姆($\Omega$)。容抗 $X_C$ 是反映电容元件对交流电流阻碍能力大小的物理量,它与电容量 $C$、频率 $f$ 成反比。在相同的电压下,电容 $C$ 越大,所容纳的电荷量就越大,则电容呈现出的阻力越小,因而电流就越大。当频率增高时,电容的充放电速度变快,电容呈现出的阻力变小,因而电流随之增大。可见,相同容量的电容,对不同频率的正弦电流呈现出不同的阻碍能力,即容抗 $X_C$ 随频率变化而变化。对于直流电,频率 $f = 0$,$X_C = \infty$,电容相当于开路。频率越高,$X_C$ 越小,电流越大,所以电容元件有"隔直通交"的作用。

如果用相量表示电压和电流,则

$$\dot{U} = -\mathrm{j}X_C\dot{I} \quad 或 \quad \dot{U}_m = -\mathrm{j}X_C\dot{I}_m \tag{3-3-5}$$

式中,$\dfrac{\dot{U}}{\dot{I}} = -\mathrm{j}X_C = \dfrac{1}{\mathrm{j}\omega C} = Z_C$,是正弦交流电路中电容元件在相量域的参数,图 3-3-2(b)

所示是纯电容电路的相量模型,图 3-3-2(c)是电容电压和电流的相量图。

当电容两端电压 $U$ 和电容量 $C$ 一定时,容抗 $X_C$ 和电流 $I$ 与频率 $f$ 的关系如图 3-3-3 所示。

**例 3-3-1**　将一个 10 μF 的电容接到频率为 50 Hz、电压有效值为 50 V 的正弦交流电源上,问流过电容的电流为多少? 若电源频率改为 1 000 Hz,电压有效值不变,此时电流又为多少?

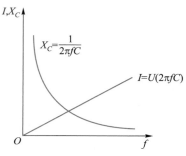

图 3-3-3　容抗 $X_C$ 和电流 $I$ 与频率 $f$ 的关系

**解:**(1) 当 $f = 50$ Hz 时

$$X_C = \frac{1}{2\pi fC} \approx \frac{1}{2 \times 3.14 \times 50 \times 10 \times 10^{-6}} \ \Omega \approx 318.5 \ \Omega$$

$$I = \frac{U}{X_C} = \frac{50}{318.5} \ \text{A} = 157 \ \text{mA}$$

(2) 当 $f = 1\ 000$ Hz 时

$$X_C = \frac{1}{2\pi fC} \approx \frac{1}{2 \times 3.14 \times 1\ 000 \times 10 \times 10^{-6}} \ \Omega \approx 15.9 \ \Omega$$

$$I = \frac{U}{X_C} \approx \frac{50}{15.9} \ \text{A} \approx 3.14 \ \text{A}$$

由此可见,当电压和电容一定时,频率越高,则通过电容的电流有效值就越大。

**三、电感元件**

图 3-3-4(a)所示是一个理想的线性电感电路的时域模型,其电压电流的参考方向如图所示。

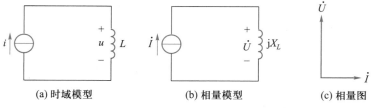

(a) 时域模型　　　　　　(b) 相量模型　　　　　　(c) 相量图

图 3-3-4　电感元件的相量模型

设电流源为正弦函数 $i = I_m \sin(\omega t) = \sqrt{2} I \sin(\omega t)$,则由电感元件的特性得

$$u = L\frac{\mathrm{d}i}{\mathrm{d}t} = L\frac{\mathrm{d}}{\mathrm{d}t} I_m \sin(\omega t) = \omega L I_m \cos(\omega t) = U_m \sin(\omega t + 90°) \qquad (3-3-6)$$

由上式可见,电感元件上电压与电流的关系为:

(1) 电压、电流是同频率的正弦量。

(2) 电压的相位超前电流 90°。

（3）电压、电流大小关系为 $U = \omega L I = X_L I$ 或 $U_m = \omega L I_m = X_L I_m$，式中，

$$X_L = \omega L \qquad\qquad (3-3-7)$$

称为电感元件的感抗，也具有电阻的量纲，单位为欧姆（Ω）。感抗 $X_L$ 是反映电感元件对交流电流阻碍能力大小的物理量，它与电感 $L$、频率 $f$ 成正比。在相同的电压下，电感 $L$ 越大，电流就越小。当频率越高时，电流就越小。同样大小的电感，对不同频率的正弦电流呈现出不同的阻碍能力，对于直流电，频率 $f = 0$，则 $X_L = 0$，电感相当于短路；频率越高，$X_L$ 越大，电感对电流的阻碍作用就越大，电流越不易通过。

如果用相量表示电压和电流，则

$$\dot{U} = \mathrm{j} X_L \dot{I} \qquad 或 \qquad \dot{U}_m = \mathrm{j} X_L \dot{I}_m \qquad\qquad (3-3-8)$$

式中，$\dfrac{\dot{U}}{\dot{I}} = \mathrm{j} X_L = \mathrm{j} \omega L = Z_L$，是正弦交流电路中电感元件在相量域的参数。图 3-3-4（b）所示是纯电感电路的相量模型，图 3-3-4（c）是纯电感电路中电压、电流的相量图。

电感两端电压 $U$ 和电感 $L$ 一定时，感抗 $X_L$ 和电流 $I$ 与频率 $f$ 的关系如图 3-3-5 所示。

**例 3-3-2** 将 $L = 1$ H 的电感接到 $u = 220\sqrt{2}\sin(314t + 30°)$ V 的交流电源上，问流过电感的电流为多少？若电源频率改为 1 000 Hz，电压有效值不变，此时电流又为多少？

**解：**（1）当 $f = 50$ Hz 时

$$X_L = \omega L = 314 \times 1 \ \Omega = 314 \ \Omega$$

$$I = \frac{U}{X_L} = \frac{220}{314} \ \mathrm{A} \approx 0.7 \ \mathrm{A}$$

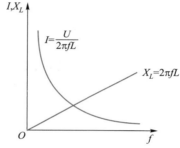

图 3-3-5 感抗 $X_L$ 和电流 $I$ 与频率 $f$ 的关系

（2）当 $f = 1\ 000$ Hz 时

$$X_L = \omega L = 2 \times 3.14 \times 1\ 000 \times 1 \ \Omega = 6\ 280 \ \Omega$$

$$I = \frac{U}{X_L} = \frac{220}{6\ 280} \ \mathrm{A} \approx 35 \ \mathrm{mA}$$

由此可见，当电压和电感一定时，频率越高，通过电感元件的电流有效值越小。

## 3.3.2 电路的相量模型

电路的相量模型是正弦稳态电路在相量域的表现形式，通过将正弦稳态电路中的所有电源电压和电流转换为相应的相量，所有电压和电流变量改写为相量形式，所有无源元件 $R$、$L$ 和 $C$ 分别用其相量域参数 $Z_R = R$、$Z_L = \mathrm{j}\omega L$ 和 $Z_C = \dfrac{1}{\mathrm{j}\omega C}$ 表示，

即可得到原电路的相量模型。图 3-3-6(b)为图 3-3-6(a)的相量模型。

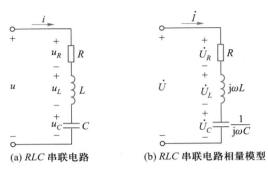

(a) *RLC* 串联电路　　　　(b) *RLC* 串联电路相量模型

图 3-3-6　*RLC* 串联电路的相量模型

### 3.3.3　基尔霍夫定律的相量形式

正弦稳态线性电路中,各支路的电流和电压都是同频率的正弦量

$$i_k(t) = I_{\mathrm{m}k}\sin(\omega t + \theta_{ik}), \quad u_k(t) = U_{\mathrm{m}k}\sin(\omega t + \theta_{uk}) \quad k = 1, 2, \cdots$$

写出 KCL 和 KVL

$$\sum_{\text{任意节点}} i_k(t) = \sum_{\text{任意节点}} I_{\mathrm{m}k}\sin(\omega t + \theta_{ik}) = 0$$

$$\sum_{\text{任意回路}} u_k(t) = \sum_{\text{任意回路}} U_{\mathrm{m}k}\sin(\omega t + \theta_{uk}) = 0$$

由于同频率正弦量在时间域的加、减和比例运算,对应于相量域的相同运算,因此,基尔霍夫定律可表示为相量形式

$$\text{KCL:} \sum_{\text{任意节点}} \dot{I}_k = 0 \quad \text{或} \quad \sum_{\text{任意节点}} \dot{I}_{\mathrm{m}k} = 0$$

$$\text{KVL:} \sum_{\text{任意回路}} \dot{U}_k = 0 \quad \text{或} \quad \sum_{\text{任意回路}} \dot{U}_{\mathrm{m}k} = 0 \qquad (3-3-9)$$

### 3.3.4　阻抗和导纳

图 3-3-6(b)给出了 *RLC* 串联电路的相量模型,由相量域的 KVL 可得

$$\dot{U} = \dot{U}_R + \dot{U}_L + \dot{U}_C = \dot{I}\left(R + \mathrm{j}\omega L - \mathrm{j}\frac{1}{\omega C}\right) = \dot{I}Z \qquad (3-3-10)$$

式中

$$Z = \frac{\dot{U}}{\dot{I}} = R + \mathrm{j}\left(\omega L - \frac{1}{\omega C}\right) = R + \mathrm{j}X = |Z| \underline{/\varphi_z} \qquad (3-3-11)$$

$Z$ 称为无源二端网络的阻抗,具有电阻的量纲,单位为欧姆($\Omega$),含有电容和电感的二端网络阻抗一般为复数,因此有时也被称为复阻抗。阻抗的实部 $R$ 称为电阻部分,虚部 $X$ 称为电抗部分,复数阻抗的模 $|Z|$ 称为阻抗模,辐角 $\varphi_z$ 称为

阻抗角。单一无源元件相量域参数 $Z_R = R$、$Z_L = \mathrm{j}\omega L$ 和 $Z_C = \dfrac{1}{\mathrm{j}\omega C}$ 正是元件的阻抗。

从阻抗的定义可以看出,无源元件的阻抗表现为该元件电压相量与电流相量的比值,因此,式(3-3-10)是欧姆定律在相量域的推广,阻抗是直流电路电阻概念在交流电路中的推广。在电路的相量模型中,常隐含元件的具体性质,而用统一的阻抗模型来代表无源电路元件,如图 3-3-7 所示。

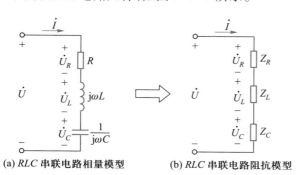

(a) *RLC* 串联电路相量模型　　(b) *RLC* 串联电路阻抗模型

图 3-3-7　无源电路元件的阻抗模型

在阻抗的极坐标表示式中,阻抗角 $\varphi_Z$ 表示无源电路元件在关联参考方向下电压与电流的相位差,阻抗模 $|Z|$ 则等于电压有效值与电流有效值之比。由于电感和电容的阻抗都与频率有关,因此,阻抗角和阻抗模一般都是频率的函数。

由式(3-3-11)可知,当 $\varphi_Z > 0$ 时,电压超前电流,电路呈电感性;当 $\varphi_Z < 0$ 时,电压滞后电流,电路呈电容性;当 $\varphi_Z = 0$ 时,电压与电流同相位,电路呈电阻性。

阻抗 $Z$ 的倒数定义为导纳,用 $Y$ 表示,即

$$Y = \frac{1}{Z} = \frac{\dot{I}}{\dot{U}} = G + \mathrm{j}B = |Y| \, \underline{/\varphi_Y} \qquad (3-3-12)$$

导纳 $Y$ 具有电导的量纲,单位为西门子(S)。导纳 $Y$ 的实部 $G$ 称为电导(部分),虚部 $B$ 称为电纳(部分)。$|Y| = \dfrac{1}{|Z|}$ 称为导纳模,$\varphi_Y = -\varphi_Z$ 称为导纳角。

### 3.3.5　阻抗的串联和并联

$N$ 个阻抗串联而成的电路如图 3-3-8(a)所示。

根据 KVL 的相量形式及欧姆定律在相量域推广,有

$$\dot{U} = \dot{U}_1 + \dot{U}_2 + \cdots + \dot{U}_N = Z_1 \dot{I} + Z_2 \dot{I} + \cdots + Z_N \dot{I} = (Z_1 + Z_2 + \cdots + Z_N) \dot{I}$$

显然,作为二端网络,上式表示的外特性与图 3-3-8(b)所示单一阻抗二端网络等效,等效网络阻抗由下式确定

$$Z_{\mathrm{eq}} = Z_1 + Z_2 + \cdots + Z_N \qquad (3-3-13)$$

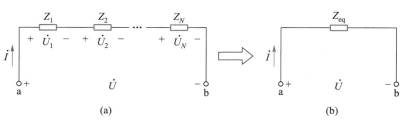

图 3-3-8　阻抗的串联等效

> $N$ 个阻抗串联等效为一个阻抗,等效阻抗为各串联阻抗之和。

每个串联阻抗两端电压与端口电压的关系(分压公式)为

$$\dot{U}_k = \frac{Z_k}{Z_{eq}}\dot{U} = \frac{Z_k}{Z_1 + Z_2 + \cdots + Z_N}\dot{U} \quad k = 1, 2, \cdots, N \quad (3-3-14)$$

值得注意的是,上面的分压公式是对相量而言的,是在复数域中进行计算。考虑到各个电压分量的相位关系,不像直流电阻电路中分电压总是小于端口总电压,交流电路中某一串联阻抗两端的电压在数值上有可能比端口总电压还高,而且,各个分电压的有效值之和一般并不等于端口电压的有效值。

$N$ 个阻抗并联的电路如图 3-3-9(a)所示。

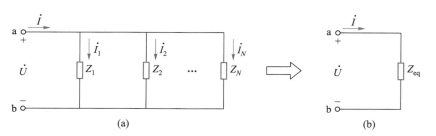

图 3-3-9　阻抗(导纳)的并联等效

写出这个二端网络端口电压与电流的关系——外特性

$$\dot{I} = \dot{I}_1 + \dot{I}_2 + \cdots + \dot{I}_N = \frac{\dot{U}}{Z_1} + \frac{\dot{U}}{Z_2} + \cdots + \frac{\dot{U}}{Z_N} = \left(\frac{1}{Z_1} + \frac{1}{Z_2} + \cdots + \frac{1}{Z_N}\right)\dot{U}$$

上式表示的外特性与图 3-3-9(b)所示单一阻抗二端网络等效,等效网络阻抗由下式确定

$$\frac{1}{Z_{eq}} = \frac{1}{Z_1} + \frac{1}{Z_2} + \cdots + \frac{1}{Z_N} \quad (3-3-15)$$

如果采用导纳参数,则

$$Y_{eq} = \frac{1}{Z_{eq}} = Y_1 + Y_2 + \cdots + Y_N \quad (3-3-16)$$

> $N$ 个导纳并联等效为一个导纳,等效导纳为各并联导纳之和。

各个并联导纳支路中的电流与二端网络端口电流的关系(分流公式)为

$$\dot{I}_k = \frac{Y_k}{Y_{eq}}\dot{I} = \frac{Y_k}{Y_1 + Y_2 + \cdots + Y_N}\dot{I} \qquad (3-3-17)$$

同样值得注意的是,上面的分流公式也是对相量而言的,必须在复数域中进行计算。考虑到各个电流分量的相位关系,不像直流电阻电路中分电流总是小于端口总电流,交流电路中某一并联支路的电流在数值上有可能比总电流还大,而且,各个分支电流的有效值之和一般并不等于端电流的有效值。

从上面的分析可以看到,交流电路中阻抗的串并联等效与直流电路中电阻的串并联等效在形式上完全一致。上一章关于直流稳态电路的分析方法都可以应用到交流电路的相量模型上。

**例 3-3-3** 如图 3-3-10(a)所示的 $RLC$ 串联交流电路中,$R = 100\ \Omega$,$L = 1\ H$,$C = 5\ \mu F$,电源电压 $u = 220\sqrt{2}\sin(314t)$ V。(1)求电路的电流 $i$,电压 $u_R$、$u_L$、$u_C$;(2)画出相量图。

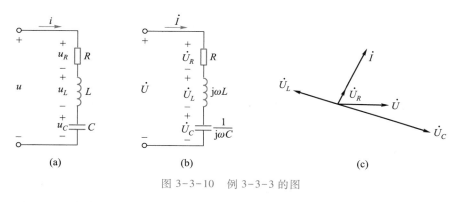

图 3-3-10 例 3-3-3 的图

**解**:(1)首先画出原电路的相量模型,如图 3-3-10(b)所示。其中,电源电压相量

$$\dot{U} = 220\underline{/0°}\ V$$

各部分阻抗分别为

$$Z_R = R = 100\ \Omega \qquad Z_L = j\omega L = j314\ \Omega \qquad Z_C = \frac{1}{j\omega C} = -j637\ \Omega$$

串联等效阻抗为

$$Z_{eq} = Z_R + Z_L + Z_C = (100 + j314 - j637)\ \Omega = (100 - j323)\ \Omega$$

$$\approx 338\underline{/-72.8°}\ \Omega$$

电路的电流为

$$\dot{I} = \frac{\dot{U}}{Z_{\text{eq}}} = \frac{220\underline{/0°}}{338\underline{/-72.8°}} \text{ A} \approx 0.65\underline{/72.8°} \text{ A}$$

电路中的电流 $i$ 比总电压 $u$ 超前 $72.8°$,所以电路呈电容性。各部分电压分别为

$$\dot{U}_R = R\dot{I} \approx 100 \times 0.65\underline{/72.8°} \text{ V} = 65\underline{/72.8°} \text{ V}$$

$$\dot{U}_L = Z_L\dot{I} \approx \text{j}314 \times 0.65\underline{/72.8°} \text{ V} \approx 204\underline{/162.8°} \text{ V}$$

$$\dot{U}_C = Z_C\dot{I} \approx -\text{j}637 \times 0.65\underline{/72.8°} \text{ V} \approx 414\underline{/-17.2°} \text{ V}$$

根据各量的相量,写出其瞬时表达式

$$i = 0.65\sqrt{2}\sin(314t + 72.8°) \text{ A}$$

$$u_R = 65\sqrt{2}\sin(314t + 72.8°) \text{ V}$$

$$u_L = 204\sqrt{2}\sin(314t + 162.8°) \text{ V}$$

$$u_C = 414\sqrt{2}\sin(314t - 17.2°) \text{ V}$$

(2)相量图如图 3-3-10(c)所示。

本例中看到,作为分电压的电容元件端电压 $u_C$ 振幅比端口总电压振幅高,这是交流电路的一个特点。

### 3.3.6　正弦稳态电路的一般分析

将电路从时间域模型转换成对应的相量模型后,电路的元件特性和基本定律都在相量域中得到相同形式的表达,因此,所有对于直流稳态电路提出的分析方法完全能够应用到正弦稳态电路相量模型。分析正弦稳态电路的一般步骤如下:

(1)将电路从时间域模型转换成对应的相量模型。

(2)根据电路定律(VCR、KCL、KVL)列相量电路方程。

(3)解相量电路方程,求得响应的相量。

(4)根据要求,将相量转换为相应时间函数。

下面举例说明正弦稳态电路的相量分析法。

**例 3-3-4**　电路的相量模型如图 3-3-11 所示,已知 $R_1 = 10 \text{ Ω}$,$R_2 = 15 \text{ Ω}$,$R_3 = 7 \text{ Ω}$,$X_1 = 5 \text{ Ω}$,$X_2 = -10 \text{ Ω}$,$X_3 = 13 \text{ Ω}$,$U = 220 \text{ V}$。求各支路电流 $\dot{I}_1$、$\dot{I}_2$、$\dot{I}_3$ 和电压 $\dot{U}_2$、$\dot{U}_3$。

例 3-3-4
Multisim 仿真

**解:**各支路的阻抗为

$$Z_1 = R_1 + \text{j}X_1 = (10 + \text{j}5)\text{Ω} \approx 11.18\underline{/26.57°} \text{ Ω}$$

$$Z_2 = R_2 + \text{j}X_2 = (15 - \text{j}10)\text{Ω} \approx 18\underline{/-33.7°} \text{ Ω}$$

$$Z_3 = R_3 + \text{j}X_3 = (7 + \text{j}13)\text{Ω} \approx 14.76\underline{/61.7°} \text{ Ω}$$

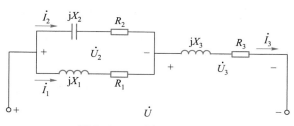

图 3-3-11　例 3-3-4 的图

电路的总阻抗为

$$Z = Z_3 + \frac{Z_1 \cdot Z_2}{Z_1 + Z_2}$$

$$\approx \left( 7 + j13 + \frac{11.18\underline{/26.57°} \times 18\underline{/-33.7°}}{10 + j5 + 15 - j10} \right) \ \Omega$$

$$\approx ( 7 + j13 + 7.89\underline{/4.2°} ) \ \Omega$$

$$\approx ( 7 + j13 + 7.89 + j0.58 ) \ \Omega$$

$$= ( 14.87 + j13.58 ) \ \Omega$$

$$\approx 20.14\underline{/42.4°} \ \Omega$$

设 $\dot{U} = 220\underline{/0°}$ V，则

$$\dot{I}_3 = \frac{\dot{U}}{Z} = \frac{220\underline{/0°}}{20.14\underline{/42.4°}} \ A \approx 10.92\underline{/-42.4°} \ A$$

$$\dot{U}_3 = \dot{I}_3 \cdot Z_3$$

$$\approx ( 10.92\underline{/-42.4°} \times 14.76\underline{/61.7°} ) \ V$$

$$\approx 161.2\underline{/19.3°} \ V$$

$$\approx ( 152.14 + j53.28 ) \ V$$

$$\dot{U}_2 = \dot{U} - \dot{U}_3$$

$$\approx ( 220 - 152.14 - j53.28 ) \ V$$

$$= ( 67.86 - j53.28 ) \ V$$

$$\approx 86.28\underline{/-38.14°} \ V$$

$$\dot{I}_1 = \frac{\dot{U}_2}{Z_1} \approx \frac{86.28\underline{/-38.14°}}{11.18\underline{/26.57°}} \ A \approx 7.7\underline{/-64.71°} \ A$$

$$\dot{I}_2 = \frac{\dot{U}_2}{Z_2} \approx \frac{86.28\underline{/-38.14°}}{18\underline{/-33.7°}} \ A \approx 4.8\underline{/-4.44°} \ A$$

**例 3-3-5**　试用支路电流法求图 3-3-12 所示电路中的电阻支路电流 $\dot{I}_3$。

已知 $\dot{U}_{S1} = 100\underline{/0°}$ V，$\dot{U}_{S2} = 100\underline{/90°}$ V，$R = 5\ \Omega$，$X_L = 5\ \Omega$，$X_C = 2\ \Omega$。

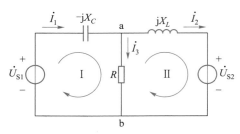

图 3-3-12　例 3-3-5 的图

**解：**设各支路电流的参考方向如图 3-3-12 所示。

对节点 a 列节点电流方程

$$\dot{I}_1 - \dot{I}_2 - \dot{I}_3 = 0$$

对回路 Ⅰ、Ⅱ 列回路电压方程

$$-jX_C\dot{I}_1 + R\dot{I}_3 = \dot{U}_{S1}$$

$$jX_L\dot{I}_2 - R\dot{I}_3 = -\dot{U}_{S2}$$

将已知数据代入得方程组

$$\begin{cases} \dot{I}_1 - \dot{I}_2 - \dot{I}_3 = 0 \\ -j2\dot{I}_1 + 5\dot{I}_3 = 100\underline{/0°} \\ j5\dot{I}_2 - 5\dot{I}_3 = -100\underline{/90°} \end{cases}$$

解方程得 $\dot{I}_3 \approx 29.8\underline{/11.9°}$ A。

**例 3-3-6**　用戴维南定理分析例 3-3-5 所示电路。

**解：**将图 3-3-12 所示电路中 $R$ 支路以外的部分电路用戴维南等效，如图 3-3-13(a) 所示。为确定等效电路参数，将 $R$ 开路，如图 3-3-13(b) 所示，求等效电压源的 $\dot{U}_{OC}$

$$\dot{U}_{OC} = \frac{\dot{U}_{S1} - \dot{U}_{S2}}{-jX_C + jX_L} \cdot jX_L + \dot{U}_{S2} = (166.7 - j66.7)\ \text{V} \approx 179.5\underline{/-21.8°}\ \text{V}$$

将电压源置零，如图 3-3-13(c) 所示，求等效电压源的内阻抗

$$Z_0 = -jX_C\ /\!/\ jX_L = \frac{(-jX_C) \cdot jX_L}{-jX_C + jX_L} \approx -j3.33\ \Omega$$

由图 3-3-13(a) 可求得

$$\dot{I}_3 = \frac{\dot{U}_{OC}}{Z_0 + R} \approx \frac{179.5\underline{/-21.8°}}{-j3.33 + 5}\ \text{A} \approx 29.9\underline{/11.9°}\ \text{A}$$

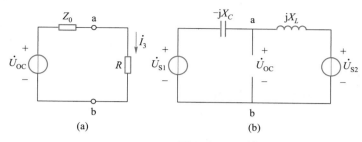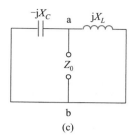

图 3-3-13 例 3-3-6 的图

与例 3-3-5 分析结果相同。

**例 3-3-7** 电路如图 3-3-14 所示,已知 $I_1 = I_2 = 10$ A,$U = 100$ V,$u$ 与 $i$ 同相,试求 $I$、$R$、$X_C$ 和 $X_L$。

**解:** 本题用相量图求解。设 $\dot{I}_2$ 为参考相量,即 $\dot{I}_2 = 10\underline{/0°}$ A,画出各电压、电流的相量图,如图 3-3-15 所示。

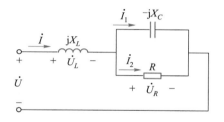

图 3-3-14 例 3-3-7 的图

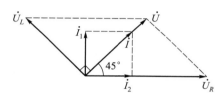

图 3-3-15 例 3-3-7 相量图

作图过程:首先画出参考相量 $\dot{I}_2$,由于 $\dot{U}_R = R\dot{I}_2$,所以 $\dot{U}_R$ 与 $\dot{I}_2$ 同相,先画出其方向,但大小未知。电容与电阻并联,故电容上电压也为 $\dot{U}_R$,流过电容的电流超前其电压 $90°$,所以 $\dot{I}_1 = 10\underline{/90°}$ A,用平行四边形法则可求出 $\dot{I} = 10\sqrt{2}\underline{/45°}$ A。

由题意知,$u$ 与 $i$ 同相,故 $\dot{U}$ 的相位也为 $45°$,即 $\dot{U} = 100\underline{/45°}$ V。电感两端的电压 $\dot{U}_L$ 超前其电流 $\dot{I}$ 为 $90°$,即 $\dot{U}_L$ 的相位为 $45° + 90° = 135°$,画出其方向,但大小未知。

由电路知 $\dot{U} = \dot{U}_L + \dot{U}_R$,将 $\dot{U}$ 相量对 $\dot{U}_L$、$\dot{U}_R$ 的方向作平行四边形,可求出

$$U_L = U = 100 \text{ V} \quad \text{即} \quad \dot{U}_L = 100\underline{/135°} \text{ V}$$

$$U_R = \sqrt{U^2 + U_L^2} = 100\sqrt{2} \text{ V} \quad \text{即} \quad \dot{U}_R = 100\sqrt{2}\underline{/0°} \text{ V}$$

所以

$$R = \frac{U_R}{I_2} = \frac{100\sqrt{2}}{10} \text{ } \Omega \approx 14.1 \text{ } \Omega$$

97

$$X_C = R \approx 14.1 \ \Omega$$

$$X_L = \frac{U_L}{I} = \frac{100}{10\sqrt{2}} \ \Omega \approx 7.07 \ \Omega$$

## 3.4　正弦稳态电路的功率及功率因数的提高

### 3.4.1　正弦稳态电路的功率

#### 一、瞬时功率

如图 3-4-1 所示,设线性无源二端网络 N 端电压为 $u$、电流为 $i$,在交流电路中,它们都是时间的正弦函数,根据功率的定义,时刻 $t$ 时二端网络 N 的功率为

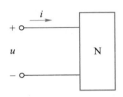

$$p(t) = u(t) \cdot i(t) \qquad (3-4-1)$$

这个功率随时间变化,称其为瞬时功率。

图 3-4-1　线性无源二端网络的功率

正弦稳态电路中电压、电流都是同频率正弦量,设电流 $i = \sqrt{2}I\sin(\omega t)$,电压 $u = \sqrt{2}U\sin(\omega t + \varphi)$,将电压、电流的时间函数代入式(3-4-1),得到

$$p(t) = u(t) \cdot i(t) = \sqrt{2}U\sin(\omega t + \varphi) \cdot \sqrt{2}I\sin(\omega t) = 2UI\sin(\omega t + \varphi)\sin(\omega t)$$

利用三角函数的积化和差公式 $\sin \alpha \sin \beta = \frac{1}{2}\cos(\alpha - \beta) - \frac{1}{2}\cos(\alpha + \beta)$

$$p(t) = UI\cos \varphi - UI\cos(2\omega t + \varphi) \qquad (3-4-2)$$

由式(3-4-2)可以看到,瞬时功率 $p$ 由两部分组成,第一部分为不随时间变化的恒定分量 $UI\cos \varphi$;第二部分是正弦量 $-UI\cos(2\omega t + \varphi)$,其频率为电压或电流频率的两倍。

#### 二、平均功率或有功功率

由于瞬时功率随时间而变化,每时每刻都有各自特定的取值,因此,讨论某个时刻的瞬时功率实际意义不大,而且也不便于测量。为了衡量正弦稳态电路的做功情况,引入平均功率的概念。

平均功率又称为有功功率,是指瞬时功率的平均值,它不再与时间相关,用大写字母 $P$ 表示,单位为瓦特(W)。从式(3-4-2)看到,瞬时功率本身也是一个周期函数,因此,只要在其一个周期内平均即可获得平均功率

$$P = \overline{p(t)} = \frac{1}{T}\int_0^T \left[ UI\cos \varphi - UI\cos(2\omega t + \varphi) \right] \mathrm{d}t = UI\cos \varphi \qquad (3-4-3)$$

有功功率不仅与电压、电流的有效值有关,还与它们之间的相位差 $\varphi$ 有关。式中 $\cos \varphi$ 称为线性无源二端网络的功率因数,常用 $\lambda$ 表示,$\lambda = \cos \varphi$。

有功功率 $P$ 从平均意义上描述了电路实际消耗电能的速率。电阻元件是

耗能元件,而理想电容和电感元件是无损耗元件,只进行能量的转换,并不消耗能量。事实上,根据能量守恒定律,电路中各部分耗能元件消耗的电功率之和就是整个电路消耗的总电功率,所以有功功率也就是网络中所有电阻元件消耗的功率

$$P = \sum R_k I_k^2 = UI\cos \varphi \qquad (3-4-4)$$

式中,$I_k$ 为流过电阻 $R_k$ 的电流有效值。无源电路的有功功率总是一个非负值。

**三、无功功率**

理想电容和电感元件虽然不消耗有功功率,但它们与电源要进行能量交换,为表示这一特征,引入无功功率的概念。无功功率是电路与电源间进行能量交换的规模描述,记为 $Q$,区别于有功功率,无功功率的单位是乏(var)。

为了确切表示无功功率,将无源二端网络的阻抗分成电阻和电抗两部分

$$Z = R + jX = |Z|\cos \varphi_Z + j|Z|\sin \varphi_Z$$

等效为一个电阻元件与一个纯电抗元件串联,如图 3-4-2 所示。

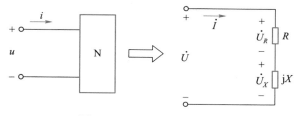

图 3-4-2　阻抗的等效模型

电路中实际消耗电能的是电阻部分,其电压与电流同相位。而电路中的纯电抗部分不消耗电能,它起着与外接电路进行能量交换的作用,电抗元件上的电压与流过的电流相位正交。将二端网络端电压进行正交分解

$$u(t) = \sqrt{2}\,U\sin(\omega t + \varphi) = u_R(t) + u_X(t) = \sqrt{2}\,U\cos \varphi_Z \sin \omega t + \sqrt{2}\,U\sin \varphi_Z \cos \omega t$$

这样,瞬时功率可以分成两部分(电阻部分和电抗部分)

$$u(t) = p_R(t) + p_X(t)$$
$$= 2UI\cos \varphi_Z \sin^2(\omega t) + 2UI\sin \varphi_Z \cos(\omega t)\sin(\omega t)$$
$$= UI\cos \varphi_Z [1 - \cos(2\omega t)] + UI\sin \varphi_Z \sin(2\omega t)$$

第一项电阻部分的功率始终大于 0,但随时间波动(频率为电源频率的两倍),其平均值就是上面定义的平均功率;第二项电抗部分功率具有 0 均值,以电源频率两倍的频率波动,当该项大于 0 时,电抗从外部吸收电能并存储起来,当该项小于 0 时,电抗向外部泄放它所存储的电能。这种与外部电路交换能量的最大规模定义为无功功率

$$Q = UI\sin \varphi_Z \qquad (3-4-5)$$

从上式不难看出,无功功率可以大于 0,也可以小于 0。

#### 四、视在功率

无源二端网络端电压有效值与端电流有效值的乘积具有功率的量纲,称为视在功率,用 $S$ 表示,单位为伏安(V·A),则

$$S = UI = |Z| I^2 = \frac{U^2}{|Z|} \qquad (3-4-6)$$

视在功率描述了在电压、电流有效值确定的情况下无源二端网络消耗电功率的最大能力,一般电力设备的容量都是用视在功率表示,即设备的容量为其额定电压(有效值)与额定电流(有效值)的乘积。

有功功率 $P$、无功功率 $Q$ 和视在功率 $S$ 之间存在下列关系

$$S \Rightarrow (PQ): P = S\cos\varphi_Z \qquad Q = S\sin\varphi_Z$$

$$(PQ) \Rightarrow S: S = \sqrt{P^2 + Q^2} \qquad \varphi_Z = \arctan\left(\frac{Q}{P}\right) \qquad (3-4-7)$$

应当指出,当电路由很多负载组成时,电路总的有功功率等于各部分有功功率之和,即存在有功功率守恒关系

$$P_\Sigma = \sum P_k = P_1 + P_2 + P_3 + \cdots \qquad (3-4-8)$$

电路总的无功功率等于各部分无功功率的代数和,存在无功功率守恒关系

$$Q_\Sigma = \sum Q_k = Q_1 + Q_2 + Q_3 + \cdots \qquad (3-4-9)$$

从无功功率的定义式(3-4-5)可知,感性负载的无功功率为正,容性负载的无功功率为负,因此,若电路总无功功率为正,则表示电路呈感性;若总无功功率为负,则表示电路呈容性。

与有功功率、无功功率不同,电路的视在功率不存在守恒关系

$$S_\Sigma = \sqrt{P_\Sigma^2 + Q_\Sigma^2} = \sqrt{\left(\sum P_k\right)^2 + \left(\sum Q_k\right)^2} \neq \sum S_k$$

#### 五、$RLC$ 元件的正弦稳态功率

1. 电阻元件 $R$

有功功率 $P_R = RI^2 = \dfrac{U^2}{R}$

无功功率 $Q_R = 0$

2. 电容元件 $C$

有功功率 $P_C = 0$

无功功率 $Q_C = -X_C I^2 = -\dfrac{I^2}{\omega C} = \dfrac{U^2}{-X_C} = -\omega C U^2 < 0$

3. 电感元件 $L$

有功功率 $P_L = 0$

无功功率 $Q_L = X_L I^2 = \omega L I^2 = \dfrac{U^2}{X_L} = \dfrac{U^2}{\omega L} > 0$

**例 3-4-1**　电路如图 3-4-3 所示,当接入工频(50 Hz)交流电源时,各交流仪表的读数如下:电压表 220 V,电流表 5 A,功率表 940 W,已知 $R_1 = 22\ \Omega$。求 $R_2$ 和 $X_L$。

**解:** 功率表测得的功率为电路总有功功率,根据有功功率守恒,它是电阻 $R_1$ 和 $R_2$ 上消耗的有功功率之和 $P = (R_1 + R_2)I^2$,因此

$$R_2 = \frac{P}{I^2} - R_1 = \left(\frac{940}{5^2} - 22\right)\ \Omega = 15.6\ \Omega$$

电路的视在功率

$$S = UI = 220 \times 5\ \mathrm{V \cdot A} = 1\ 100\ \mathrm{V \cdot A}$$

所以,电路的功率因数

$$\cos \varphi_Z = \frac{P}{S} = \frac{940}{1\ 100} \approx 0.855$$

电路的阻抗角(或功率因数角)

$$\varphi_Z \approx 31.24°$$

又因为 $\varphi_Z = \arctan \dfrac{X_L}{R_1 + R_2}$,可得

$$X_L = (R_1 + R_2)\tan \varphi_Z \approx (22 + 15.6) \cdot \tan 31.24°\ \Omega \approx 22.8\ \Omega$$

**例 3-4-2**　如图 3-4-4 所示电路中,已知 $R_1 = 3\ \Omega$, $R_2 = 5\ \Omega$, $X_L = 4\ \Omega$, $X_C = 8.66\ \Omega$,电源电压有效值为 220 V。试求:(1) 各支路电流和功率;(2) 电路的总电流和总功率。

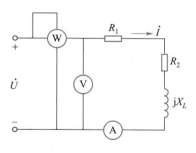

图 3-4-3　例 3-4-1 的图

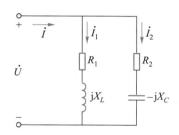

图 3-4-4　例 3-4-2 的图

**解:** (1) 以电源电压为参考相量,即 $\dot{U} = 220\underline{/0°}\ \mathrm{V}$。

$$Z_1 = R_1 + jX_L = (3 + j4)\ \Omega \approx 5\underline{/-53.13°}\ \Omega$$

$$\dot{I}_1 = \frac{\dot{U}}{Z_1} = \frac{220\underline{/0°}}{5\underline{/53.13°}}\ \mathrm{A} \approx 44\underline{/-53.13°}\ \mathrm{A}$$

$$P_1 = UI_1\cos \varphi_1 \approx 220 \times 44 \times \cos 53.13°\mathrm{W} \approx 5\ 808\ \mathrm{W}$$

$$Q_1 = UI_1\sin \varphi_1 \approx 220 \times 44 \times \sin 53.13°\mathrm{var} \approx 7\ 744\ \mathrm{var}$$

101

$$S_1 = UI_1 = 220 \times 44 \text{ V} \cdot \text{A} = 9\,680 \text{ V} \cdot \text{A}$$

$$Z_2 = R_2 - jX_C = (5 - j8.66) \, \Omega \approx 10\underline{/-60^\circ} \, \Omega$$

$$\dot{I}_2 = \frac{\dot{U}}{Z_2} \approx \frac{220\underline{/0^\circ}}{10\underline{/-60^\circ}} \text{ A} \approx 22\underline{/60^\circ} \text{ A}$$

$$P_2 = UI_2\cos\varphi_2 \approx 220 \times 22 \times \cos(-60^\circ) \text{ W} \approx 2\,420 \text{ W}$$

$$Q_2 = UI_2\sin\varphi_2 \approx 220 \times 22 \times \sin(-60^\circ) \text{ var} \approx -4\,192 \text{ var}$$

$$S_2 = UI_2 \approx 220 \times 22 \text{ V} \cdot \text{A} = 4\,840 \text{ V} \cdot \text{A}$$

（2）电路的总电流为

$$\dot{I} = \dot{I}_1 + \dot{I}_2$$
$$\approx (44\underline{/-53.1^\circ} + 22\underline{/60^\circ}) \text{ A}$$
$$\approx (37.4 - j16.147) \text{ A}$$
$$\approx 40.737\underline{/-23.35^\circ} \text{ A}$$

电路的总功率分别为

$$P = UI\cos\varphi \approx 220 \times 40.737 \times \cos 23.35^\circ \text{W} \approx 8\,228 \text{ W}$$

$$Q = UI\sin\varphi \approx 220 \times 40.737 \times \sin 23.35^\circ \text{var} \approx 3\,552 \text{ var}$$

$$S = UI \approx 8\,962 \text{ V} \cdot \text{A}$$

从计算结果可以看到 $P = P_1 + P_2$，$Q = Q_1 + Q_2$，但 $S \neq S_1 + S_2$。

### 3.4.2 功率因数的提高

正弦稳态无源二端网络的有功功率不仅与端口电压、电流的有效值有关，还和电压与电流的相位差（功率因数角）$\varphi_Z$ 有关，即

$$P = UI\cos\varphi_Z = \lambda S$$

式中，$\lambda = \cos\varphi_Z$ 是电路的功率因数，它是电路有功功率与视在功率的比值，$0 \leqslant \lambda \leqslant 1$，功率因数表征了电路功率容量的利用率。

另一方面，当电源电压和负载的有功功率一定时，为了向负载传输一定的有功功率，在电路中所需流过的电流

$$I = \frac{P}{U\cos\varphi_Z} \tag{3-4-10}$$

可见，当电源电压和负载的有功功率一定时，负载的功率因数越低，电路中所需的电流就越大，相应的输电成本就越高。用电设备功率因数低对电力系统非常不利，主要表现在以下三个方面。

1. 发电设备的容量不能充分利用

发电设备的容量，即额定视在功率 $S_N = U_N I_N$ 表示它能向负载提供的最大功率。对于纯电阻负载，由于 $\lambda = \cos\varphi_Z = 1$，发电设备能将全部容量都送给负载消耗，负载可消耗的有功功率达到最高，$P = \lambda S_N = S_N$。但当负载功率因数 $\lambda < 1$ 时，尽管发电机的电压、电流均达到额定值，视在功率已经达到了额定值（发电机的

容量），但发电机所能发出的有功功率减小，小于其容量，负载功率因数 $\lambda$ 越低，发电机的容量就越不能充分利用。

例如容量为 100 kV·A 的变压器，如果所带负载的 $\lambda = \cos\varphi_Z = 1$，能发出 100 kW 的有功功率；如果所带负载 $\lambda = \cos\varphi_Z = 0.5$，变压器只能发出 50 kW 的有功功率，而此时负载的视在功率已达到变压器的额定容量

$$S = UI = \frac{P}{\cos\varphi_Z} = \frac{50}{0.5}\ \text{kV·A} = 100\ \text{kV·A}$$

这样，变压器的利用率就降低了。

2. 增加线路及发电机绕组的功率损耗

由式（3-4-10）可知，当发电机的电压 $U$ 和输出的功率 $P$ 一定时，输电线电流 $I$ 与功率因数成反比，即功率因数越低，要求输电电流越大。设供电线路和发电机绕组的总电阻为 $r$，则线路和发电机绕组上的功率损耗为

$$\Delta P = rI^2 = \frac{rP^2}{U^2\cos^2\varphi_Z} \qquad\qquad (3-4-11)$$

可见，功率因数越低，线路上功率损耗也越大。举一个数值例子，若发电机电压为 10 kV，输出功率为 $3\times10^4$ kW，线路电阻 $r = 0.01\ \Omega$。如果整个负载功率因数为 0.8，这时，线路功率损耗为

$$\Delta P = \frac{rP^2}{U^2\cos^2\varphi} = \frac{0.01\times(3\times10^7)^2}{(10^4)^2\times(0.8)^2}\ \text{W} = 140\ 625\ \text{W} \approx 140\ \text{kW}$$

3. 增加供电线路建设成本

对于一定的负载用户，供电系统需要敷设与所要输送的功率相匹配的供电线路，这时的输电电压确定，用户有功功率需求确定，负载功率因数越低，则输电电流越大，所需敷设的线路导线就越粗，建设成本也越高。

从上述三点可以看出，在电力系统中提高负载功率因数是非常重要的，不仅能使发电设备的容量得到充分利用，降低输电线路建设成本，同时减小输电损耗，带来显著的经济效益。根据用电规则，高压供电的工业企业平均功率因数不得低于 0.95，其他单位不得低于 0.9。当用户的自然总平均功率因数较低时，应采用必要的无功功率补偿设备来提高功率因数。

需要说明的是，提高功率因数是对整个线路而言的，对于每个具体的用电设备，其额定工作要求和自身功率因数一般是确定的，在对线路功率因数提高时，不应改变各个用电设备的工作状态。

目前工业和民用建筑中大量的用电设备大多是感性负载，功率因数低于 1 表明负载中感抗与外电路存在能量交换，无功功率大于 0，如果在感性负载附近提供一个负的无功功率，将可降低总的线路无功功率，提高线路功率因数。

考虑到实际电力系统均采用电压源供电方式，所有负载都并联在供电线路上，所以提高功率因数常用的方法是用电力电容器并联在电感性负载两端，这样既不改变负载的工作条件，又能有效地提高线路功率因数。补偿电力电容器可设在负载侧或集中于变电所中，其电路图和相量图如图 3-4-5(a)(b)所示。

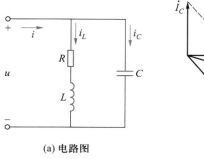
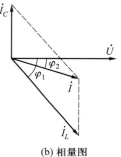

(a) 电路图　　　　　　　(b) 相量图

图 3-4-5　功率因数的提高

并联电容前,电路的总电流 $\dot{I} = \dot{I}_L$;并联电容后,负载上所加的电压和负载的参数没有改变,感性负载的电流 $\dot{I}_L$ 和功率因数 $\cos\varphi_1$ 均没有变化,总电流 $\dot{I} = \dot{I}_L + \dot{I}_C$,由相量图可知,总电流的大小及其与电压的相位差均变小了,也就是说整个电路的功率因数提高了,总电流减小,可使线路和电源的功率损失减小。

下面讨论如何确定补偿电容值的问题。由图 3-4-5(b) 的相量图可知,在保持负载有功功率不变的情况下,欲将电路的功率因数从 $\cos\varphi_1$ 提高到 $\cos\varphi_2$,并联电容支路的电流应为

$$I_C = I_L\sin\varphi_1 - I\sin\varphi_2 = \frac{P}{U\cos\varphi_1}\cdot\sin\varphi_1 - \frac{P}{U\cos\varphi_2}\cdot\sin\varphi_2$$

$$= \frac{P}{U}(\tan\varphi_1 - \tan\varphi_2)$$

又因为 $I_C = \dfrac{U}{X_C} = U\cdot 2\pi fC$,所以

$$U\cdot 2\pi fC = \frac{P}{U}(\tan\varphi_1 - \tan\varphi_2)$$

由此得补偿电容值为

$$C = \frac{P}{2\pi fU^2}(\tan\varphi_1 - \tan\varphi_2) = \frac{P}{\omega U^2}(\tan\varphi_1 - \tan\varphi_2)$$

(3 - 4 - 12)

**例 3-4-3**　在 380 V、50 Hz 的交流电路中,接入 $P = 20$ kW、$\cos\varphi_L = 0.6$ 的电感性负载。(1) 若要将电路的功率因数提高到 $\cos\varphi = 0.9$,应并联多大的电容? 并联电容前后电路的总电流为多少? (2) 若将 $\cos\varphi$ 从 0.9 继续提高到 1,并联电容的值还需增加多少?

**解:**(1) $\cos\varphi_1 = \cos\varphi_L = 0.6$,即 $\varphi_1 = \varphi_L \approx 53.13°$

$\cos\varphi_2 = 0.9$,即 $\varphi_2 \approx 25.84°$

104

根据式(3-4-12),需并联的电容值为

$$C = \frac{P}{2\pi f U^2}(\tan\varphi_1 - \tan\varphi_2) \approx 374.5 \ \mu\text{F}$$

并联电容前电路的电流(有效值)

$$I_L = \frac{P}{U\cos\varphi_L} = \frac{20\times10^3}{380\times0.6}\text{A} \approx 87.7 \ \text{A}$$

并联电容后电路的电流(有效值)

$$I = \frac{P}{U\cos\varphi} = \frac{20\times10^3}{380\times0.9}\text{A} \approx 58.5 \ \text{A}$$

(2)若将 $\cos\varphi$ 从 0.9 继续提高到 1,按照式(3-4-12),需增加的电容值为

$$C \approx \frac{20\times10^3}{2\times3.14\times50\times380^2}(\tan25.84° - \tan0°)\text{F} \approx 213.5 \ \mu\text{F}$$

功率因数从 0.6 提高到 0.9(提高了 0.3)需并联 374.5 μF 的电容,而从 0.9 再提高到 1(只提高了 0.1),则需并联的电容值是 213.5 μF。由此可见,当功率因数接近于 1 时,若要再继续提高,所需并联的电容值将很大,因此,一般在电力工程上提高电路的功率因数达到规定值即可。

### 3.4.3  正弦稳态电路的最大功率传输

图 3-4-6(a)所示电路为含源二端网络(电源)向负载阻抗 $Z_L$ 供电的情况。当传输的功率较小时,一般不关注效率而常需要使负载获得最大功率,由于电抗的存在,直流电路中的最大功率传输定理在正弦稳态电路中将发生一些变化,首先,正弦稳态条件下的最大功率是指最大有功功率,其次,负载阻抗和电源内阻都可能含有电抗。根据戴维南定理,将图 3-4-6(a)所示电路转换为图 3-4-6(b)所示的等效电路,设等效电压源的内阻抗为 $Z_S = R_S + jX_S$,负载阻抗为 $Z_L = R_L + jX_L$,则负载从电源吸收的有功功率为

$$P_L = R_L I^2 = \frac{R_L U_S^2}{(R_S + R_L)^2 + (X_S + X_L)^2}$$

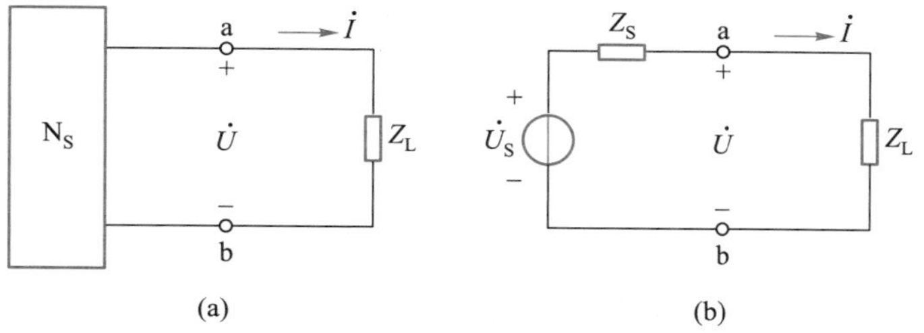

图 3-4-6  最大功率传输

如果等效电源($\dot{U}$、$Z_{\mathrm{s}}$)确定,改变负载阻抗($R_{\mathrm{L}}$ 和 $X_{\mathrm{L}}$),可使负载获得最大有功功率。根据数学极值求解方法,可以确定最大功率传输的条件为

$$Z_{\mathrm{L}} = (Z_{\mathrm{s}})^* \quad \text{或} \quad R_{\mathrm{L}} = R_{\mathrm{s}} \quad X_{\mathrm{L}} = -X_{\mathrm{s}} \quad (3-4-13)$$

即当负载阻抗等于电源内阻抗的共轭时,获得最大功率

$$P_{\mathrm{Lmax}} = \frac{U_{\mathrm{s}}^2}{4R_{\mathrm{s}}} \quad (3-4-14)$$

**例 3-4-4** 图 3-4-7 所示电路中,已知 $g_{\mathrm{m}} = 0.025\ \mathrm{S}$,$\dot{U}_{\mathrm{s}} = 20\underline{/0^\circ}\ \mathrm{V}$,试求负载阻抗可获得的最大功率。

**解:** 求出给负载阻抗供电的等效电源参数。先求开路电压,如图 3-4-8(a)所示,当负载阻抗开路时,电容中无电流,因此 $\dot{U}_c = 0$,所以受控电流源电流也为 0,这样 10 Ω 电阻也没有电流,得开路电压为

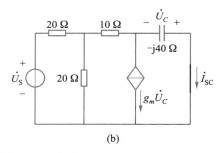

图 3-4-7 例 3-4-4 的图

$$\dot{U}_{\mathrm{OC}} = \frac{20}{20+20} \times 20\underline{/0^\circ}\ \mathrm{V} = 10\underline{/0^\circ}\ \mathrm{V}$$

再求负载阻抗短路时的电流,在图 3-4-8(b)中

$$\dot{U}_c = -\mathrm{j}40(-\dot{I}_{\mathrm{SC}}) = \mathrm{j}40\dot{I}_{\mathrm{SC}}$$

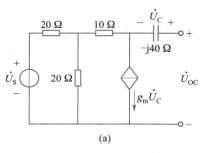

(a)　　　　　　　　　　　　　　　　(b)

图 3-4-8 等效电源参数求解

由 KVL 可以得到

$$\frac{1}{2}\dot{U}_{\mathrm{s}} + \dot{U}_c = 20 \times (\dot{I}_{\mathrm{SC}} + g_{\mathrm{m}}\dot{U}_c)$$

所以

$$\dot{I}_{\mathrm{SC}} = \frac{10}{20-\mathrm{j}20}\ \mathrm{A} = \frac{1}{4}(1+\mathrm{j})\ \mathrm{A} = 0.5\underline{/45^\circ}\ \mathrm{A}$$

等效电源内阻抗为

$$Z_0 = \frac{\dot{U}_{OC}}{\dot{I}_{SC}} = \frac{10\underline{/0°}}{0.5\underline{/45°}} \ \Omega = (20 - j20) \ \Omega$$

根据最大功率传输条件,只有当负载阻抗为 $Z_L = (Z_0)^* = (20+j20) \ \Omega$ 时,获得最大有功功率

$$P_{Lmax} = \frac{U_{OC}^2}{4R_0} = \frac{10^2}{4 \times 20} \ W = 1.25 \ W$$

## 3.5　正弦稳态电路中的谐振

在含有电感和电容的无源二端网络中,由于电感和电容的阻抗与电路的工作频率密切相关,一般端口电压和电流的相位是不相同的,端口电压和电流的相位关系与电路的工作频率有关。

如果在某一频率时端口电压与电流同相位,二端网络呈现纯电阻特性,阻抗达到最大值或最小值,而端口电压(电流)出现最大值或最小值,这种现象称为谐振。

在无线电技术中,信号源频率(接收的信号载波频率)固定,调整电路的参数使之产生谐振的过程,称为电路调谐,如常用的收音机,就是通过调节电容量使输入回路在需要收听的电台载波频率发生谐振。

根据电路中电感与电容的连接方式不同,谐振电路可分为串联谐振和并联谐振。

### 3.5.1　串联谐振

如图 3-5-1 所示,在 $RLC$ 串联电路中,当 $X_L = X_C$ 时,电路中电抗为零,电路呈纯电阻性,电路阻抗达到最小值,端口电压与电流同相位,如果电路所加电源电压幅度不变,电流达到最大值,电路发生谐振。由于谐振发生在串联电路中,称为串联谐振。

由谐振的定义可知,串联谐振的条件是

$$X_L = X_C \quad 或 \quad \omega L = \frac{1}{\omega C} \qquad (3-5-1)$$

电路发生谐振时的频率称为谐振频率,由式(3-5-1)可得串联谐振的频率为

$$\omega_0 = \frac{1}{\sqrt{LC}} \quad 即 \quad f_0 = \frac{1}{2\pi\sqrt{LC}} \qquad (3-5-2)$$

谐振频率完全由电路参数确定,当电路参数 $L$ 和 $C$ 一定时,改变电源的频率,使之等于 $f_0$,电路就发生谐振;或者当电源频率一定,调整 $L$ 或 $C$ 的参数,电路也会出现谐振现象。

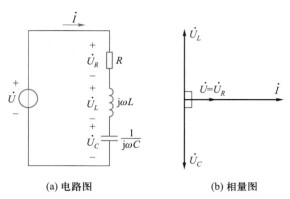

(a) 电路图　　　　　　　(b) 相量图

图 3-5-1　串联谐振

串联谐振有以下特点：

（1）电路的阻抗最小，电流最大。谐振时电路的阻抗和电流分别为

$$|Z_0| = \sqrt{R^2 + (X_L - X_C)^2} = R$$

$$I = I_0 = \frac{U}{R}$$

（2）电压与电流同相，$\varphi = 0$，$\cos\varphi = 1$，电路呈现纯电阻性，总无功功率为零，电路与电源之间不发生能量互换。

（3）电感上的电压与电容上的电压大小相等，但相位相反。当 $X_L = X_C \gg R$ 时，$U_L = U_C \gg U_R = U$，也就是说电感或电容上的电压将远大于电路的总电压，因此串联谐振也称为电压谐振。

在电力工程上要避免发生串联谐振，以免引起高电压击穿电感线圈或电容器。但在无线电技术中，由于信号微弱，常利用串联谐振来获得一个较高的电压，实现对特定频率信号的选择——选频。

谐振时电感（或电容）上电压与总电压之比称为电路的品质因数，用 $Q$ 表示

$$Q = \frac{U_{L0}}{U} = \frac{U_{C0}}{U} = \frac{\omega_0 L}{R} = \frac{1}{\omega_0 C R} \qquad (3-5-3)$$

品质因数表示电路工作在谐振频率时电感或电容上的电压大于总电压的倍数，可以以此为依据来选定频率，$Q$ 的值越大，电路的选频特性就越好。

串联谐振在无线电工程中的应用较多。例如，图 3-5-2（a）所示为收音机的输入电路，线圈 $L$ 和可变电容 $C$ 组成串联电路，图中 $L_1$ 是天线线圈。天线接收到的所有不同频率的信号都会在 $LC$ 谐振电路中感应出来，其等效电路如图 3-5-2（b）所示，图中 $R$ 是电感线圈 $L$ 的等效损耗电阻。改变电容 $C$，使电路在所需信号频率发生谐振，此时所需信号在电容两端电压最高，其他信号由于没有谐振，电压很小，这样就起到了选择信号和抑制干扰的作用。

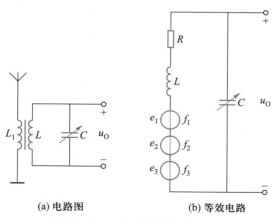

(a) 电路图　　　　　(b) 等效电路

图 3-5-2　收音机的输入电路

**例 3-5-1**　有一电感线圈和一电容串联,线圈的电感 $L = 1$ mH,等效电阻 $R = 20$ Ω,电容 $C = 100$ pF,所加信号电压有效值为 1 mV。

（1）求谐振频率 $f_0$、谐振电流 $I_0$、品质因数 $Q$ 和谐振时电容两端电压 $U_C$。

（2）电压有效值不变,频率偏离谐振频率+10%,电容两端电压 $U_C$ 为多少?

**解:**（1）电路谐振时

$$f_0 = \frac{1}{2\pi\sqrt{LC}} \approx \frac{1}{2 \times 3.14 \times \sqrt{1 \times 10^{-3} \times 100 \times 10^{-12}}} \text{ Hz} \approx 504 \text{ kHz}$$

$$X_{L0} = \omega_0 L \approx 2 \times 3.14 \times 504 \times 10^3 \times 1 \times 10^{-3} \text{ Ω} \approx 3\ 165 \text{ Ω}$$

$$I_0 = \frac{U}{R} = \frac{1 \times 10^{-3}}{20} \text{ A} = 0.05 \text{ mA}$$

$$Q = \frac{\omega_0 L}{R} \approx \frac{3\ 165}{20} \approx 158$$

$$U_{C0} = QU \approx 158 \text{ mV}$$

（2）频率偏离谐振频率+10%,$f = (1+0.1)f_0 \approx 554$ kHz

$$X_L = \omega L \approx 2 \times 3.14 \times 554 \times 10^3 \times 1 \times 10^{-3} \text{ Ω} \approx 3\ 479 \text{ Ω}$$

$$X_C = \frac{1}{\omega C} \approx \frac{1}{2 \times 3.14 \times 554 \times 10^3 \times 100 \times 10^{-12}} \text{ Ω} \approx 2\ 874 \text{ Ω}$$

$$|Z| = \sqrt{R^2 + (X_L - X_C)^2} \approx \sqrt{20^2 + (3\ 479 - 2\ 874)^2} \text{ Ω} \approx 605 \text{ Ω}$$

$$U_C = \frac{X_C}{|Z|}U \approx \frac{2\ 874}{623} \times 1 \text{ mV} \approx 4.6 \text{ mV}$$

由计算结果可知,选频效果是很明显的。

### 3.5.2　并联谐振

图 3-5-3 所示为电容与电感线圈并联的电路,$r$ 是线圈的等效损耗电阻。

当电路总电流 $i$ 与电压 $u$ 同相时，电路发生并联谐振。电路中

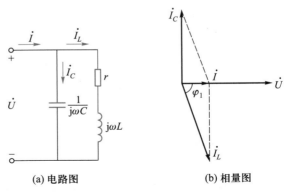

(a) 电路图　　　　　　　(b) 相量图

图 3-5-3　并联谐振电路

$$\dot{I} = \dot{I}_C + \dot{I}_L$$

$$= j\omega C\dot{U} + \frac{\dot{U}}{r + j\omega L}$$

$$= \left[ \frac{r}{r^2 + \omega^2 L^2} + j\left(\omega C - \frac{\omega L}{r^2 + \omega^2 L^2}\right) \right] \cdot \dot{U} \qquad (3-5-4)$$

要使电压、电流同相位，上式中的虚部必须为零，即谐振条件为 $\omega C = \dfrac{\omega L}{r^2 + \omega^2 L^2}$，可得谐振频率为

$$\omega_0 = \sqrt{\frac{1}{LC} - \frac{r^2}{L^2}} \qquad\qquad f_0 = \frac{1}{2\pi}\sqrt{\frac{1}{LC} - \frac{r^2}{L^2}} \qquad (3-5-5)$$

由于线圈的等效损耗电阻一般都很小，即 $\omega_0 L \gg r$，因此

$$\omega_0 \approx \frac{1}{\sqrt{LC}} \qquad\qquad f_0 \approx \frac{1}{2\pi\sqrt{LC}} \qquad (3-5-6)$$

图 3-5-3 所示并联电路的谐振频率非常接近于串联谐振频率，近似条件 $\omega_0 L \gg r$ 可以转变为 $\sqrt{\dfrac{L}{C}} \gg r$。

并联谐振有以下特征：

（1）电路的阻抗最大，电流最小。

由式（3-5-4）可知，图 3-5-3（a）所示电路的总阻抗为

$$Z = \cfrac{1}{\cfrac{r}{r^2 + \omega^2 L^2} + j\left(\omega C - \cfrac{\omega L}{r^2 + \omega^2 L^2}\right)}$$

110

谐振时，$\omega_0 C = \dfrac{\omega_0 L}{r^2 + \omega_0^2 L^2}$，阻抗的模最大 $|Z_0| = \dfrac{U}{I} = \dfrac{r^2 + \omega_0^2 L^2}{r}$，当 $\omega_0^2 L^2 \gg r^2$ 时

$$|Z_0| = \frac{r^2 + \omega_0^2 L^2}{r} \approx \frac{\omega_0^2 L^2}{r} = \frac{L}{rC} \qquad (3-5-7)$$

上式为并联谐振时电路呈现出的最大纯电阻性阻抗。谐振时的总电流最小

$$I_0 = \frac{U}{|Z_0|} = \frac{r}{r^2 + \omega_0^2 L^2} U \approx \frac{rC}{L} U$$

（2）电压与电流同相，$\varphi = 0$，$\cos\varphi = 1$，电路呈现纯电阻性，总无功功率为零，电路与电源之间不发生能量互换。

（3）支路电流远大于总电流，但相位接近相反。由图 3-5-3(b) 所示相量图可知，当 $X_{L0} = X_{C0} \gg r$ 时，$i_L$ 滞后于 $u$ 的角度接近 $90°$，此时 $I_L = I_C \gg I$，即支路电流远大于总电流，所以并联谐振也称为电流谐振。

与串联谐振电路类似，并联谐振时支路电流与总电流之比称为并联谐振电路的品质因数，记作 $Q$，则

$$Q = \frac{I_L}{I_0} = \frac{I_C}{I_0} = \frac{\omega_0 L}{r} = \frac{1}{\omega_0 Cr} \qquad (3-5-8)$$

电子技术中常用恒流源向 $LC$ 并联电路供电，以达到选频的目的。当电源频率为谐振频率 $f_0$ 时，电路出现并联谐振，电路阻抗最大，使电路两端产生很高的电压。而当频率偏离了 $f_0$ 时，电路不发生谐振（简称失谐），阻抗较小，端电压也较小，从而达到选频的目的。

**例 3-5-2** 如图 3-5-3(a) 所示电路，已知：$L = 0.1$ H，$C = 0.1$ μF，$U = 10$ V（有效值），分别求 $r = 10$ Ω 和 $r = 500$ Ω 时电路的谐振角频率，以及电路谐振时的 $I_0$、$I_C$ 和 $I_L$。

**解：**（1）当 $r = 10$ Ω 时，由于 $r = 10\ \Omega \ll \sqrt{\dfrac{L}{C}} = 10^3\ \Omega$

$$\omega_0 = \sqrt{\frac{1}{LC} - \frac{r^2}{L^2}} \approx \frac{1}{\sqrt{LC}} = 10^4\ \text{rad/s}$$

$$|Z_0| = \frac{r^2 + \omega_0^2 L^2}{r} \approx \frac{L}{rC} = 10^5\ \Omega$$

$$I_0 = \frac{U}{|Z_0|} = \frac{10}{10^5}\ \text{A} = 0.1\ \text{mA}$$

$$I_C = \frac{U}{X_{C0}} = \omega_0 CU = 10^4 \times 0.1 \times 10^{-6} \times 10\ \text{A} = 10\ \text{mA}$$

$$I_L = \frac{U}{\sqrt{r^2 + (\omega_0 L)^2}} = \frac{10}{\sqrt{10^2 + (10^4 \times 0.1)^2}} \text{ A} \approx 10 \text{ mA}$$

（2）当 $r = 500 \ \Omega$ 时，不满足近似条件 $\sqrt{\dfrac{L}{C}} \gg r$

$$\omega_0 = \sqrt{\frac{1}{LC} - \frac{r^2}{L^2}} = \sqrt{\frac{1}{0.1 \times 0.1 \times 10^{-6}} - \frac{500^2}{0.1^2}} \text{ rad/s} \approx 8\,660.3 \text{ rad/s}$$

$$|Z_0| = \frac{r^2 + \omega_0^2 L^2}{r} \approx \frac{500^2 + 8\,660.3^2 \times 0.1^2}{500} \ \Omega \approx 2\,000 \ \Omega$$

$$I_0 = \frac{U}{|Z_0|} \approx \frac{10}{2\,000} \text{A} = 5 \text{ mA}$$

$$I_C = U\omega_0 C \approx 10 \times 8\,660.3 \times 0.1 \times 10^{-6} \text{A} = 8.660\,3 \text{ mA}$$

$$I_L = \frac{U}{\sqrt{r^2 + (\omega_0 L)^2}} \approx \frac{10}{\sqrt{500^2 + (8\,660.3 \times 0.1)^2}} \text{ A} \approx 10 \text{ mA}$$

## 3.6  三相交流电路

### 3.6.1  三相电源

　　三相交流电路广泛应用于电力系统，是一种特殊的单频率正弦稳态电路，三相交流电路的电源和负载总是分别连接组合并通过三条或四条输电导线相连。电源部分由三个频率和幅度相同而初相位对称分布的正弦电压源组成，分别称为 A、B、C 三相电源，实际工作中它们是由空间对称分布的发电机绕组产生的，设三相电压源分别为

$$\begin{cases} u_A = U_m \sin(\omega t) \\ u_B = U_m \sin(\omega t - 120°) \\ u_C = U_m \sin(\omega t - 240°) = U_m \sin(\omega t + 120°) \end{cases} \quad (3-6-1)$$

这种 A—B—C—A 相序称为正序。用相量表示则为

$$\begin{cases} \dot{U}_A = U\underline{/0°} = U = \dfrac{1}{\sqrt{2}} U_m \\ \\ \dot{U}_B = U\underline{/-120°} \\ \\ \dot{U}_C = U\underline{/+120°} \end{cases} \quad (3-6-2)$$

对称三相电源在任何时刻的瞬时值或相量之和都等于零，即

$$u_{\mathrm{A}} + u_{\mathrm{B}} + u_{\mathrm{C}} = 0 \qquad \dot{U}_{\mathrm{A}} + \dot{U}_{\mathrm{B}} + \dot{U}_{\mathrm{C}} = 0 \qquad (3-6-3)$$

三相电源可以接成星形（Y）或三角形（Δ），如图 3-6-1 所示。星形联结中三个电源的末端 X、Y、Z 连在一起称为中性点或零点，用 N 表示，从中性点 N 引出的导线称为中性线，也叫作零线。注意，在图中中性点采取了接地措施，这是安全用电的一种保护方法；从三个电源的始端 A、B、C 引出的三根导线称为相线或端线，也叫作火线。三角形联结只有三条相线与负载电路相连接。

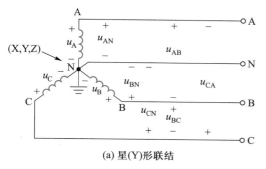
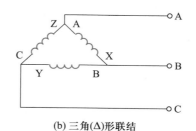

(a) 星(Y)形联结　　　　　　　　(b) 三角(Δ)形联结

图 3-6-1　三相电源的连接

三相电源的三根相线 A、B、C 间的电压 $u_{\mathrm{AB}}$、$u_{\mathrm{BC}}$ 和 $u_{\mathrm{CA}}$ 称为三相电源的线电压，线电压的有效值记作 $U_{\mathrm{L}}$；而参与连接的对称电压源电压 $u_{\mathrm{AN}}$（或 $u_{\mathrm{AX}}$）、$u_{\mathrm{BN}}$（或 $u_{\mathrm{BY}}$）和 $u_{\mathrm{CN}}$（或 $u_{\mathrm{CZ}}$）称为相电压，相电压的有效值记作 $U_{\mathrm{P}}$。

根据三相电源的连接方式和对称性质，三角形联结三相电源的相电压和线电压相同，而星形联结三相电源的线电压和相电压相量图如图 3-6-2 所示。对应关系为

$$\left.\begin{aligned}
\dot{U}_{\mathrm{AB}} &= \sqrt{3}\,\dot{U}_{\mathrm{AN}}\,e^{j30°} \\[4pt]
\dot{U}_{\mathrm{BC}} &= \sqrt{3}\,\dot{U}_{\mathrm{BN}}\,e^{j30°} \\[4pt]
\dot{U}_{\mathrm{CA}} &= \sqrt{3}\,\dot{U}_{\mathrm{CN}}\,e^{j30°}
\end{aligned}\right\}$$

$$(3-6-4)$$

在低压配电系统中，一般采用星形联结，引出三根相线一根中性线，称为三相四线制供电。我国低压配电系统中，相电压为 220 V，线电压则为 380 V，通常表示为 220/380 V。

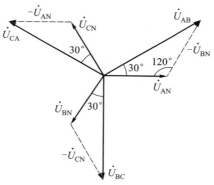

图 3-6-2　星形联结三相电源的<br>线电压和相电压相量图

## 3.6.2　负载星形联结三相电路

三相负载的星形联结如图 3-6-3 所示。三相负载阻抗 $Z_{\mathrm{A}}$、$Z_{\mathrm{B}}$、$Z_{\mathrm{C}}$ 的一端连成一点，接到电源的中性线上，负载的另一端分别与电源的三根相线 A、B、C 连接。电流的参考方向如图所示。

113

每相负载中的电流称为相电流,其有效值用 $I_\mathrm{P}$ 表示;每条相线中的电流称为线电流,其有效值用 $I_\mathrm{L}$ 表示。由图 3-6-3 可见,当负载为星形联结时,其相电流等于线电流。以 A 相电压为参考相量,则对称三相电源电压

$$\dot{U}_{AN} = U_\mathrm{P}\underline{/0°}, \quad \dot{U}_{BN} = U_\mathrm{P}\underline{/-120°},$$

$$\dot{U}_{CN} = U_\mathrm{P}\underline{/120°}$$

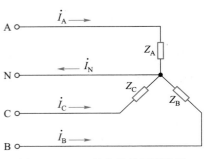

图 3-6-3　三相负载的星形联结

各相负载电流分别为

$$\begin{cases} \dot{I}_A = \dfrac{\dot{U}_{AN}}{Z_A} = \dfrac{U_\mathrm{P}}{|Z_A|}\mathrm{e}^{\mathrm{j}(-\varphi_A)} \\[3mm] \dot{I}_B = \dfrac{\dot{U}_{BN}}{Z_B} = \dfrac{U_\mathrm{P}}{|Z_B|}\mathrm{e}^{\mathrm{j}(-120°-\varphi_B)} \\[3mm] \dot{I}_C = \dfrac{\dot{U}_{CN}}{Z_C} = \dfrac{U_\mathrm{P}}{|Z_C|}\mathrm{e}^{\mathrm{j}(120°-\varphi_C)} \end{cases} \qquad (3-6-5)$$

由 KCL 计算中性线电流

$$\dot{I}_N = \dot{I}_A + \dot{I}_B + \dot{I}_C \qquad (3-6-6)$$

当负载对称时,各相负载阻抗相等,即 $Z_A = Z_B = Z_C = Z = |Z|\underline{/\varphi}$,从式(3-6-5)可知,各相电流也是对称的,即

$$I_A = I_B = I_C = \frac{U_\mathrm{P}}{|Z|} \qquad \varphi_A = \varphi_B = \varphi_C = \varphi = \arctan\left(\frac{X}{R}\right)$$

星形联结三相对称负载电压、电流相量图如图 3-6-4 所示。

由于各相电流对称,这时中性线中的电流等于零,说明中性线可以去掉而并不影响电路工作,这样电路便成为三相三线制电路,如图 3-6-5 所示。

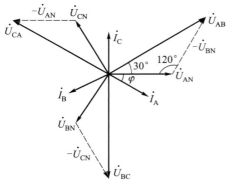

图 3-6-4　星形联结三相对称负载电压、电流相量图

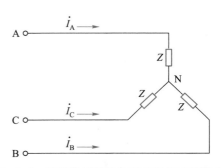

图 3-6-5　星形联结对称负载的三相三线制电路

负载对称时,各相负载上的电流对称,大小相等,相位互差 120°,只需计算其中一相即可,其他两相由对称性可直接得到。

如果负载不对称,虽然电源各相电压对称,但若没有中性线,则不能保证负载各相承受对称电压,可能造成负载的不正常工作(如下面例 3-6-2 所分析),因此中性线不能省略,此时电路各相的分析则需按式(3-6-5)分别计算。

**例 3-6-1** 星形联结的三相对称负载接在三相四线制对称三相电源上,已知各相负载阻抗 $Z = 10\sqrt{3} + j10\ \Omega$,电源的线电压为 380 V。求各相负载电流和中性线电流。

**解:** 负载星形联结,线电流与相电流相等

$$I_L = I_P = \frac{U_P}{|Z|} = \frac{U_L}{\sqrt{3} \cdot |Z|} = \frac{380}{\sqrt{3} \cdot \sqrt{(10\sqrt{3})^2 + 10^2}}\ A \approx 11\ A$$

由于负载对称,三相电流也对称,所以中性线电流 $I_N = 0\ A$。

**例 3-6-2** 如图 3-6-6 所示,在 220/380 V 三相四线制照明电路中,A 相接 1 个白炽灯,B 相接 2 个白炽灯,C 相接 10 个白炽灯。已知所接白炽灯的额定电压为 220 V,额定功率为 100 W。

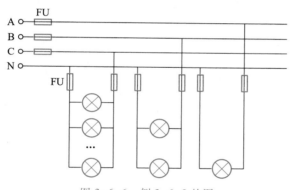

图 3-6-6 例 3-6-2 的图

(1)求各线电流和中性线电流;

(2)若 B 相灯的熔断器烧断,求 A 相和 C 相的电流;

(3)若 B 相熔断器烧断,且中性线也因故断开,求 A 相和 C 相负载上的电压。

**解:**(1)设对称三相电源电压相量为

$$\dot{U}_{AN} = 220\underline{/0°}\ V \quad \dot{U}_{BN} = 220\underline{/-120°}\ V \quad \dot{U}_{CN} = 220\underline{/120°}\ V$$

根据白炽灯的额定值计算每个白炽灯的电阻为

$$R = \frac{U_N^2}{P_N} = \frac{220^2}{100}\ \Omega = 484\ \Omega$$

各线电流为

$$\dot{I}_A = 1 \times \frac{\dot{U}_{AN}}{R} = 1 \times \frac{220\underline{/0°}}{484}\,\text{A} \approx 0.455\underline{/0°}\,\text{A}$$

$$\dot{I}_B = 2 \times \frac{\dot{U}_{BN}}{R} = 2 \times \frac{220\underline{/-120°}}{484}\,\text{A} \approx 0.91\underline{/-120°}\,\text{A}$$

$$\dot{I}_C = 10 \times \frac{\dot{U}_{CN}}{R} = 10 \times \frac{220\underline{/120°}}{484}\,\text{A} \approx 4.55\underline{/120°}\,\text{A}$$

中性线电流为

$$\dot{I}_N = \dot{I}_A + \dot{I}_B + \dot{I}_C$$

$$\approx 0.455\underline{/0°}\,\text{A} + 0.91\underline{/-120°}\,\text{A} + 4.55\underline{/120°}\,\text{A}$$

$$\approx -2.275 + \text{j}3.15\,\text{A}$$

$$\approx 3.89\underline{/-125.8°}\,\text{A}$$

（2）若 B 相灯的熔断器烧断，B 相断开，则 B 相电流为 0，此时由于中性线的作用，加在 A 相和 C 相负载阻抗上的电压没变，所以 A 相和 C 相中的电流也不变。

（3）B 相断开的同时，中性线也断开，如图 3-6-7 所示，A 相的阻抗仍为 $Z_A = R = 484\,\Omega$，C 相的总电阻阻抗仍为 $Z_C = \dfrac{R}{10} = 48.4\,\Omega$，从图 3-6-7 可见，A 相阻抗 $Z_A$ 与 C 相阻抗 $Z_C$ 串联接于 A、C 线之间。此时根据阻抗串联分压公式，A 相负载的电压为

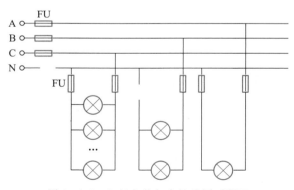

图 3-6-7  B 相负载与中性线同时断开

$$U_{Z_A} = \left| \frac{Z_A}{Z_A + Z_C} \right| \times U_{AC} \approx \frac{484}{484 + 48.4} \times 380\,\text{V} \approx 345.5\,\text{V}$$

远大于额定电压。

C 相负载的电压为

$$U_{Z_C} = \left| \frac{Z_C}{Z_A + Z_C} \right| \times U_{AC} \approx \frac{48.4}{484 + 48.4} \times 380 \text{ V} \approx 34.5 \text{ V}$$

远小于额定电压。

这个例子说明,当负载不对称时,若有中性线,则各相负载的工作互相不受影响,可以正常工作;若无中性线,这时负载端相电压不再对称,部分负载电压过高,造成设备损坏;部分负载电压过低,不能正常工作。

在三相四线制电路中,中性线的存在强制星形联结不对称负载的各相电压与电源端一致,保持对称。因此,供电系统中的中性线在任何时候都不能断开,不允许在中性线上设置断路器和开关。

### 3.6.3　负载三角形联结的三相电路

三相负载的三角形联结如图 3-6-8 所示,每相负载分别接在电源的两根相线之间,负载的相电压就是电源的线电压。若以 AB 线电压作为参考相量,则

$$\dot{U}_{AB} = U_L \underline{/0°}, \quad \dot{U}_{BC} = U_L \underline{/-120°}, \dot{U}_{CA} = U_L \underline{/120°}$$

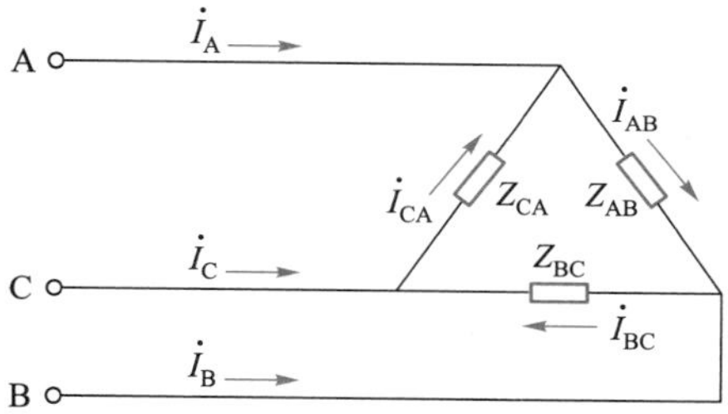

图 3-6-8　三相负载的三角形联结

由图可知,各相电流分别为

$$\begin{cases} \dot{I}_{AB} = \dfrac{\dot{U}_{AB}}{Z_{AB}} = \dfrac{U_L}{|Z_{AB}|} e^{j(-\varphi_{AB})} \\[3mm] \dot{I}_{BC} = \dfrac{\dot{U}_{BC}}{Z_{BC}} = \dfrac{U_L}{|Z_{BC}|} e^{j(-120°-\varphi_{BC})} \\[3mm] \dot{I}_{CA} = \dfrac{\dot{U}_{CA}}{Z_{CA}} = \dfrac{U_L}{|Z_{CA}|} e^{j(+120°-\varphi_{CA})} \end{cases} \qquad (3-6-7)$$

由 KCL 可得各线电流为

$$\dot{I}_A = \dot{I}_{AB} - \dot{I}_{CA} \qquad \dot{I}_B = \dot{I}_{BC} - \dot{I}_{AB} \qquad \dot{I}_C = \dot{I}_{CA} - \dot{I}_{BC} \qquad (3-6-8)$$

若负载对称,三相负载阻抗相等 $Z_{AB} = Z_{BC} = Z_{CA} = Z = R + jX$,则

$$I_{AB} = I_{BC} = I_{CA} = I_P = \frac{U_L}{|Z|}$$

$$\varphi_{AB} = \varphi_{BC} = \varphi_{CA} = \varphi = \arctan\left(\frac{X}{R}\right)$$

三相负载的相电流也是对称的。三角形联结负载端电压电流的相量图如图 3-6-9 所示。

由相量图可得

$$I_A = 2I_{AB}\cos 30° = \sqrt{3}\,I_{AB}$$

$$I_B = 2I_{BC}\cos 30° = \sqrt{3}\,I_{BC}$$

$$I_C = 2I_{CA}\cos 30° = \sqrt{3}\,I_{CA}$$

对称三相负载作三角形联结时,线电流有效值和相电流有效值满足

$$I_L = \sqrt{3}\,I_P \qquad (3-6-9)$$

从相量图中还可以看出,线电流也是对称的,各线电流的相位比相应的相电流滞后 30°。应当注意的是,当负载

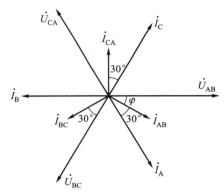

图 3-6-9　三角形联结负载端电压电流的相量图

不对称时,各相电流和线电流一般将不再对称,式(3-6-9)不成立,必须用式(3-6-7)和式(3-6-8)分别计算。

**例 3-6-3**　三相对称感性负载接于线电压为 380 V 的对称三相电源上。各相负载阻抗 $Z = (3+j4)$ Ω,三角形联结。求负载的相电流、线电流,以及每相负载电压与电流的相位差。

**解:**由于负载三角形联结,所以相电压等于线电压,则

$$I_P = \frac{U_P}{|Z|} = \frac{380}{\sqrt{3^2 + 4^2}}\ A \approx 76\ A$$

$$I_L = \sqrt{3}\,I_P = \sqrt{3} \times 76\ A \approx 131.6\ A$$

$$\varphi = \arctan\left(\frac{X_L}{R}\right) = \arctan\left(\frac{4}{3}\right) \approx 53.1°$$

负载的相电流为 76 A,线电流为 131.6 A,相电压超前相电流 53.1°。

**例 3-6-4**　如图 3-6-10 所示电路,已知电源电压对称,其线电压 $U_L = 220$ V。负载三角形联结,白炽灯的额定值 $P_N = 60$ W, $U_N = 220$ V。分别求开关 S 断开和闭合两种情况下负载的相电流和线电流。

例 3-6-4
Multisim 仿真

**解:**每个白炽灯的电阻为 $R = \dfrac{U_N^2}{P_N} = \dfrac{220^2}{60}$ Ω $\approx 806.7$ Ω

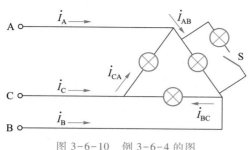

图 3-6-10　例 3-6-4 的图

（1）当开关 S 断开时，各相均接一个白炽灯，负载对称，所以

$$I_{\mathrm{P}} = \frac{U_{\mathrm{N}}}{R} = \frac{60}{220}\,\mathrm{A} \approx 0.273\,\mathrm{A}$$

$$I_{\mathrm{L}} = \sqrt{3}\,I_{\mathrm{P}} \approx 1.732 \times 0.273\,\mathrm{A} \approx 0.473\,\mathrm{A}$$

设 $\dot{U}_{\mathrm{AB}} = 220\underline{/0°}\,\mathrm{V}$，则各相电流分别为

$$\dot{I}_{\mathrm{AB}} \approx 0.273\underline{/0°}\,\mathrm{A} \qquad \dot{I}_{\mathrm{BC}} \approx 0.273\underline{/-120°}\,\mathrm{A} \qquad \dot{I}_{\mathrm{CA}} \approx 0.273\underline{/120°}\,\mathrm{A}$$

各线电流分别为

$$\dot{I}_{\mathrm{A}} \approx 0.473\underline{/-30°}\,\mathrm{A} \qquad \dot{I}_{\mathrm{B}} \approx 0.473\underline{/-150°}\,\mathrm{A} \qquad \dot{I}_{\mathrm{C}} \approx 0.473\underline{/90°}\,\mathrm{A}$$

（2）当开关 S 闭合时，负载不对称，各相电流、线电流也不对称，应分别计算。

各相电流分别为

$$\dot{I}_{\mathrm{AB}} = 2 \times \frac{\dot{U}_{\mathrm{AB}}}{R} \approx 0.545\underline{/0°}\,\mathrm{A}$$

$$\dot{I}_{\mathrm{BC}} = 1 \times \frac{\dot{U}_{\mathrm{BC}}}{R} \approx 0.273\underline{/-120°}\,\mathrm{A}$$

$$\dot{I}_{\mathrm{CA}} = 1 \times \frac{\dot{U}_{\mathrm{CA}}}{R} \approx 0.273\underline{/120°}\,\mathrm{A}$$

各线电流分别为

$$\dot{I}_{\mathrm{A}} = \dot{I}_{\mathrm{AB}} - \dot{I}_{\mathrm{CA}} \approx (0.545\underline{/0°} - 0.273\underline{/120°})\,\mathrm{A} \approx 0.721\underline{/-19.1°}\,\mathrm{A}$$

$$\dot{I}_{\mathrm{B}} = \dot{I}_{\mathrm{BC}} - \dot{I}_{\mathrm{AB}} \approx (0.273\underline{/-120°} - 0.545\underline{/0°})\,\mathrm{A} \approx 0.721\underline{/-160.9°}\,\mathrm{A}$$

$$\dot{I}_{\mathrm{C}} = \dot{I}_{\mathrm{CA}} - \dot{I}_{\mathrm{BC}} \approx (0.273\underline{/120°} - 0.273\underline{/-120°})\,\mathrm{A} \approx 0.473\underline{/90°}\,\mathrm{A}$$

### 3.6.4　三相负载的功率

三相电路中，有功功率满足守恒条件，三相负载消耗的总有功功率等于各相

负载有功功率之和,即

$$P_{\Sigma} = P_A + P_B + P_C$$

$$= U_{PA}I_{PA}\cos\varphi_A + U_{PB}I_{PB}\cos\varphi_B + U_{PC}I_{PC}\cos\varphi_C$$

$$(3-6-10)$$

式中,电压和电流是各相负载相电压和相电流的有效值,$\cos\varphi_A$、$\cos\varphi_B$、$\cos\varphi_C$ 为各相负载的功率因数。

　　对于对称三相负载,各相电压和各相电流的有效值相等,各相负载的功率因数也相等,式(3-6-10)可改写为

$$P_{\Sigma} = 3U_P I_P \cos\varphi_Z$$

　　如果对称三相负载为星形联结,$U_L = \sqrt{3}\,U_P$,$I_P = I_L$;如果对称三相负载为三角形联结,$U_P = U_L$,$I_L = \sqrt{3}\,I_P$,因此,无论是星形联结,还是三角形联结,对称三相电路三相总功率都可写为

$$P_{\Sigma} = \sqrt{3}\,U_L I_L \cos\varphi_Z = 3U_P I_P \cos\varphi_Z \qquad (3-6-11)$$

式中,$\varphi_Z$ 是负载的阻抗角,即负载相电压与相电流的相位差,不是线电压与线电流的相位差。不管负载是星形联结还是三角形联结,只要负载对称,式(3-6-11)均适用。但是决不能因此认为负载可以随便接成星形或三角形,负载的连接方式应由负载的额定电压和电源线电压共同决定。

　　同样,三相负载的总无功功率也等于各相负载无功功率之和,即

$$Q_{\Sigma} = Q_A + Q_B + Q_C$$

$$= U_{PA}I_{PA}\sin\varphi_A + U_{PB}I_{PB}\sin\varphi_B + U_{PC}I_{PC}\sin\varphi_C$$

$$(3-6-12)$$

　　如果三相负载对称,则不论是星形还是三角形联结,都可以用下式计算

$$Q_{\Sigma} = 3U_P I_P \sin\varphi_Z = \sqrt{3}\,U_L I_L \sin\varphi_Z \qquad (3-6-13)$$

　　根据功率三角形关系,可得三相负载的总视在功率为

$$S_{\Sigma} = \sqrt{P_{\Sigma}^2 + Q_{\Sigma}^2} \qquad (3-6-14)$$

　　如果三相负载对称,则总的视在功率为

$$S_{\Sigma} = 3U_P I_P = \sqrt{3}\,U_L I_L$$

**注意:**
　　三相负载总的视在功率一般不等于各相负载视在功率之和,即
$$S_{\Sigma} \neq S_A + S_B + S_C$$

　　**例 3-6-5**　三相对称感性负载,各相负载阻抗 $Z = (3+j4)\ \Omega$,三相对称电源线电压为 380 V。试求负载分别为星形联结和三角形联结时电路的有功功率、无功功率和视在功率。

　　**解:**
$$Z = R + jX = (3 + j4)\ \Omega$$

$$\varphi_Z = \arctan\left(\frac{X}{R}\right) = \arctan\left(\frac{4}{3}\right) \approx 53.1°$$

（1）负载为三角形联结时

$$I_L = \sqrt{3}\,I_P = \sqrt{3}\times\frac{380}{\sqrt{3^2+4^2}}\ A \approx 131.6\ A$$

$$P_\Sigma = \sqrt{3}\,U_L I_L \cos\varphi_Z \approx \sqrt{3}\times380\times131.6\times\cos53.1°\ W \approx 52\ kW$$

$$Q_\Sigma = \sqrt{3}\,U_L I_L \sin\varphi_Z \approx \sqrt{3}\times380\times131.6\times\sin53.1°\,var \approx 69.3\ kvar$$

$$S_\Sigma = \sqrt{3}\,U_L I_L \approx \sqrt{3}\times380\times131.6\ V\cdot A \approx 86.6\ kV\cdot A$$

（2）负载为星形联结时

$$I_L = I_P = \frac{380}{\sqrt{3}\times\sqrt{3^2+4^2}}\ A \approx 43.9\ A$$

$$P_\Sigma = \sqrt{3}\,U_L I_L \cos\varphi_Z \approx \sqrt{3}\times380\times43.9\times\cos53.1°\ W \approx 17.3\ kW$$

$$Q_\Sigma = \sqrt{3}\,U_L I_L \sin\varphi_Z \approx \sqrt{3}\times380\times43.9\times\sin53.1°\ var \approx 23.1\ kvar$$

$$S_\Sigma = \sqrt{3}\,U_L I_L \approx \sqrt{3}\times380\times43.9\ V\cdot A \approx 28.9\ kV\cdot A$$

由上面的计算可以看到，在相同线电压下，同一负载为三角形联结时其功率是星形联结的 3 倍。在实际应用中，应按产品规定的方式连接，不能随意改变接法来提高功率，否则将引起事故。

## 3.7 非正弦周期交流稳态电路

实际应用中存在很多非正弦的周期电源和信号，例如，在自动控制、电子计算机中使用的矩形波、三角波、锯齿波，以及全波整流电路输出的电压波形等都是非正弦波。

### 3.7.1 非正弦周期电压、电流的谐波分解

假设非正弦周期信号为 $f(t) = f(t+nT)$，其中 $T$ 为信号的周期，信号角频率 $\omega$ 为 $2\pi/T$。根据数学分析理论，如果给定的周期信号（函数）满足狄里赫利条件，则信号可以展开成一个收敛的傅里叶级数

$$f(t) = A_0 + A_{1m}\sin(\omega t + \varphi_1) + A_{2m}\sin(2\omega t + \varphi_2) + \cdots$$

$$= A_0 + \sum_{k=1}^{\infty} A_{km}\sin(k\omega t + \varphi_k) \tag{3-7-1}$$

实际电路中出现的非正弦周期电压、电流一般都满足狄里赫利条件，因此，都可

 注意：
狄里赫利条件：
① 在一个周期内，极大值和极小值的数目有限，即信号在一周期内不做无限振荡；
② 在一个周期内，信号连续或只存在有限个第一类间断点；
③ 在一个周期内，信号的能量有限，即 $\int_0^T |f(t)|\cdot dt < \infty$。

以利用傅里叶级数展开为正弦电压、电流的加权叠加。式(3-7-1)中,常数项 $A_0$ 称为恒定分量或直流分量,它是信号 $f(t)$ 在一个周期内的平均值。$A_{1m}\sin(\omega t+\varphi_1)$ 称为基波或一次谐波,其频率与原信号相同,$A_{1m}$ 为基波的振幅。$A_{2m}\sin(2\omega t+\varphi_2)$ 称为二次谐波,其频率为基波频率的两倍,$A_{2m}$ 为二次谐波的振幅,以此类推。二次及二次以上谐波统称为高次谐波。利用傅里叶级数,满足狄里赫利条件的非正弦周期电压、电流均可被分解成直流分量和各次谐波分量(单一频率正弦波)的线性叠加。

若将式(3-7-1)进一步展开,可以得到傅里叶级数的另一种形式

$$f(t) = A_0 + \sum_{k=1}^{\infty} (A_{km}\cos\varphi_k\sin k\omega t + A_{km}\sin\varphi_k\cos k\omega t)$$

$$= A_0 + \sum_{k=1}^{\infty} (A_{km}\cos\varphi_k)\sin k\omega t + \sum_{k=1}^{\infty} (A_{km}\sin\varphi_k)\cos k\omega t$$

$$(3-7-2)$$

设

$$a_k = A_{km}\cos\varphi_k \quad b_k = A_{km}\sin\varphi_k \qquad (3-7-3)$$

由式(3-7-3)可得

$$A_{km} = \sqrt{a_k^2 + b_k^2} \quad \varphi_k = \arctan\frac{b_k}{a_k} \qquad (3-7-4)$$

傅里叶分析理论指出,上述系数可以用下列公式确定

$$A_0 = \frac{1}{T}\int_0^T f(t)\,\mathrm{d}t = \frac{1}{2\pi}\int_0^{2\pi} f(t)\,\mathrm{d}(\omega t)$$

$$a_k = \frac{2}{T}\int_0^T f(t)\sin(k\omega t)\,\mathrm{d}t = \frac{1}{\pi}\int_0^{2\pi} f(t)\sin(k\omega t)\,\mathrm{d}(\omega t)$$

$$b_k = \frac{2}{T}\int_0^T f(t)\cos(k\omega t)\,\mathrm{d}t = \frac{1}{\pi}\int_0^{2\pi} f(t)\cos(k\omega t)\,\mathrm{d}(\omega t)$$

谐波振幅 $A_{km}$ 随频率变动的关系可用图线表示,称为幅度频谱,如图 3-7-1 所示。图中,角频率 $k\omega$ 处的竖线长度表示 $A_{km}$ 的大小,称为谱线。对周期函数的傅里叶级数,相邻两谱线的间隔为 $\omega$,这种谱线有一定间隔的频谱,称为离散频谱。

类似地也可以画出相位频谱,用以表示各次谐波的初相位随频率变化的关系。一般如无特别说明,频谱均指幅度频谱。

傅里叶级数是一个无穷级数,理论

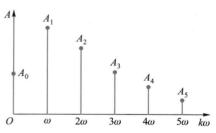

图 3-7-1　信号的幅度频谱图

上应取无限多项才能准确表示原周期信号。然而,实际应用中符合狄里赫利条件的信号的傅里叶级数均具有良好的收敛性,谐波次数越高,幅度越小,工程计算通常根据精度要求只取前几项谐波。当然,傅里叶级数取项越多,其合成的波形就越趋近于$f(t)$,如图 3-7-2 所示。

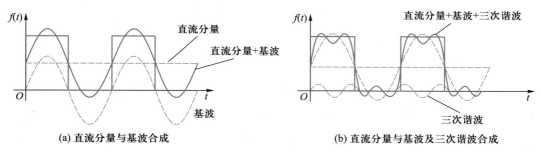

(a) 直流分量与基波合成        (b) 直流分量与基波及三次谐波合成

图 3-7-2  谐波合成示意图

非正弦周期信号的谐波分解需要进行积分运算,实际工作中,许多典型的信号分解已经求出,可以直接引用。表 3-7-1 给出了常见的周期性非正弦周期信号的谐波分解。

表 3-7-1  常见的周期性非正弦周期信号的谐波分解

| 名称 | 波形 | 傅里叶级数 |
|---|---|---|
| 方 波 | | $f(t) = \dfrac{4A}{\pi}\left[\sin \omega t + \dfrac{1}{3}\sin(3\omega t) + \dfrac{1}{5}\sin(5\omega t) + \cdots + \dfrac{1}{k}\sin(k\omega t)\right]$  $k$ 为奇数 |
| 矩形脉冲 | | $f(t) = A\left\{\dfrac{\tau}{T} + \dfrac{2}{\pi}\left[\sin\dfrac{\tau\pi}{T}\cos(\omega t) + \dfrac{1}{2}\sin\dfrac{2\tau\pi}{T}\cos(2\omega t) + \dfrac{1}{3}\sin\dfrac{3\tau\pi}{T}\cos(3\omega t) + \cdots\right]\right\}$ |
| 锯齿波 | | $f(t) = A\left\{\dfrac{1}{2} + \dfrac{1}{\pi}\left[\sin(\omega t) + \dfrac{1}{2}\sin(2\omega t) + \dfrac{1}{3}\sin(3\omega t) + \cdots\right]\right\}$ |

| 名称 | 波形 | 傅里叶级数 |
|---|---|---|
| 三角波 | | $f(t) = \dfrac{8A}{\pi^2}\left\{\sin(\omega t) - \dfrac{1}{9}\sin(3\omega t) + \dfrac{1}{25}\sin(5\omega t) - \cdots + \dfrac{(-1)^{\frac{k-1}{2}}}{k^2}\sin(k\omega t) + \cdots\right\}$<br>$k$ 为奇数 |
| 全波整流 | | $f(t) = \dfrac{4A}{\pi}\left\{\dfrac{1}{2} - \dfrac{1}{3}\cos(2\omega t) - \dfrac{1}{3\times5}\cos(4\omega t) - \dfrac{1}{5\times7}\cos(6\omega t) - \cdots\right\}$ |
| 半波整流 | | $f(t) = A\left\{\dfrac{1}{\pi} + \dfrac{1}{2}\sin(\omega t) - \dfrac{2}{\pi}\cdot\dfrac{1}{3}\cos(2\omega t) - \dfrac{2}{\pi}\cdot\dfrac{1}{3\times5}\cos(4\omega t) - \cdots\right\}$ |

### 3.7.2　非正弦周期量的有效值

按照定义,有效值是周期电压和电流的方均根(RMS)值

$$U = \sqrt{\dfrac{1}{T}\int_0^T u^2(t)\,\mathrm{d}t} \quad I = \sqrt{\dfrac{1}{T}\int_0^T i^2(t)\,\mathrm{d}t}$$

式中,$T$ 为电压和电流的周期。将非正弦周期电压和电流分解为傅里叶级数

$$i(t) = I_0 + \sum_{k=1}^{\infty} I_{km}\sin(k\omega t + \theta_{ik})$$

$$u(t) = U_0 + \sum_{k=1}^{\infty} U_{km}\sin(k\omega t + \theta_{uk}) \qquad \omega = \dfrac{2\pi}{T}$$

计算它们的有效值为

$$I = \sqrt{\dfrac{1}{T}\int_0^T \left[I_0 + \sum_{k=1}^{\infty} I_{km}\sin(k\omega t + \theta_{ik})\right]^2 \mathrm{d}t}$$

$$U = \sqrt{\dfrac{1}{T}\int_0^T \left[U_0 + \sum_{k=1}^{\infty} U_{km}\sin(k\omega t + \theta_{uk})\right]^2 \mathrm{d}t}$$

不失一般性,下面只讨论电流有效值的计算,电压有效值的计算可类推。上式右边根号内平方后展开,可得下列四项

$$\frac{1}{T}\int_0^T I_0^2 \, \mathrm{d}t = I_0^2$$

$$\frac{1}{T}\int_0^T 2I_0 \sum_{k=1}^{\infty} I_{km}\sin(k\omega t + \theta_{ik})\,\mathrm{d}t = 0$$

$$\frac{1}{T}\int_0^T \sum_{k=1}^{\infty} I_{km}^2\sin^2(k\omega t + \theta_{ik})\,\mathrm{d}t = \frac{1}{2}\sum_{k=1}^{\infty}I_{km}^2$$

$$\frac{1}{T}\int_0^T 2\sum_{\substack{k=1\\k\neq h}}^{\infty}\sum_{h=1}^{\infty} I_{km}I_{hm}\sin(k\omega t + \theta_{ik})\sin(h\omega t + \theta_{ih})\,\mathrm{d}t = 0$$

第 $k$ 次谐波（正弦量）的有效值为 $I_k = \dfrac{1}{\sqrt{2}}I_{km}$，$i(t)$ 的有效值计算公式为

$$I = \sqrt{I_0^2 + I_1^2 + I_2^2 + I_3^2 + \cdots} \qquad (3-7-5)$$

同理，非正弦周期电压 $u(t)$ 的有效值计算公式为

$$U = \sqrt{U_0^2 + U_1^2 + U_2^2 + U_3^2 + \cdots} \qquad (3-7-6)$$

> 非正弦周期电流或电压的有效值，等于直流分量与各次谐波分量有效值平方和的平方根。

### 3.7.3 非正弦周期交流电路的谐波分析方法

非正弦周期信号（电源）作用到线性电路，欲分析电路的响应，首先利用傅里叶级数将非正弦电源分解成直流分量和各次谐波分量的叠加，这实际上是指出了，对于非正弦电压源，它等效为直流电压源和各次谐波分量的单频率正弦电压源串联组合，而非正弦电流源则等效为直流电流源和各次谐波分量的单频率正弦电流源并联组合，应用线性电路的叠加定理，每次分析一次谐波激励（直流当作 0 次谐波），最后再将各谐波分量电源单独激励产生的响应叠加，即可获得非正弦周期信号（电源）激励的总响应，如图 3-7-3 所示。

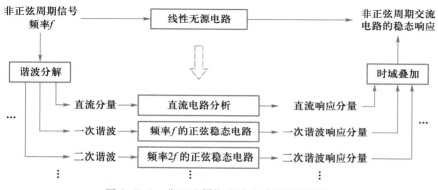

图 3-7-3 非正弦周期交流电路的分析流程

为了简化分析过程,在对非正弦周期交流电路进行分析时,通常只考虑单一非正弦周期电源激励的情况。下面介绍非正弦周期交流电路谐波分析的计算步骤。

(1)将非正弦周期激励信号(电源电压或电流)分解成傅里叶级数,根据误差要求截取有限项。

(2)分别计算激励的直流分量和各次谐波分量单独作用时在电路产生的稳态响应。

注意,当直流分量单独激励时,电容 $C$ 相当于开路、电感 $L$ 相当于短路。各次谐波分量单独激励时,可利用单一频率正弦交流电路的分析方法,采用相量法求解响应。由于各次谐波分量的频率不同,所以对应的感抗 $X_L$、容抗 $X_C$ 的值也不同,电路相量模型的参数也不同。

(3)将各次谐波响应的瞬时值相加,合成得到非正弦周期信号激励的稳态响应(时间函数)。应当注意,由于各次谐波的频率不同,因此,绝对不能将各次谐波响应的相量直接叠加。

下面举例说明用谐波分析法求解非正弦周期激励下线性电路稳态响应的步骤。

**例 3-7-1**　如图 3-7-4 所示电路,激励为方波信号,已知 $R = 20\ \Omega$、$L = 1\ \text{mH}$、$C = 1\ 000\ \text{pF}$、$I_\text{m} = 157\ \mu\text{A}$、$T = 6.28\ \mu\text{s}$,求 $u$。

例 3-7-1
Multisim 仿真

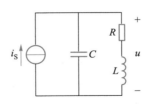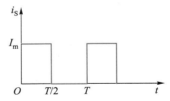

图 3-7-4　例 3-7-1 的图

**解:第一步**　将激励信号展开为傅里叶级数

直流分量
$$I_0 = \frac{1}{T} \int_0^T i(t)\,\text{d}t = \frac{1}{T} \int_0^{T/2} I_\text{m}\,\text{d}t = \frac{1}{2} I_\text{m}$$

谐波分量

$$a_k = \frac{1}{\pi} \int_0^{2\pi} i(t) \sin(k\omega t)\,\text{d}(\omega t) = \frac{I_\text{m}}{\pi} \left( -\frac{1}{k} \right) \cos(k\omega t) \,\Big|_0^\pi$$

$$= \begin{cases} 0 & k \text{ 为偶数} \\ \dfrac{2}{k\pi} I_\text{m} & k \text{ 为奇数} \end{cases}$$

$$b_k = \frac{1}{\pi} \int_0^{2\pi} i(t) \cos(k\omega t)\,\text{d}(\omega t) = \frac{I_\text{m}}{\pi} \cdot \frac{1}{k} \sin(k\omega t) \,\Big|_0^\pi = 0$$

$$A_{km} = \sqrt{a_k^2 + b_k^2} = a_k = \frac{2}{k\pi} I_\text{m} \qquad (k \text{ 为奇数})$$

$$\varphi_k = \arctan \frac{b_k}{a_k} = 0$$

激励信号源的谐波分解为

$$i_S(t) = I_0 + \sum_{k=1}^{\infty} A_{km} \sin(k\omega t + \varphi_k) = \frac{I_m}{2} +$$

$$\frac{2I_m}{\pi} \left\{ \sin(\omega t) + \frac{1}{3}\sin(3\omega t) + \frac{1}{5}\sin(5\omega t) + \cdots \right\}$$

非正弦周期电流源 $i_S$ 等效成图 3-7-5 所示的多个电流源并联组合。

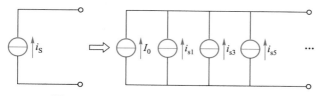

图 3-7-5 非正弦周期电流源 $i_S$ 等效叠加

图中

$$I_0 = \frac{1}{2}I_m = 78.5 \ \mu A$$

$$i_{s1} = \frac{2I_m}{\pi}\sin(\omega t) = 100\sin(10^6 t) \ \mu A$$

$$i_{s3} = \frac{2I_m}{3\pi}\sin(3\omega t) = \frac{100}{3}\sin(3 \times 10^6 t) \ \mu A$$

$$i_{s5} = \frac{2I_m}{5\pi}\sin(5\omega t) = \frac{100}{5}\sin(5 \times 10^6 t) \ \mu A$$

$$\vdots$$

第二步 对直流和各次谐波分量分别计算稳态响应

（1）直流响应分量

对直流分量而言,电容相当于开路,电感相当于短路。原电路的直流响应如图 3-7-6 所示。

$$U_0 = RI_0 = 20 \times 78.5 \times 10^{-6} \ V = 1.57 \ mV$$

（2）一次谐波响应分量

电容和电感元件在一次谐波时的电抗为

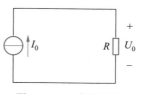

图 3-7-6 直流响应

$$X_C(\omega) = \frac{1}{\omega C} = \frac{1}{10^6 \times 1\,000 \times 10^{-12}} \ \Omega = 1 \ k\Omega$$

$$X_L(\omega) = \omega L = 10^6 \times 10^{-3} \ \Omega = 1 \ k\Omega$$

由于 $X_L \gg R$,所以

127

$$Z(\omega) = \frac{(R + jX_L)(-jX_C)}{R + j(X_L - X_C)} \approx \frac{X_L X_C}{R} = \frac{L}{RC} = 50 \text{ k}\Omega$$

$$\dot{U}_1 = Z(\omega)\dot{I}_{s1} = 50 \times \frac{100 \times 10^{-6}}{\sqrt{2}}\underline{/0°} \text{ V} = \frac{5\,000}{\sqrt{2}}\underline{/0°} \text{ mV}$$

$$u_1(t) = 5\,000\sin(\omega t) \text{ mV}$$

（3）三次谐波响应分量

电容和电感元件在三次谐波时的电抗为

$$X_C(3\omega) = \frac{1}{3\omega C} = \frac{1}{3 \times 10^6 \times 1\,000 \times 10^{-12}} \Omega \approx 0.33 \text{ k}\Omega$$

$$X_L(3\omega) = 3\omega L = 3 \times 10^6 \times 10^{-3} \Omega = 3 \text{ k}\Omega$$

$$Z(3\omega) = \frac{[R + jX_L(3\omega)][-jX_C(3\omega)]}{R + j[X_L(3\omega) - X_C(3\omega)]} \approx 374.5\underline{/-89.19°} \ \Omega$$

$$\dot{U}_3 = Z(3\omega)\dot{I}_{s3} \approx 374.5\underline{/-89.19°} \times \frac{100 \times 10^{-6}}{3\sqrt{2}} \text{ V} \approx \frac{12.47}{\sqrt{2}}\underline{/-89.19°} \text{ mV}$$

$$u_3(t) \approx 12.47\sin(3\omega t - 89.19°) \text{ mV}$$

（4）五次谐波响应分量

电容和电感元件在五次谐波时的电抗为

$$X_C(5\omega) = \frac{1}{5\omega C} = \frac{1}{5 \times 10^6 \times 1\,000 \times 10^{-12}} \Omega = 0.2 \text{ k}\Omega$$

$$X_L(5\omega) = 5\omega L = 5 \times 10^6 \times 10^{-3} \Omega = 5 \text{ k}\Omega$$

$$Z(5\omega) = \frac{[R + jX_L(5\omega)][-jX_C(5\omega)]}{R + j[5X_L(5\omega) - X_C(5\omega)]} \approx 208.3\underline{/-89.53°} \ \Omega$$

$$\dot{U}_5 = Z(5\omega)\dot{I}_{s5} \approx 208.3\underline{/-89.53°} \times \frac{20 \times 10^{-6}}{\sqrt{2}} \text{ V} = \frac{4.166}{\sqrt{2}}\underline{/-89.53°} \text{ mV}$$

$$u_5 \approx 4.166\sin(5\omega t - 89.53°) \text{ mV}$$

第三步　将直流响应分量与各谐波响应分量瞬时值叠加（取到 5 次谐波）

$$u = U_0 + u_1 + u_3 + u_5$$

$$\approx [1.57 + 5\,000\sin \omega t + 12.47\sin(3\omega t - 89.2°) + 4.166\sin(5\omega t - 89.53°)] \text{ mV}$$

### 3.7.4　非正弦周期交流电路的功率

非正弦周期交流电路中响应电压和电流通常也都是随时间变化的非正弦周期量,因此,电路的功率也和正弦稳态电路功率一样随时间变化,为了研究电路的稳态功率效应,一般需要讨论电路的平均功率（或有功功率）,与正弦交流电路中一样,非正弦周期交流电路的平均功率定义为瞬时功率在一个周期内的平均值。设二端网络端口电压 $u(t)$ 和电流 $i(t)$ 采用关联参考方向,且都是同一基频的非正弦周期信号,将它们作谐波分解

$$u(t) = U_0 + \sum_{k=1}^{\infty} U_{km}\sin(k\omega t + \theta_k)$$

$$i(t) = I_0 + \sum_{k=1}^{\infty} I_{km}\sin(k\omega t + \theta_k - \varphi_k)$$

$(3-7-7)$

则该二端网络吸收的平均功率为

$$P = \frac{1}{T}\int_0^T p(t)\,\mathrm{d}t = \frac{1}{T}\int_0^T u(t)i(t)\,\mathrm{d}t \qquad (3-7-8)$$

将式(3-7-7)代入式(3-7-8),展开后有下面 5 种类型的项,即

(1) $\dfrac{1}{T}\displaystyle\int_0^T U_0 I_0\,\mathrm{d}t = U_0 I_0 = P_0$

(2) $\dfrac{1}{T}\displaystyle\int_0^T I_0\sum_k^{\infty} U_{km}\sin(k\omega t + \theta_k)\,\mathrm{d}t = 0$

(3) $\dfrac{1}{T}\displaystyle\int_0^T U_0\sum_k^{\infty} I_{km}\sin(k\omega t + \theta_k - \varphi_k)\,\mathrm{d}t = 0$

(4) $\dfrac{1}{T}\displaystyle\int_0^T U_{km}I_{hm}\sin(k\omega t + \theta_k)\sin(h\omega t + \theta_h - \varphi_h)\,\mathrm{d}t = 0 \quad k \neq h$

(5) $\dfrac{1}{T}\displaystyle\int_0^T U_{km}I_{km}\sin(k\omega t + \theta_k)\sin(k\omega t + \theta_k - \varphi_k)\,\mathrm{d}t = \dfrac{1}{2}U_{km}I_{km}\cos\varphi_k = P_k$

$k = 1,2,\cdots$

因此,式(3-7-8)所表示的平均功率为

$$P = P_0 + \sum_{k=1}^{\infty} P_k = P_0 + P_1 + P_2 + \cdots \qquad (3-7-9)$$

> 非正弦周期交流电路的平均功率等于电路中直流分量和各谐波分量的平均功率之和。

从上述过程可以看出,只有同频率的电压和电流才构成平均功率,而不同频率的电压和电流不构成平均功率,这是由三角函数的正交性质所导致的结果。

第 2 章叠加定理指出,在多个电源同时激励下的线性电路中,任何支路的电流或任意两点间的电压都是各个电源单独激励时所得响应的代数和,但功率不能直接应用叠加定理。在非正弦周期交流电路中,瞬时功率也不能叠加。平均功率的这种谐波功率叠加性只是一个特例。原因是不同频率电压、电流分量乘积构成的瞬时功率部分在一个周期内的平均值为零。

下面举例说明求解平均功率的问题。

**例 3-7-2**　已知某二端网络电压和端电流分别为

$$u(t) = [60 + 76.4\cos(\omega t) + 25.5\cos(3\omega t + 180°)]\ \text{V}$$

$$i(t) = [0.764\cos(\omega t) + 9.56 \times 10^{-3}\cos(3\omega t + 92.1°)]\ \text{A}$$

试求该二端网络的平均功率 $P$。

**解：**按照式（3-7-9）计算平均功率

$$P = P_0 + \sum_k^{\infty} P_k$$

$$= U_0 I_0 + \frac{1}{2}U_{1\text{m}}I_{1\text{m}}\cos\varphi_1 + \frac{1}{2}U_{2\text{m}}I_{2\text{m}}\cos\varphi_2 + \cdots$$

$$= \Big[ 60 \times 0 + \frac{1}{2} \times 76.4 \times 0.764 \times \cos 0° + \frac{1}{2} \times 25.5 \times 9.56 \times 10^{-3} \times$$

$$\cos(180° - 92.1°)\Big]\ \text{W}$$

$$\approx 29.19\ \text{W}$$

**例 3-7-3**　已知铁心线圈上所加电压为 $u(t) = 311\sin(314t)\ \text{V}$，流过线圈的电流为 $i(t) = [0.8\sin(314t - 85°) + 0.25\sin(924t - 105°)]\ \text{A}$，试求该电路的平均功率。

**解：**
$$P = P_0 + \sum_k^{\infty} P_k$$

$$= U_0 I_0 + \frac{1}{2}U_{1\text{m}}I_{1\text{m}}\cos\varphi_1 + \frac{1}{2}U_{2\text{m}}I_{2\text{m}}\cos\varphi_2 + \cdots$$

$$= \Big( 0 + \frac{1}{2} \times 311 \times 0.8 \times \cos 85° + 0 \Big)\ \text{W}$$

$$\approx 10.8\ \text{W}$$

### 本章主要概念与重要公式

**一、主要概念**

（1）正弦量的三要素

幅值/有效值，周期/频率，相位/相位差。

（2）正弦量的表示方法

时域波形，时间函数表达式，相量，相量图。

（3）相量法

分析正弦稳态电路的基本方法，将时域电路映射为相量模型，在相量域求解电路响应的相量,最后通过相量逆映射得到响应的时域表达式。

（4）电路的相量模型

无源元件映射为阻抗或导纳,正弦独立电源映射为相量电源,电路中电压、电流变量映射为对应的相量。

（5）阻抗与导纳

正弦稳态电路中,无源支路电压相量与电流相量之比称为支路的阻抗,阻抗的倒数称为导纳。阻抗 $Z$ 一般为复数,实部 $R$ 称为电阻、虚部 $X$ 称为电抗。导纳 $Y$ 的实部 $G$ 称为电导、虚部 $B$ 称为电纳。

（6）正弦稳态电路的功率与功率因数

正弦稳态电路的功率随时间周期变化。有功功率或平均功率 $P$ 描述电路平均消耗电能的速度,单位瓦特（W）;无功功率 $Q$ 描述电路与电源能量交换的规模,单位乏（var）。功率因数 $\lambda$ 描述了电路功率容量利用率。

（7）功率因数提高的意义与方法

提高电路功率因数,可降低传输损耗、减小输电成本、提高设备功率容量利用率,电力系统中提高功率因数的方法是在负载端并联补偿电容器。

（8）正弦稳态电路的最大功率传输

当负载阻抗等于电源内阻抗的共轭时,负载从电源获得最大平均功率。

（9）谐波分析法

分析非正弦周期交流稳态电路的基本方法。将非正弦周期激励电源分解成各次谐波（含直流）,分别对各次谐波利用相量法分析,各次谐波响应分量时域叠加得到电路响应。

（10）电路的谐振

含两种储能元件的电路,在某一频率对外呈现出纯电阻特性且阻抗处于最大或最小值时称为谐振,发生谐振的频率称为谐振频率,电路的基本形式包括串联谐振和并联谐振两类。

## 二、重要公式

（1）频率、角频率和周期的关系

$$\omega = \frac{2\pi}{T} = 2\pi f$$

（2）正弦量的有效值

$$I = \sqrt{\frac{1}{T} \int_0^T i^2 \mathrm{d}t} = \frac{1}{\sqrt{2}} I_\mathrm{m} \qquad U = \sqrt{\frac{1}{T} \int_0^T u^2 \mathrm{d}t} = \frac{1}{\sqrt{2}} U_\mathrm{m}$$

（3）同频率正弦量的相位差

$$\varphi = (\omega t + \theta_u) - (\omega t + \theta_i) = \theta_u - \theta_i$$

（4）无源元件伏安特性的相量形式——广义欧姆定律

$$\dot{U} = Z \cdot \dot{I}$$

$$Z_R = R \quad Z_L = j\omega L \quad Z_C = \frac{1}{j\omega C}$$

（5）阻抗串联等效与分压

$$Z_{eq} = Z_1 + Z_2 + \cdots + Z_N$$

$$\dot{U}_k = \frac{Z_k}{Z_{eq}}\dot{U} = \frac{Z_k}{Z_1 + Z_2 + \cdots + Z_N}\dot{U} \quad k = 1, 2, \cdots, N$$

（6）导纳并联等效与分流

$$Y_{eq} = Y_1 + Y_2 + \cdots + Y_N$$

$$\dot{I}_k = \frac{Y_k}{Y_{eq}}\dot{I} = \frac{Y_k}{Y_1 + Y_2 + \cdots + Y_N}\dot{I} \quad k = 1, 2, \cdots, N$$

（7）正弦稳态有功功率或平均功率

$$P = \sum R_k I_k^2 = UI\cos\varphi$$

（8）正弦稳态无功功率

$$Q = UI\sin\varphi$$

（9）正弦稳态复功率与视在功率

$$\tilde{S} = \dot{U} \cdot \dot{I}^*$$

$$S = |\tilde{S}| = UI = |Z|I^2 = \frac{U^2}{|Z|}$$

（10）无源正弦稳态电路的功率因数

$$\lambda = \cos\varphi_Z$$

（11）功率因数补偿电容

$$C = \frac{P}{2\pi f U^2}(\tan\varphi_1 - \tan\varphi_2) = \frac{P}{\omega U^2}(\tan\varphi_1 - \tan\varphi_2)$$

（12）非正弦周期电流的傅里叶级数展开

$$A_0 = \frac{1}{T}\int_0^T f(t)\,\mathrm{d}t$$

$$a_k = \frac{2}{T}\int_0^T f(t)\sin(k\omega t)\,\mathrm{d}t$$

$$b_k = \frac{2}{T}\int_0^T f(t)\cos(k\omega t)\,\mathrm{d}t$$

$$A_{km} = \sqrt{a_k^2 + b_k^2} \quad \varphi_k = \arctan\frac{b_k}{a_k} \quad k = 1, 2, \cdots$$

$$f(t) = A_0 + \sum_{k=1}^{\infty} A_{km} \sin(k\omega t + \varphi_k)$$

（13）非正弦周期电流的有效值

$$I = \sqrt{I_0^2 + I_1^2 + I_2^2 + I_3^2 + \cdots}$$

（14）对称三相电路的相电压与线电压关系

$$\begin{cases} \dot{U}_{AB-Y} = \sqrt{3}\angle 30° \cdot \dot{U}_{AN-Y} \\ \dot{U}_{BC-Y} = \sqrt{3}\angle 30° \cdot \dot{U}_{BN-Y} \\ \dot{U}_{CA-Y} = \sqrt{3}\angle 30° \cdot \dot{U}_{CN-Y} \end{cases} \begin{cases} \dot{U}_{AB-\Delta} = \dot{U}_A \\ \dot{U}_{BC-\Delta} = \dot{U}_B \\ \dot{U}_{CA-\Delta} = \dot{U}_C \end{cases}$$

（15）对称三相电路的相电流与线电流关系

$$\begin{cases} \dot{I}_{A'-Y} = \dot{U}_{AN}/Z \\ \dot{I}_{B'-Y} = \dot{U}_{BN}/Z \\ \dot{I}_{C'-Y} = \dot{U}_{CN}/Z \end{cases} \begin{cases} \dot{I}_{A'-\Delta} = \sqrt{3}\angle -30° \cdot \dot{I}_{A'B'-\Delta} \\ \dot{I}_{B'-\Delta} = \sqrt{3}\angle -30° \cdot \dot{I}_{B'C'-\Delta} \\ \dot{I}_{C'-\Delta} = \sqrt{3}\angle -30° \cdot \dot{I}_{C'A'-\Delta} \end{cases}$$

（16）对称三相电路的功率

$$P = 3U_P I_P \cos\varphi_p = \sqrt{3} U_l I_l \cos\varphi_p$$

$$Q = 3U_P I_P \sin\varphi_p = \sqrt{3} U_l I_l \sin\varphi_p$$

$$S = \sqrt{P^2 + Q^2}$$

（17）RLC 串联谐振电路的谐振频率与品质因数

$$f_0 = \frac{\omega_0}{2\pi} = \frac{1}{2\pi\sqrt{LC}} \qquad Q_{串} = \frac{1}{R}\sqrt{\frac{L}{C}}$$

（18）GCL 并联谐振电路的谐振频率与品质因数

$$f_0 = \frac{\omega_0}{2\pi} = \frac{1}{2\pi\sqrt{LC}} \qquad Q_{并} = R\sqrt{\frac{C}{L}}$$

## 思考题与习题

E3-1　某交流电压的瞬时值为 $u = 220\sqrt{2}\sin(314t - 45°)$ V。

（1）试求其最大值、有效值、角频率、频率、周期和初相角；

（2）当 $t = 1s$ 时，求 $u$ 的值。

E3-2　已知电压 $u = 100\sin(6\,280t - 30°)$ V，指出 $u$ 与下列各电流的相位关系。

（1）$i_1 = 22\sin(6\,280t - 45°)$ A　　　　　（2）$i_2 = -50\sin(6\,280t + 30°)$ A

（3）$i_3 = 15\cos(6\,280t + 150°)$ A　　　　（4）$i_4 = -12\cos(6\,280t - 150°)$ A

E3-3　已知 $u_1 = 50\sin\left(\omega t - \dfrac{\pi}{3}\right)$ V，$u_2 = -50\cos\left(\omega t + \dfrac{\pi}{3}\right)$ V。

（1）求两电压的最大值相量；

（2）在同一坐标中画出它们的波形图；

（3）在同一坐标中画出它们的最大值相量图。

E3-4　将下列相量化为指数形式：

（1）$\dot{U}_1 = (4 - j3)$ V　　　　　　　（2）$\dot{U}_2 = (10 + j20)$ V

（3）$\dot{I}_1 = (-10 - j10)$ A　　　　　　（4）$\dot{I}_2 = (-6 + j10)$ A

E3-5　将下列相量化为代数形式：

（1）$\dot{U}_1 = 5e^{j30°}$ V　　　　　　　（2）$\dot{U}_2 = 25e^{-j45°}$ V

（3）$\dot{I}_1 = 10e^{j150°}$ A　　　　　　（4）$\dot{I}_2 = 20e^{-j150°}$ A

E3-6　已知 $i_1 = 7\sin(314t - 45°)$ A，$i_2 = 10\sin(314t + 60°)$ A，试用相量法求 $i_1 + i_2$。

E3-7　将一台额定值为 380 V/3 kW 的电阻炉接到电压为 $u = 311\sin\left(314t - \dfrac{\pi}{6}\right)$ V 的电源上，试求流过电阻炉的电流 $i$ 和电阻炉消耗的功率。

E3-8　纯电感电路如题图 E3-8 所示，已知 $L = 1$ H，$i = \sin(314t)$ A，试求电感两端的电压 $u$。

E3-9　如题图 E3-9 所示电容电路，$C = 47$ μF，已知 $\dot{I} = 5e^{-j60°}$ A，$f = 50$ Hz，求电压 $u$。

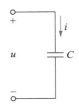

题图 E3-8　　　　　　　　　题图 E3-9

E3-10　一电感线圈接 110 V 的直流电源时电流为 20 A，接频率为 50 Hz、有效值为 220 V 的交流电源时，电流的有效值为 28 A，试求此线圈的电阻 $R$ 和电感 $L$。

E3-11　如题图 E3-11 所示串联电路，已知 $R$、$L$、$C$ 上的电压有效值分别为 $U_R = 15$ V，$U_L = 100$ V，$U_C = 80$ V，试问电源电压有效值 $U_S$ 为多少？

E3-12　在 $RL$ 串联电路中，已知 $R = 5$ Ω，$L = 15$ mH，接在电压为 $u = 220\sqrt{2}\sin(314t + 60°)$ V 的电源上，求电路中的电流 $i$、电路的有功功率、无功功率，并画出电压、电流的相量图。

E3-13　如题图 E3-13 所示电路，已知 $R = 1$ kΩ，$C = 1$ μF，电源电压有效值 $U = 5$ V，分别求 $f = 50$ Hz 和 $f = 2\ 000$ Hz 时的 $\dot{U}_R$ 和 $\dot{U}_C$。

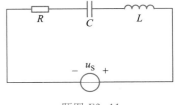

题图 E3-11

E3-14　如题图 E3-14 所示，N 为无源二端网络，电压、电流方向如图所示，在下列两种情况下，求网络 N 的等效阻抗 $Z$ 以及电路的有功功率、无功功率、视在功率。

（1）$u = 25\sqrt{2}\sin(100t - 60°)$ V，$i = 10\sqrt{2}\sin(100t + 30°)$ A；

（2）$u = 100\cos 200t$ V，$i = 20\sin(200t + 60°)$ A。

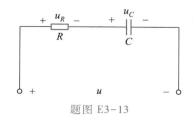

题图 E3-13

题图 E3-14

**E3-15** 如题图 E3-15 所示电路，已知 $Z_1 = 4\underline{/-30°}\ \Omega, Z_2 = (3+j4)\ \Omega, Z_3 = -j5\ \Omega$，$\dot{I}_1 = 2\underline{/0°}$ A，试求电路的总阻抗 $Z$、电压 $\dot{U}$、电流 $\dot{I}$，并判断电路属于什么性质（感性、容性或电阻性）。

**E3-16** 如题图 E3-16 所示电路，已知 $R_1 = 20\ \Omega, X_1 = 60\ \Omega, R_2 = 30\ \Omega, X_2 = 40\ \Omega, R_3 = 45\ \Omega$，电源电压有效值 $U = 220$ V。求各支路电流和电路的 $P$、$Q$、$S$、$\cos\varphi$。

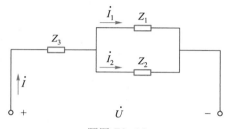

题图 E3-15

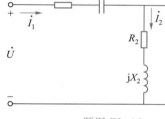

题图 E3-16

**E3-17** 如题图 E3-17 所示电路，已知 $R_1 = 2\ \Omega, R_2 = 4\ \Omega, X_L = 8\ \Omega, X_{C_2} = 3\ \Omega, X_{C_3} = 3\ \Omega, I_R = 1.5$ A。求：

（1）$\dot{I}$、$\dot{U}$、$\dot{U}_1$、$\dot{U}_2$、$\dot{U}_3$；

（2）电源供给的 $P$、$Q$、$S$。

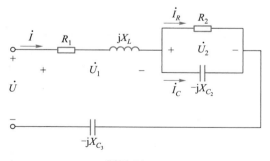

题图 E3-17

**E3-18** 题图 E3-18 所示电路中，已知 $I_C = 10$ A, $I_2 = 10\sqrt{2}$ A, $U = 220$ V, $f = 50$ Hz, $R_1 = 6\ \Omega, R_2 = X_L$。试求 $I$、$R_2$、$L$ 和 $C$。

**E3-19** 如题图 E3-19 所示电路，已知 $\dot{U}_{s1} = 100\underline{/60°}$ V, $\dot{U}_{s2} = 60\underline{/-30°}$ V, $R_1 = R_2 = 5\ \Omega, X_1 = 4\ \Omega, X_2 = 6\ \Omega, X_3 = 8\ \Omega, X_4 = 8\ \Omega$。试求电流 $\dot{I}_1$。

**E3-20** 求题图 E3-20 所示电路的戴维南等效电路。

135

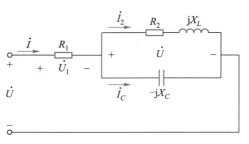

题图 E3-18

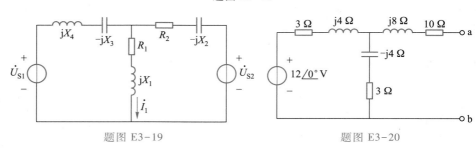

题图 E3-19          题图 E3-20

E3-21  有一感性负载,功率 $P = 10$ kW,功率因数 $\cos \varphi_Z = 0.6$,电源额定电压为 220 V,频率为 50 Hz,若将功率因数提高到 0.9,试求应并联多大的补偿电容,以及并联电容前后电路的总电流。

E3-22  已知一感性负载 $R = 6 \ \Omega$, $X_L = 8 \ \Omega$,接入额定容量为 10 kV·A、额定电压为 220 V 的工频交流电源。

(1) 求该电路还可以接入多少个 220 V、100 W 的白炽灯。

(2) 现为提高功率因数,在感性负载两端并联一个容量为 100 μF 的电容器,求并联电容后的功率因数以及并联电容后可以接入多少个 220 V、100 W 的白炽灯。

E3-23  电路如题图 E3-23 所示,已知负载 A: $P_A = 10$ kW,$\cos \varphi_A = 0.6$(电感性);负载 B: $P_B = 8$ kW,$\cos \varphi_B = 0.8$(电感性)。试求并联电阻 $R$ 为多大时能使电路的总功率因数为 0.9。并比较并联电阻前后电路的总有功功率 $P$ 和无功功率 $Q$ 的变化情况,从而分析这是不是提高功率因数的有效方法。

E3-24  某收音机输入回路的等效电路如题图 E3-24 所示,其中 $R = 8.5 \ \Omega$,$L = 350 \ \mu$H。

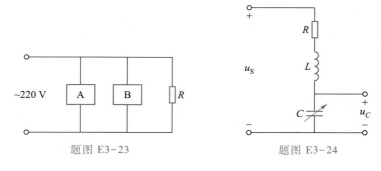

题图 E3-23          题图 E3-24

(1) 欲使电路对 550 kHz、1 mV 的信号产生谐振,$C$ 应为多大? 此时电容两端的电压为多少?

(2) 若信号源变为 600 kHz、1 mV 时,电容两端的电压又为多少?

E3-25  三个单相变压器的二次绕组接线如题图 E3-25(a)所示。相电压

$$\dot{U}_{ax} = 220\underline{/0°}\ \text{V} \qquad \dot{U}_{by} = 220\underline{/-120°}\ \text{V} \qquad \dot{U}_{cz} = 220\underline{/120°}\ \text{V}$$

如果由于接线错误,将 C 相绕组的首端和末端接反了,如题图 E3-25(b)所示。试求题图 E3-25(b)所示电路的线电压 $\dot{U}_{AB}$、$\dot{U}_{BC}$ 和 $\dot{U}_{CA}$,并画出相量图。

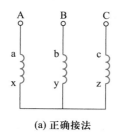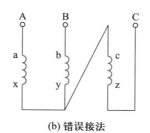

(a) 正确接法　　　　　　(b) 错误接法

题图 E3-25

E3-26  有一星形联结的三相对称感性负载,其每相的电阻 $R = 4\ \Omega$,感抗 $X_L = 3\ \Omega$,接于线电压为 380 V 的对称三相电源上,试求负载的相电压、相电流和线电流。

E3-27  对称三相电源线电压为 400 V,有一星形联结的电阻负载,每相电阻 $R = 20\ \Omega$,经 $R_L = 1\ \Omega$ 的导线接在电源上。试问:各相电流和负载端的线电压各为多少?(忽略电源内阻)

E3-28  如题图 E3-28 所示三相四线制电路,电源线电压为 380 V,已知 $R_A = 8\ \Omega$,$R_B = 10\ \Omega$,$R_C = 12\ \Omega$,在有中性线和无中性线两种情况下,分别求:

(1) 负载的相电压、相电流及中性线电流;

(2) A 相短路时负载的相电压和相电流;

(3) A 相开路时负载的相电压和相电流。

E3-29  在题图 E3-29 所示三相四线制电路中,电源线电压为 380 V,试求线电流 $\dot{I}_A$、$\dot{I}_B$、$\dot{I}_C$ 和中性线电流 $\dot{I}_N$。

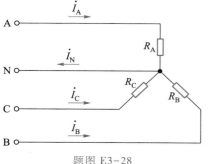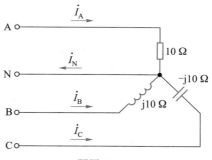

题图 E3-28　　　　　　　　　　题图 E3-29

E3-30  如题图 E3-30 所示三相四线制电路,电源电压为 380/220 V,每相接有一个功率为 100 W 的白炽灯,此外在 A 相还接有额定电压为 220 V,功率为 40 W,功率因数 $\cos\varphi = 0.5$ 的日光灯一个。试求各线电流和中性线电流。

E3-31  如题图 E3-31 所示三相四线制电路,电源线电压为 380 V,已知 $R_1 = 4\ \Omega$,$X_L = 3\ \Omega$,$R_2 = 5\ \Omega$,$R_3 = 6\ \Omega$,$X_C = 8\ \Omega$,求各线电流及中性线电流。

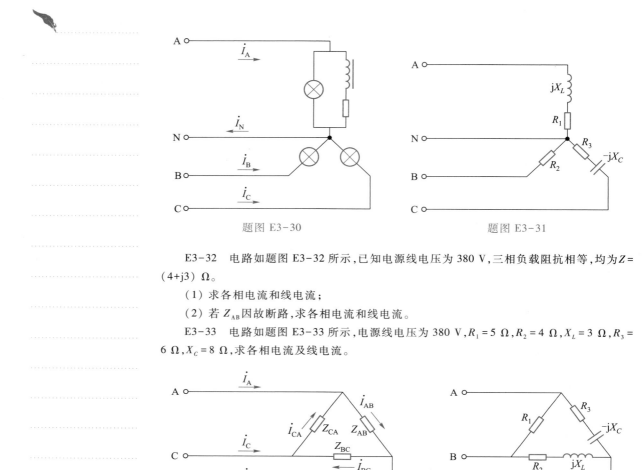

题图 E3-30　　　　　　　　　　　　　　　　题图 E3-31

E3-32　电路如题图 E3-32 所示,已知电源线电压为 380 V,三相负载阻抗相等,均为 $Z=$ $(4+j3)$ Ω。

（1）求各相电流和线电流;

（2）若 $Z_{AB}$ 因故断路,求各相电流和线电流。

E3-33　电路如题图 E3-33 所示,电源线电压为 380 V, $R_1=5$ Ω, $R_2=4$ Ω, $X_L=3$ Ω, $R_3=$ 6 Ω, $X_C=8$ Ω,求各相电流及线电流。

题图 E3-32　　　　　　　　　　　　　　　　题图 E3-33

E3-34　有一台额定电压为 380 V 的三相异步电动机,其绕组为三角形联结,接在线电压为 380 V 的供电线路上。已知电动机输出的功率为 20 kW,效率 $\eta$ 为 85%,功率因数 $\cos\varphi=0.75$。求供电线路的线电流和绕组的相电流。

E3-35　如题图 E3-35 所示三相电路中有两组对称负载,电源线电压 $U_L=380$ V。其中 $Z_1$ 为星形联结的三相电阻炉,总功率为 20 kW; $Z_2$ 为三角形联结的三相电动机,其输出功率为 20 kW,功率因数 $\cos\varphi_2=0.75$,效率 $\eta=0.85$。求电源供给的线电流 $\dot{I}_A$、$\dot{I}_B$、$\dot{I}_C$ 和线路的总功率因数。（提示:电动机是感性负载。）

E3-36　如题图 E3-36 所示电路,三相电源的线电压 $U_L=380$ V,两组负载均是对称的,其中 $R=17.3$ Ω, $X_L=10$ Ω, $X_C=190$ Ω,求电路供给的线电流、电路总的有功功率、无功功率和电路总的功率因数。

E3-37　在 $RLC$ 串联电路中, $R=11$ Ω, $L=0.015$ H, $C=70$ μF。如外加电压为

$$u(t) = 11 + 141.4\cos(1\,000t) - 35.4\sin(2\,000t) \text{ V}$$

试求电路中的电流 $i(t)$ 和电路消耗的功率。

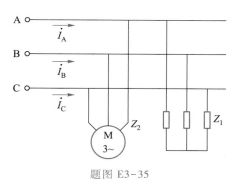

题图 E3-35

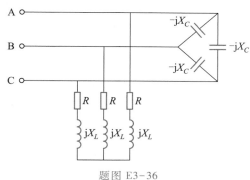

题图 E3-36

E3-38　如题图 E3-38(a)所示电路是一个半波整流电路。已知 $u(t) = 100\sin(\omega t)$ V,负载电阻 $R_L = 10$ kΩ,理想条件下,整流二极管的特性如题图 E3-38(b)所示,试求负载电流 $i$ 的平均值。

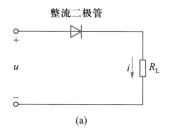
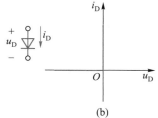

(a)　　　　　　　　(b)

题图 E3-38

E3-39　已知无源二端网络端口电压和电流采用关联参考方向,分别为

$$u(t) = 100\sin(314t) + 50\sin(942t - 30°) \text{ V}$$

$$i(t) = 10\sin(314t) + 1.755\sin(942t + \theta_2) \text{ A}$$

如果该无源二端网络可以看作 $RLC$ 串联电路,试求:

(1) $R$、$L$、$C$ 的值;

(2) $\theta_2$ 的值;

(3) 该无源二端网络消耗的平均功率。

E3-40　某二端网络的端电压和电流采用关联参考方向,分别为

$$u(t) = 6 + 3\sin(314t) - 2\cos\left(628t - \frac{\pi}{6}\right) + \sin\left(1\,570t + \frac{\pi}{3}\right) +$$

$$0.5\cos(2\,836t - 15°) \text{ V}$$

$$i(t) = \sin(314t - 50°) + 0.5\sin(628t) + 0.1\sin 2\,198t +$$

$$\cos\left(1\,256t - \frac{\pi}{8}\right) + 0.25\sin(2\,836t + 45°) \text{ A}$$

求该二端网络电压、电流的有效值和平均功率。

E3-41　全波整流输出电压的谐波分解为

$$u(t) = \frac{2}{\pi} U_{m} \left[ 1 - \frac{2}{3}\cos(2\omega t) - \frac{2}{15}\cos(4\omega t) - \frac{2}{35}\cos(6\omega t) - \cdots \right]$$

式中，$U_{m} = 220$ V。求全波整流输出电压的有效值 $U$。

E3-42　$RL$ 串联电路组成的二端网络，$R = 50$ $\Omega$，$L = 3.18$ mH，已知端口电压 $u(t) = 10 + 100\sin(\omega t) + 20\sin(5\omega t)$ V，基波频率 $f = 100$ Hz，试求电流 $i$。

E3-43　已知电阻 $R = 4$ k$\Omega$ 两端的非正弦周期电压

$$u(t) = 315 + \sqrt{2} \times 148.5\sin\left(2\omega t - \frac{\pi}{2}\right) + \sqrt{2} \times 29.7\sin\left(4\omega t - \frac{\pi}{2}\right) \text{ V}$$

求流过电阻的电流 $i$ 及其有效值 $I$，计算电阻消耗的平均功率 $P$。

# 第4章　瞬态电路分析

第 4 章 . PPT

　　前面讨论电路的响应时都没有考虑所讨论的电路是什么时刻开始工作的，事实上，默认所分析的电路（包括组成电路的各元件参数和它们之间的连接方式）已经工作了足够长时间，电路进入了稳定状态，电路响应不再随时间变化（例如直流稳态时响应为恒定值）或随时间按某一规律周期性变化（如正弦稳态时响应为与激励同频率的正弦量）。然而，在电路开始工作或电路发生变化后的一段时间内，当电路中存在储能元件时，由于它们的储能效应，在电路工作状态发生变化的时候，电路储能状态的变化是渐变的，在这个渐变的过程中，电路的响应是怎样的呢？这一章将会来讨论这个问题。

　　首先来说明什么是稳定响应。任何一个物理可实现电路，在电路的连接方式和元件参数不变的条件下，经过充分长时间，电路将进入稳定状态，各部分电压和电流响应也都将进入稳定状态，对于直流电路，电压电流将不随时间变化，而对于交流电路，电压和电流响应的幅度、波形、频率与激励保持确定关系。这时，称电路进入稳态，电路的响应称为稳态响应。只要工作时间足够长，实际电路总是会进入特定的稳态。

　　如果在一定条件下已经处于稳定状态的电路，在某一时刻发生了连接方式或元件参数的突然改变，那么电路原先的稳定状态将被破坏，通过电路中储能的调整，电路将向另一个稳定状态过渡，这一过程称为电路的瞬态过程或过渡过程。显然，瞬态过程持续的长短与电路储能的调整速度有关，即与电路中储能元件的工作条件有关。因此电路产生瞬态过程必须具备两个必要条件：

　　（1）工作条件发生变化（如电路的连接方式改变或电路元件参数改变）。

　　（2）电路中必须含有储能元件（电感或电容），并且当电路工作条件改变时，它们的储能状态发生变化。

　　瞬态过程产生的根本原因在于电路中储能不能跃变，能量的积累或衰减都需要一定的时间，否则功率将趋于无穷大。由于能量不能跃变，反映在电感上，表现为电感的电流不能跃变；反映在电容上，表现为电容的电压不能跃变。而在电阻电路中，由于不存在储能元件，因此，任何时刻，电路的响应只与当前的激励有关，没有瞬态过程，即电路可以在瞬间完成由一个状态到另一个状态的转换。

　　为简化分析，本章主要讨论电路从一个直流激励状态到另一个直流激励状态的瞬态过程。

电路的瞬态过程是由电路的连接方式（结构）或电路元件参数（元件）发生突变而引起的,这些变化事实上将原先的工作电路作了变换,也就是换了电路,因此,把这种对电路结构或元件参数的突然改变称为换路。换路的方式很多,如电路中开关的接通、断开、短路、电压或电流改变以及电路参数变化等。

电路中含有储能元件时,由于这些元件的电压和电流的约束关系是通过微分或积分来表达的,因此描述电路性状的方程将是以电压、电流为变量的微分方程。微分方程求解过程中的积分常数需由电路的初始条件来确定,而这些初始条件正是电路储能状态的描述。

为方便分析,设换路是在瞬间完成的,将换路时刻用 $t=t_0$ 表示,把换路前的瞬间记为 $t=t_0^-$,换路后的瞬间记为 $t=t_0^+$。

### 4.1.1　换路定律

任何物理可实现电路,根据能量守恒定律,由于不存在无穷大的功率,因此,在换路瞬间电路中的储能不可能发生突变。电路中换路定律表现在两个方面：

（1）在电路换路的瞬间,因电容的电场储能不能突变,电容两端电压也不能突变,用数学表达式表示为

$$u_C(t_0^+) = u_C(t_0^-) \tag{4-1-1}$$

（2）在电路换路的瞬间,因电感的磁场储能不能突变,流过电感的电流也不能突变,用数学表达式表示为

$$i_L(t_0^+) = i_L(t_0^-) \tag{4-1-2}$$

式（4-1-1）和式（4-1-2）是电容电压和电感电流连续性的体现。

在应用换路定律时应注意两点：

（1）换路定律成立的条件是电容电流 $i_C$ 和电感电压 $u_L$ 为有限值,应用前应检查是否满足条件。

理论上,某些奇异电路,如换路形成由纯电容元件和电压源组成的回路,在换路瞬间需对电容原先存储的电荷进行重新分配,电容电压可能发生强制突变,这时需要按照电荷守恒原则分析突变；又如换路形成由纯电感元件和电流源组成的割集,在换路瞬间需对电感原先建立的磁链进行重新分配,电感电流可能发生强制突变,这时需要按照磁链守恒原则分析突变。

（2）除了电容电压 $u_C$ 和电感电流 $i_L$ 外,电路其他元件上的电压和电流,包括电容电流 $i_C$ 和电感电压 $u_L$ 并无连续性（即电阻两端电压 $u_R$ 或电流 $i_R$ 可以跃变,电容中的电流 $i_C$ 和电感两端电压 $u_L$ 也都可以跃变）。

### 4.1.2　初始值计算

换路定律描述了换路瞬间前后电路的储能情况,电路换路以后瞬间的工作

状态完全可由换路后的激励条件与储能状态确定。现在来讨论如何确定 $t = t_0^+$ 时电路各部分的电压与电流的值,即暂态过程的初始值。

### 一、确定换路瞬间电路的储能状态

首先确定电路在换路时的储能状态,它完全由电容电压和电感电流决定,根据换路定律,需要确定

$$u_C(t_0^+) = u_C(t_0^-) \qquad i_L(t_0^+) = i_L(t_0^-)$$

换句话说,要确定换路前瞬间电容两端的电压和流过电感的电流。分两种情况讨论。

**1. 换路前电路已经达到稳态**

在直流激励情况下,电路达到稳态后,电路中所有电压、电流都为直流量,不随时间变化,因此,直流稳态时电容元件等效为开路,而电感元件等效为短路。

为求换路前的储能状态,在换路前电路中将电容替换为开路、电感替换为短路,得到换路前电路的直流稳态等效电路,这是一个直流电阻电路,在此电路中,可以求得电容位置的开路电压,即 $u_C(t_0^-)$,以及电感位置的短路电流,即 $i_L(t_0^-)$。

**2. 换路前电路尚未达到稳态**

如果电路在瞬态过程中出现新的换路,就需要从该瞬态过程的瞬态响应来确定储能状态。首先将瞬态过程中电容电压和电感电流响应的表达式写出(即本章后面所分析得到的瞬态响应表达式),然后根据发生新的换路时刻这一瞬态过程已经持续的时间来计算新的换路发生时刻的电容电压和电感电流响应值,即 $u_C(t_0^-)$ 和 $i_L(t_0^-)$。

### 二、作换路后瞬间等效电路

换路后,电路中存在两种能源——换路后的激励电源和电容电感中的储能,它们共同维持电路的响应。换路后的瞬间电容电压和电感电流的数值是确知的,即上面得到的 $u_C(t_0^+)$ 和 $i_L(t_0^+)$,在换路后瞬间时刻,利用替代定理,将电容元件替换为具有数值 $u_C(t_0^+)$ 的电压源,将电感元件替换为具有数值 $i_L(t_0^+)$ 的电流源,如图 4-1-1 所示,即可得到换路后瞬间的等效电路,这是一个纯电阻电路。

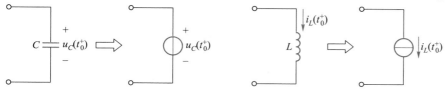

图 4-1-1 换路后瞬间等效电路的替代规则

### 三、确定换路后瞬间的电路响应——初始值

在换路后瞬间的直流等效电路中,利用第 2 章所介绍的方法,可以确定各响应电压和电流的初始值 $u(t_0^+)$ 和 $i(t_0^+)$。下面举例说明初始值求解的步骤。

**例 4-1-1** 电路如图 4-1-2 所示,开关闭合前电路处于稳定状态,且 $U = 6\text{ V}$,$R_1 = 2\ \Omega$,$R_2 = 4\ \Omega$,开关 S 在 $t = 0$ 时闭合,求开关闭合后瞬间各元件上电压、电流的初始值。

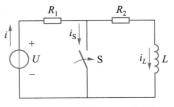

**解:**(1) 确定初始储能状态

由于换路前电路已经达到稳态,因此,将电感元件替换为短路,得到换路前直流稳态等效电路,如图 4-1-3(a)所示。由等效电路可以方便求得

图 4-1-2　例 4-1-1 的图

$$i_L(0^-) = \frac{U}{R_1 + R_2} = \frac{6}{2+4} \text{ A} = 1 \text{ A}$$

由换路定律可得

$$i_L(0^+) = i_L(0^-) = 1 \text{ A}$$

(2) 作换路后瞬间等效电路,如图 4-1-3(b)所示。

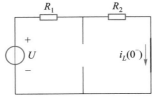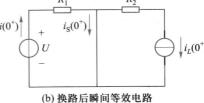

**(a) 换路前直流稳态等效电路**　　　　**(b) 换路后瞬间等效电路**

图 4-1-3　例 4-1-1 初始值的求解

(3) 求初始值

$$i(0^+) = \frac{U}{R_1} = \frac{6}{2} \text{ A} = 3 \text{ A}$$

$$i_S(0^+) = i(0^+) - i_L(0^+) = (3-1) \text{ A} = 2 \text{ A}$$

$$u_{R_1}(0^+) = R_1 i(0^+) = 2 \times 3 \text{ V} = 6 \text{ V}$$

$$u_{R_2}(0^+) = R_2 i_L(0^+) = 1 \times 4 \text{ V} = 4 \text{ V}$$

**例 4-1-2**　电路如图 4-1-4 所示,已知开关闭合前电路处于稳定状态,且 $U = 12$ V,$R_1 = 3 \ \Omega$,$R_2 = 6 \ \Omega$,开关 S 在 $t = 0$ 时闭合,求 S 闭合瞬间各元件上电压、电流的初始值。

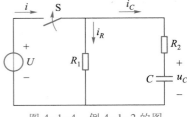

**解:**(1) 确定初始储能状态。

换路前电路已经达到稳态,将电容元件替换为开路,得到换路前直流稳态等效电路,如图 4-1-5(a)所示。求得换路前瞬间电路中电容元件的响应

图 4-1-4　例 4-1-2 的图

$$u_C(0^-) = 0 \text{ V} \qquad i_C(0^-) = 0 \text{ A}$$

由换路定律可得

$$u_C(0^+) = u_C(0^-) = 0 \text{ V}$$

（2）作换路后瞬间等效电路,如图 4-1-5（b）所示。

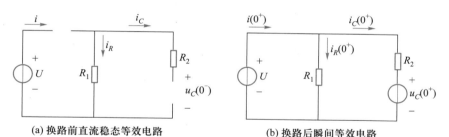

(a) 换路前直流稳态等效电路      (b) 换路后瞬间等效电路

图 4-1-5 例 4-1-2 初始值求解

（3）求初始值。

$$i_C(0^+) = \frac{U - u_C(0^+)}{R_2} = \frac{12}{6} \text{ A} = 2 \text{ A}$$

$$i_R(0^+) = \frac{U}{R_1} = \frac{12}{3} \text{ A} = 4 \text{ A}$$

$$i(0^+) = i_C(0^+) + i_R(0^+) = (2 + 4) \text{ A} = 6 \text{ A}$$

$$u_{R_1}(0^+) = i_R(0^+)R_1 = 4 \times 3 \text{ V} = 12 \text{ V}$$

$$u_{R_2}(0^+) = i_C(0^+)R_2 = 2 \times 6 \text{ V} = 12 \text{ V}$$

注意,在换路前后,电容电流可以发生突变。

**例 4-1-3** 电路如图 4-1-6 所示,开关闭合前电路已处于稳定状态,开关在 $t = 0$ 时闭合,求开关闭合后电容电压、电感电流及电流 $i_R$ 的初始值。

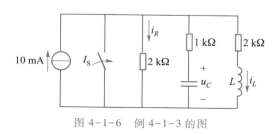

图 4-1-6 例 4-1-3 的图

**解**:（1）确定初始储能状态。

换路前电路已经达到稳态,将电容元件替换为开路、电感元件替换为短路,得到换路前直流稳态等效电路,如图 4-1-7（a）所示,求得换路前瞬间电容和电感上的响应

$$u_C(0^-) = 5 \times 10^{-3} \times 2 \times 10^3 \text{ V} = 10 \text{ V}, \quad i_C(0^-) = 0 \text{ A（等效为开路）}$$

$$i_L(0^-) = \frac{2}{2 + 2} \times 10 \text{ mA} = 5 \text{ mA}, \quad u_L(0^-) = 0 \text{ V（等效为短路）}$$

$$i_R(0^-) = 10 \text{ mA} - i_L(0^-) = 5 \text{ mA}$$

145

由换路定律可得

$$u_C(0^+) = u_C(0^-) = 10 \text{ V} \qquad i_L(0^+) = i_L(0^-) = 5 \text{ mA}$$

（2）作换路后瞬间等效电路，如图 4-1-7（b）所示。

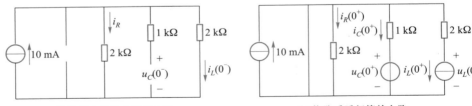

（a）换路前直流稳态等效电路　　　　　　（b）换路后瞬间等效电路

图 4-1-7　例 4-1-3 初始值的确定

由于开关的闭合，10 mA 电流源两端电压为 0，根据 KVL 有

$$i_C(0^+) \times 1 \text{ k}\Omega + u_C(0^+) = 0$$

$$i_L(0^+) \times 2 \text{ k}\Omega + u_L(0^+) = 0$$

因此

$$i_C(0^+) = -\frac{u_C(0^+)}{1 \text{ k}\Omega} = -\frac{10 \text{ V}}{1 \text{ k}\Omega} = -10 \text{ mA}$$

$$u_L(0^+) = -i_L(0^+) \times 2 \text{ k}\Omega = -5 \text{ mA} \times 2 \text{ k}\Omega = -10 \text{ V}$$

由于最左侧 2 kΩ 电阻电压为 0，显然有 $i_R(0^+) = 0$，对比 $t = 0^-$ 和 $t = 0^+$ 时电路的响应值，可见

$$u_L(0^-) = 0 \text{ V} \quad \Rightarrow \quad u_L(0^+) = -10 \text{ V}$$

$$i_C(0^-) = 0 \text{ A} \quad \Rightarrow \quad i_C(0^+) = -10 \text{ mA}$$

$$i_R(0^-) = 5 \text{ mA} \quad \Rightarrow \quad i_R(0^+) = 0$$

这些响应在电路换路瞬间允许发生跃变。而电容电压和电感电流响应

$$u_C(0^-) = 10 \text{ V} \quad \Rightarrow \quad u_C(0^+) = 10 \text{ V}$$

$$i_L(0^-) = 5 \text{ mA} \quad \Rightarrow \quad i_L(0^+) = 5 \text{ mA}$$

在换路瞬间连续，不出现跃变。

## 4.2　RC 电路的瞬态过程

根据电路中外加激励和初始储能的情况，将电路瞬态过程中的响应分为三种：

（1）零状态响应：换路后电路中储能元件无初始储能，仅由激励电源维持的响应。

（2）零输入响应：换路后电路中无独立电源，仅由储能元件初始储能维持的响应。

（3）全响应：换路后，电路中既存在独立的激励电源，储能元件又有初始储能，它们共同维持的响应。

下面就以 *RC* 电路为例，按照这三种情况对电路进行分析。为简化讨论，这一节先讨论换路后的电路中只有一个独立电容元件且为直流激励的情况，如图 4-2-1(a) 所示。根据戴维南定理，换路后电路具有如图 4-2-1(b) 所示的等效结构。

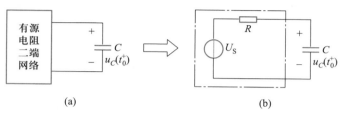

图 4-2-1　换路后 *RC* 电路等效结构

由于电路中除电压源以外，只包含电阻和电容，故称为 *RC* 电路。在电路中必须明确电容的初始储能状态，电路的工作条件才是完备的，因此，一般要在电路中注明储能元件的状态（对电容元件，应标明其初始电压值），如图 4-2-1(b) 所示。

事实上，换路前的电路仅仅通过影响电容的初始储能状态对换路后的电路工作发挥作用，如果已经知道了电容的初始储能情况，*RC* 电路的换路过程可通过开关来模拟，如图 4-2-2 所示。电路中，应确定开关的动作时刻即是换路时刻，而电容的初始值应为换路后瞬间的电压值。

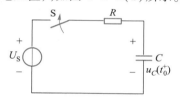

图 4-2-2　*RC* 电路的换路过程

## 4.2.1　*RC* 电路的零状态响应

如图 4-2-2 所示电路，如果电容无初始储能，即 $u_C(t_0^+)=0$，换路后电路如图 4-2-3 所示，电路的响应完全由外加激励电压源提供能量，称为零状态响应。现在来分析电路中各个响应分量在换路后（$t \geq t_0$）的变化规律。

这是一个单回路简单电路，由 KVL 可以列出电路的回路方程

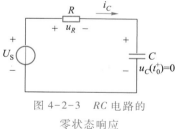

图 4-2-3　*RC* 电路的零状态响应

$$u_R(t) + u_C(t) = U_S$$

将电路中电阻元件和电容元件的特性应用到上述回路方程中，可以得到关于电容电压响应的电路方程

$$Ri_C(t) + u_C(t) = RC\frac{\mathrm{d}u_C(t)}{\mathrm{d}t} + u_C(t) = U_S \qquad (4-2-1)$$

同样地，也可推导出关于电阻电压与电容电流响应的电路方程

$$C \frac{\mathrm{d}}{\mathrm{d}t} \left[ RC \frac{\mathrm{d}u_C(t)}{\mathrm{d}t} + u_C(t) \right] = RC \frac{\mathrm{d}i_C(t)}{\mathrm{d}t} + i_C(t) = C \frac{\mathrm{d}U_S}{\mathrm{d}t} = 0 \qquad (4-2-2)$$

$$RC \frac{\mathrm{d}}{\mathrm{d}t} [u_R(t) + u_C(t)] = RC \frac{\mathrm{d}u_R(t)}{\mathrm{d}t} + u_R(t) = RC \frac{\mathrm{d}U_S}{\mathrm{d}t} = 0 \qquad (4-2-3)$$

式(4-2-1)~式(4-2-3)都是一阶常系数线性微分方程。因此,含有一个独立电容的 $RC$ 电路又称为 $RC$ 一阶电路。要确定电路响应,必须解微分方程,回顾数学中一阶常系数线性微分方程的解

$$f(t) + A \cdot \frac{\mathrm{d}}{\mathrm{d}t} f(t) = B \qquad 初始条件 f(t_0^+) \qquad (4-2-4)$$

方程的解为

$$f(t) = [f(t_0^+) - B] \mathrm{e}^{-\frac{1}{A}(t-t_0)} + B \qquad (4-2-5)$$

把上述结果应用到 $RC$ 电路的电路方程式(4-2-1)~式(4-2-3)中,得到 $t \geq t_0$ 时的零状态响应为

$$u_C(t) = U_S - U_S \cdot \mathrm{e}^{-\frac{1}{RC}(t-t_0)} = U_S \left[ 1 - \mathrm{e}^{-\frac{1}{RC}(t-t_0)} \right] \qquad (4-2-6)$$

$$u_R(t) = 0 - u_R(t_0^+) \mathrm{e}^{-\frac{1}{RC}(t-t_0)} = u_R(t_0^+) \mathrm{e}^{-\frac{1}{RC}(t-t_0)} \qquad (4-2-7)$$

$$i_C(t) = 0 + i_C(t_0^+) \cdot \mathrm{e}^{-\frac{1}{RC}(t-t_0)} = i_C(t_0^+) \cdot \mathrm{e}^{-\frac{1}{RC}(t-t_0)} \qquad (4-2-8)$$

其中,电路初始响应可以按上节方法确定

$$u_C(t_0^+) = 0 \qquad u_R(t_0^+) = U_S \qquad i_C(t_0^+) = \frac{U_S}{R}$$

$RC$ 一阶电路的零状态响应曲线如图 4-2-4 所示。

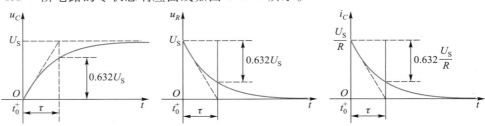

图 4-2-4　$RC$ 一阶电路的零状态响应曲线

从响应的函数形式和波形曲线可以看出,$RC$ 一阶电路零状态响应均按同一指数规律从初始响应值向稳定值渐变——瞬态过程,响应中包含两部分——瞬态响应(指数函数)和稳态响应(直流分量),瞬态过程的进程与指数函数的系数 $\tau = RC$ 有关,该系数具有时间的量纲

$$欧姆 \cdot 法拉 = 欧姆 \cdot \frac{库仑}{伏特} = 欧姆 \cdot \frac{安培 \cdot 秒}{伏特} = 秒(\mathrm{s})$$

$\tau = RC$ 称为 *RC* 一阶电路的时间常数,在波形曲线上还可以看出,时间常数正是波形在换路时刻的切线与时间轴交点离换路时刻的距离,也就是瞬态响应在换路后瞬间的最大变化速度(如果一直按此速度变化,只需要经过一个时间常数的时间,瞬态过程就将结束),随着瞬态过程的进行,储能逐渐消耗掉,瞬态过程的变化速度也随之变小,实际上,经过一个时间常数的渐变,瞬态响应将衰减掉63.2%。时间常数是描述瞬态过程快慢的重要参数,表 4-2-1 列出了时间常数与瞬态过程进展的关系。

表 4-2-1　时间常数与瞬态过程进展的关系

| 时间 | $\tau$ | $2\tau$ | $3\tau$ | $4\tau$ | $5\tau$ | $6\tau$ | $7\tau$ | $8\tau$ |
|------|--------|---------|---------|---------|---------|---------|---------|---------|
| 衰减(%) | 63.2 | 84.66 | 95 | 98.17 | 99.33 | 99.75 | 99.91 | 99.97 |

从表中可见,瞬态响应衰减逐步减慢,理论上,需要经过无限长时间才能完全衰减掉,但是,经过 3 个时间常数的衰减,瞬态响应仅剩 5%,而经过 5 个时间常数的衰减,瞬态响应只残留不到 0.7%,响应中基本上只有稳态响应成分。因此,工程上,一般认为经过 3~5 倍时间常数,电路的瞬态过程就已经结束,电路进入新的稳态。

**例 4-2-1**　如图 4-2-5 所示电路,当 $t<0$ 时,电路处于稳定状态。当 $t=0$ 时,开关 S 闭合,求 $t>0$ 时的 $u_C(t)$ 和 $i(t)$。

**解:**(1)确定电路的初始值。

开关闭合前,与电容相接的电路部分没有电源,且已经达到稳态,因此

$$u_C(0^-) = 0$$

$t=0$ 时,开关 S 闭合后的瞬间,电容电压(也是电阻 $R_2$ 的电压)不突变(0 V)。

$$u_C(0^+) = u_C(0^-) = 0 \text{ V} \qquad i(0^+) = 0 \text{ A}$$

(2)确定电路的零状态响应电路方程。

换路后($t>0$)等效电路如图 4-2-6 所示。

根据 KCL($i+i_C=i_1$)和元件特性,写出关于电容电压的电路方程为

$$0.5\frac{\mathrm{d}u_C(t)}{\mathrm{d}t} + \frac{u_C(t)}{3} = \frac{9 - u_C(t)}{6} \quad \Rightarrow \quad 0.5 \times 2\frac{\mathrm{d}u_C(t)}{\mathrm{d}t} + u_C(t) = \frac{3}{6+3} \times 9 = 3$$

关于电阻电流的电路方程为

$$0.5 \times 2\frac{\mathrm{d}i(t)}{\mathrm{d}t} + i(t) = 1$$

(3)解微分方程确定电路的零状态响应。

$$u_C = 3\left(1 - \mathrm{e}^{\frac{-1}{0.5 \times 2}t}\right) \text{ V} = 3(1 - \mathrm{e}^{-t}) \text{ V}$$

$$i(t) = \left(1 - \mathrm{e}^{\frac{-1}{0.5 \times 2}t}\right) \text{ A} \quad t \geq 0$$

例 4-2-1
Multisim 仿真

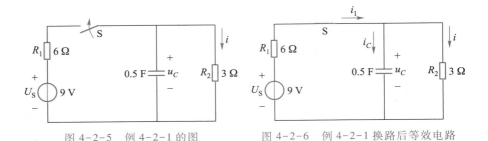

图 4-2-5　例 4-2-1 的图　　　　图 4-2-6　例 4-2-1 换路后等效电路

### 4.2.2　$RC$ 电路的零输入响应

现在来讨论另一种特殊的情况,换路后电路中没有外加的独立电源向电路工作提供能量,电路的响应只是由储能元件——电容在换路前建立的初始储能维持,如图 4-2-7 所示,这时,电路处于零输入(激励)状况,所得到的响应称为零输入响应。

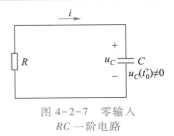

图 4-2-7　零输入 $RC$ 一阶电路

根据 KVL 列出换路后($t \geqslant t_0$)电路的零输入响应应满足的电路方程

$$Ri(t) + u_C(t) = 0 \quad \Rightarrow \quad u_C(t) + RC\frac{\mathrm{d}u_C(t)}{\mathrm{d}t} = 0 \qquad (4-2-9)$$

$$C\frac{\mathrm{d}}{\mathrm{d}t}\big[Ri(t) + u_C(t)\big] = 0 \quad \Rightarrow \quad i(t) + RC\frac{\mathrm{d}i(t)}{\mathrm{d}t} = 0 \qquad (4-2-10)$$

初始响应(微分方程的初始条件)为

$$u_C(t_0^+) = u_C(t_0^-) \qquad i(t_0^+) = -\frac{u_C(t_0^+)}{R}$$

零输入响应电路方程为常系数一阶线性齐次微分方程。解微分方程得到电路的零输入响应

$$u_C(t) = u_C(t_0^+)\, \mathrm{e}^{\frac{-1}{RC}(t-t_0)} \qquad (4-2-11)$$

$$i(t) = i(t_0^+) \cdot \mathrm{e}^{\frac{-1}{RC}(t-t_0)} \qquad (4-2-12)$$

$RC$ 一阶电路零输入响应波形如图 4-2-8 所示。

从响应函数表达式和波形曲线可以看到,$RC$ 一阶电路零输入响应中只含有瞬态响应成分,不包含稳态响应,也可以称稳态响应成分为零,与零状态响应中瞬态响应具有相同的指数衰减规律,时间常数相同,经过 3~5 倍时间常数的衰减,电路中由储能元件所储存的初始能量将全部被消耗,最终电路将因没有能量而使响应归 0。

实际上,$RC$ 一阶电路零输入响应的瞬态过程就是对电容放电的过程,电容 $C$ 越大,相同电压条件下存储的初始能量越大;而同样电压时,放电电阻 $R$ 越大,

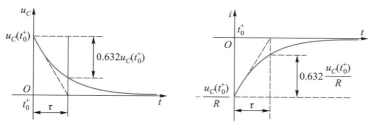

图 4-2-8　RC 一阶电路零输入响应波形

例 4-2-2
Multisim 仿真

放电电流越小,电容存储的电能消耗得越慢,因此,时间常数 $\tau = RC$ 越大,电容放电过程(即瞬态过程)就越慢。

**例 4-2-2**　如图 4-2-9 所示电路中,开关长期合在位置 1 上,如果在 $t = 0$ 时把它合到位置 2 后,试求电容器上电压 $u_C$ 及放电电流 $i$。已知 $R_1 = 1\ \text{k}\Omega$,$R_2 = 3\ \text{k}\Omega$,$C = 1\ \mu\text{F}$,电压源 $U_\text{s} = 6\ \text{V}$。

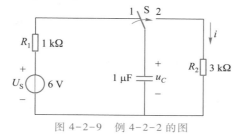

图 4-2-9　例 4-2-2 的图

**解**:电路在开关闭合到位置 2 前已达到稳态,根据直流稳态时电容等效为开路的特性,可以确定换路前电容器上所充的电压为 6 V,即 $u_C(0^-) = 6\ \text{V}$。

开关合到 2 后,电容元件和电阻构成零输入电路,电容器通过电阻 $R_2$ 开始放电。按照式(4-2-9)和式(4-2-10),电路方程为

$$R_2 C \frac{\mathrm{d}u_C(t)}{\mathrm{d}t} + u_C(t) = 0 \qquad R_2 C \frac{\mathrm{d}i(t)}{\mathrm{d}t} + i(t) = 0$$

初始条件为

$$u_C(0^+) = 6\ \text{V} \qquad i(0^+) = \frac{u_C(0^+)}{R_2} = 2\ \text{mA}$$

根据式(4-2-11)和式(4-2-12)得电路的零输入响应($t \geqslant 0$)

$$u_C(t) = u_C(0^+)\mathrm{e}^{\frac{-1}{R_2 C}t} = 6\mathrm{e}^{-3.3 \times 10^2 t}\ \text{V}$$

$$i = i(0^+) \cdot \mathrm{e}^{\frac{-1}{R_2 C}t} = 2\mathrm{e}^{-3.3 \times 10^2 t}\ \text{mA}$$

### 4.2.3　RC 电路的全响应

RC 电路的全响应是指电路中电容元件既有初始储能又有电源激励时的响应,根据叠加定理,全响应应该是零输入响应和零状态响应的叠加,即

全响应 = 零状态响应 + 零输入响应

151

因此,可以从已经获得的零输入响应与零状态响应叠加得到电路的全响应。也可以通过直接分析非零状态、非零输入电路求解电路的全响应。电路如图 4-2-10 所示。

根据电路的结构及元件参数,写出关于电路全响应的电路方程

$$RC\frac{\mathrm{d}u_C(t)}{\mathrm{d}t} + u_C(t) = U_\mathrm{s} \qquad (4-2-13)$$

$$RC\frac{\mathrm{d}i_C(t)}{\mathrm{d}t} + i_C(t) = 0 \qquad (4-2-14)$$

$$RC\frac{\mathrm{d}u_R(t)}{\mathrm{d}t} + u_R(t) = 0 \qquad (4-2-15)$$

与零输入响应和零状态响应情况不同的是,电路的初始条件(响应的初始值)同时受到输入激励电源和电容初始储能的影响,根据换路定律作出换路后瞬间的等效电路,如图 4-2-11 所示,由此电路可以方便地确定电路全响应的初始值

$$u_C(t_0^+) = u_C(t_0^-) \qquad u_R(t_0^+) = U_\mathrm{s} - u_C(t_0^+) \qquad i_C(t_0^+) = \frac{U_\mathrm{s} - u_C(t_0^+)}{R}$$

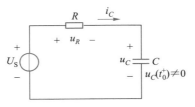
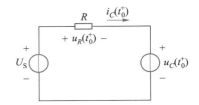

图 4-2-10  *RC* 一阶电路的全响应 　　　　　图 4-2-11  换路后瞬间等效电路

利用微分方程的定解形式(4-2-5)得出换路后($t \geqslant t_0$)*RC* 一阶电路的全响应表达式

$$u_C(t) = U_\mathrm{s} + [u_C(t_0^+) - U_\mathrm{s}]\mathrm{e}^{-\frac{t-t_0}{RC}} = U_\mathrm{s}(1 - \mathrm{e}^{-\frac{t-t_0}{RC}}) + u_C(t_0^+)\mathrm{e}^{-\frac{t-t_0}{RC}}$$

$$(4-2-16)$$

$$i_C(t) = 0 - [i_C(t_0^+) - 0]\mathrm{e}^{-\frac{t-t_0}{RC}} = -\frac{U_\mathrm{s}}{R}\mathrm{e}^{-\frac{t-t_0}{RC}} + \frac{u_C(t_0^+)}{R}\mathrm{e}^{-\frac{t-t_0}{RC}}$$

$$(4-2-17)$$

$$u_R(t) = 0 + [u_R(t_0^+) - 0]\mathrm{e}^{-\frac{t-t_0}{RC}} = U_\mathrm{s}\mathrm{e}^{-\frac{t-t_0}{RC}} - u_C(t_0^+)\mathrm{e}^{-\frac{t-t_0}{RC}}$$

$$(4-2-18)$$

比较上面表达式的第二个等号后的结果与式(4-2-6)~式(4-2-8)、式(4-2-11)、式(4-2-12)关于零输入响应和零状态响应的结论,不难发现,全响应正是由零状态响应与零输入响应叠加而成的。

另一个值得注意的是,式(4-2-16)～式(4-2-18)表达式的第一个等式将全响应分解成了不随时间变化的稳态响应和随时间按指数规律衰减的瞬态响应,即

$$全响应 = 稳态响应 + 瞬态响应$$

稳态响应由激励决定(与电路的储能无关),在电路分析中它表现为直流(激励为直流)稳态响应;瞬态响应形式完全由组成电路的元件参数决定。

**例 4-2-3** 如图 4-2-12 所示电路,开关 S 长期合在 a-b 位置,试求当开关 S 合在 a-c 位置后电容器端电压的变化规律。

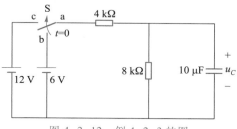

图 4-2-12 例 4-2-3 的图

例 4-2-3
Multisim 仿真

**解**:当 S 合在 a-b 位置的时间足够长后,电路达到稳态,由直流稳态等效电路(电容等效为开路)可确定开关动作前瞬间(假设为 $t=0$)电容两端的电压

$$u_C(0^-) = \frac{8}{4+8} \times 6 \text{ V} = 4 \text{ V}$$

$t=0$ 时,S 合到 a-c 位置,电路产生换路,由换路定律知

$$u_C(0^+) = u_C(0^-) = 4 \text{ V}$$

换路后,电路方程(关于电容两端电压)为

$$\frac{u_C(t)}{8 \text{ k}\Omega} + 10 \text{ μF} \frac{\mathrm{d}u_C(t)}{\mathrm{d}t} = \frac{12 \text{ V} - u_C(t)}{4 \text{ k}\Omega} \Rightarrow u_C(t) + \frac{8 \times 10^{-2}}{3} \cdot \frac{\mathrm{d}u_C(t)}{\mathrm{d}t} = 8$$

在给定初始值条件下解微分方程,得电容器端电压的全响应

$$u_C(t) = 8 + [u_C(0^+) - 8]e^{-\frac{3}{8 \times 10^{-2}}t} = (8 - 4 \cdot e^{-37.5t}) \text{ V} \quad t \geqslant 0$$

## 4.3 *RL* 电路的瞬态过程

### 4.3.1 *RL* 电路的零状态响应

考虑图 4-3-1 所示的 *RL* 串联电路,开关 S 闭合前,由于不存在电流流通的回路,因此,电感中的电流等于零。$t=t_0$ 时开关闭合(换路),将电源 $U_S$ 加在 *RL* 电路上。显然,换路前电路中没有初始储能,即 $i(t_0^-)=0$,所以,这个电路在 $t \geqslant t_0$ 时满足零状态条件。

换路后的电路仅含一个回路,列出 KVL 方程 $u_R(t)+u_L(t)=U_S$,由于

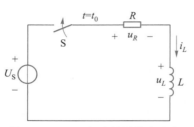

图 4-3-1  *RL* 电路的零状态响应

$$u_L(t) = L\frac{\mathrm{d}i_L(t)}{\mathrm{d}t} \quad u_R(t) = Ri_L(t)$$

故通过简单的推导不难写出关于 $u_R$、$u_L$、$i_L$ 的电路方程

$$i_L(t) + \frac{L}{R}\frac{\mathrm{d}i_L(t)}{\mathrm{d}t} = \frac{U_S}{R} \tag{4 - 3 - 1}$$

$$u_R(t) + \frac{L}{R}\frac{\mathrm{d}u_R(t)}{\mathrm{d}t} = U_S \tag{4 - 3 - 2}$$

$$u_L(t) + \frac{L}{R}\frac{\mathrm{d}u_L(t)}{\mathrm{d}t} = 0 \tag{4 - 3 - 3}$$

根据电路的零状态条件,按照 4.1 节的方法,能够确定初始条件(初始值)

$$i_L(t_0^+) = 0 \qquad u_R(t_0^+) = 0 \qquad u_L(t_0^+) = U_S \tag{4 - 3 - 4}$$

式(4-3-1)~式(4-3-3)都是常系数一阶线性微分方程,而且方程的左边都具有完全相同的形式。利用式(4-3-4)的初始条件,可写出图 4-3-1 所示电路的零状态响应($t \geqslant t_0$)为

$$i_L(t) = \frac{U_S}{R} - \frac{U_S}{R}\mathrm{e}^{-\frac{R}{L}(t-t_0)} = \frac{U_S}{R}\left[1 - \mathrm{e}^{-\frac{R}{L}(t-t_0)}\right] \tag{4 - 3 - 5}$$

$$u_L(t) = 0 + U_S\mathrm{e}^{-\frac{R}{L}(t-t_0)} = U_S\mathrm{e}^{-\frac{R}{L}(t-t_0)} \tag{4 - 3 - 6}$$

$$u_R(t) = U_S - U_S\mathrm{e}^{-\frac{R}{L}(t-t_0)} = U_S\left[1 - \mathrm{e}^{-\frac{R}{L}(t-t_0)}\right] \tag{4 - 3 - 7}$$

*RL* 电路的零状态响应曲线如图 4-3-2 所示。

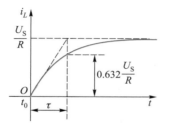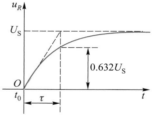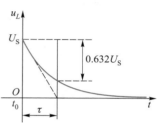

图 4-3-2  *RL* 电路的零状态响应曲线

对照 *RC* 电路的情况,得到 *RL* 电路的时间常数

$$\tau = \frac{L}{R} \qquad (4-3-8)$$

**例 4-3-1**　如图 4-3-3 所示电路,$t=0$ 时开关闭合。已知 $i_L(0^-)=0,R=4\ \Omega$,$U=6\ \text{V},L=1\ \text{H}$。求 $t>0$ 时的电流 $i_L$ 和电压 $u_L$。

**解**:列出换路后电路的方程(关于电流 $i_L$ 和电压 $u_L$)

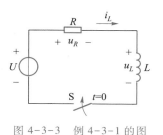

例 4-3-1
Multisim 仿真

$$i_L(t)+\frac{L}{R}\frac{\mathrm{d}i(t)}{\mathrm{d}t}=i_L(t)+\frac{1}{4}\frac{\mathrm{d}i(t)}{\mathrm{d}t}=\frac{U}{R}=1.5$$

$$u_L(t)+\frac{L}{R}\frac{\mathrm{d}u_L(t)}{\mathrm{d}t}=u_L(t)+\frac{1}{4}\frac{\mathrm{d}u_L(t)}{\mathrm{d}t}=0$$

图 4-3-3　例 4-3-1 的图

根据换路定律,有 $i_L(0^+)=i_L(0^-)=0$ 和 $u_L(0^+)=U=6\ \text{V}$。

解方程得到零状态响应($t>0$)

$$i_L(t)=\frac{U}{R}(1-\mathrm{e}^{-\frac{t}{\tau}})=1.5(1-\mathrm{e}^{-4t})\ \text{A}$$

$$u_L(t)=U\mathrm{e}^{-\frac{t}{\tau}}=6\mathrm{e}^{-4t}\ \text{V}$$

### 4.3.2　*RL* 电路的零输入响应

如图 4-3-4 所示,*RL* 电路的开关 S 在 $t=t_0$ 时从位置 2 转向位置 1(假设这个过程瞬间完成,不存在延时),如果开关处于 2 位置足够长时间,电路已经处于稳定状态,由 4.1 节可知,此时电感元件上的电流为 $i_L(t_0^-)=\dfrac{U_S}{R}$。$t=t_0$ 时将开关合到位置 1,电路中无电源激励,电路的响应由初始储能维持,称为零输入响应。

换路后电路如图 4-3-5 所示,关于回路电流的电路方程为

$$i_L(t)+\frac{L}{R}\frac{\mathrm{d}i_L(t)}{\mathrm{d}t}=0 \qquad (4-3-9)$$

同理可以导出关于其他响应变量的电路方程

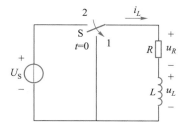

图 4-3-4　*RL* 电路零输入响应

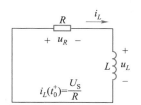

图 4-3-5　换路后电路

$$u_R(t) + \frac{L}{R}\frac{\mathrm{d}u_R(t)}{\mathrm{d}t} = 0 \qquad (4-3-10)$$

$$u_L(t) + \frac{L}{R}\frac{\mathrm{d}u_L(t)}{\mathrm{d}t} = 0 \qquad (4-3-11)$$

三个方程都是一阶常系数齐次微分方程，且结构形式完全相同。利用 4.1 节的方法，能够确定微分方程定解的初始条件（响应的初始值）

$$i_L(t_0^+) = \frac{U_\mathrm{S}}{R} \qquad u_R(t_0^+) = U_\mathrm{S} \qquad u_L(t_0^+) = -U_\mathrm{S} \qquad (4-3-12)$$

解微分方程得到电路的零输入响应（$t \geq t_0$）

$$\begin{cases} i_L(t) = i_L(t_0^+)\mathrm{e}^{-\frac{R}{L}(t-t_0)} = \dfrac{U_\mathrm{S}}{R}\mathrm{e}^{-\frac{R}{L}(t-t_0)} \\[2mm] u_L(t) = u_L(t_0^+)\mathrm{e}^{-\frac{R}{L}(t-t_0)} = -U_\mathrm{S}\mathrm{e}^{-\frac{R}{L}(t-t_0)} \qquad t \geq t_0 \\[2mm] u_R(t) = u_R(t_0^+)\mathrm{e}^{-\frac{R}{L}(t-t_0)} = U_\mathrm{S}\mathrm{e}^{-\frac{R}{L}(t-t_0)} \end{cases} \qquad (4-3-13)$$

它们都随时间按时间常数 $\tau = \dfrac{L}{R}$ 指数衰减。

**例 4-3-2**　如图 4-3-6 所示电路，已知：$U = 20\ \mathrm{V}$，$R = 1\ \mathrm{k\Omega}$，$L = 1\ \mathrm{H}$，电压表的内阻 $R_\mathrm{V} = 500\ \mathrm{k\Omega}$，设开关在 $t = 0$ 时打开。求开关打开后电压表两端电压的变化规律。

**解**：假设换路前电路已达到稳态，利用换路前直流稳态电路分析及换路定律

$$i_L(0^+) = i_L(0^-) = \frac{U}{R} = 20\ \mathrm{mA}$$

换路后电路如图 4-3-7 所示，这是一个 $RL$ 零输入电路，按照式（4-3-10）列出关于电压表两端电压 $u_\mathrm{V}$ 的电路方程

$$u_\mathrm{V}(t) + \frac{L}{R + R_\mathrm{V}}\frac{\mathrm{d}u_\mathrm{V}(t)}{\mathrm{d}t} = 0$$

例 4-3-2
Multisim 仿真

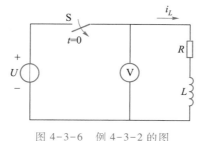

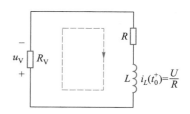

图 4-3-6　例 4-3-2 的图　　　　图 4-3-7　例 4-3-2 换路后电路

按 4.1 节方法确定响应初始值

$$u_\mathrm{V}(0^+) = R_\mathrm{V}i_L(0^+) = 20 \times 10^{-3} \times 500 \times 10^{3}\ \mathrm{V} = 10^{4}\ \mathrm{V}$$

开关断开后电压表两端电压按下面的指数规律衰减

$$u_V(t) = u_V(0^+)e^{-\frac{R+R_V}{L}t} = 10^4 e^{-5.01\times10^5 t}\ \text{V}$$

换路后的瞬间,电压表两端承受了 10 kV 的高压,一般电压表很难承受如此高压,可见在含有电感元件的电路中,如果用电压表(其内阻很大)并联在其上测量,在开关断开前,必须对电压表采取保护措施,以免在开关断开的瞬间电压表两端的电压超过电压表量程而损坏电压表。

### 4.3.3 *RL* 电路的全响应

如图 4-3-8 所示电路,假设开关换向前,电路已经稳定,电感中流过一个稳定电流,$t=t_0$ 时,开关换向(换路)改变了电路的激励电源,因此,这个电路在换路后的响应,既包括换路时电感储能的作用,又包括换路后激励源 $U_{S2}$ 的作用,称为电路的全响应。

按照叠加定理,可以分别求出电路的零状态响应和零输入响应,然后叠加获得全响应

全响应 = 零状态响应 + 零输入响应

也可直接分析求解全响应。由于换路前电路已经达到稳态,利用直流稳态时电感等效为短路的特点和换路定律,可以方便地找到换路时电感电流的初始值。

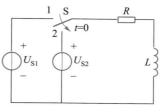

图 4-3-8 *RL* 电路的全响应

$$i_L(t_0^+) = i_L(t_0^-) = \frac{U_{S1}}{R} \tag{4-3-14}$$

换路后电路如图 4-3-9 所示,列出全响应的电路方程

$$i_L(t) + \frac{L}{R}\frac{\mathrm{d}i_L(t)}{\mathrm{d}t} = \frac{U_{S2}}{R} \tag{4-3-15}$$

$$u_R(t) + \frac{L}{R}\frac{\mathrm{d}u_R(t)}{\mathrm{d}t} = U_{S2} \tag{4-3-16}$$

$$u_L(t) + \frac{L}{R}\frac{\mathrm{d}u_L(t)}{\mathrm{d}t} = 0 \tag{4-3-17}$$

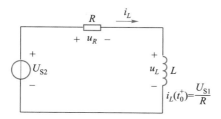

图 4-3-9 换路后电路

方程的形式与零状态响应所得式(4-3-1)~式(4-3-3)完全相同,但与零状态响应情况不同的是,电路的初始条件(响应的初始值)同时受到输入激励电源和电感初始储能的影响

$$i_L(t_0^+) = i_L(t_0^-) = \frac{U_{S1}}{R}$$

$$u_R(t_0^+) = Ri_L(t_0^+) = U_{S1}$$

$$u_L(t_0^+) = U_{S2} - u_R(t_0^+) = U_{S2} - U_{S1}$$

利用式(4-2-5)所示的微分方程的定解形式得出换路后($t \geq t_0$)$RL$一阶电路的全响应表达式

$$i_L(t) = \frac{U_{S2}}{R} + \left[i_L(t_0^+) - \frac{U_{S2}}{R}\right]e^{-\frac{R}{L}(t-t_0)} = \frac{U_{S2}}{R}\left[1 - e^{-\frac{R}{L}(t-t_0)}\right] + i_L(t_0^+)e^{-\frac{R}{L}(t-t_0)}$$

$$(4-3-18)$$

$$u_L(t) = 0 - \left[u_L(t_0^+) - 0\right]e^{-\frac{R}{L}(t-t_0)} = -u_L(t_0^+)e^{-\frac{R}{L}(t-t_0)} \qquad (4-3-19)$$

$$u_R(t) = U_{S2} + \left[u_R(t_0^+) - U_{S2}\right]e^{-\frac{R}{L}(t-t_0)} = U_{S2}\left[1 - e^{-\frac{R}{L}(t-t_0)}\right] + u_R(t_0^+)e^{-\frac{R}{L}(t-t_0)}$$

$$(4-3-20)$$

比较上面表达式的第二个等号后的结果与式(4-3-5)~式(4-3-7)、式(4-3-13)关于零输入响应和零状态响应的结论,不难发现,全响应正是由零状态响应与零输入响应叠加而成。

另一个值得注意的是,式(4-3-18)~式(4-3-20)表达式的第一个等式将全响应分解成了不随时间变化的稳态响应部分和随时间按指数规律衰减的瞬态响应部分,即

$$全响应 = 稳态响应 + 瞬态响应$$

稳态响应由激励决定(与电路的储能无关),在电路分析中它表现为直流(激励为直流)稳态响应;瞬态响应形式完全由组成电路的元件参数决定。这些结论都与$RC$电路的情况完全一致。

## 4.4　一阶线性电路瞬态过程的三要素分析法

观察前面两节对直流激励一阶电路瞬态过程的分析,关于响应(零状态、零输入或全响应)的电路方程都具有下列形式

$$u(t) + \tau\frac{du(t)}{dt} = u(\infty) \qquad (4-4-1)$$

$$i(t) + \tau\frac{di(t)}{dt} = i(\infty) \qquad (4-4-2)$$

其中,时间常数 $\tau = RC$ 或 $\tau = \dfrac{L}{R}$,$u(\infty)$、$i(\infty)$ 为换路后达到直流稳态时的响应值。上面两式表明,只要确定了时间常数(由电路元件参数决定)和稳态响应值,就可以立即写出电路方程。

比较式(4-2-16)~式(4-2-18)和式(4-3-18)~式(4-3-20),可以看到,直流激励的一阶电路瞬态过程响应表达式也具有同一形式

$$u(t) = u(\infty) + \left[u(t_0^+) - u(\infty)\right] e^{-\frac{t-t_0}{\tau}} \qquad (4-4-3)$$

$$i(t) = i(\infty) + \left[i(t_0^+) - i(\infty)\right] e^{-\frac{t-t_0}{\tau}} \qquad (4-4-4)$$

其中,$u(t_0^+)$ 和 $i(t_0^+)$ 表示换路后瞬间的响应初始值。

由此可见,对于直流激励的一阶线性电路瞬态过程响应的分析并不需要列写和求解微分方程,只要确定了由电路结构和参数决定的三个基本要素——时间常数 $\tau$、稳态响应值 $u(\infty)$ 或 $i(\infty)$、初始响应值 $u(t_0^+)$ 或 $i(t_0^+)$,即能按式(4-4-3)~式(4-4-4)迅速写出电路的瞬态响应表达式。这种方法称为直流激励一阶线性电路瞬态过程分析的三要素法。下面给出三要素法求解瞬态问题的过程。

**一、分离储能元件**

将换路后电路中储能元件($L$、$C$)从电路中抽出,剩余部分电路是一个电阻性有源二端网络,根据戴维南定理,求得其开路电压 $U_{OC}$ 和等效内阻 $R$,如图 4-4-1 所示。

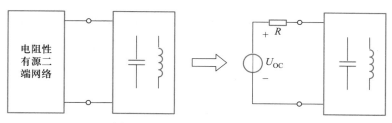

图 4-4-1 一阶电路的分离等效

**二、计算时间常数**

根据储能元件的不同,分别采用相应的公式计算时间常数

$$\text{电容:}\ \tau = RC \qquad \text{电感:}\ \tau = \dfrac{L}{R}$$

其中,$R$ 为分离出的电阻有源二端网络戴维南等效电路的内阻。

**三、确定稳态响应值**

在直流电源激励条件下,当电路达到稳定状态时,电容等效为开路,电感等效为短路,绘出直流稳态电路的等效电路,在等效电路中,按电阻电路分析方法求解电路中响应的稳态值 $u(\infty)$ 或 $i(\infty)$。

**四、确定初始响应值**

(1)根据换路前的电路工作情况确定电容两端电压 $u_c(t_0^-)$ 或流过电感的电

流 $i_L(t_0^-)$。如果换路前电路达到直流稳态,可按照稳态响应的求解方法确定,如果电路尚未进入稳态,则可按照瞬态响应的变化规律确定。

（2）根据换路定律,确定换路后的电路中电容两端电压 $u_C(t_0^+)$ 或流过电感的电流 $i_L(t_0^+)$。

（3）在换路后的电路中,用电压源 $u_C(t_0^+)$ 替代电容或用电流源 $i_L(t_0^+)$ 替代电感,获得换路后瞬间 $t=t_0^+$ 的等效电路,在此等效电路(直流电阻电路)中确定初始响应值 $u(t_0^+)$ 或 $i(t_0^+)$。

**五、写出瞬态响应表达式**

按式(4-4-3)、式(4-4-4)写出换路后电路的瞬态响应表达式。

下面举例说明三要素法的应用。

**例 4-4-1**　电路如图 4-4-2 所示,开关 S 在 $t=0$ 时由断开转为闭合,此前电路已经处于稳态。求开关动作后电感两端电压 $u_L(t)$。

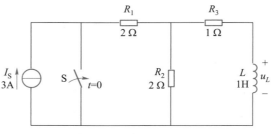

图 4-4-2　例 4-4-1 的图

**解:**换路(开关闭合)后,电流源被短路,与电感连接的电路由电阻组成,等效电阻为 $R=R_3+R_1 /\!/ R_2=2\ \Omega$,因此,换路后电路的时间常数为

$$\tau=\frac{L}{R}=\frac{1}{2}\ \text{s}=0.5\ \text{s}$$

由于直流稳态下电感等效为短路,换路后电路的稳态响应

$$u_L(\infty)=0\ \text{V}$$

开关闭合前电路已经处于稳态,作出换路前直流稳态等效电路如图 4-4-3 所示,由此电路得到

$$i_L(0^-)=\frac{2}{1+2}\times 3\ \text{A}=2\ \text{A}$$

由换路定律可知,换路后瞬间电感中电流为

$$i_L(0^+)=i_L(0^-)=2\ \text{A}$$

用电流源 $i_L(0^+)=2$ A 替代电感元件,绘出换路后瞬间等效电路如图 4-4-4 所示。

得到电路初始响应值

$$u_L(0^+)=-\left[R_1 /\!/ R_2+R_3\right]i_L(0^+)=-4\ \text{V}$$

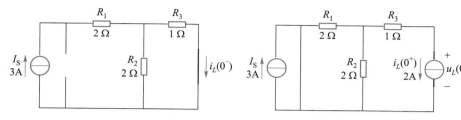

图 4-4-3　换路前直流稳态等效电路　　　　图 4-4-4　换路后瞬间等效电路

最后,根据式(4-4-3)写出电路瞬态响应表达式

$$u_L(t) = u_L(\infty) + [u_L(0^+) - u_L(\infty)]e^{-\frac{t}{\tau}} = -4e^{-2t} \text{ V}$$

**例 4-4-2**　图 4-4-5 所示电路中,$R_1 = 1 \text{ k}\Omega$,$R_2 = 2 \text{ k}\Omega$,$R_3 = 1 \text{ k}\Omega$,$C = 3 \text{ μF}$,$U_{S1} = 3 \text{ V}$,$U_{S2} = 5 \text{ V}$。开关 S 处于位置 1,电路达到稳定状态;$t = 0$ 时,S 切换至位置 2;$t = 20 \text{ ms}$ 时,S 从位置 2 切换至位置 3。求 $u_C(t)$ 和 $i(t)$。

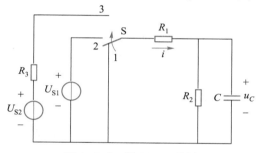

图 4-4-5　例 4-4-2 的图

**解:**电路中开关的两次动作构成两次换路,将整个响应分割为三个时间段:$t<0$,$0 \leqslant t<20 \text{ ms}$,$t \geqslant 20 \text{ ms}$。需要对每次换路分别运用三要素法进行分析。

（1）第一次换路前($t<0$)电路响应。

由于在这段时间电路内没有电源激励,且已经达到稳定状态,因此,电路响应为

$$u_C(t) = 0 \quad i(t) = 0 \quad t<0$$

（2）第一次换路后($0 \leqslant t<20 \text{ ms}$)电路响应,应用三要素法求解。

时间常数:$\tau_1 = (R_1 \mathbin{/\mkern-5mu/} R_2)C = 2 \text{ ms}$

稳态响应:$u_C(\infty) = \dfrac{R_2}{R_1+R_2}U_{S1} = 2 \text{ V}$　　　$i(\infty) = \dfrac{U_{S1}}{R_1+R_2} = 1 \text{ mA}$

初始响应:$u_C(0^+) = u_C(0^-) = 0 \text{ V}$　　　$i(0^+) = \dfrac{U_{S1}}{R_1} = 3 \text{ mA}$

第一次换路后电路响应($0 \leqslant t<20 \text{ ms}$)

$$u_C(t) = u_C(\infty) + [u_C(0^+) - u_C(\infty)]e^{-\frac{t}{\tau_1}} = (2 - 2e^{-500t}) \text{ V}$$

$$i(t) = i(\infty) + [i(0^+) - i(\infty)]e^{-\frac{t}{\tau_1}} = (1 + 2e^{-500t}) \text{ mA}$$

161

（3）第二次换路后（$t \geqslant 20$ ms）电路响应，再次应用三要素法求解。

时间常数：$\tau_2 = \left[ \left( R_3 + R_1 \right) /\!/ R_2 \right] C = 3$ ms

稳态响应：$u_C(\infty) = \dfrac{R_2}{R_1 + R_2 + R_3} U_{S2} = 2.5$ V

$$i(\infty) = \frac{U_{S2}}{R_1 + R_2 + R_3} = 1.25 \text{ mA}$$

初始响应：$u_C(20 \text{ ms}^+) = u_C(20 \text{ ms}^-) = (2 - 2e^{-10}) \text{ V} \approx 1.999\,91$ V

$$i(20 \text{ ms}^+) = \frac{U_{S2} - u_C(20 \text{ ms}^+)}{R_1 + R_3} \approx 1.5 \text{ mA}$$

第二次换路后电路响应（$t \geqslant 20$ ms）

$$u_C(t) = \left( 2.5 - 0.5 e^{-\frac{t - 20 \text{ ms}}{3 \text{ ms}}} \right) \text{ V}$$

$$i(t) = \left( 1.25 + 0.25 e^{-\frac{t - 20 \text{ ms}}{3 \text{ ms}}} \right) \text{ mA}$$

图 4-4-6 给出了例 4-4-2 各段时间的电路响应曲线。

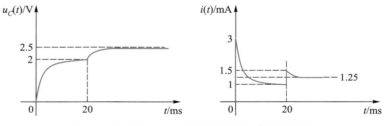

图 4-4-6　例 4-4-2 各段时间的电路响应曲线

## 4.5　矩形脉冲作用于一阶电路

矩形脉冲是电子电路中常见的波形，如图 4-5-1 所示，图（a）是单个矩形脉冲信号，图（c）是周期性脉冲信号，也称为脉冲序列信号。矩形脉冲信号源可以通过换路动作进行模拟，图（b）所示电路即是图（a）矩形脉冲的换路电源模型。

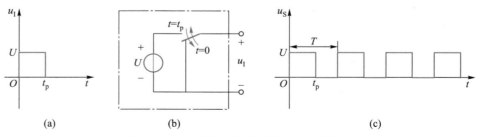

图 4-5-1　矩形脉冲信号及其换路电源模型

利用矩形脉冲激励的换路电源模型和直流一阶电路分析的三要素分析法，可以方便地分析矩形脉冲电源激励下一阶电路的响应。

在图 4-5-2(b)所示电路中,电流源输出单脉冲电流信号如图 4-5-2(a)所示,脉冲宽度 10 ms,脉冲幅度 20 mA。电路中 $R_1 = R_2 = 1$ kΩ,$C = 10$ μF,电容器无初始储能。求电阻 $R_2$ 上的电压表达式和波形。

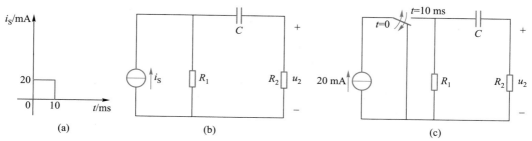

图 4-5-2 矩形脉冲信号作用于一阶电路分析举例

电路中电流源存在两次跃变,每次跃变对应一次换路,用开关动作来模拟电流源的跃变,如图 4-5-2(c)所示。电路中有两个瞬态过程需要分析,第一次换路在 $t=0$ 时刻,电流源电流从 0 跃变到 20 mA,第二次换路在 $t=10$ ms 时刻,电流源电流从 20 mA 跃变到 0。

第一次换路瞬态分析:

(1) 时间常数 $\tau = (R_1+R_2)C = (1+1)\times10^3\times10\times10^{-6}$ s $= 0.02$ s

(2) 稳态响应 $u_C(\infty) = u_{R_1}(\infty) = R_1 I_s = 20\times10^{-3}\times1\times10^3$ V $= 20$ V

$$u_2(\infty) = R_2 i_C(\infty) = 0 \text{ V}$$

(3) 初始响应 $u_C(0^+) = u_C(0^-) = 0$(电容无初始储能)

$$u_2(0^+) = R_2 \times \frac{R_1}{R_1+R_2}I_s = 1\times\frac{1}{1+1}\times20 \text{ V} = 10 \text{ V}$$

(4) $0 \le t < 10$ ms 期间电路响应

$$u_2(t) = u_2(\infty) + [u_2(0^+)-u_2(\infty)]e^{-\frac{t}{\tau}} = 10e^{-50t} \text{ V}$$

第二次换路瞬态分析:

(1) 时间常数 $\tau = (R_1+R_2)C = (1+1)\times10^3\times10\times10^{-6}$ s $= 0.02$ s

(2) 稳态响应 $u_2(\infty) = R_2\times i_C(\infty) = 0$

(3) 初始响应 $u_C(10\text{ ms}^+) = u_C(10\text{ ms}^-) = 20\times(1-e^{-50\times10\times10^{-3}})$ V $\approx 7.87$ V

$$u_2(10\text{ ms}^+) = \frac{-R_2}{R_1+R_2}u_C(0^+) \approx -\frac{1}{1+1}\times7.87 \text{ V} \approx -3.94 \text{ V}$$

(4) $t \ge 10$ ms 期间电路响应

$$u_2(t) = u_2(\infty) + [u_2(0^+)-u_2(\infty)]e^{-\frac{t-10\text{ ms}}{\tau}} = -3.94e^{-50(t-10\text{ ms})} \text{ V}$$

$R_2$ 上电压波形如图 4-5-3 所示。

163

上面的例子中,电流源产生单脉冲信号,需要进行两次瞬态过程的分析,如果电源产生脉冲序列信号,则每次脉冲电源发生跃变时,都要进行一次瞬态过程的分析。

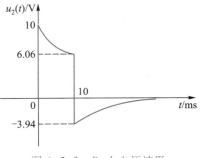

图 4-5-3　$R_2$ 上电压波形

从上面例子看到,脉冲电源的每次跃变(换路)都引起一阶电路的一次瞬态过程,在脉冲的持续期间,电路响应的变化情况由电路的时间常数决定。电子技术中,常常利用一阶电路实现对输入脉冲信号的微分和积分运算。

### 4.5.1　微分电路

如图 4-5-4(a)所示 RC 电路,输入脉冲序列信号如图 4-5-4(b)所示。设电容上的初始储能为零,电路的输出电压取自电阻 R。该电路的响应可以按上面的分析过程进行。

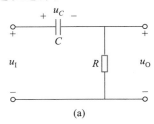
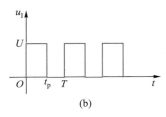

图 4-5-4　微分电路

当电路的时间常数远远小于脉冲宽度,$t = RC \ll \min[t_p, T-t_p]$,电路的瞬态过程将持续很短时间(与脉冲宽度相比),因此,在脉冲期间,以稳态响应为主,即 $u_c \gg u_0$

$$u_I = u_c + u_0 \approx u_c \qquad (4-5-1)$$

输出电压

$$u_0 = Ri_c = RC\frac{\mathrm{d}u_c}{\mathrm{d}t} \approx RC\frac{\mathrm{d}u_I}{\mathrm{d}t} \qquad (4-5-2)$$

从而实现了对输入电压的微分运算,由于输出电压与输入电压的微分成正比,所以该电路称为 RC 微分电路。RC 微分电路波形图如图 4-5-5 所示。

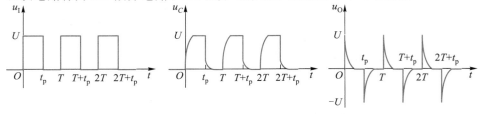

图 4-5-5　RC 微分电路波形图

从波形上可以看出,微分电路将输入矩形脉冲转换成尖脉冲输出,在每个输入脉冲波形的跃变边沿产生一个尖脉冲,脉冲数字电路中常用微分电路从时钟脉冲(矩形脉冲)获得定时触发信号。

注意,$RC$ 电路构成微分电路的条件是:

(1) 时间常数远小于输入脉冲的宽度,$\tau = RC \ll \min[\ t_\text{p},\ T-t_\text{p}]$,工程上一般要求 $\tau = RC < 0.2\min[\ t_\text{p},\ T-t_\text{p}]$。

(2) 输出电压是从电阻端取出。

上面分析微分电路时没有考虑电路输出端接负载后要求输出电流的情况,实际使用中,一般需将负载归并到电阻 $R$ 中,即电路中确定时间常数的电阻应包含负载电阻的影响。

与 $RC$ 电路类似,$RL$ 电路也可构成微分电路。如图 4-5-6(a) 所示电路,设电感上的初始储能为零,电路的输出电压取自电感 $L$。

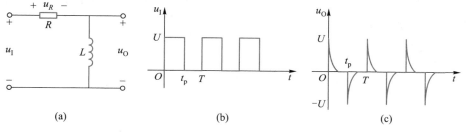

(a)                (b)                (c)

图 4-5-6 $RL$ 微分电路

如果电路的时间常数远小于脉冲宽度,$\tau = L/R \ll \min[\ t_\text{p},\ T-t_\text{p}]$,电路的瞬态过程将持续很短时间(与脉冲宽度相比),因此,在脉冲期间,以稳态响应为主,即,$u_R \gg u_\text{O}$,从而有

$$u_\text{I} = u_R + u_\text{O} \approx u_R \qquad (4-5-3)$$

输出电压

$$u_\text{O} = L\frac{\mathrm{d}i_L}{\mathrm{d}t} = L\frac{\mathrm{d}}{\mathrm{d}t}\left(\frac{u_R}{R}\right) \approx \frac{L}{R}\frac{\mathrm{d}u_\text{I}}{\mathrm{d}t} \qquad (4-5-4)$$

实现了对输入电压的微分运算,该电路称为 $RL$ 微分电路。输入输出波形如图 4-5-6(b)、(c)所示。

## 4.5.2 积分电路

如图 4-5-7(a)所示 $RC$ 电路,输入信号为如图 4-5-7(b)所示脉冲序列,设电容具有的初始电压为输入脉冲电压均值,电路的输出电压取自电容 $C$。

若电路时间常数远大于输入脉冲序列周期,$\tau = RC \gg T$,电路在脉冲持续期间的瞬态过程衰减得很慢(与脉冲持续时间相比),因此,电路中以瞬态响应为主,即 $u_R \gg u_\text{O}$,从而有

$$u_\text{I} = u_R + u_\text{O} \approx u_R \qquad (4-5-5)$$

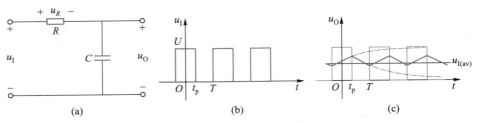

图 4-5-7 RC 积分电路

输出电压

$$u_O = \frac{1}{C}\int i_C dt = \frac{1}{C}\int \frac{u_R}{R}dt \approx \frac{1}{RC}\int u_I dt \qquad (4-5-6)$$

实现了对输入电压的积分运算,由于输出电压与输入电压的积分成正比,所以该电路称为 RC 积分电路,输出电压波形如图 4-5-7(c)所示。从波形上可以看出,积分电路将输入矩形脉冲转换成锯齿波输出,如果输入信号为对称方波,则输出为三角波。

注意,构成 RC 积分电路的条件是:

(1)时间常数远大于输入脉冲周期:$t = RC \gg T$,工程上一般要求 $t = RC \geqslant 3 \sim 5T$。

(2)输出电压是从电容端取出。

事实上,积分电路利用了一阶电路瞬态响应的指数曲线在较小区间(与时间常数相比)的等效线性特性,因此,脉冲持续时间与电路时间常数相比越短,输出积分曲线的线性越好,但输出锯齿波电压的幅度也越小,因此,输出幅度与线性是一对矛盾。

同样地,也可以利用 RL 一阶电路实现对输入信号的积分运算,如图 4-5-8 所示,电路的输出电压取自电阻 R。

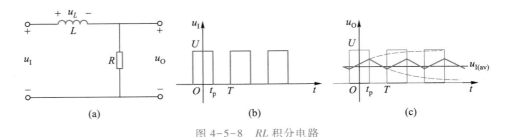

图 4-5-8 RL 积分电路

### 4.5.3 耦合电路

将图 4-5-7 所示的 RC 积分电路改由电阻端输出,如图 4-5-9 所示。

根据周期信号的谐波分解关系知道,输入脉冲序列包含直流分量(平均分量)、频率为 $nf = n/T$ 的正弦分量($n = 1, 2, \cdots$)

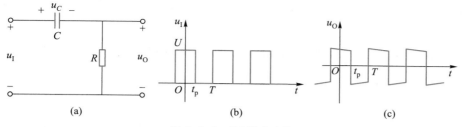

图 4-5-9 RC 耦合电路

$$u_I = \bar{u}_I + u_{I1} + u_{I2} + \cdots = \bar{u}_I + \sum_{n=1}^{\infty} \sqrt{2} U_{In} \sin\left(\frac{2\pi n}{T}t + \theta_n\right) \quad (4-5-7)$$

按照叠加定理,直流分量在输出端得到的响应为 0,而各次谐波输出为电阻电容串联电路在电阻两端的分压。若电路时间常数远大于输入脉冲序列的周期,$\tau = RC \gg T$,则对于第 $n$ 次谐波

$$RC \gg T \Rightarrow R \gg \frac{T}{C} \Rightarrow R \gg \frac{1}{2\pi nfC} = X_C \quad n=1,2,\cdots \quad (4-5-8)$$

因此

$$\dot{U}_{On} = \frac{j2\pi nfRC}{1 + j2\pi nfRC} U_{In} \approx \dot{U}_{In} \quad n=1,2,\cdots \quad (4-5-9)$$

$$\bar{u}_O = 0 \quad u_{On} \approx u_{In} = \sqrt{2} U_{In} \sin\left(\frac{2\pi n}{T}t + \theta_n\right) \quad n=1,2,\cdots$$
$$(4-5-10)$$

从而有

$$u_O = \bar{u}_O + \sum_{n=1}^{\infty} u_{On} \approx \sum_{n=1}^{\infty} \sqrt{2} U_{In} \sin\left(\frac{2\pi n}{T}t + \theta_n\right) = u_I - \bar{u}_I$$
$$(4-5-11)$$

输出电压波形如图 4-5-9(c)所示。从波形上可以看出,输出电压平均值(直流分量)为 0,而波形形状近似等于输入电压,即电路将输入信号中的直流分量隔离,交流分量几乎全部传输到输出端,实现了交流信号的有效耦合,所以该电路称为 RC 耦合电路。在电子技术的多级交流放大电路中,常使用 RC 耦合电路将前级的输出交流信号传输给下一级继续放大,而将反映各级放大电路静态工作点的直流分量互相隔离。

注意,构成 RC 耦合电路的条件是:

(1)时间常数远大于输入信号的周期:$\tau = RC \gg T$,工程上一般要求 $\tau = RC > 10T$。

(2)输出电压是从电阻端取出。

上面分析中也没有考虑电路输出端接负载后要求输出电流的情况,实际使用中,一般需将负载归并到电阻 $R$ 中,即电路中确定时间常数的电阻应包含负载电阻的影响。例如,多级交流放大电路的耦合中,电阻 $R$ 实际就是后级放大电路的输入电阻,耦合电路并不另接电阻。

同样道理,也可以构成 $RL$ 耦合电路,如图 4-5-10 所示。

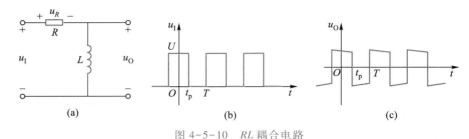

(a)  (b)  (c)

图 4-5-10  $RL$ 耦合电路

## 4.6  $RLC$ 串联电路的零输入响应

当电路中含有两个独立的储能元件时,根据电路基本定律列出的关于各个响应的电路方程为二阶微分方程,因此称为二阶电路。与一阶电路相比,二阶电路的分析要复杂得多。根据微分方程理论,二阶常微分方程的解按特征根的不同情况,分为四种不同的形式:过阻尼、临界阻尼、欠阻尼和无阻尼。下面,以最简单的 $RLC$ 串联电路为例,说明二阶电路瞬态响应的各种形式。

$RLC$ 串联电路是二阶电路中最简单的电路,考虑如图 4-6-1 所示的零输入 $RLC$ 串联电路。

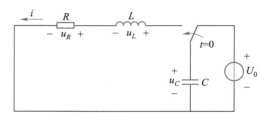

图 4-6-1  零输入 $RLC$ 串联电路

根据元件特性和基尔霍夫定律,写出换路后电路中各元件上电压电流的关系为

$$i = -C \frac{\mathrm{d}u_C}{\mathrm{d}t} \quad u_R = Ri = -RC \frac{\mathrm{d}u_C}{\mathrm{d}t} \quad u_L = L \frac{\mathrm{d}i}{\mathrm{d}t} = -LC \frac{\mathrm{d}^2 u_C}{\mathrm{d}t^2} \quad u_R + u_L - u_C = 0$$

因此,可得到电路关于响应的二阶微分方程(电路方程)为

$$LC \frac{\mathrm{d}^2 u_C}{\mathrm{d}t^2} + RC \frac{\mathrm{d}u_C}{\mathrm{d}t} + u_C = 0 \qquad (4-6-1)$$

$$LC \frac{\mathrm{d}^2 u_R}{\mathrm{d}t^2} + RC \frac{\mathrm{d}u_R}{\mathrm{d}t} + u_R = 0 \qquad (4-6-2)$$

$$LC \frac{\mathrm{d}^2 u_L}{\mathrm{d}t^2} + RC \frac{\mathrm{d}u_L}{\mathrm{d}t} + u_L = 0 \qquad (4-6-3)$$

$$LC \frac{\mathrm{d}^2 i}{\mathrm{d}t^2} + RC \frac{\mathrm{d}i}{\mathrm{d}t} + i = 0 \qquad (4-6-4)$$

它们都是线性二阶常系数微分方程,并且方程左边具有完全相同的形式。为方便起见,后面仅讨论电容电压响应。

由微分方程理论可知,方程式(4-6-1)通解(电路的自由响应)的形式将由其特征根确定,而通解的定解需有两个初始条件,在电路理论中,就是要由电路初始时刻的储能状态决定电路的自由响应,根据换路定律,图 4-6-1 所示电路的初始时刻电容电压为 $u_C(0^+) = U_0$,电感电流为 $i(0^+) = 0$。写出方程式(4-6-1)的特征方程如下

$$LCp^2 + RCp + 1 = 0 \qquad (4-6-5)$$

解方程得特征根

$$p_{1,2} = \frac{1}{2LC} \left[ -RC \pm \sqrt{(RC)^2 - 4LC} \right]$$

$$= -\frac{R}{2L} \pm \sqrt{\left(\frac{R}{2L}\right)^2 - \frac{1}{LC}}$$

$$= -\alpha \pm \sqrt{\alpha^2 - \omega_0^2} \qquad (4-6-6)$$

其中,$\alpha = \dfrac{R}{2L}$,$\omega_0 = \dfrac{1}{\sqrt{LC}}$ 均为正实数。

根据代数理论可知,特征根有四种可能的情况:(1)两个不相等的负实根;(2)一个二阶负实重根;(3)一对实部为负的共轭复根;(4)一对共轭虚数。

**一、过阻尼状态,非振荡衰减**

当 $\alpha > \omega_0$,即 $R^2 > 4L/C$ 时,特征方程具有两个不相等的实根

$$p_1 = -\alpha + \sqrt{\alpha^2 - \omega_0^2} \qquad p_2 = -\alpha - \sqrt{\alpha^2 - \omega_0^2}$$

电路自由响应可以表达为

$$u_C(t) = U_1 \mathrm{e}^{p_1 \cdot t} + U_2 \mathrm{e}^{p_2 \cdot t} \qquad (4-6-7)$$

下面由初始条件确定上式中的待定常数

$$u_C(0^+) = U_1 + U_2 = U_0$$

$$i(0^+) = -C \frac{\mathrm{d}u_C(0^+)}{\mathrm{d}i} = -C(U_1 p_1 + U_2 p_2) = 0$$

解以上两个方程得

$$U_1 = \frac{p_2}{p_2 - p_1}U_0 = \frac{\alpha + \sqrt{\alpha^2 - \omega_0^2}}{2\sqrt{\alpha^2 - \omega_0^2}}U_0$$

$$U_2 = -\frac{p_1}{p_2 - p_1}U_0 = -\frac{\alpha - \sqrt{\alpha^2 - \omega_0^2}}{2\sqrt{\alpha^2 - \omega_0^2}}U_0$$

将 $U_1$、$U_2$ 代入式（4-6-7）得

$$u_C(t) = \frac{U_0}{p_2 - p_1}(p_2 e^{p_1 \cdot t} - p_1 e^{p_2 \cdot t})$$

$$= \frac{\alpha + \sqrt{\alpha^2 - \omega_0^2}}{2\sqrt{\alpha^2 - \omega_0^2}}U_0 e^{-(\alpha - \sqrt{\alpha^2 - \omega_0^2})t} - \frac{\alpha - \sqrt{\alpha^2 - \omega_0^2}}{2\sqrt{\alpha^2 - \omega_0^2}}U_0 e^{-(\alpha + \sqrt{\alpha^2 - \omega_0^2})t}$$

过阻尼响应曲线如图 4-6-2 所示，响应由两个随时间衰减的指数函数项叠加而成。图中同时给出了回路电流和电感电压波形。

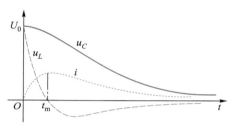

图 4-6-2　过阻尼响应曲线

从图 4-6-2 中可以看到，$u_C$、$i$ 全部位于横坐标之上，始终不改变方向，表明电容在整个电路中一直释放存储的电能，因此称为非振荡放电，又称为过阻尼放电。$t = 0^+$ 时，$i(0^+) = 0$，而 $t \to \infty$ 时，电路中放电过程结束 $i(\infty) = 0$，所以在放电过程中电流必然经历从小到大再趋于零的变化。电流达到最大值的时刻 $t_m$ 可由 $\mathrm{d}i/\mathrm{d}t = 0$ 确定

$$t_m = \frac{\ln p_2 - \ln p_1}{p_1 - p_2} = \frac{1}{2\sqrt{\alpha^2 - \omega_0^2}}\ln\frac{-\alpha - \sqrt{\alpha^2 - \omega_0^2}}{-\alpha + \sqrt{\alpha^2 - \omega_0^2}}$$

$t < t_m$ 时，电感从电容处吸收能量，建立磁场，将电容释放的电场能量转化为磁场储能；$t > t_m$ 时，电感也开始释放能量，磁场逐渐衰减，趋向消失。$t = t_m$ 时，磁场储能达到最大值，正是电感电压由正向负转换的时刻（过零点）。

**二、欠阻尼状态，振荡衰减**

当 $\alpha < \omega_0$，即 $R^2 < 4L/C$ 时，特征方程具有一对共轭复根

$$p_{1,2} = -\alpha \pm \mathrm{j}\omega_d$$

$$\alpha = \frac{R}{2L}$$

$$\omega_{\mathrm{d}} = \sqrt{\omega_0^2 - \alpha^2} = \sqrt{\frac{1}{LC} - \left(\frac{R}{2L}\right)^2}$$

电路自由响应可以表达为

$$u_C(t) = U\mathrm{e}^{-\alpha \cdot t}\sin(\omega_{\mathrm{d}}t + \beta) \qquad (4-6-8)$$

待定常数 $U$ 和 $\beta$ 由初始条件确定

$$u_C(0^+) = U\sin\beta = U_0$$

$$i(0^+) = -C\frac{\mathrm{d}u_C(0^+)}{\mathrm{d}t} = -C(-\alpha U\sin\beta + \omega_{\mathrm{d}}U\cos\beta) = 0$$

解上述方程得

$$U = \frac{\omega_0}{\omega_{\mathrm{d}}}U_0 \qquad \beta = \arctan\left(\frac{\omega_{\mathrm{d}}}{\alpha}\right) \qquad (4-6-9)$$

因此

$$u_C(t) = \frac{\omega_0}{\omega_{\mathrm{d}}}U_0\mathrm{e}^{-\alpha t}\sin\left[\omega_{\mathrm{d}}t + \arctan\left(\frac{\omega_{\mathrm{d}}}{\alpha}\right)\right] \qquad (4-6-10)$$

$$i(t) = -C\frac{\mathrm{d}u_C}{\mathrm{d}t} = \frac{1}{\omega_{\mathrm{d}}L}U_0\mathrm{e}^{-\alpha t}\sin(\omega_{\mathrm{d}}t) \qquad (4-6-11)$$

$$u_L(t) = L\frac{\mathrm{d}i}{\mathrm{d}t} = -\frac{\omega_0}{\omega_{\mathrm{d}}}U_0\mathrm{e}^{-\alpha t}\sin\left[\omega_{\mathrm{d}}t - \arctan\left(\frac{\omega_{\mathrm{d}}}{\alpha}\right)\right] \qquad (4-6-12)$$

欠阻尼响应曲线如图 4-6-3 所示。

所有响应均为振幅按指数 $\mathrm{e}^{-\alpha t}$ 衰减，角频率为 $\omega_{\mathrm{d}}$ 的正弦函数。从波形看到，电路响应呈现衰减振荡的状态，在整个过程中，电路响应将周期地改变方向，储能元件也将周期性地交换能量，形成振荡。在振荡的过程中，由于电阻不断地在消耗能量，因此回路中所储能量逐渐减少，电容两端电压和回路（电感）中电流的幅值不断衰减直到为零，这种情况称为欠阻尼情况。

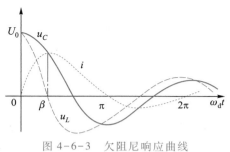

图 4-6-3 欠阻尼响应曲线

（1）$\omega_{\mathrm{d}}t = k\pi$，$k = 0, 1, 2, \cdots$ 为电流 $i$ 的过零点，也是 $u_C$ 的极值点。

（2）$\omega_{\mathrm{d}}t = k\pi + \beta$，$k = 0, 1, 2, \cdots$ 为电感电压 $u_L$ 的过零点，也是 $i$ 的极值点。

（3）$\omega_{\mathrm{d}}t = k\pi - \beta$，$k = 0, 1, 2, \cdots$ 为电容电压 $u_C$ 的过零点。

在一个周期中，欠阻尼状态能量交换情况如表 4-6-1 所示。

表 4-6-1　欠阻尼状态能量交换情况

| 元件 | $0<\omega_d t<\beta$ | $\beta<\omega_d t<\pi-\beta$ | $\pi-\beta<\omega_d t<\pi$ | $\pi<\omega_d t<\pi+\beta$ | $\pi+\beta<\omega_d t<2\pi-\beta$ | $2\pi-\beta<\omega_d t<2\pi$ |
|---|---|---|---|---|---|---|
| 电容 | 释放 | 释放 | 吸收 | 释放 | 释放 | 吸收 |
| 电感 | 吸收 | 释放 | 释放 | 吸收 | 释放 | 释放 |
| 电阻 | 消耗 | 消耗 | 消耗 | 消耗 | 消耗 | 消耗 |

　　欠阻尼状态回路电阻 $R$ 较小,耗能慢,电容释放出的电场能除少量为电阻消耗外,大部分随着放电电流的增加而转换为电感储能;电感释放磁场能量除少量为电阻消耗外,大部分又随着电容反向充电而转换为电容储能,如此循环往复,这种振荡现象称为电磁振荡。衰减系数 $\alpha$ 越大,振幅衰减越快;衰减振荡角频率 $\omega_d$ 越大,振荡越快。

　　欠阻尼的极限情况是电路中无损耗,即 $R=0$,称为无阻尼状态,这时特征根为一对共轭虚数

$$\alpha = \frac{R}{2L} = 0, \quad \omega_d = \sqrt{\omega_0^2 - \alpha^2} = \omega_0 = \frac{1}{\sqrt{LC}}$$

$$p_{1,2} = \pm j\omega_0$$

由式(4-6-10)、式(4-6-11)可得

$$u_C(t) = U_0 \cos(\omega_0 t)$$

$$i(t) = \frac{U_0}{\omega_0 L} \sin(\omega_0 t) \qquad (4-6-13)$$

电路响应为等幅正弦振荡,振荡角频率为 $\omega_0$,称为谐振角频率。$u_C$ 和 $i$ 正交,两者相位差为 90°。当 $u_C$ 达到峰值时,$i$ 为零;而当 $i$ 达到峰值时,$u_C$ 为零。这表明电容储能和电感储能相互转换,由于电路无损耗,储能永远不会消失,振荡一直维持下去。

### 三、临界阻尼状态

　　当 $\alpha = \omega_0$,即 $R^2 = 4L/C$ 时,特征方程具有一个负的二阶实重根

$$p_1 = p_2 = -\alpha = -\frac{R}{2L}$$

根据微分方程理论,电路自由响应可以表达为

$$u_C(t) = (A + Bt) \cdot e^{-\alpha \cdot t} \qquad (4-6-14)$$

待定常数 $A$ 和 $B$ 由初始条件确定

$$u_C(0^+) = A = U_0$$

$$i(0^+) = -C \frac{\mathrm{d}u_C(0^+)}{\mathrm{d}t} = -C(-\alpha A + B) = 0$$

解上述方程得

$$A = U_0 \qquad B = \alpha U_0$$

因此

$$u_C(t) = U_0(1 + \alpha t)\mathrm{e}^{-\alpha t} \qquad\qquad (4-6-15)$$

$$i(t) = -C\frac{\mathrm{d}u_C}{\mathrm{d}t} = \frac{U_0}{L}t\mathrm{e}^{-\alpha t} \qquad\qquad (4-6-16)$$

$$u_L(t) = L\frac{\mathrm{d}i}{\mathrm{d}t} = U_0(1 - \alpha t)\mathrm{e}^{-\alpha t} \qquad\qquad (4-6-17)$$

由式(4-6-15)~式(4-6-17)可见,电路的响应仍然是非振荡性的,响应波形与图4-6-2相似,是振荡与非振荡过程的分界线,所以,$R = 2\sqrt{L/C}$时的电路称为临界阻尼状态,只要再减小阻尼电阻值,响应将为振荡性的。

综上所述,电路的瞬态响应形状与特征根有关,含有动态元件电路(动态电路)的特征根,也称电路的固有频率,是电路的一种重要参数,它由电路结构与元件参数决定,固有频率性质决定响应的函数形式。固有频率的实部(也称衰减系数)表征响应幅度按指数规律衰减的快慢,固有频率的虚部(也称衰减振荡角频率)表征响应振荡的快慢。固有频率可以是实数、复数或纯虚数,相应的电路响应为非振荡过程、衰减振荡过程或等幅振荡过程。

## 本章主要概念与重要公式

### 一、主要概念

(1)电路的瞬态过程

由于换路,电路从一种稳定状态向另一种稳定状态过渡的过程。

(2)电路产生过渡过程的必要条件

① 工作条件发生变化(如电路的连接方式改变或电路元件参数改变);

② 电路中必须含有储能元件(电感或电容),并且当电路工作条件改变时,它们的储能状态发生变化。

(3)换路定律

在电路换路的瞬间,若电容的电流有限,则电容两端电压不能突变;若电感两端电压有限,则流过电感的电流不能突变。

(4)零状态响应:换路后电路中储能元件无初始储能,仅由激励电源维持的响应。

(5)零输入响应:换路后电路中无独立电源,仅由储能元件初始储能维持的响应。

(6)全响应:换路后,电路中既存在独立的激励电源,储能元件又有初始储能,它们共同维持的响应。

(7)直流激励一阶线性电路瞬态过程分析的三要素法

不列写和求解微分方程,只根据由电路结构和参数决定的三个基本要素——时间常数、稳态响应值、初始响应值,直接写出电路的瞬态响应表达式。

（8）RC 微分电路

电路的时间常数远小于输入脉冲宽度,输出电压取自电阻 R。

（9）RL 微分电路

电路的时间常数远小于输入脉冲宽度,输出电压取自电感 L。

（10）RC 积分电路

电路的时间常数远大于输入脉冲宽度,输出电压取自电容 C。

（11）RL 积分电路

电路的时间常数远大于输入脉冲宽度,输出电压取自电阻 R。

（12）耦合电路

电路时间常数远大于信号周期,输出电压取自 RC 电路的 R 或 RL 电路的 L。

**二、重要公式**

（1）换路定律

$$u_C(t_0^+) = u_C(t_0^-) \qquad i_L(t_0^+) = i_L(t_0^-)$$

（2）一阶电路的时间常数

$$\tau = RC \quad \text{或} \quad \tau = \frac{L}{R}$$

（3）直流激励一阶线性电路瞬态过程分析的三要素法

$$u(t) = u(\infty) + [u(t_0^+) - u(\infty)] \, e^{-\frac{t-t_0}{\tau}}$$
$$i(t) = i(\infty) + [i(t_0^+) - i(\infty)] \, e^{-\frac{t-t_0}{\tau}} \qquad t \geq t_0$$

**思考题与习题**

E4-1　电路如题图 E4-1 所示,已知,$U_s = 10$ V,$R_1 = 5 \, \Omega$,$R_2 = 5 \, \Omega$,求:

（1）开关 S 闭合瞬间的各电流值(S 闭合前电路处于稳态);

（2）开关 S 闭合后电路达到稳态时的各电流值。

E4-2　电路如题图 E4-2 所示,$U_s = 2$ V,$R = 10 \, \Omega$,$u_C(0^-) = 0$,$i_L(0^-) = 0$,S 在 $t = 0$ 时刻合上,求:

（1）S 合上的瞬间 $i$、$i_L$、$i_C$、$u_C$ 的值;

（2）S 合上经过足够长时间后 $i$、$i_L$、$i_C$、$u_C$ 的值。

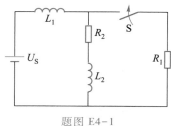

题图 E4-1

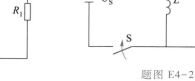

题图 E4-2

E4-3　电路如题图 E4-3 所示,已知 $U_S = 10$ V,$R_1 = 2$ Ω,$R_2 = 1$ Ω,$L = 1$ H,$C = 0.5$ F。

(1) S 合上的瞬间,$i_1(0^+)$、$i_2(0^+)$、$i_3(0^+)$、$i_4(0^+)$、$u_{ab}(0^+)$、$u_{bc}(0^+)$ 各等于多少?

(2) S 合上经过足够长时间后,$i_1(\infty)$、$i_2(\infty)$、$i_3(\infty)$、$i_4(\infty)$、$u_{ab}(\infty)$、$u_{bc}(\infty)$ 各等于多少?

(3) 电路稳定后又断开 S,在断开瞬间上述各值又等于多少?

E4-4　电路如题图 E4-4 所示,开关 S 在 $t = 0$ 时合上,试求:

(1) S 闭合瞬间各支路的电流和各元件上的电压;

(2) 电路达到新的稳定状态后各支路电流和各元件上的电压。

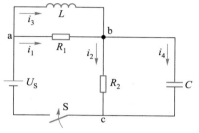

题图 E4-3

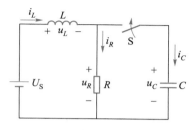

题图 E4-4

E4-5　电路如题图 E4-5 所示,已知 $U_s = 16$ V,$R_0 = 10$ Ω,$R = 15$ Ω,$R_1 = 4$ Ω,$R_2 = 6$ Ω,$L_1 = 0.25$ H,$L_2 = 0.4$ H,当电路稳定后,突然合上开关 S,求此瞬间各支路的电流。

E4-6　电路如题图 E4-6 所示,已知 $U_s = 12$ V,$R_0 = 12$ Ω,$R = 100$ Ω,$L = 0.3$ H,当电路稳定后,突然将开关 S 打开,求此瞬间电阻 $R$ 两端的感应电压。

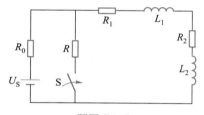

题图 E4-5

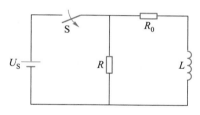

题图 E4-6

E4-7　电路如题图 E4-7 所示,开关 S 原来在位置 1,在 $t = 0$ 瞬间换接到位置 2,试求 $u_C(t)$ 及 $i_C(t)$,并绘出其曲线。

E4-8　电路如题图 E4-8 所示,已知 $U = 10$ V,$R_1 = 8$ kΩ,$R_2 = 4$ kΩ,$R_3 = 4$ kΩ,$C = 10$ μF。

(1) 当 $t = 0$ 时 S 闭合,求 $u_C(t)$ 及 $i_C(t)$ 的变化规律;

(2) 绘出其变化规律曲线图。

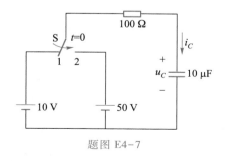

题图 E4-7

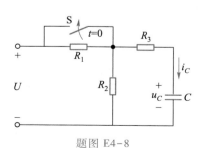

题图 E4-8

175

E4-9　电路如题图 E4-9 所示,已知:$R_1 = R_2 = R_3 = 100\ \Omega, u_C(0^-) = 0, C = 100\ \text{mF}, U = 100\ \text{V}$。求:S 闭合瞬间 $i_1 \ 、 i_2 \ 、 i_3$ 的值。

E4-10　电路如题图 E4-10 所示,已知:$R_1 = 8\ \Omega, R_2 = 12\ \Omega, L = 0.6\ \text{H}, U = 220\ \text{V}$。S 闭合后经过多少时间电流 $i$ 才达到 15 A?

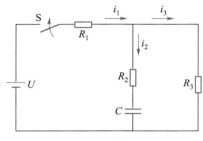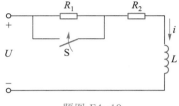

题图 E4-9　　　　　　　　　　　　　　　题图 E4-10

E4-11　电路如题图 E4-11 所示,在 $t = 0$ 时,S 打开,在 $t = 0.1\ \text{s}$ 时测得 $i_L(0.1\ \text{s}) = 0.5\ \text{A}$,求电流源电流 $I_S$。

E4-12　电路如题图 E4-12 所示,电容 $C$ 无初始储能,开关 S 在 $t = 0$ 时打开,求 $u_0(t)$。

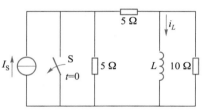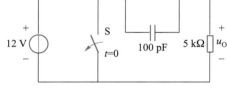

题图 E4-11　　　　　　　　　　　　　　　题图 E4-12

E4-13　题图 E4-13 所示电路中,已知,$U = 10\ \text{V}, R_1 = R_2 = 4\ \text{k}\Omega, R_3 = 3\ \text{k}\Omega, C = 10\ \mu\text{F}$,开关 S 在 $t = 0$ 时刻断开,求开关断开后的 $i_1 \ 、 i_2 \ 、 i_C$。

E4-14　题图 E4-14 所示电路中,已知:$U = 27\ \text{V}, R_1 = 60\ \text{k}\Omega, R_2 = 30\ \text{k}\Omega, R_3 = 10\ \text{k}\Omega, R_4 = 60\ \text{k}\Omega, C = 5\ \mu\text{F}$,开关 S 在 $t = 0$ 时刻合上,求开关合上后的 $i_1 \ i_2 \ i_C$。

E4-15　电路如题图 E4-15 所示,已知:$U = 12\ \text{V}, R_1 = 1\ \Omega, R_2 = 2\ \Omega, L = 0.6\ \text{H}, t = 0$ 时,开关 $S_1$ 闭合;$t = 0.1\ \text{s}$ 时,开关 $S_2$ 闭合,求 $i_L(t)$。

E4-16　电路如题图 E4-16 所示,已知:$U = 100\ \text{V}, R_1 = 25\ \Omega, R_2 = 25\ \Omega, L = 12.5\ \text{H}$,电感线圈无初始电流。在 $t = 0$ 瞬间合上开关 S,经 2 s 后再断开开关 S,求电流 $i_L(t)$ 及 $i_2(t)$。

E4-17　电路如题图 E4-17(a) 所示,已知 $RC = 0.5\ \text{s}, u_C(0^-) = 0$,输入电压波形如题图 E4-17(b) 所示。试求电容电压 $u_C$。

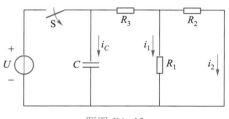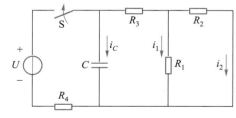

题图 E4-13　　　　　　　　　　　　　　　题图 E4-14

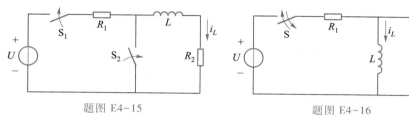

题图 E4-15                  题图 E4-16

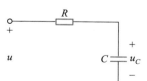

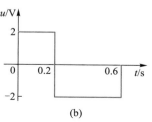

(a)                              (b)

题图 E4-17

E4-18 电路如题图 E4-18(a)所示，$R_1 = R_2 = R_3 = 2 \ \Omega$，$L = 2$ H，$i_L(0^-) = 0$，电压 $u_1$ 的波形如题图 E4-18(b)所示，求 $u_1$ 的作用下的电流 $i_L(t)$，并画出波形图。

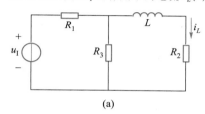

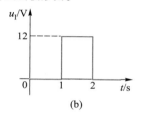

(a)                              (b)

题图 E4-18

E4-19 电路如题图 E4-19 所示，设：$u_C(0^-) = 0$，$i(0^-) = 1$ mA，$R = 3$ k$\Omega$，$L = 0.01$ H，$C = 0.01 \ \mu$F。求 $u_C(t)$ 和 $i(t)$。

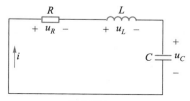

题图 E4-19

E4-20 电路如题图 E4-19 所示，$u_C(0^-) = 1$ V，$i(0^-) = 1$ mA，$R = 1$ k$\Omega$，$L = 0.01$ H，$C = 0.01 \ \mu$F。求 $u_C(t)$ 和 $i(t)$。

# 第5章  半导体器件基础与二极管电路

第 5 章 . PPT

半导体器件的出现改变了电子电路的组成格局,从 20 世纪 60 年代开始,半导体器件逐步取代真空管器件,在电子电路中占据绝对主导地位。

本章首先介绍半导体器件的基础知识,阐述 PN 结的单向导电原理,然后着重介绍半导体二极管器件的外部特性和主要参数,为正确使用器件打下基础,最后介绍几种常用的二极管应用电路。

## 5.1  半导体二极管的工作原理与特性

### 5.1.1  PN 结及其单向导电性

**一、半导体的导电特性**

金属导体原子外层电子极易挣脱原子核的束缚成为自由电子,构成大量导电载流子,从而使得金属导体具有很好的导电能力。绝缘体原子最外层的价电子被原子核束缚得很紧,极难成为自由电子,所以不易导电。而半导体原子最外层的价电子处于半自由状态,因而其导电性能介于导体和绝缘体之间。半导体的导电性能具有两个特点:

(1)导电能力受环境因素影响大

与金属导体不同,半导体中存在两种导电的载流粒子(简称载流子),即自由电子和空穴,而一般金属导体只有自由电子载流子。半导体中两种载流子的浓度直接控制着其导电能力,但是,半导体中载流子浓度受外界因素影响很大。在纯净半导体的晶体结构中,共价键结构使其最外层的价电子处于较为稳定的状态,每一个原子的一个价电子与另一晶格上相邻原子的一个价电子组成的电子对,形成共价键,这对价电子是每两个相邻原子共有的,它们把相邻的原子结合在一起,如图 5-1-1 所示。但在共价键中的价电子不像在绝缘体中的价电子那样被束缚得很紧,其在获得一定能量(温度增高或受到光照)后,即可挣脱原子核的束缚(称为电子受到激发),成为自由电子,自由电子能够在晶格中移动,形成导电能力。同时在共价键中留下一个电子的空位,称为空穴。空穴所在的原子是带正电的。它能吸引邻近原子共价键中的价电子来填补这个空穴,这时相当于空穴从一个原子内移到另一个原子内,这个过程继续下去,就像带正电的粒子在运动,所以空穴也是一种载流子,如图 5-1-2 所示。半导体晶体中的自由电子和空穴是成对出现的,也称电子-空穴对。自由电子在运动中,如果同空穴相遇,可能与空穴结合(又称复合),重新组成共价键。电子-空穴对在既产生又复合的过程中维持一定的浓度。温度越高,价电子获得的能量越大,越容易产生电子-空穴对,载流子数量就越多,导电性能会越好。所以外界因素特别是温度,对半导体的导电能力(半导体器件的性能)影响很大。利用这些特性可以做成各种热敏元件和光电元件。

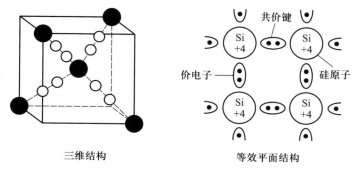

三维结构　　　　　　　　等效平面结构

图 5-1-1　半导体硅原子间的共价键结构

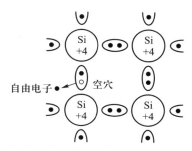

图 5-1-2　空穴与自由电子的形成

（2）导电能力可控

在纯净的半导体中,掺入极微量的有用杂质后(简称掺杂),其导电能力可以增加几十万乃至几百万倍。如室温下,在纯硅中掺入百万分之一的硼后,可以使硅的导电能力提高五十万倍。可见控制掺杂的多少,就可以控制半导体导电能力的强弱。其原因是掺杂后,能改变半导体内载流子的浓度。如在四价元素硅(或锗)中掺入三价元素硼,硼原子只有三个价电子,在硼原子(B)与周围四个硅原子(Si)组成的共价键结构中,因缺少一个价电子而出现一个空穴(如图 5-1-3 所示),从而使空穴载流子的数目随着硼元素的掺入大大增加。若在硅(或锗)中,掺入五价元素磷,同样,在与硅原子组成共价键结构时,就会产生多余的价电子,极易成为自由电子(如图 5-1-4 所示),自由电子载流子的数目随着磷元素的掺入大大增加。无论是空穴还是自由电子载流子浓度的增加,都将使半导体的导电能力增加。

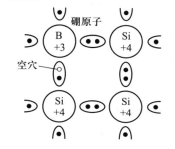

图 5-1-3　硅晶体中掺硼出现空穴

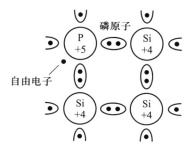

图 5-1-4　硅晶体中掺磷出现自由电子

随着半导体中三价杂质的掺入,空穴载流子成为多数载流子,空穴导电成为这种半导体导电的主要方式,将这种半导体称为空穴半导体,又称 P 型半导体。在 P 型半导体中,多数载流子是空穴,自由电子是少数载流子。若在半导体中掺入五价杂质,则自由电子成为多数载流子,这种半导体就称为电子半导体,又称 N 型半导体。N 型半导体中,自由电子是多数载流子,而空穴是少数载流子。无论是 P 型半导体还是 N 型半导体,虽然它们都有一种载流子占多数,但整个半导体仍然是电中性的。

在掺杂半导体中,多数载流子的浓度主要取决于掺杂浓度,而少数载流子浓度则是由本征激发产生的,随着温度的升高和光照的增强而增大。可以通过掺杂控制半导体的导电能力,各种不同用途的半导体器件均是利用这一特性做成的。

**二、PN 结的形成及其单向导电性**

P 型或 N 型半导体的导电能力虽然有很大提高,但并不能直接用来制造半导体器件。如果在一块晶片上,采用一定的掺杂工艺措施,在两边分别形成 P 型和 N 型半导体,可在交界面形成 PN 结,PN 结是构成各种半导体器件的基础。

1. PN 结的形成

图 5-1-5 是在同一片半导体基片上,分别制造 P 型半导体和 N 型半导体。在 P 型半导体一侧,空穴浓度较高,而在 N 型半导体一侧,自由电子浓度较高,界面处存在载流子浓度梯度,形成多数载流子向对侧的扩散运动,界面附近载流子不断复合,在 P 区靠近界面处,由于多数载流子空穴的扩散和复合,留下带负电的三价杂质离子(不能移动),形成空间负电荷区,同样,在 N 区靠近界面处,也由于多数载流子自由电子的扩散和复合,留下带正电的五价杂质离子(不能移动),形成空间正电荷区,从而建立起由 N 区指向 P 区的内建电场,这个内建电场阻止多数载流子扩散的进一步进行。另一方面,对进入内建电场空间电荷区的少数载流子,内建电场又将其驱动到对侧形成少数载流子的漂移运动。在一定温度下,如果无外界电场的作用,多数载流子的扩散运动(受内建电场阻止)和少数载流子的漂移运动(受内建电场驱动)将达到动态平衡,空间电荷区的宽度基本稳定,形成稳定的空间电荷区,即 PN 结。这时载流子的扩散等于漂移,但方向相反,PN 结中没有净电荷流动。空间电荷区也称耗尽区(把载流子消耗尽),或称阻挡层(阻挡多数载流子向对侧扩散)。

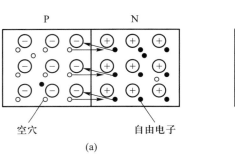
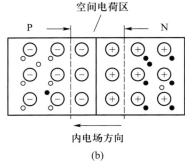

图 5-1-5　PN 结的形成

2. PN 结的单向导电性

没有外界电场作用时,PN 结处于动态平衡状态,载流子的扩散与漂移量相同而方向相反,宏观上无净电流流过。

如果给 PN 结外加正向电压,即外加电压正端接 P 区,负端接 N 区,外加电场方向与内电场方向相反,内电场受到削弱。如图 5-1-6 所示,由于外加电压的正端接 P 区,将驱使 P 区的空穴进入空间电荷区,抵消部分负空间电荷区;同时这种现象也发生在 N 区,N 区的自由电子受外加电压负端的驱使进入空间电荷区,也抵消了部分正空间电荷区,使整个空间电荷区变窄,多数载流子易于通过,形成了较大的扩散电流。当外加电压大于 PN 结内建电场产生的 PN 结电压时,由于外加电源不断向 PN 结提供电荷,扩散电流(又称正向电流)得以继续,因而产生导电现象。这时 PN 结处于低阻状态,又称导通状态。

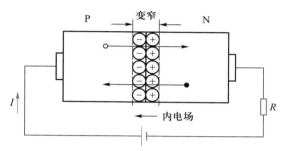

图 5-1-6 PN 结加正向电压

如果 PN 结外加反向电压,即外加电压正端接 N 区,负端接 P 区,这时外加电场方向与内电场方向相同,内电场受到增强。如图 5-1-7 所示,这时外加电压对空间电荷区两侧 N 区的自由电子和 P 区的空穴均有吸引力,自由电子和空穴的移走使整个空间电荷区加宽,多数载流子更难通过,因而不能导电。但另一方面,内建电场的增强却加强了少数载流子的漂移运动,N 区的空穴和 P 区的自由电子越过 PN 结,在电路中形成漂移电流(又称反向电流)。但由于少数载流子的数量很少,因而反向电流很小,此时 PN 结呈现高阻状态,又称截止状态。少数载流子的多少,影响着反向电流的大小,而温度又是影响少数载流子浓度的主要因素,因此温度越高,反向电流越大。

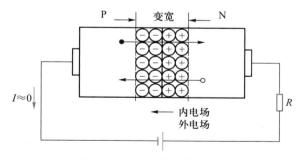

图 5-1-7 PN 结加反向电压

从上面分析可见,外加正向电压时,PN 结导通,电流从 P 区流向 N 区;外加反向电压时,PN 结截止,几乎没有电流流过。这种只有一个方向导电的现象称为 PN 结的单向导电性。

### ·5.1.2　二极管的基本结构

　　将 PN 结封装并接出两个外接端,就构成了二极管器件。P 区引出端称为阳极(正极),N 区引出端称为阴极(负极),二极管图形符号如图 5-1-8 所示。符号中的箭头方向是二极管导通时电流的流动方向。根据 PN 结的单向导电性,二极管只有当阳极电位高于阴极电位时,才能按图形符号中的箭头方向导通电流。为防止使用时极性接错,管壳上标有图形符号或色点,有色点端为正极。如果二极管极性接错,不仅会造成电路无法正常工作,有时还会烧坏二极管及电路中其他元件,使用中必须注意这个问题。

图 5-1-8　二极管
图形符号

　　在锗半导体上形成 PN 结的二极管称为锗二极管,简称锗管;在硅半导体上形成 PN 结的二极管称为硅二极管,简称硅管。由于材料不同,两者 PN 结导通电压也不同。

　　按结构的不同,二极管又分为点接触型和面接触型两类,如图 5-1-9 所示。点接触型多为锗管,其 PN 结面积小,不能通过大电流,但高频性能好;面接触型多为硅管,其 PN 结面积大,能通过大电流,一般用作整流。

(a) 点接触型　　　　　　　　　　(b) 面接触型

图 5-1-9　点接触型和面接触型二极管

### ·5.1.3　二极管的伏安特性及主要参数

**一、二极管的伏安特性曲线**

二极管的伏安特性曲线如图 5-1-10 所示,可分为三段。

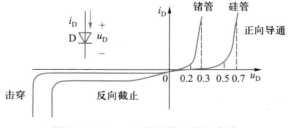

图 5-1-10　二极管的伏安特性曲线

1. 正向特性

　　外加正向电压时,在正向特性的起始部分,正向电压很小,不足以克服 PN 结内建电场的阻挡作用,正向电流几乎为零,这一段称为"死区"。这个不能使二极管导通的正向电压称为死区电压。锗管的死区电压约为 0.2 V,硅管约为 0.5 V。当正向电压大于死区电压之后,PN 结内建电场被克服,二极管开始导电,根据半导体物理,二极管电流与端电压的关系符合下列指数关系

$$i_D = I_{SS}(e^{\frac{u_D}{U_T}} - 1) \qquad (5-1-1)$$

其中,$I_{SS}$ 称为反向饱和电流,与半导体材料和 PN 结面积有关,$U_T = \dfrac{kT}{q}$ 称为温度电压当量,$k$ 为玻耳兹曼常数($1.38 \times 10^{-23}$ J/K),$T$ 为热力学温度,$q$ 为电子电荷量($1.6 \times 10^{-19}$ C),室温(27 ℃)时 $U_T \approx 25.8$ mV。

当 $u_D \gg U_T$ 时,电流随电压增大而迅速上升。在正常使用的电流范围内,导通时二极管的端电压几乎维持不变,这个电压称为二极管的正向电压,锗管的正向电压约为 0.3 V,硅管的正向电压约为 0.7 V。此时,称二极管处于正向导通状态。

**2. 反向特性**

外加反向电压不超过一定范围时,通过二极管的电流是少数载流子漂移运动所形成的反向电流,即式(5-1-1)中的 $I_{SS}$,这个反向电流又称为反向饱和电流或漏电流,二极管反向饱和电流受温度影响很大。硅材料二极管的反向饱和电流较小,约为微安级,而锗材料二极管的反向饱和电流较大,比硅管大 1~2 个数量级。二极管的反向电流很小,一般可以忽略,此时称二极管处于反向截止状态。

**3. 击穿特性**

当外加反向电压超过某一数值时,反向电流会突然增大,这种现象称为电击穿。引起电击穿的临界电压称为二极管反向击穿电压。电击穿时二极管失去单向导电性。如果二极管没有因电击穿而引起过热,则单向导电性不一定会被永久破坏,在撤除外加电压后,其性能仍可恢复。但如果电击穿后,由于电流过大引起热击穿,原来的性能便不能再恢复,二极管就损坏了。因而使用时应避免二极管外加的反向电压过高。

**二、二极管的电路模型**

从二极管的特性可以看出,二极管是一个非线性器件,在电路理论中,对于非线性器件,常常通过对其特性进行线性化近似,从而构建非线性器件的线性化模型。将非线性器件特性线性化的方法一般有两类。

第一类称为逐段线性化,适用于非线性特性呈现为若干段近似直线的情况,分别针对特定的工作范围建立线性化模型。

第二类称为微分线性化,适用于工作信号变化很小的情况,首先确定非线性器件静态工作点(直流状态),然后以该点特性曲线的切线代替器件的特性建立小信号(微变)线性化模型,在第 6 章将用这种线性化方法分析晶体管放大器。

下面用逐段线性化方法对二极管伏安特性进行线性化,进而得到体现二极管主要特性的电路模型。

**1. 理想二极管电路模型**

将二极管看成是一个由其端电压 $u_D$ 控制的自动开关,并忽略二极管的死区电压、正向电压、反向电流等,把它们当零值处理。即当 $u_D \geqslant 0$ 时,二极管导通,相当于开关闭合,并且开关电压为零;当 $u_D < 0$ 时,二极管截止,相当于开关断开,并且漏电流为零。理想二极管伏安特性及电路模型如图 5-1-11(a)所示。

**2. 考虑正向电压的二极管电路模型**

仍将二极管看成是一个由其端电压 $u_D$ 控制的自动开关,但不忽略死区电压和正向电压,并把死区电压看成等于正向电压 $U_D$,仍忽略反向电流,把它看成零值。这时二极管的电路模型相当于一个理想开关串联一个电压源 $U_D$。当 $u_D \geqslant U_D$ 时,二极管导通,相当于开关闭合,二极管的端电压恒等于正向电压 $U_D$;当 $u_D < U_D$ 时,二极管截止,相当于开关断开。其伏安特性及电路模型如图 5-1-11(b)所示。

**3. 考虑正向伏安特性曲线斜率的电路模型**

以动态电阻 $r_D = \dfrac{\Delta u_D}{\Delta i_D}$ 表示曲线的斜率,$r_D$ 的值随二极管工作点 $Q$(二极管工作时所流过的电流及两端电压,对应于特性曲线上的一个点)变化而变化。其伏安特性及电路模型如图 5-1-11(c)所示。

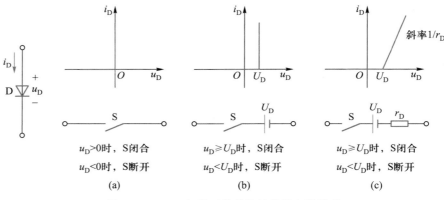

图 5-1-11　二极管逐段线性特性及电路模型

### 三、二极管的主要参数

为了正确、安全使用二极管,必须知道二极管的技术参数,描述二极管工作的技术参数很多(视采用的元件模型精确程度而定),实际工作中使用的主要技术参数如下。

(1)最大整流电流 $I_{OM}$

二极管长时间安全工作所允许流过的最大正向平均电流,其由 PN 结面积和散热条件决定。如果二极管工作时平均电流大于最大整流电流,则二极管可能会因过热而损坏。

(2)反向工作峰值电压 $U_{RWM}$

为保证二极管不被反向击穿而规定的最大反向工作电压。其一般为反向击穿电压的一半或三分之二,以保证二极管使用时有一定安全裕度。

（3）反向电流 $I_R$

二极管加反向电压（反向偏置）且未被击穿时，流过二极管的是反向电流，二极管的反向电流越小，单向导电性越好。通常，硅二极管优于锗二极管。二极管的反向电流易受温度影响，温度增高，反向电流变大。

（4）最高工作频率 $f_M$

二极管维持单向导电性的最高工作频率。由于二极管中存在结电容（二极管在结构上类似一个电容器，结电容是描述这个寄生效应的分布参数），当频率很高时，电流可直接通过结电容，破坏二极管的单向导电性。

利用单向导电性，二极管在很多方面获得了应用。二极管常用于整流、检波、限幅、元件保护以及在数字电路中作开关元件等。

**例 5-1-1** 二极管电路如图 5-1-12（a）所示，$D_1$ 和 $D_2$ 为理想二极管，试画出 $-10\ \mathrm{V} \leqslant u_I \leqslant 10\ \mathrm{V}$ 范围内的电压传输特性曲线 $u_O = f(u_I)$。

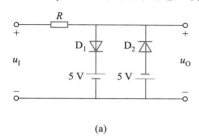

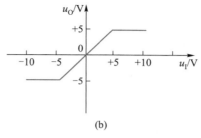

（a）　　　　　　　　　　（b）

图 5-1-12　例 5-1-1 的图

**解：**（1）当 $-10\ \mathrm{V} \leqslant u_I < -5\ \mathrm{V}$，$D_1$ 管截止，$D_2$ 管导通。

$$u_O = -5\ \mathrm{V}$$

（2）当 $-5\ \mathrm{V} \leqslant u_I < +5\ \mathrm{V}$，$D_1$ 管截止，$D_2$ 管截止。

$$u_O = u_I$$

（3）当 $+5\ \mathrm{V} \leqslant u_I < +10\ \mathrm{V}$，$D_1$ 管导通，$D_2$ 管截止。

$$u_O = +5\ \mathrm{V}$$

电压传输特性曲线如图 5-1-12（b）所示。该电路把大于 +5 V 和小于 -5 V 的输入信号部分限制掉。这是一个双向限幅电路。

例 5-1-1
Multisim 仿真

## 5.1.4 稳压二极管

稳压二极管是一种特殊的硅二极管。它正常工作在二极管的反向击穿区，允许通过较大的反向电流。由于使用特殊工艺，稳压二极管的反向击穿电压可以控制在几伏到几十伏范围，比普通二极管低得多。利用稳压二极管的反向击穿特性，配以合适的限流电阻，就可以在电路中起到稳压的作用。图 5-1-13（a）、（b）是稳压二极管的图形符号和伏安特性曲线。

稳压二极管的外形、内部结构以及伏安特性都与普通二极管类似。它的伏安特性曲线，也是由正向导通、反向截止和反向击穿三部分组成，只是稳压二极

185

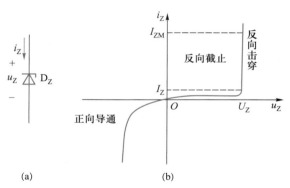

图 5-1-13　稳压二极管的图形符号与伏安特性曲线

管的击穿电压比普通二极管低得多,反向击穿的特性曲线比较陡,也就是说,当电流在很大范围内变动时,电压几乎不变。稳压二极管正是工作在反向击穿区,所以具有稳压作用。

对于普通二极管,反向击穿可能引起管子永久性损坏,因此反向击穿是不被允许的。而对于稳压二极管,由于其采用了特殊制造工艺,反向电击穿时,只要电流不过大,一般不会损坏管子,反向电压撤除后,稳压二极管能恢复原样。但是,如果反向电流和功率损耗超过了允许范围,使得 PN 结温过高而造成热击穿,稳压二极管就损坏了。要使稳压二极管正常工作在反向击穿区,必须注意使用条件,要在电路中串联适当的电阻来限流。

稳压二极管的主要参数有:

（1）稳定电压 $U_Z$

$U_Z$ 是稳压二极管在正常工作情况下管子两端的电压,也就是稳压二极管的反向击穿电压。手册上所列的值都是在一定条件（工作电流、温度）下测得的,但即使是同一型号的稳压二极管,由于制造的分散性,它们的稳定电压也有差异,如 2CW14 硅稳压二极管,其稳压值为 6~7.5 V。但对每一个稳压二极管,其在一定的温度下都有自己确定的稳定电压值。

（2）稳定电流 $I_Z$ 和最大稳定电流 $I_{ZM}$

稳定电流 $I_Z$ 是在稳定范围内稳压性能较好的工作电流值。这是个参考值,电流低于此值时二极管稳压性能略差,电流高于此值且功耗不超过允许值时,二极管才能正常工作。受功耗限制,规定了稳压二极管的最大稳定电流 $I_{ZM}$,因此,稳压二极管工作电流范围是 $I_Z \sim I_{ZM}$。

（3）最大允许耗散功率 $P_{ZM}$

受稳压二极管允许温升的制约,规定稳压二极管不致发生热击穿的最大功率损耗 $P_{ZM} = U_Z I_{ZM}$,最大允许耗散功率还受到稳压二极管散热条件的影响。

（4）动态电阻 $r_Z$

动态电阻是指稳压二极管特性曲线的斜率,可用稳压二极管工作时端电压的变化量与相应电流变化量的比值计算：$r_Z = \dfrac{\Delta U_Z}{\Delta I_Z}$。$r_Z$ 越小,稳压二极管的反向击穿特性曲线越陡,稳压性能越好。

（5）电压温度系数 $\alpha_U$

这是说明稳压值受温度变化影响的参数,数值上等于温度每升高 1 ℃ 时稳定电压的相对变化量。例如 2CW21C 稳压二极管的电压温度系数 $\alpha_U$ 是 0.06%/℃,就是说温度每增加 1 ℃,稳压值将升高 0.06%,若 20 ℃ 时的稳压值为 7 V,则 45 ℃ 时的稳压值将为 $\left[7+\dfrac{0.06}{100}(45-20)\times7\right]$ V ≈ 7.1 V。

一般地,稳压二极管的稳压值低于 6 V 时,它的电压温度系数为负;稳压值高于 6 V 时,它的电压温度系数为正;而稳压值在 6 V 左右的管子,其稳压值受温度影响比较小。因此,选用稳定电压为 6 V 左右的稳压二极管,可以得到较好的热稳定性。

**例 5-1-2** 在图 5-1-14 所示电路中,稳压二极管的参数是：$U_Z = 8$ V,$I_Z = 10$ mA,$I_{ZM} = 29$ mA。选择 600 Ω、$\dfrac{1}{8}$ W 的电阻 $R$ 作限流电阻是否合适？为什么？

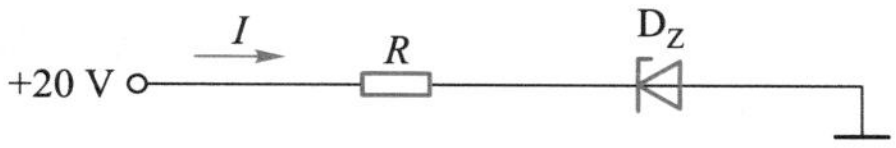

图 5-1-14 例 5-1-2 的图

**解**：由电路参数计算得到电流

$$I = \frac{20-8}{600} \text{ A} = 20 \text{ mA}$$

电阻消耗的功率为

$$P_R = RI^2 = 600 \times 0.02^2 \text{ W} = 0.24 \text{ W}$$

由于 $I_Z < I < I_{ZM}$,故限流电阻 $R$ 的阻值选得合适,但电阻的额定功率选得太小（1/8 W < 0.24 W）,会烧坏电阻。考虑一定的安全裕量,选 600 Ω、1/2 W 的电阻较合适。在选择限流电阻时,一定要注意:电阻的额定功率必须大于其实际消耗的最大功率。

## 5.2 二极管整流电路

整流电路是直流电源中重要的一环,直流电源电路中,变压器把电网交流电变换成大小合适的交流电送给整流电路,利用二极管的单向导电性,将交流电转变成单向脉动（方向不变、大小变化）的直流电。

整流电路按照交流电源的不同,可分为单相整流电路和三相整流电路,按照整流工作方式的不同,可分为半波整流和全波整流。

### 5.2.1 单相半波整流电路

图 5-2-1（a）是最简单的单相半波整流电路。由整流变压器 Tr、整流元件

187

二极管 D、负载电阻 $R_L$ 组成。设整流变压器二次电压 $u_2=\sqrt{2}\,U_2\sin(\omega t)$ V，波形如图 5-2-1(b)所示。

在 $u_2$ 正半周，图 5-2-1(a)中 a 点电位高于 b 点电位，二极管因正向偏置而导通，二极管采用理想模型，正向电压忽略不计，负载电阻 $R_L$ 上得到的电压 $u_0$ 就是变压器二次电压 $u_2$ 的正半波。$R_L$ 上流过的电流 $i_0=\dfrac{u_2}{R_L}$。

在 $u_2$ 负半周，图 5-2-1(a)中 a 点电位低于 b 点电位，二极管因反向偏置而截止，忽略反向饱和电流，$R_L$ 上没有电流流过，输出电流 $i_0$ 为 0，输出电压 $u_0=0$。

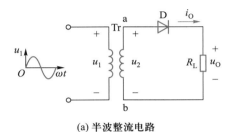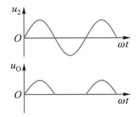

(a) 半波整流电路　　　　　　　(b) 半波整流输入、输出电压波形

图 5-2-1　单相半波整流电路及其输入输出电压波形

一个周期内 $R_L$ 上得到如图 5-2-1(b)所示半波整流电压 $u_0$，这是单一方向（极性不变）、大小变化的单向脉动直流电压，单相半波整流电压的平均值（直流分量）为

$$U_0=\frac{1}{2\pi}\int_0^{2\pi}u_0\mathrm{d}(\omega t)=\frac{1}{2\pi}\int_0^{2\pi}\sqrt{2}\,U_2\sin(\omega t)\mathrm{d}(\omega t)=\frac{2}{\pi}U_2=0.45U_2\quad(5-2-1)$$

上式给出了半波整流输出电压平均值 $U_0$ 与变压器二次交流电压有效值 $U_2$ 之间的关系。由此可得流过整流二极管 D 和负载电阻 $R_L$ 的整流电流平均值为

$$I_0=\frac{U_0}{R_L}=0.45\frac{U_2}{R_L}\quad(5-2-2)$$

整流二极管反向截止时所受的最高反向电压 $U_{DRM}$ 就是变压器二次交流电压的最大值 $U_{2m}$，即

$$U_{DRM}=U_{2m}=\sqrt{2}\,U_2\quad(5-2-3)$$

选择整流二极管时，应注意使二极管的最大整流电流 $I_{OM}>I_0$，反向工作峰值电压 $U_{RWM}>U_{DRM}$。

**例 5-2-1**　有一单相半波整流电路如图 5-2-1(a)所示，已知 $R_L=80\ \Omega$，要求负载电压平均值 $U_0=100$ V，求：（1）交流电压 $u_2$ 的有效值 $U_2$；（2）负载电流平均值 $I_0$；（3）二极管电流平均值 $I_D$ 及二极管承受的最高反向电压 $U_{DRM}$。

**解：**因为 $U_0=0.45U_2$，所以

$$U_2=\frac{1}{0.45}U_0=\frac{1}{0.45}\times100\ \text{V}\approx222.2\ \text{V}$$

$$I_O = \frac{U_O}{R_L} = 1.25 \text{ A}$$

$$I_D = I_O = 1.25 \text{ A}$$

$$U_{DRM} = U_{2m} = \sqrt{2}\, U_2 = \sqrt{2} \times 222.2 \text{ V} \approx 314.2 \text{ V}$$

查整流二极管手册,可选用 2CZ12G(3 A,600 V)。为安全工作起见,二极管的反向工作峰值电压要选得比 $U_{DRM}$ 大一倍左右。

例 5-2-1
Multisim 仿真

### 5.2.2　单相桥式整流电路

单相半波整流只利用了交流电源的半个周期,并且整流电压的脉动程度较大。为了克服这些缺点,常采用全波整流电路,使交流电源的正、负半周均有电流按同一方向流过负载电阻,其中单相桥式整流电路是最常用的一种。它是由四个二极管搭成的电桥电路组成,如图 5-2-2 所示。

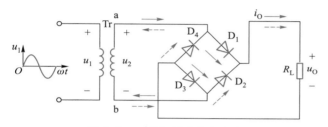

图 5-2-2　单相桥式整流电路

变压器二次电压 $u_2$ 正半周,a 点电位高于 b 点电位,由于二极管 $D_1$、$D_2$ 共阴极,$D_1$ 阳极电位比 $D_2$ 阳极电位高,$D_1$ 优先导通,$D_1$ 导通后 $D_2$ 承受反向电压而截止;同理,$D_3$、$D_4$ 共阳极,$D_3$ 阴极电位比 $D_4$ 阴极电位低,$D_3$ 优先导通,$D_3$ 导通后 $D_4$ 承受反向电压而截止。电流 $i_O$ 的通路是 a→$D_1$→$R_L$→$D_3$→b(如图5-2-2实线箭头所示),负载电阻 $R_L$ 上得到一个半波电压 $u_O$,即 $u_2$ 的正半波电压。$u_O$、$i_O$ 的波形如图 5-2-3 中的 0~π 段所示。

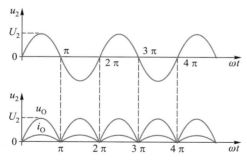

图 5-2-3　单相桥式整流电路电压电流波形

变压器二次电压 $u_2$ 负半周,a 点电位低于 b 点电位,由上面分析可知,此时 $D_2$、$D_4$ 导通,$D_1$、$D_3$ 截止。电流 $i_O$ 的通路是 b→$D_2$→$R_L$→$D_4$→a(如图 5-2-2 虚线箭头所示),电流在流经负载电阻 $R_L$ 时与 $u_2$ 正半周方向一致,在负载电阻 $R_L$

上得到的电压 $u_0$ 也是一个正半波的电压，$u_0$、$i_0$ 的波形如图 5-2-3 中的 $\pi \sim 2\pi$ 段所示。

设变压器二次电压 $u_2 = \sqrt{2}\,U_2 \sin(\omega t)$ V，则桥式整流电路整流电压平均值

$$U_0 = \frac{1}{\pi}\int_0^{\pi}\sqrt{2}\,U_2\sin(\omega t)\,\mathrm{d}(\omega t) = \frac{2\sqrt{2}}{\pi}U_2 = 0.9U_2 \qquad (5-2-4)$$

为半波整流电压的两倍。负载电阻 $R_L$ 上流过的电流平均值

$$I_0 = \frac{U_0}{R_L} = 0.9\,\frac{U_2}{R_L} \qquad (5-2-5)$$

也是半波整流电流的两倍。然而，每个二极管仅导通了半个周期，所以流经每个二极管的电流为负载电流的一半，与半波整流时相同。

$$I_D = \frac{1}{2}I_0 = 0.45\,\frac{U_2}{R_L} \qquad (5-2-6)$$

流过变压器二次电流仍为正弦电流，无直流分量（避免了变压器在流过直流电流时可能造成的磁饱和），其有效值

$$I_2 = \frac{U_2}{R_L} = \frac{1}{0.9}\,\frac{U_0}{R_L} = 1.11I_0 \qquad (5-2-7)$$

电路中，每个二极管都有半个周期是截止的，承受的是反向电压，以 $u_2$ 正半周为例，这时 $D_2$、$D_4$ 截止，$D_1$、$D_3$ 导通，忽略二极管的正向导通电压，$D_1$、$D_3$ 相当于被短接，$D_2$、$D_4$ 相当于并联，电压 $u_2$ 作为反向电压直接加在 $D_2$、$D_4$ 上，所以每个二极管截止时所承受的最高反向电压就是 $u_2$ 的峰值电压

$$U_{DRM} = U_{2m} = \sqrt{2}\,U_2 \qquad (5-2-8)$$

这与半波整流电路是相同的。

桥式整流电路选择整流二极管时，同样要注意满足

$$I_{OM} > \frac{1}{2}I_0 \qquad U_{RWM} > \sqrt{2}\,U_2$$

**例 5-2-2**　单相桥式整流电路如图 5-2-2 所示，已知 $R_L = 80\ \Omega$，要求负载电压平均值 $U_0 = 110$ V，交流电源电压为 220 V，试选用整流二极管和整流变压器。

**解：**根据负载电压和负载电阻，由欧姆定律确定负载电流

$$I_0 = \frac{U_0}{R_L} = \frac{110}{80}\ \mathrm{A} \approx 1.4\ \mathrm{A}$$

每个二极管流过的平均电流

$$I_D = \frac{1}{2}I_0 \approx \frac{1.4}{2}\ \mathrm{A} = 0.7\ \mathrm{A}$$

例 5-2-2
Multisim 仿真

变压器二次电压有效值

$$U_2 = \frac{U_O}{0.9} = \frac{110}{0.9} \text{ V} \approx 122 \text{ V}$$

考虑到变压器二次绕组和二极管上的压降,将变压器二次电压的取值高出10%,即 $U_2 = 122 \times 1.1 \approx 134 \text{ V}$。所以二极管承受的最高反向电压为

$$U_{\text{DRM}} = \sqrt{2}\,U_2 \approx \sqrt{2} \times 134 \text{ V} \approx 189 \text{ V}$$

因此可选用2CZ11C(1 A/300 V)作整流二极管。

变压器的变比为

$$n = \frac{U_1}{U_2} \approx \frac{220}{134} \approx 1.6$$

变压器二次电流有效值

$$I_2 = 1.11 I_O \approx 1.11 \times 1.4 \text{ A} \approx 1.55 \text{ A}$$

变压器的容量

$$S = U_2 I_2 \approx 134 \times 1.55 \text{ V} \cdot \text{A} \approx 208 \text{ V} \cdot \text{A}$$

所以可选用BK300(300 VA)、220/134 V的变压器。

### 5.2.3　三相桥式整流电路

单相整流电路功率一般比较小(几瓦到几百瓦),其常用在电子仪器中,对于大功率整流(千瓦以上),如果仍采用单相整流电路,会造成三相电网负载不平衡,影响供电质量,故常采用三相整流电路。在某些场合,虽然整流功率不大,但要求整流电压脉动成分更少,也会采用三相整流电路。常用的三相桥式整流电路如图5-2-4所示。三相交流电源经三相变压器变压到合适的电压后,接到三相桥式整流电路,变压器二次侧为星形联结,其三相相电压 $u_a$、$u_b$、$u_c$ 波形如图5-2-5(a)所示。

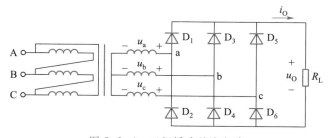

图 5-2-4　三相桥式整流电路

将图5-2-4所示三相桥式整流电路的六个二极管分成两组,第一组 $D_1$、$D_3$、$D_5$ 共阴极,第二组 $D_2$、$D_4$、$D_6$ 共阳极。同一时刻,各组中仅有一个二极管导通(共阴极组中阳极电位最高者导通和共阳极组中阴极电位最低者导通),其余

均受反向电压而不导通。例如在图 5-2-5(a)的 $t_1 \sim t_2$ 期间，$u_a$ 电压为正，$u_b$ 电压为负，$u_c$ 电压虽然也为负，但高于 $u_b$，这期间 a 点电位最高，b 点电位最低，于是共阴极组的 $D_1$ 和共阳极组的 $D_4$ 导通。如果忽略二极管的正向压降，加在负载上的整流输出电压 $u_O$ 就是二次线电压 $u_{ab}$。由于 $D_1$、$D_4$ 导通，使 $D_3$、$D_5$ 的阴极和 $D_4$、$D_6$ 的阳极电位分别为 a 点和 b 点电位，它们承受反向电压而截止。这时电流的通路为：a→$D_1$→$R_L$→$D_4$→b。

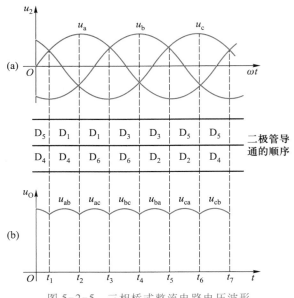

图 5-2-5　三相桥式整流电路电压波形

在 $t_2 \sim t_3$ 期间，a 点电位仍最高，c 点电位最低，共阴极组的 $D_1$ 和共阳极组的 $D_6$ 导通，其余二极管截止。这时电流的通路为：a→$D_1$→$R_L$→$D_6$→c。整流输出电压 $u_O$ 为二次线电压 $u_{ac}$。

二极管导通顺序及整流输出电压 $u_O$ 波形如图 5-2-5(b)所示。整流输出电压 $u_O$ 的平均值可从 $t_1 \sim t_2$ 期间的平均值得到。假设变压器二次相电压有效值为 $U$，则相电压 $u_a = \sqrt{2}U\sin(\omega t)$ V，线电压 $u_{ab} = \sqrt{3} \cdot \sqrt{2}U\sin(\omega t + 30°)$ V，因此

$$U_O = \frac{3}{\pi}\int_{\frac{\pi}{6}}^{\frac{\pi}{2}}\sqrt{3} \cdot \sqrt{2}\sin(\omega t + 30°)\,\mathrm{d}(\omega t) = 2.34\,U \quad (5-2-9)$$

负载电流 $i_O$ 的平均值

$$I_O = \frac{U_O}{R_L} = 2.34\frac{U}{R_L} \quad (5-2-10)$$

由于每个二极管在一个周期内仅导通三分之一周期，所以流过每个二极管的平均电流

$$I_D = \frac{1}{3}I_O = 0.78\frac{U}{R_L} \quad (5-2-11)$$

每个二极管承受的最高反向电压则是变压器二次线电压的最大值

$$U_{DRM} = \sqrt{3} \cdot \sqrt{2} U = 2.45U \qquad (5-2-12)$$

从图 5-2-5(b)可见,三相桥式整流输出电压比单相全波整流输出电压的脉动程度小,平均值大。可以证明,变压器二次电流的有效值为 $I = 0.82I_0$。

## 5.3 二极管峰值采样电路

半波整流电路中,利用二极管的单向导电性,将交流电压转化为直流脉动电压。在分析其工作过程中,注意到二极管正向偏置导通时,输入电压直接传输到输出端,如果把这个电压记忆并保存住,那么半波整流电路的二极管偏置将同时受到输入端和输出端电压的影响,只有当输入电压超过输出端记忆的电压时二极管才导通,并更新输出端电压。

不难推测,最终保留在输出端的将是输入电压的最大值——峰值,这就构成了一种新的应用电路——峰值采样电路,如图 5-3-1 所示。

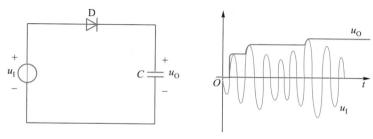

图 5-3-1 二极管峰值采样电路及其工作波形

电路中采用电容器作为记忆并保存峰值电压的器件,每当输入电压出现新的更大峰值,二极管即处于正向偏置导通状态,输入电压通过导通的二极管向电容器充电,使之捕捉到输入电压的峰值,将峰值电压存储在电容器中输出。

在二极管峰值采样电路中,电路及器件的非理想会影响电路性能。第一个因素是二极管的非理想,二极管导通电压的存在导致事实上电容两端存储的电压始终要低于输入电压峰值一个二极管导通电压,对于硅管,此值约为0.6 V,对于锗管,此值约为 0.3 V。另外,考虑到二极管导通电阻和输入信号电压源内阻,输入电压对电容充电的时间常数不可能等于0,因此,当输入信号电压频率太高时,输入信号出现峰值的时间很短,电容器来不及充电更新,这时也会出现采样失败。

第二个因素是电容器的非理想和负载效应,当二极管处于反向截止状态时,二极管峰值采样电路由电容保持住采样到的峰值电压并向负载输出,但是,非理想电容器本身存在泄漏电阻,使得保存在电容器中的电压会随着时间慢慢降低,如果考虑负载电阻的影响,电容器上电压保持能力将大大降低,故需要增加高输入电阻的隔离电路。

二极管峰值采样电路可用于需要记录测量最高数值的场合,例如,测量记录日最高温度的最高温度测试仪,通过温度-电压传感器将温度转换为相应的电压信号,由信号调理电路对其进行放大、线性化校正等处理形成与温度呈线性关系的电压,最后由二极管峰值采样电路采样得到最高温度并显示出来,如图 5-3-2 所示。

图 5-3-2　最高温度测试仪

## 5.4　二极管检波电路

调幅波是广播通信系统中一种常用的信号调制方式,它通过频谱搬移将低频信号调制到高频载波的幅度上,这样便于通过天线发射传输。从调幅波中检出低频信号的过程也是一个频谱变换过程,要完成这一变换,必须使用非线性元件。为了从变换后产生的多种频率成分中取出低频信号,并将不需要的成分滤掉,检波器的负载应具有低通滤波器的特性。因此,原理上检波器是由非线性元件和具有低通滤波器特性的负载组成。滤波器多采用结构简单的 $RC$ 滤波器,其中电容数值的选择应使其高频时近似于短路,低频时近似于开路。

调幅广播接收机中应用最广泛的是二极管检波器,其具有线路简单、大信号输入时非线性失真小等优点。根据输入调幅信号的大小,二极管检波器可分为小信号平方律检波和大信号包络检波两种方式。

### 5.4.1　二极管小信号平方律检波电路

当检波器的输入调幅信号幅度较小(≤0.2 V)时的检波称为小信号平方律检波。其特点是在整个信号周期内二极管总是导通,利用二极管伏安特性曲线的弯曲部分的平方律函数完成检波的频率变换。二极管小信号平方律检波电路如图 5-4-1 所示,图中 D 是检波二极管,$RC$ 是检波负载(滤波器),$U_Q$ 为外加直流偏置,以提高二极管 D 工作点 $Q$ 的位置。$u_I$ 是调幅信号,其包络线的最大幅度小于 $U_Q$。

二极管小信号平方律检波电路的工作原理如图 5-4-2 所示,由于二极管特性的非线性,在输入信号作用下,流过二极管的电流波形是失真的,失真波形中包含有低频电流 $i_M$,如图中实线(平均电流)所示,其形状与输入已调波电压 $u_I$ 的包络线形状基本一致,因此,用电容 $C$ 将高频成分过滤掉后,负载 $R$ 上就得到了低频信号 $u_0$。

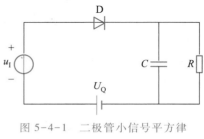

图 5-4-1　二极管小信号平方律
检波电路

从频谱变换角度来分析检波过程,二极管特性在工作点 $Q$ 附近可以展开为

$$i_D = b_0 + b_1(u_D - U_Q) + b_2(u_D - U_Q)^2 \tag{5-4-1}$$

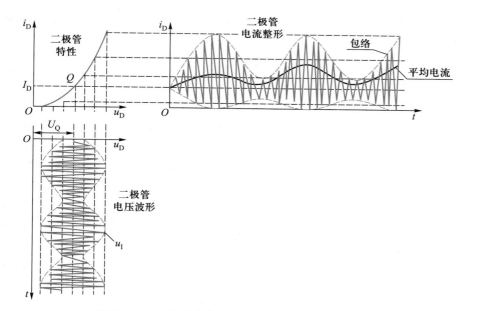

图 5-4-2 二极管小信号平方律检波电路的工作原理

由于检波输出电压很小,忽略其在二极管上的反作用,则二极管电压

$$u_D = u_I + U_Q \qquad (5-4-2)$$

二极管电流为

$$i_D = b_0 + b_1 u_I + b_2 u_I^2 \qquad (5-4-3)$$

输入调幅电压为

$$u_I = U_m [1 + m\cos(\Omega t)]\cos(\omega_0 t) \qquad (5-4-4)$$

则二极管电流为

$$i_D = b_0 + \frac{1}{2}\left(1 + \frac{1}{2}m^2\right)b_0 U_m^2 + mb_2 U_m^2 \left[\cos(\Omega t) + \frac{m}{4}\cos(2\Omega t)\right] +$$

$$b_1 U_m \left\{\cos(\omega_0 t) + \frac{m}{2}\cos[(\omega_0 - \Omega)t] + \frac{m}{2}\cos[(\omega_0 - \Omega)t]\right\} +$$

$$\frac{1}{2}b_2 U_m^2 \left\{\left(1 + \frac{1}{2}m^2\right)\cos(2\omega_0 t) + m\cos[2(\omega_0 - \Omega)t] + \right.$$

$$\left. m\cos[2(\omega_0 + \Omega)t] + \frac{1}{4}m^2\cos[2(\omega_0 - \Omega)t] + \frac{1}{4}m^2\cos[2(\omega_0 + \Omega)t]\right\}$$

上式表明,检波电流 $i_D$ 中包含有直流分量、低频分量(频率为 $\Omega$ 和 $2\Omega$)及高频分量($\omega_0$、$\omega_0 \pm \Omega$、$2\omega_0$ 和 $2\omega_0 \pm 2\Omega$)。通过滤波电容和隔直电容去掉高频和直流分量后,检出低频分量为

$$u_M = mb_2 R U_m^2 \left[\cos(\Omega t) + \frac{m}{4}\cos(2\Omega t)\right] \approx mb_2 R U_m^2 \cos\Omega t \qquad (5-4-5)$$

195

由上式可知,检波的低频分量幅度与载波电压振幅的平方成正比,因此这种检波称为平方律检波。从式(5-4-5)可以看到,检出的低频分量中还有二次谐波 $2\Omega$,而且无法过滤掉,所以这种检波有较大的非线性失真。

二极管小信号平方律检波电路由于失真大、效率低、输入阻抗小等缺点,在现代通信和广播接收机中已很少使用,但因它具有线路简单,能对很小的信号检波,以及检波输出电流与输入载波电压幅度的平方(即与输入信号的功率)成正比等优点,在无线电测量仪表中仍得到较为广泛的应用。

### 5.4.2 二极管大信号包络检波电路

当检波器的输入调幅信号幅度较大(大于 0.5 V)时的检波称为大信号检波。二极管大信号检波的特点是将二极管伏安特性曲线作逐段线性化,采用线性电路模型分段工作,虽然输入调幅信号的幅度较大,但电路中二极管没有直流偏置电压,在整个周期内二极管不总是导通的。图 5-4-3 是二极管大信号包络检波电路。图中 D 为检波二极管,一般采用点接触型锗二极管(2AP 系列),其具有正向电阻小、反向电阻大、结电容小等特点。

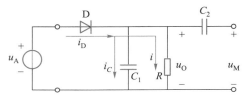

图 5-4-3　二极管大信号包络检波电路

当调幅信号输入时,调幅信号正半周二极管正向偏置导通,包络线全部落在二极管特性的线性区(斜率为导通电阻 $r_\mathrm{D}$),检波电流与输入信号电压的幅度呈线性关系,如图 5-4-4 所示。

由图可见,调幅信号 $u_\mathrm{A}$ 加到检波器输入端,在信号正半周时,二极管导通,所形成的电流 $i_\mathrm{D}$ 的一部分向电容器 $C_1$ 充电,另一部分则流向负载 $R$,通常 $R$ 远大于二极管的正向电阻 $r_\mathrm{D}(R \gg r_\mathrm{D})$,因此,$i_\mathrm{D}$ 的大小主要决定于充电电路的电阻 $r$(二极管的内阻和信号源的内阻串联)。因为这个电阻很小,所以充电时间常数很小,$i_\mathrm{D}$ 很大,电容两端的电压 $u_c$ 或输出电压 $u_\mathrm{O}$ 很快上升到接近于输入高频电压的峰值。

$u_c$ 对于二极管来说是反向电压,因此,$u_\mathrm{A}$ 由峰值下降到 $u_\mathrm{A} < u_c$ 时,二极管保持截止,这时电容开始通过电阻 $R$ 放电。放电时间常数 $RC_1$ 远大于高频电压的周期,$u_c$ 下降很少;当 $u_\mathrm{A}$ 上升至 $u_\mathrm{A} > u_c$ 时,二极管再次导通,使电容充电到接近于高频电压的峰值。如此反复循环,便得到图 5-4-4 所示锯齿状输出电压波形。可以看出,输出电压波形与调幅波的包络线相似。

实际上,由于载波频率远大于调制波频率,检波器输出的波形比图示波形要光滑得多。由图还可以看出,输出电压中含直流分量、低频分量和高频分量。直流分量可由耦合电容隔开;高频分量很小(图中的锯齿形状),所以,检波器的输出电压主要是低频分量,这个分量随输入调幅波包络线的规律变化,也就是原调

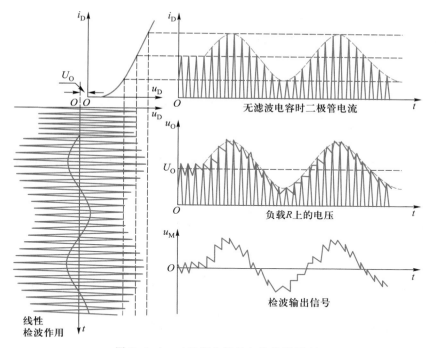

图 5-4-4　二极管大信号包络检波原理

制信号的再现,从而达到了检波的目的。

　　为了提高检波器的性能,减小失真,$RC_1$ 值应取得较大,通常要求调制信号周期 $T_m \gg RC_1 \gg T_C$(载波信号周期),但 $RC_1$ 取值也不能太大,否则会因放电太慢而发生对角线失真,如图 5-4-5 所示。

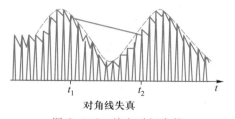

图 5-4-5　放电时间常数过大产生对角线失真

　　在调幅收音机中 $R$ 常取 $2 \sim 10$ kΩ,$C_1$ 常取 5 100 pF $\sim$ 0.01 μF。大信号包络检波的失真小,因而被广泛地应用到通信和广播接收机中。

　　图 5-4-6 是广播接收机常用的检波电路。中频调幅信号 $u_A$(载波频率 $f = 465$ kHz),经中频变压器 Tr(二次绕组 $L$)加到检波器输入端,二极管检波后,残余的中频分量由 $C_1$、$C_2$、$R$ 组成的滤波电路滤除。电位器 $R_P$ 上将获得检波后的直流和音频分量,再经隔直电容 $C_3$ 将音频信号耦合到低放级加以放大。

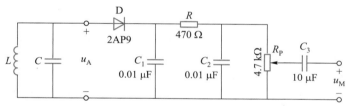

图 5-4-6　广播接收机常用的检波电路

197

本章主要概念与重要公式

**一、主要概念**

（1）PN 结的单向导电性

如果给 PN 结外加正向电压，PN 结导通，其处于低阻状态；如果给 PN 结外加反向电压，PN 结截止，其处于高阻状态。

（2）理想二极管

正向偏置导通，导通电压为零，导通电阻为零，如同闭合开关；反向偏置截止，电流为零，如同断开的开关。

（3）稳压二极管

正常工作在反向击穿区的特殊二极管，利用反向击穿的特性获得稳定的端电压。

（4）整流电路

将交流电转变成单向脉动（方向不变，大小变化）直流电的功能电路。

（5）峰值采样电路

将输入电压的最大值（峰值）存储并输出的功能电路。

（6）二极管检波电路

由二极管作为非线性元件构成的从调幅波中检出低频调制信号的功能电路，包括大信号包络检波电路和小信号平方律检波电路两种。

**二、重要公式**

（1）二极管正向特性

$$i_D = I_{SS}(e^{\frac{u_D}{U_T}} - 1)$$

（2）单相半波整流输出电压

$$U_O = \frac{2}{\pi}U_2 = 0.45U_2$$

（3）单相全波整流输出电压

$$U_O = \frac{2\sqrt{2}}{\pi}U_2 = 0.9U_2$$

（4）三相全波整流输出电压

$$U_O = \frac{3}{\pi}\int_{\frac{\pi}{6}}^{\frac{\pi}{2}}\sqrt{3}\cdot\sqrt{2}\sin(\omega t + 30°)\,d(\omega t) = 2.34U$$

思考题与习题

E5-1　二极管电路如题图 E5-1 所示，忽略二极管的正向压降，试求电压 $U_O$。

E5-2　在题图 E5-2 所示电路中，$R = 1\ \mathrm{k\Omega}$，$U = 10\ \mathrm{V}$，$u_I = 20\sin(\omega t)$ V，试分别画出输出电压 $u_O$ 的波形。二极管的正向压降忽略不计。

E5-3　在题图 E5-3（a）所示电路中，$R = 1\ \mathrm{k\Omega}$，输入电压 $u_I$ 的波形如题图 E5-3（b）所示，试画出输出电压 $u_O$ 的波形。二极管的正向压降忽略不计。

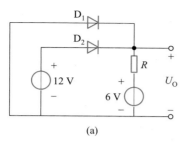

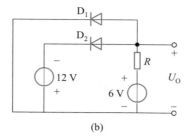

题图 E5-1

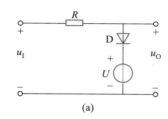

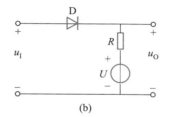

题图 E5-2

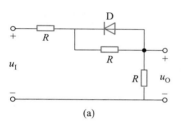

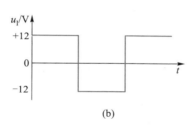

题图 E5-3

E5-4  在题图 E5-4 所示电路中,试分别求出下列情况下输出端 $F$ 的电位及流过各元件 ($R$、$D_A$、$D_B$)的电流。二极管的正向压降忽略不计。

(1) $V_A = V_B = 0$ V;

(2) $V_A = 3$ V,$V_B = 0$;

(3) $V_A = V_B = 3$ V。

E5-5  在题图 E5-5 所示电路中,试分别求出下列情况下输出端 $F$ 的电位及流过各元件的电流。二极管的正向压降忽略不计。

(1) $V_A = +10$ V,$V_B = 0$ V;

(2) $V_A = +6$ V, $V_B = +5.8$;

(3) $V_A = V_B = +5$ V。

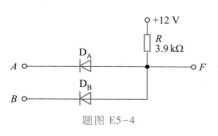

题图 E5-4

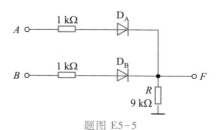

题图 E5-5

E5-6　单相桥式整流电路如图 5-2-2 所示,已知变压器二次电压有效值 $U_2 = 300$ V,负载电阻 $R_L = 300$ Ω。试求:

（1）整流电压平均值 $U_0$,整流电流平均值 $I_0$;

（2）每个二极管平均电流 $I_D$,承受最大反向电压 $U_{DRM}$;

（3）变压器二次电流的有效值 $I_2$。

E5-7　在上题桥式整流电路中,若:

（1）二极管 $D_1$ 虚焊断路,定性画出输出电压 $U_0$ 波形;

（2）二极管 $D_2$ 接触不良,接触电阻 $R' = \dfrac{1}{2}R_L$,定性画出输出电压 $U_0$ 的波形;

（3）有一个二极管极性连接反了(或一个二极管损坏短路),会造成什么后果?

E5-8　在题图 E5-8 所示电路中,已知 $R_L = 80$ Ω,直流电压表 V 的读数为 110 V,二极管的正向压降忽略不计。试求:

（1）直流电流表 A 的读数;

（2）整流电流的最大值;

（3）交流电压表 $V_1$ 的读数;

（4）变压器二次电流的有效值。

E5-9　题图 E5-9 所示电路是变压器二次绕组有中心抽头的单相全波整流电路,二次绕组两段的电压有效值 $U_2$ 各为 30 V。试求:

（1）输出电压平均值 $U_0$;

（2）当负载电阻 $R_L = 100$ Ω 时,输出电流平均值 $I_0$;

（3）二极管平均电流 $I_D$,承受最大反向电压 $U_{DRM}$。

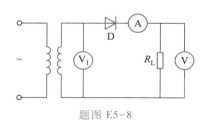
题图 E5-8

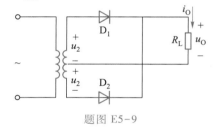
题图 E5-9

E5-10　有一整流电路如题图 E5-10 所示。试求:

（1）负载电阻 $R_{L1}$ 和 $R_{L2}$ 上整流电压的平均值 $U_{O1}$ 和 $U_{O2}$,并标出极性;

（2）二极管 $D_1$、$D_2$、$D_3$ 中的平均电流 $I_{D1}$、$I_{D2}$、$I_{D3}$ 以及各管所承受的最高反向电压。

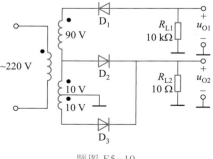
题图 E5-10

# 第6章 晶体管放大电路基础

放大电路是模拟电子电路中最重要的单元电路之一,要求在不改变信号波形形状的同时实现对输入电信号功率的放大。由于信号在传输过程中不可避免存在损耗,各种电子电路几乎都要使用放大单元。放大电路在信息的传递、处理、自动控制、测量仪器、计算机等各个领域得到了广泛的应用。

放大电路实际上是一种线性受控能量转换装置,在输入信号的线性控制下,将电路内的直流电源能量转换为输出信号能量。要实现这个功能,必须含有完成能量转换的有源器件,如:双极型晶体三极管、场效应晶体管等,有源器件是放大电路的核心。本章介绍两种有源器件——双极型晶体三极管和场效应晶体管,以及它们构成的基本放大电路工作原理,同时介绍放大电路的基本分析方法。

## 6.1 放大电路的基本概念

放大电路实际上是一种功能模块电路,具有两个外接端口,输入端口接收需要放大的信号,输出端口将放大后的信号送往负载,如图 6-1-1 所示。

图 6-1-1 放大电路模块

在放大电路中,信号的能量(或功率)得到增强,因此在放大电路中必须具备能量补充的来源——直流电源和将直流电源能量转换为信号能量的转换装置或器件。事实上,单纯从能量转换的角度看,放大电路本身就是一个实现直流电源能量转换为信号能量的装置,其中输入信号是控制量,在它的控制下,放大电路将内部直流电源能量转换成信号能量输出给负载。

第 1 章所介绍的受控电源是理想化的能量转换电路元件,实际上放大电路为了将信号源信号引入,总是要对信号源构成负载,因此,输入端不可能是理想的开路或短路,而在输出端放大器也不能做到理想的电压输出或电流输出,其必然会受到负载的影响。考虑了输入输出端口的非理想情况,放大电路可用图 6-1-2所示的模型进行描述。可以看出,图 6-1-2 实际上是在第 1 章受控电源的基础上增加了输入电阻 $R_i$ 和输出电阻 $R_o$,根据放大电路输入输出信号变量的不同,可以作出四种放大电路模型。

放大电路的主要性能指标包括:放大倍数、输入电阻和输出电阻。

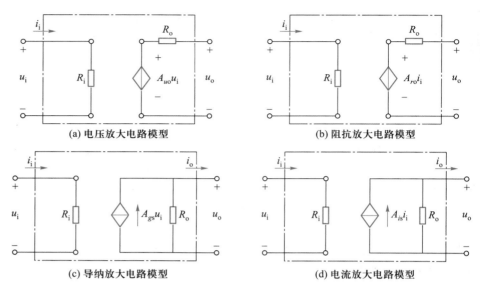

(a) 电压放大电路模型　　　　　　　　　(b) 阻抗放大电路模型

(c) 导纳放大电路模型　　　　　　　　　(d) 电流放大电路模型

图 6-1-2　放大电路模型

1. 放大倍数

放大倍数是反映放大电路放大能力的关键指标,定义为放大电路输出信号与输入信号的比值,如上所述,根据放大电路的不同输入输出变量可以有四种形式的放大倍数,如图 6-1-2 所示,放大倍数分别为

$$A_u = \frac{u_o}{u_i}$$——电压放大电路的电压放大倍数,$A_{uo}$ 为(负载)开路电压放大倍数;

$$A_r = \frac{u_o}{i_i}$$——阻抗放大电路的转移阻抗,$A_{ro}$ 为(负载)开路转移阻抗;

$$A_g = \frac{i_o}{u_i}$$——导纳放大电路的跨导,$A_{gs}$ 为(负载)短路跨导;

$$A_i = \frac{i_o}{i_i}$$——电流放大电路的电流放大倍数,$A_{is}$ 为(负载)短路电流放大倍数。

需要说明的是,一般情况下放大电路是对随时间变化的信号进行放大,如果电路中存在电容和电感,则对放大电路的分析必须在一定的信号频率采用第 3 章所述相量方法,对放大电路放大倍数的计算应该定义为输出信号相量与输入信号相量之比,结果将是一个复数,其模称为增益,辐角称为相移。

事实上,在一定的信号频率范围内(中频段),放大电路中的电抗元件可以忽略,因此,放大倍数一般可以直接采用上面的定义式计算,其结果为实数。

2. 输入电阻(阻抗)

输入电阻 $R_i$ 反映了放大电路对信号源的影响程度,对于电压信号源,希望放大电路的输入电阻越大越好,这样放大电路从信号源吸取电流小,信号源的负载轻,而对于电流信号源,则希望放大电路的输入电阻越小越好。因此,在设计

202

放大电路时,应根据其应用场合信号源的要求设置输入电路。

同样道理,如果考虑电抗元件的作用,应该采用输入阻抗参数。

3．输出电阻(阻抗)

输出电阻 $R_o$ 反映放大电路输出受负载影响的程度,如果放大电路向负载输出电压信号,则希望输出电阻越小越好,这样放大电路输出端更接近电压源,如果放大电路向负载输出电流信号,则希望输出电阻越大越好,这样放大电路输出端更接近电流源。

如果考虑电抗元件的作用,该参数应采用输出阻抗参数。

除了上面三个主要性能指标外,还有几个工程上关注的放大电路性能指标。

4．频带范围

放大电路的放大倍数保持一定数值的工作信号频率范围,常采用 3 dB 频带表示,给出放大电路放大倍数下降 3 dB(下降到正常值的 0.707 倍)所对应的两个频率 $f_L$、$f_H$,分别称为上限截止频率、下限截止频率,在这两个频率之间的输入信号,放大电路能够对其有效地放大。

放大电路的放大倍数随频率变化的关系也称为放大电路的频率特性,影响放大电路频率特性的主要因素是电路中有源电子器件的寄生电抗参数和电路中耦合/旁路电容元件。

5．不失真输出范围

用放大电路的最大不失真输出幅度表示其不失真输出范围,输入信号经过放大,在最大不失真输出幅度以内的输出信号能与输入信号保持线性关系(不失真),这一参数也描述了放大电路输出信号的最大不失真功率。

6．输入信号范围

对于过大的输入信号幅度,可能引起有源电子器件进入非线性特性区,从而使放大电路输出信号不再与输入信号保持线性,产生信号波形失真,严重时甚至会损坏器件,为此,放大电路常规定其输入信号的幅度范围,如 $|u_i| \leq 10$ mV。

放大电路的核心是实现能量转换的有源电子器件,电路的其他部分都是围绕着如何保障有源电子器件正常工作及如何将信号引入与引出而设置,因此,放大电路一般以核心有源电子器件分类。从下节开始,介绍由双极型晶体三极管和场效应晶体管构成的一些基本单级放大电路,通过这些单元电路的分析,学习对放大电路的分析方法。

## 6.2　双极型晶体三极管及其电路模型

双极型晶体三极管简称晶体管或三极管,因其存在两种极性的载流子——电子和空穴同时参与导电而得名。

### 6.2.1　晶体管基本结构

晶体管由两个 PN 结组成,按结构分为 NPN 型和 PNP 型两大类,晶体管的结构示意及图形符号如图 6-2-1 所示。

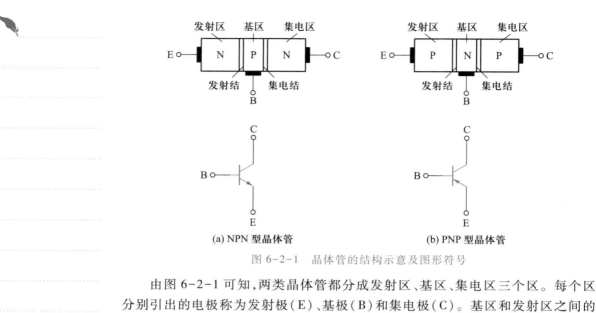

(a) NPN 型晶体管　　　　　　(b) PNP 型晶体管

图 6-2-1　晶体管的结构示意及图形符号

由图 6-2-1 可知,两类晶体管都分成发射区、基区、集电区三个区。每个区分别引出的电极称为发射极(E)、基极(B)和集电极(C)。基区和发射区之间的 PN 结称为发射结;基区和集电区之间的 PN 结称为集电结。无论是 NPN 型晶体管,还是 PNP 型晶体管,它们都具有两个共同的特点:

(1) 在三个半导体区中,基区非常薄,使得两个 PN 结之间的工作互相影响,从而使它们与两个独立二极管串联存在本质上的性能差别。

(2) 基区掺杂浓度很低,发射区的掺杂浓度很高。

NPN 型和 PNP 型晶体管尽管在结构上有所不同,但其工作原理是相同的。在本书中以 NPN 型为例讲述,如果遇到 PNP 型管子,只要把偏置电源极性更换一下就可以了。

### 6.2.2　晶体管电流分配及放大原理

晶体管电流分配 Multisim 仿真

为了解晶体管内部工作原理,先来分析一个实验电路,如图 6-2-2 所示。图中,$U_{BB}$ 是基极电源,$R_B$ 是基极电阻。$U_{CC}$ 是集电极电源,$R_C$ 是集电极电阻。$U_{CC} > U_{BB}$。晶体管接成两个回路:基极回路和集电极回路,发射极是公共端,这种接法称为共发射极接法。

电路中的晶体管采用 NPN 型,由于 $U_{CC} > U_{BB} > 0$,不难看出:$V_B > V_E$,发射结加正向电压(正偏);$V_C > V_B$,集电结加反向电压(反偏)。电路中晶体管的两个 PN 结施加了不同的偏置电压。

改变电阻 $R_B$,基极电流 $I_B$、集电极电流 $I_C$ 和发射极电流 $I_E$ 的大小都将发生变化,图 6-2-2 实验电路的测量数据见表 6-2-1。

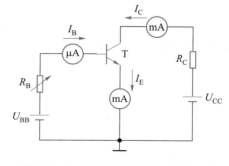

图 6-2-2　晶体管电流放大实验电路

表 6-2-1　图 6-2-2 实验电路的测量数据

| $I_B$/ mA | 0 | 0.02 | 0.04 | 0.06 | 0.08 | 0.10 |
|---|---|---|---|---|---|---|
| $I_C$/ mA | 0.01 | 0.70 | 1.50 | 2.30 | 3.10 | 3.95 |
| $I_E$/ mA | 0.01 | 0.72 | 1.54 | 2.36 | 3.18 | 4.05 |

实验分析：

（1）从实验数据中的每一列都可以看出，流进晶体管的电流的代数和为零，这是由基尔霍夫电流定律（KCL）决定的，可以写为 $I_E = I_C + I_B$。

（2）从电流的数量上看，集电极电流 $I_C$ 和发射极电流 $I_E$ 比 $I_B$ 大得多，而且 $I_B$ 发生变化则 $I_C$ 和 $I_E$ 均产生变化。$I_C$ 和 $I_B$ 的比值在一定范围内近似为常量。如

$$\frac{I_{C3}}{I_{B3}} = \frac{1.50}{0.04} = 37.5 \qquad \frac{I_{C4}}{I_{B4}} = \frac{2.30}{0.06} \approx 38.3 \qquad \frac{I_{C5}}{I_{B5}} = \frac{3.10}{0.08} \approx 38.8$$

这一比值体现了晶体管的基极电流对集电极电流的控制能力，称为共发射极直流电流放大系数，在相当大的范围内，该值基本固定不变，记作 $\bar{\beta} = \dfrac{I_C}{I_B}$。

如果基极电流有一个微小的增量 $\Delta I_B$，例如 $I_B$ 从 0.04 mA 增加到 0.06 mA，增量 $\Delta I_B = 0.02$ mA，集电极电流对应产生很大的增量，$I_C$ 从 1.5 mA 增加到 2.3 mA，增量 $\Delta I_C = 0.8$ mA，二者之比为 $\dfrac{\Delta I_C}{\Delta I_B} = \dfrac{0.8}{0.02} = 40$。该比值称为晶体管的共发射极交流电流放大系数，在一定范围内，也基本固定不变，记作 $\beta = \dfrac{\Delta I_C}{\Delta I_B}$。

一般情况下，$\bar{\beta}$ 和 $\beta$ 在数值上基本相同，因此，使用时常不特别对二者加以区别，本书后面的分析，对二者也将不特别区分。

由上述数据分析可以看出，晶体管具有显著的电流放大作用。

下面从晶体管载流子的运动规律来研究晶体管的电流分配及放大原理。载流子在晶体管内部的运动可分为三个区域。

将晶体管的半导体组成结构应用到图 6-2-2所示电路，得到图 6-2-3 所示载流子运动示意图。电路中发射结正偏，集电结反偏。

1. 发射区向基区扩散电子

因为发射结正偏，发射区的多数载流子（电子）将向基区扩散形成电流 $I_E$。与此

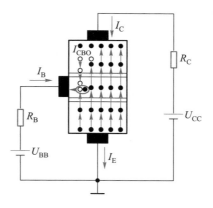

图 6-2-3　晶体管中的载流子运动示意图

205

同时,基区的空穴向发射区扩散,这一部分形成的电流很小(基区中空穴浓度低),可忽略不计。此时大量电子将越过发射结进入基区。

**2. 电子在基区的扩散与复合**

由发射区进到基区的大量自由电子,起初都聚集在发射结边缘,而靠近集电结的电子很少,在基区中形成了自由电子浓度上的差别,促使自由电子向集电结边缘扩散。

由于基区载流子浓度远远小于发射区载流子浓度,而且基区很薄,所以,在扩散过程中,只有小部分自由电子和空穴相遇而复合掉,大部分自由电子都能扩散到集电结边缘。

由于基区接在外电源 $U_{BB}$ 的正极,因此电源不断从基区拉走受激发的价电子,相当于不断补充基区中被复合掉的空穴,形成基极电流 $I_B$。

**3. 集电区收集从发射区扩散过来的电子**

由于集电结反偏,内电场增强,集电区的多数载流子——自由电子不能扩散到基区去。但集电结的内电场能将扩散到集电结边缘的自由电子拉到集电区。而集电区的自由电子不断地被电源 $U_{CC}$ 拉走,这部分电子流形成了集电极电流 $I_C$。集电区的少数载流子——空穴在内电场作用下漂移到基区,形成了少数载流子构成的反向饱和电流 $I_{CBO}$,这部分电流很小,且受温度影响很大。

综上所述,从发射区扩散到基区的自由电子,大部分到达集电区形成电流 $I_C$,只有很小一部分在基区和相遇的空穴相复合形成 $I_B$,$I_B$ 比 $I_C$ 要小得多。

从电流分配的角度看,发射极电流 $I_E$ 被分成基极电流 $I_B$ 和集电极电流 $I_C$ 两部分,它们的关系是 $I_C = \bar{\beta} I_B$。

从电流放大作用的角度看,可以认为晶体管能将数值 $I_B$ 的基极电流放大 $\bar{\beta}$ 倍并转换为集电极电流,也可得到 $I_C = \bar{\beta} I_B$。

实际上晶体管的所谓"电流放大作用",并不是将小电流 $I_B$ 放大成大电流 $I_C$,而是以小电流 $I_B$ 的微小电流变化,去控制比它大几十倍的大电流 $I_C$ 的变化,其间所需的能量由为晶体管提供偏置的直流电源提供(能量不能放大,只能转换)。因此,晶体管的电流放大作用实际上是一种控制作用,由于 $I_C/I_B = \bar{\beta}$,$I_C$ 的数值将随着 $I_B$ 改变,即 $I_C$ 受 $I_B$ 的控制。

### 6.2.3　晶体管的特性曲线

晶体管的特性曲线是内部载流子运动规律的外部表现,它反应晶体管的工作性能,是分析放大电路的重要依据。晶体管最常用的特性曲线是共发射极接法时的输入特性曲线和输出特性曲线。这些特性曲线,可用晶体管特性曲线图示仪测量并直观地显示出来,也可以通过如图 6-2-4 所示的实验电路逐点进行测绘。

**一、输入特性曲线**

输入特性曲线是指当集-射电压 $U_{CE}$ 为常数时,输入回路(基极回路)中基极电流 $I_B$ 与基-射电压之间的关系曲线 $I_B = f(U_{BE})$,如图 6-2-5 所示。

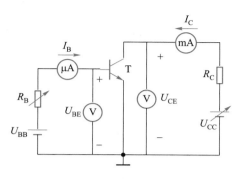

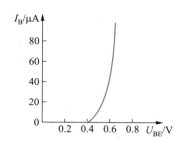

图 6-2-4 测量晶体管特性的实验电路 | 图 6-2-5 晶体管的输入特性曲线

晶体管输入特性曲线以集-射电压 $U_{CE}$ 为参变量,理论上,每一个参变量值都对应一条特性曲线。对硅管而言,当 $U_{CE} \geqslant 1$ V 时,集电结反向偏置,并且内电场已足够强,可以把从发射区扩散到基区的电子中的绝大部分拉入集电区。如果此时再增大 $U_{CE}$,只要 $U_{BE}$ 不变,即发射结的内电场不改变,那么,从发射区发射到基区的电子数基本固定,因而 $I_B$ 也就基本上不变,$U_{CE} \geqslant 1$ V 后的输入特性基本上是重合的。所以,通常只画出 $U_{CE} \geqslant 1$ V 的一条输入特性曲线。

由图 6-2-5 可见,晶体管的输入特性和二极管的伏安特性基本相同。当 $U_{BE} < 0.5$ V 时(对锗管为 0.1 V),$I_B \approx 0$,即此时晶体管处于截止状态,对 $U_{BE} < 0.5$ V 的区域同样称为死区。当 $U_{BE} > 0.5$ V 后,$I_B$ 增长很快。在正常工作情况下,NPN 型硅管的发射结电压 $U_{BE} = 0.6 \sim 0.7$ V(锗管的 $U_{BE} = 0.2 \sim 0.3$ V)。

**二、输出特性曲线**

晶体管的输出特性曲线是指当基极电流 $I_B$ 为常数时,输出电路(集电极回路)中集电极电流 $I_C$ 与集-射极电压 $U_{CE}$ 之间的关系曲线,即 $I_C = f(U_{CE})$。如前所述,基极电流对集电极电流具有很强的控制作用,对于不同的 $I_B$,得出不同的曲线,所以晶体管的输出特性曲线包含一组曲线,如图 6-2-6 所示。

当 $I_B$ 一定时,从发射区扩散到基区的自由电子数大致是一定的(这是由工艺及晶体管尺寸决定的)。对应 $U_{CE} = 0 \sim 1$ V 的曲线段,随着 $U_{CE}$ 的增大(集电结刚刚进入反偏,内电场逐步增强,收集电子能力逐步加强),$I_C$ 线性增加。当 $U_{CE}$ 超过大约 1 V 以后,内电场已足够强,进入基区的自由电子的绝大部分都被拉入集电区而形成 $I_C$,以致当 $U_{CE}$ 继续增高时,$I_C$ 不再有明显的增加,具有恒流特性。

当 $I_B$ 增大时,相应的 $I_C$ 也增

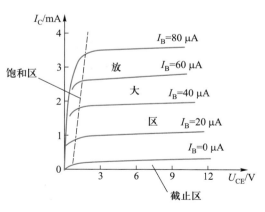

图 6-2-6 晶体管输出特性曲线

大,曲线上移,而且 $I_C$ 比 $I_B$ 增加得多得多,这就是晶体管的电流放大作用的表现。

通常把晶体管的输出特性曲线分为三个工作区。

1. 放大区——曲线平坦的中间部分

在这个区域内,$I_C$ 与 $I_B$ 基本上呈正比关系,即 $I_C = \bar{\beta} I_B$,因此放大区又称为线性区。此时 $I_C$ 几乎不受 $U_{CE}$ 的影响,晶体管输出回路相当于一个受控电流源,曲线的均匀间隔反映该受控源对增量(交流)电流的控制系数(即交流放大系数)

$$\Delta I_C = \beta \cdot \Delta I_B$$

放大区的特征是:发射结处于正向偏置,集电结处于反向偏置。晶体管表现出对电流的线性放大作用。

2. 截止区——$I_B = 0$ 曲线以下的狭窄区域

在这个区域内,$U_{BE}$ 小于死区电压,发射结处于反向偏置,几乎没有电子发射注入基区,$I_B \approx 0$,相应地 $I_C \approx 0$,晶体管处于截止状态,C-E 极之间相当于一个断开的开关。实际上,在集电结反向偏置电压作用下,少数载流子的漂移运动使 C-E 极之间有个微小的穿透电流 $I_{CEO}$ 流过,该电流极小,一般可以忽略不计。

截止区的特征是:发射结和集电结均处于反向偏置,各电极电流近似为零。

3. 饱和区——虚线($U_{CE} = U_{BE}$)左部的区域

在这个区域,$U_{CE} < U_{BE}$,从而使得 $V_C < V_B$,集电结也处于正向偏置,集电极吸引电子的能力大大削弱,即再增大 $I_B$,$I_C$ 也增大很少,甚至不增大,$I_C$ 与 $I_B$ 的线性关系被破坏,$I_B$ 失去对 $I_C$ 的控制作用,称晶体管饱和。饱和时 $U_{CE}$ 的值称为管子的饱和压降 $U_{CES}$,小功率硅管为 $0.2 \sim 0.3$ V,锗管为 $0.1 \sim 0.2$ V,大功率晶体管的饱和压降多在 1 V 以上,此时晶体管的 C-E 极之间相当于一个闭合的开关。

饱和区的特征是:发射结和集电结均处于正向偏置,晶体管失去电流放大作用。

### 6.2.4　晶体管的主要参数

晶体管的参数是用来表征其性能和适用范围的,是选用、设计电路的依据。晶体管的参数很多,这里只介绍几个主要参数。

1. 共发射极电流放大系统 $\bar{\beta}$、$\beta$

当晶体管接成共发射极电路时,在静态(无输入信号)时集电极电流 $I_C$ 与基极电流 $I_B$ 的比值称为共发射极静态(又称直流)电流放大系数,用 $\bar{\beta}$ 表示。即

$$\bar{\beta} = \frac{I_C}{I_B} \qquad (6-2-1)$$

当晶体管工作在动态(有输入信号)时,由基极电流的变化量 $\Delta I_B$ 引起集电极电流产生变化量 $\Delta I_C$。$\Delta I_C$ 和 $\Delta I_B$ 的比值称为动态(又称交流)电流放大系数,用 $\beta$ 表示。即

$$\beta = \frac{\Delta I_C}{\Delta I_B} \qquad\qquad (6-2-2)$$

由以上可知,两个电流放大系数的含义不同,但在输出特性曲线近似平行等距的情况下,两者数值较为接近,因而通常在估算电路时,可认为 $\beta \approx \overline{\beta}$。

在半导体器件手册中,有时用 $h_{FE}$ 代表 $\overline{\beta}$,用 $h_{fe}$ 代表 $\beta$ 值,并且给出的数值对同一型号的管子也有一定的范围,这是由制造工艺决定的。一般晶体管的 $\beta$ 值在 20~500 之间。实际使用中温度对 $\beta$ 值影响很大,当温度升高时,$\beta$ 值增大,这是由于温度升高后加快了基区中电子扩散速度,基区中电子与空穴复合的数目减少,一般温度每升高 1 ℃,$\beta$ 值增加 0.5%~1%,为了获得足够的放大能力,选用晶体管时,$\beta$ 值不宜太小,一般小功率管以选 $\beta$ 值 150~300 为宜。

当晶体管工作在饱和区和截止区时,$\beta$ 已不是一个常数,即 $I_C = \beta I_B$ 的关系不再存在。

2. 集-基极反向饱和电流 $I_{CBO}$

$I_{CBO}$ 是指发射极开路($I_E = 0$)时的集电极电流。$I_{CBO}$ 是由少数载流子漂移运动(主要是集电区的少数载流子向基区运动)造成的,其受温度影响很大。在室温(27 ℃)下,小功率锗管的 $I_{CBO}$ 约为几微安到几十微安,小功率硅管的 $I_{CBO}$ 在 1 μA 以下。温度每升高 10 ℃,晶体管的 $I_{CBO}$ 大约增加 1 倍。$I_{CBO}$ 越小,晶体管性能越好。在实际应用中,硅管的温度稳定性比锗管要好,在环境温度变化较大的情况下应尽量采用硅管。

3. 集-射极穿透电流 $I_{CEO}$

$I_{CEO}$ 是指基极开路($I_B = 0$)时的集电极电流。因为它是从集电极穿透管子而到达发射极的,所以又称穿透电流。

由于集电结反向偏置,集电区的空穴漂移到基区形成电流 $I_{CBO}$,而发射结正向偏置,发射区的电子扩散到基区,其中一小部分和形成 $I_{CBO}$ 的空穴在基区复合,而大部分被集电结拉到集电区,如图 6-2-7 所示。由于基极开路,即 $I_B = 0$,所以参与复合的电子流也应等于 $I_{CBO}$。根据晶体管内部电流分配原则,从发射区扩散到集电区的电子数是在基区与空穴复合电子数的 $\beta$ 倍,即 $I_{CEO} = I_{CBO} + \beta I_{CBO} = (1+\beta)I_{CBO}$。当 $I_B \neq 0$ 时,即基极不开路时集电极电流应为

$$I_C = \beta I_B + I_{CEO} \qquad (6-2-3)$$

由以上分析可知,温度升高时,$I_{CBO}$ 增大,$I_{CEO}$ 随着增加,于是集电极电流 $I_C$ 亦增加。所以,选用管子时一般希望 $I_{CEO}$ 小一些。因为 $I_{CEO} = (1+\beta)I_{CBO}$,所以应选用 $I_{CBO}$ 小一些的管子。

4. 集电极最大允许电流 $I_{CM}$

集电极电流 $I_C$ 超过一定值时,晶体管 $\beta$ 值要

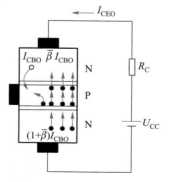

图 6-2-7 集-射穿透电流

下降。当 $\beta$ 值下降到正常值 2/3 时的集电极电流,称为集电极最大允许电流 $I_{CM}$。使用晶体管时,若 $I_C > I_{CM}$,管子不一定损坏,但 $\beta$ 值大大下降,晶体管性能变得很差。

5. 集–射击穿电压 $U_{(BR)CEO}$

基极开路时,加在集电极和发射极之间的最大允许电压称为集–射击穿电压 $U_{(BR)CEO}$,当晶体管的集–射极电压 $U_{CE} > U_{(BR)CEO}$ 时,$I_C$ 将突然增大,管子被击穿。温度升高,$U_{(BR)CEO}$ 下降,使用时应特别注意这一点。

6. 集电极最大允许耗散功率 $P_{CM}$

由于集电极电流通过集电结时将产生热量,使结温度升高,从而引起晶体管参数变化。当晶体管因受热而引起的参数变化不超过允许值时,集电极所消耗的最大功率,称为集电极最大允许耗散功率 $P_{CM}$。

$P_{CM}$ 主要受管子的温升限制,一般来说锗管允许结温为 70 ℃ ~ 90 ℃,硅管允许结温约为 150 ℃。

若晶体管的 $P_{CM}$ 值已确定,由 $P_{CM} = U_{CE}I_C$ 可知,$U_{CE}$ 和 $I_C$ 在输出特性曲线上的关系为双曲线,该曲线称为 $P_{CM}$ 曲线,如图 6-2-8 所示。曲线左方 $U_{CE}I_C < P_{CM}$,是晶体管安全工作区;曲线右方则为过损耗区,为保证晶体管不因过热损坏,应避免长期工作在过损耗区。

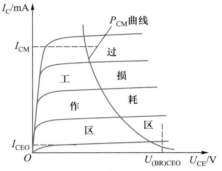

图 6-2-8　小功率硅晶体管 $P_{CM}$ 曲线与过损耗区

7. 特征频率 $f_T$

晶体管的 PN 结结构中,必然存在寄生的电容,随着工作频率的提高,寄生电抗的影响将越来越大,从而使得晶体管性能下降,定义晶体管电流放大系数 $\beta$ 下降到 1(完全失去电流放大能力)所对应的频率为晶体管的特征频率,记为 $f_T$。高频管的结面积小,寄生电抗小,特征频率高;而低频管结面积大,寄生电抗大,特征频率低。

以上所介绍的几个参数中,$\beta$ 和 $I_{CBO}$ 是表示一个管子优劣的主要指标。$I_{CM}$、$U_{(BR)CEO}$ 和 $P_{CM}$ 是极限参数,说明了晶体管安全使用的限制。

### 6.2.5　晶体管的大信号电路模型

晶体管工作在截止区时表现为各极电流基本为零,可等效为断开的开关;晶体管工作在放大区时,集电极电流随基极电流变化,可等效为电流控制电流源;而晶体管工作在饱和区时,各极之间的电压基本为零,可等效为闭合的开关。当晶体管工作在大信号状态时,可利用理想二极管单向导电的开关特点,为晶体管工作状态在饱和、截止、放大之间转换提供模型,图 6-2-9 所示的等效电路是晶体管工作在大信号时的开关模型。

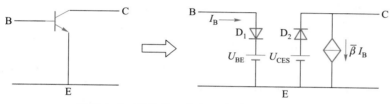

图 6-2-9 晶体管工作在大信号时的开关模型

大信号模型中,$U_{BE}$ 为晶体管发射结导通电压,对于一般硅管,$U_{BE}$ 为 0.6~0.7 V(对于锗管,$U_{BE}$ 为 0.2~0.3 V),$U_{CES}$ 为晶体管饱和时 C-E 电压,对于硅管,$U_{CES}$ 为 0.3~0.5 V(对于锗管,$U_{CES}$ 为 0.1~0.2 V),二极管采用理想二极管。

当 B-E 输入电压小于 $U_{BE}$ 且 C-E 电压大于 $U_{CES}$ 时,二极管 $D_1$、$D_2$ 截止,晶体管处于截止工作状态;当 B-E 输入电压达到 $U_{BE}$ 且 C-E 电压大于 $U_{CES}$ 时,二极管 $D_1$ 导通,$D_2$ 截止,晶体管处于放大工作状态;当 B-E 输入电压达到 $U_{BE}$ 且 C-E 电压降到 $U_{CES}$ 时,二极管 $D_1$、$D_2$ 均导通,晶体管处于饱和工作状态。

大信号电路模型主要用于晶体管静态工作状态分析和晶体管开关电路分析。

## 6.3 晶体管放大电路

晶体管是最常用的构成放大电路的核心放大器件之一,本节介绍几种由晶体管构成的基本单元放大电路。

### 6.3.1 共发射极放大电路

**一、单管共发射极放大电路的组成**

图 6-3-1 是单管共发射极放大电路。电路中只有一个晶体管作为放大器件,并且电路的输入回路(基极回路)和输出回路(集电极回路)的公共端是晶体管的发射极,故称单管共发射极放大电路(简称共射放大电路)。

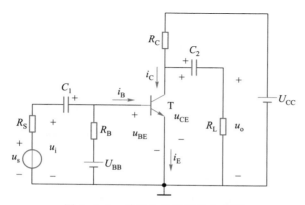

图 6-3-1 单管共发射极放大电路

NPN 型晶体管 T 担负着能量控制作用(放大作用),是放大电路的核心元件。基极直流电源 $U_{BB}$ 和基极电阻 $R_B$ 给晶体管发射结提供适当的正向偏置电压 $U_{BE}$(约 0.7 V)和偏置电流 $I_B$。集电极直流电源 $U_{CC}$ 为输出信号提供能量,$R_C$ 是集电极负载电阻,将受输入信号控制的集电极电流变化转换为集电极电压的变化,输送到放大电路的输出端,实现了电压放大。同时 $U_{CC}$ 和 $R_C$ 为晶体管提供适当的管压 $U_{CE}$,使 $U_{CE} > U_{BE}$,以保证晶体管集电结反向偏置,处于放大状态。$U_{CC}$ 数值一般为几伏到几十伏,$R_C$ 数值一般为几千欧。

电容 $C_1$、$C_2$ 分别接在放大电路的输入、输出端,与电路中的电阻构成耦合电路。由于电容有"通交隔直"作用,交流信号可以顺利地通过 $C_1$、$C_2$,连通了信号源、放大电路和负载三者之间的交流通路,保证了交流信号的"畅通无阻"。而放大电路的直流电源 $U_{BB}$ 与 $U_{CC}$ 被 $C_1$、$C_2$ 隔断,使信号源、放大电路和负载三者之间没有直流联系,互不影响。所以 $C_1$、$C_2$ 称为耦合电容,也称为隔直电容。为使交流信号顺利通过,要求 $C_1$、$C_2$ 的容抗很小,其信号压降可忽略不计(即对交流信号可视为短路),所以 $C_1$、$C_2$ 的容量都很大,一般为几微法到几十微法,通常采用有极性的电解电容,使用时要正确连接(参考第 4 章 4.5.3 节)。由于采用了电容作信号的耦合,图 6-3-1 所示电路又称为阻容耦合单管共发射极放大电路。

图 6-3-1 所示电路使用两个直流电源 $U_{BB}$ 与 $U_{CC}$,既不方便又不经济。由于输入输出回路具有公共的接地端,实际使用中常省去基极直流电源 $U_{BB}$,将基极电阻 $R_B$ 改接到 $U_{CC}$ 的正端,采用单电源供电,如图 6-3-2(a)所示。为保证发射结正偏、集电结反偏,必须保证 $R_B$ 取值比 $\beta R_C$ 大。

在电子电路中,习惯上一般不画电源 $U_{CC}$ 的符号,而只把电源为放大电路提供的电压 $U_{CC}$ 以电位的形式标出,如图 6-3-2(b)所示。

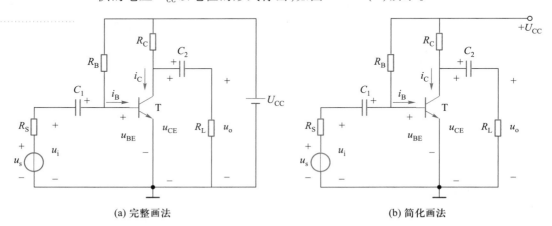

(a) 完整画法　　　　　　　　　　　(b) 简化画法

图 6-3-2　单电源单管共射放大电路

## 二、基本共射放大电路的工作原理和波形分析

对放大电路的基本要求,一是信号能放大,二是放大后的信号不失真。下面就从这两方面看看放大电路是怎样工作的。

1. 信号放大的过程

在图 6-3-2(b) 中，$u_i = 0$ 时，没有信号输入，放大电路处于静态。基极回路的电压 $U_{BE}$、电流 $I_B$ 和集电极回路的电压 $U_{CE}$、电流 $I_C$ 均为直流量。它们的关系是

$$U_{BE} \rightarrow I_B = \frac{U_{CC} - U_{BE}}{R_B} \xrightarrow{\times \bar{\beta}} I_C = \bar{\beta} I_B \rightarrow U_{CE} = U_{CC} - R_C I_C$$

这四个直流量表明了晶体管的静态工作点 $Q$，其大小如图 6-3-3 虚线所示，分别记为 $U_{BEQ}$、$I_{BQ}$、$I_{CQ}$、$U_{CEQ}$。

有信号输入时，$u_i \neq 0$，设 $u_i = U_m \sin(\omega t)$。在静态工作点 $U_{BEQ}$、$I_{BQ}$、$I_{CQ}$、$U_{CEQ}$ 直流分量的基础上，叠加了交流分量（信号分量），这些交流分量的关系是

$$u_i \rightarrow u_{be} \rightarrow i_b \xrightarrow{\times \beta} i_c = \beta i_b \rightarrow u_{ce} = (R_C /\!/ R_L) i_c \rightarrow u_O$$

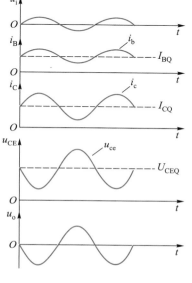

其中，$u_{be}$ 为发射结信号电压（由于 $C_1$ 相当于短路，所以 $u_{be} = u_i$），它产生基极信号电流 $i_b$，$i_b$ 放大 $\beta$ 倍后，产生集电极信号电流 $i_c$，$i_c$ 流过 $R_C$ 和 $R_L$ 产生信号电压降 $(R_C /\!/ R_L) i_c$。既然 $R_C$ 上增加一信号电压，那么晶体管上就应减少一个等量的信号电压（因为 $R_C$ 与管子两者电压之和等于 $U_{CC}$），晶体管上的信号电压用 $u_{ce}$ 表示。这里，集电极电阻 $R_C$ 将晶体管的集电极电流变化转换为电压变化，并反映到晶体管上，从而将电流放大作用转

图 6-3-3 基本共射放大
电路的工作波形

换为电压放大作用（$u_{ce}$ 的幅度比 $u_i$ 大得多）。这时晶体管各极的电流及极间电压为静态工作点直流分量和由输入信号引起的交流分量之和，它们均为方向不变，而大小随输入信号 $u_i$ 变化的波动直流，其波形如图 6-3-3 的实线所示。

当这个含有被放大信号的波动直流经过输出端的耦合电容 $C_2$ 的"隔直通交"作用，滤去了直流分量后，就还原出已放大的正弦信号电压 $u_{ce}$，它就是放大电路的输出电压，即 $u_o = u_{ce}$。通常，放大电路都是带负载的，负载电阻 $R_L$ 就接在输出电容 $C_2$ 和地（公共端）之间。

与输入电压相比，输出电压 $u_o$ 有如下特点：

（1）$u_o$ 的幅度比 $u_i$ 增大了。

（2）$u_o$ 的频率与 $u_i$ 相同。

（3）$u_o$ 的相位与 $u_i$ 相反，即 $u_o = -U_{om} \sin(\omega t) = U_{om} \sin(\omega t - 180°)$。

2. 静态工作点的作用

静态工作点在信号放大的过程中起什么作用呢？既然放大电路要放大的是动态信号，为什么还要设置静态工作点呢？为了回答这个问题，不妨将图 6-3-2 中的基极电阻 $R_B$ 去掉，而将输入信号 $u_i$ 直接加在晶体管的基极和发射极之间，如图 6-3-4 所示，看看将会有什么结果。

　　显然，在没有输入信号时，$I_B = 0$，$I_C = 0$。当加入输入信号 $u_i$，如图 6-3-5(a) 所示，由于发射结的单向导电性，信号的负半周使发射结反偏，晶体管截止，放大电路没有输出。那么信号的正半周呢？前面讲过晶体管输入特性上存在死区电压(硅管为 0.5 V)，只有当输入信号大于死区电压时，晶体管才导通，$i_B$ 和 $i_C$ 的波形如图 6-3-5(b)、(c) 所示。集-射极电压 $u_{CE} = U_{CC} - R_C i_C$，随着 $i_C$ 的变大而减少(或随着 $i_C$ 的变小而增大)，波形如图 6-3-5(d) 所示。由于电容 $C_2$ 的隔直作用，在输出端得到了滤掉直流分量的输出电压 $u_o$，波形如图 6-3-5(e) 所示。比较输入、输出波形，显然输出电压 $u_o$ 出现了严重的失真，已经不是 $u_i$ 的样子，放大就毫无意义了。

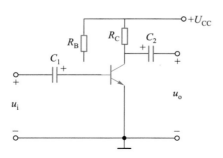

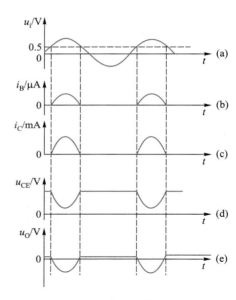

图 6-3-4　没有设置静态工作点的放大电路　　　　图 6-3-5　不设置静态工作点的失真波形

　　只有设置了合适的静态工作点，使得晶体管在整个信号周期内，始终工作在放大状态(这种状态称为甲类放大，对于某些特别构造的放大电路，采取了专门的措施，可以使晶体管不全部工作在放大状态，如 6.7 节介绍的互补对称功率放大电路)，输出信号才不会产生失真，这就是设置静态工作点的必要性和重要性。应该指出静态工作点 $Q$ 不仅影响电路是否产生失真，而且影响着放大电路的动态性能，这些将在后面讨论。

　　在交流放大电路中，有直流分量、交流分量以及它们的合成全量。为便于区分，以不同的符号标注它们，用大写字母加大写下标表示直流分量，如 $I_B$、$I_C$、$U_{CE}$ 等；用小写字母加小写下标表示交流分量，如 $i_b$、$i_c$、$u_{ce}$ 等；用小写字母加大写下标表示合成全量,如 $i_B$、$i_C$、$u_{CE}$ 等。表 6-3-1 给出了常用的交流放大电路中电压和电流的符号,要注意正确使用它们。

表 6-3-1 常用的交流放大电路中电压和电流的符号

| 名称 | | 直流分量（静态值） | 交流分量 | | 合成全量的瞬时值 |
|---|---|---|---|---|---|
| | | | 瞬时值 | 有效值 | |
| 晶体管 | 基极电流 | $I_B$ | $i_b$ | $I_b$ | $i_B(=I_B+i_b)$ |
| | 集电极电流 | $I_C$ | $i_c$ | $I_c$ | $i_C(=I_C+i_c)$ |
| | 发射极电流 | $I_E$ | $i_e$ | $I_e$ | $i_E(=I_E+i_e)$ |
| | 基-射极电压 | $U_{BE}$ | $u_{be}$ | $U_{be}$ | $u_{BE}(=U_{BE}+u_{be})$ |
| | 集-射极电压 | $U_{CE}$ | $u_{ce}$ | $U_{ce}$ | $u_{CE}(=U_{CE}+u_{ce})$ |
| 放大电路 | 输入电压 | — | $u_i$ | $U_i$ | |
| | 输出电压 | — | $u_o$ | $U_o$ | |

### 6.3.2 放大电路的基本分析方法

放大电路的分析,分为静态和动态两种情况。静态分析的目的是分析电路中有源器件(如晶体管)的静态工作点直流电压和直流电流,确定其是否处于放大状态。动态分析主要是估算放大电路的各项动态技术指标,如电压放大倍数、输入电阻、输出电阻、输出最大功率等。

**一、放大电路的直流通路和交流通路**

前面的分析已经指出,放大电路是个交、直流共存的电路,电路中同时存在着由直流电源作用的直流分量,和由交流信号源作用的交流分量。由于放大电路内存在着电容等电抗元件,直流分量的通路和交流分量的通路是不一样的。为了分析方便,常把直流电源对电路的作用和输入交流信号源的作用区分开来,分成直流通路和交流通路来讨论。

直流通路是在直流电源作用下直流电流流经的通路,主要用于研究电路的静态工作点。直流通路(或直流等效电路)获得的方法如下:

(1) 电路中电容等效为开路,电感线圈等效为短路(忽略线圈电阻)。

(2) 信号源不起作用,按零值处理(电压源短路、电流源开路),只保留其内阻。

根据以上原则,图 6-3-2 所示单管共射放大电路直流通路如图 6-3-6(a)所示。

交流通路是在输入交流信号的作用下,交流信号流经的通路,主要用于研究动态参数,即放大电路的各项动态技术指标。交流通路(等效电路)的获得方法如下:

(1) 容量大的电容(如耦合电容、旁路电容),容抗小,对交流信号可视为短路。

(2) 直流电压源按零值处理,等效为短路(一般忽略其内阻)。

根据以上原则,图 6-3-2 所示单管共射放大电路的交流通路如图 6-3-6(b)所示。

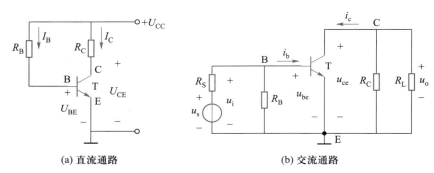

(a) 直流通路　　　　　　　　　　(b) 交流通路

图 6-3-6　单管共射放大电路的直流通路和交流通路

利用放大电路的直流通路和交流通路,分别对放大电路进行静态分析和动态分析。分析的过程一般是先静态后动态,先有合适的静态工作点,再作动态分析。求解静态工作点时应采用直流通路,求解动态参数时应采用交流通路,两种通路的应用不可混淆。下面以图 6-3-2 所示单管共射放大电路为例,介绍放大电路的静态分析和动态分析。

**二、放大电路的静态分析**

围绕着放大电路的核心元件晶体管,放大电路的直流通路实际上存在两个回路:输入回路和输出回路,如图 6-3-7 所示。静态分析的目的就是要通过这两个回路,分析出晶体管在无信号直流状况下的工作状态。

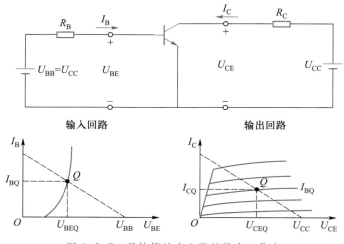

图 6-3-7　晶体管放大电路的静态工作点

在输入回路中,左侧线性等效电源($U_{BB}$,$R_B$)与晶体管输入端口共用电压 $U_{BE}$ 和电流 $I_B$,在同一坐标系中画出晶体管输入特性曲线(图中实线)和线性等效电源特性曲线(图中虚线),常称该线性等效电源特性曲线为晶体管的输入直流负载线,两条特性曲线的交点就是晶体管静态工作点 $Q$,对应得到 $U_{BEQ}$ 和 $I_{BQ}$。

在输出回路中,右侧线性等效电源($U_{CC}$,$R_C$)与晶体管输出端口共用电压 $U_{CE}$ 和电流 $I_C$,同样,在同一坐标系中画出晶体管输出特性曲线(实线)和线性等效电源特性曲线(虚线)——晶体管的输出直流负载线,两条特性曲线的交点为晶体管静态工作点 $Q$,对应得到 $U_{CEQ}$ 和 $I_{CQ}$。

用上述方法虽然直观地得到了静态工作点,但是,这种方法要求精确得到晶体管的特性曲线,这在许多场合是不容易实现的。为此,工程上常采用等效电路的方法来分析静态工作点。

将图 6-3-6(a)所示直流通路中晶体管替换为大信号模型,得到图 6-3-8 所示静态工作点分析等效电路。

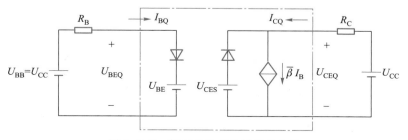

图 6-3-8　静态工作点分析等效电路

当 $U_{BB} > U_{BE} \approx (0.6 \sim 0.7)$ V$> U_{CES} \approx (0.3 \sim 0.5)$ V 时,左边二极管导通(发射结)。有

$$U_{BEQ} = U_{BE} = 0.7 \text{ V} \qquad I_{BQ} = \frac{U_{BB} - U_{BEQ}}{R_B} \qquad (6-3-1)$$

如果晶体管处于放大状态,则

$$I_{CQ} = \beta I_{BQ} \qquad U_{CEQ} = U_{CC} - I_{CQ} R_C \qquad (6-3-2)$$

式(6-3-2)的计算结果是基于晶体管处于放大状态得到的,若结果出现 $U_{CEQ} < U_{CES}$,图中右侧二极管导通,表明晶体管实际上已经进入饱和状态。此时

$$I_{CQ} = \frac{U_{CC} - U_{CES}}{R_C} \qquad U_{CEQ} = U_{CES} \qquad (6-3-3)$$

这种情况下,放大电路将不能正常工作(放大),需要调整放大电路的偏置,一般是调整(增大)基极偏置电阻 $R_B$ 减小静态工作点电流,使晶体管工作点离开饱和区。

**例 6-3-1** 图 6-3-9 所示电路中,$U_{CC} = 12$ V,$R_C = 2.1$ kΩ,$R_B = 300$ kΩ,$\beta = 100$,设 $U_{BE} = 0.6$ V,试对该电路进行静态分析。

**解:** $U_{BB} = U_{CC} = 12$ V$> U_{BE} = 0.6$ V,由式(6-3-1)可得

$$U_{BEQ} = U_{BE} = 0.6 \text{ V} \qquad I_{BQ} = \frac{U_{CC} - U_{BE}}{R_B} = \frac{12 - 0.6}{300 \times 10^3} \text{A} = 38 \text{ μA}$$

按照式(6-3-2)有

$$I_{CQ} = \beta I_{BQ} = 100 \times 38 \text{ μA} = 3.8 \text{ mA}$$

例 6-3-1
Multisim 仿真

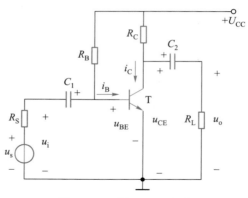

图 6-3-9 例 6-3-1 电路

$$U_{CEQ} = U_{CC} - I_{CQ}R_C = (12 - 3.8 \times 2.1) \text{ V} = 4.02 \text{ V}$$

分析结果表明晶体管被正确设置在放大状态。但是如果电路中将晶体管更换成高 $\beta$ 管,如 $\beta = 200$,则重新计算结果为

$$I_{CQ} = \beta I_{BQ} = 200 \times 38 \text{ μA} = 7.6 \text{ mA}$$

$$U_{CEQ} = U_{CC} - I_{CQ}R_C = (12 - 7.6 \times 2.1) \text{ V} = -3.96 \text{ V} < U_{CES} = 0.5 \text{ V}$$

晶体管进入饱和状态,静态工作点 $U_{CEQ} = U_{CES} = 0.5$ V, $I_{CQ}$ 不再受 $I_{BQ}$ 控制,而是受偏置电路限制达到最大值

$$I_{CQ} = \frac{U_{CC} - U_{CES}}{R_C} = \frac{12 - 0.5}{2.1} \text{ mA} \approx 5.48 \text{ mA}$$

### 三、放大电路的动态分析

在确定了晶体管静态处于放大工作状态后,可以对其进行动态分析,分析放大电路的性能指标,如电压放大倍数、输入电阻和输出电阻,以及分析非线性失真、频率特性、负反馈等问题。

放大电路动态分析在交流通路上进行,晶体管的非线性特性给定量动态分析造成了困难,故需要对放大电路进行必要的线性化处理。

#### 1. 晶体管的微变(小信号)等效电路

放大电路的线性化,关键是晶体管特性的线性化。晶体管在小信号(微变量)情况下工作,加在晶体管发射结上的电压变化很小,工作点只在静态工作点附近作微小变化,在这样微小范围内,晶体管特性可采用微分线性化处理,用晶体管静态工作点处特性曲线的切线代替曲线本身。图 6-3-10(a)是图 6-3-6(b)所示交流通路中的晶体管电路,$u_{be}$、$i_b$、$i_c$、$u_{ce}$ 是交流信号分量,它们的幅值很小,符合线性化条件。图 6-3-11(a)、(b)是晶体管的输入特性曲线和输出特性曲线。当放大电路输入信号很小时,静态工作点 $Q$ 附近的曲线段 $ab$ 和 $cd$ 均可按直线段处理。在图 6-3-11(a)上,当 $u_{CE} = U_{CEQ}$ 为常数时,$\Delta U_{BE}$ 和 $\Delta I_B$ 可认为是小信号 $u_{be}$ 和 $i_b$,两者之比值为电阻 $r_{be}$(切线斜率)。

$$r_{be} = \frac{\Delta U_{BE}}{\Delta I_B}\bigg|_{U_{CEQ}} = \frac{u_{be}}{i_b}\bigg|_{U_{CEQ}}$$

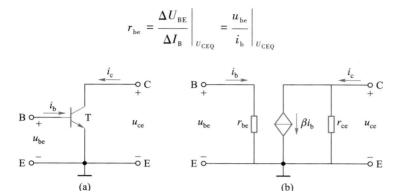

图 6-3-10　晶体管及其微变等效电路

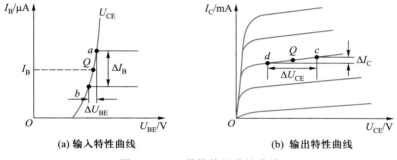

图 6-3-11　晶体管的特性曲线

电阻 $r_{be}$ 称为晶体管的交流输入电阻。在小信号条件下，$r_{be}$ 是个与静态工作点相关的常数，在手册中常用 $h_{ie}$ 表示。原则上 $r_{be}$ 可以从特性曲线求得，但晶体管的输入特性曲线在一般手册中往往并不给出，也不大容易测准，故常采用公式估算。根据 PN 结的导电特性和晶体管的结构有

$$r_{be} = r_{bb'} + r_{b'e} \qquad r_{b'e} = (1+\beta)\frac{U_T}{I_{EQ}} = \beta\frac{U_T}{I_{CQ}} \qquad (6-3-4)$$

其中，$r_{bb'}$ 是基区体电阻，对于小功率管，一般为几欧到几十欧（由于工艺因素，早期晶体管基区体电阻比较大，一般会有几百欧），可查阅手册得到。$r_{b'e}$ 为发射结等效电阻，$U_T = \dfrac{kT}{q}$ 为温度的电压当量，$k$ 为玻耳兹曼常数（$1.38\times10^{-23}$ J/K），$T$ 为热力学温度，$q$ 为电子电荷量（$1.6\times10^{-19}$ C），室温（27 ℃）时 $U_T \approx 25.8$ mV。

随着半导体器件制造工艺的改进，$r_{bb'}$ 越来越小，因此，若无特别说明，上式中 $r_{bb'}$ 可取 10 Ω 或可忽略。从上式可见，$r_{be}$ 是个受静态工作点影响的动态电阻。当 $I_{EQ}$ 很小时，$r_{b'e} \gg r_{bb'}$，$r_{be} \approx r_{b'e}$。

在小信号作用下晶体管的基极和发射极之间可用等效电阻 $r_{be}$ 来代替，如图 6-3-10(b) 所示。根据晶体管电流放大原理，$i_c$ 受 $i_b$ 控制，$i_c = \beta i_b$，若 $i_b$ 不变，$i_c$ 也不变，具有恒流特性。所以，集电极和发射极之间可用等效受控电流源

来代替,如图 6-3-10(b)所示。

实际上,在图 6-3-11(b)上,各曲线不完全与横轴平行,当基极电流 $i_B = I_B$ 为常数时,在 $Q$ 点附近,$\Delta U_{CE}$ 和 $\Delta I_C$ 可认为就是小信号 $u_{ce}$ 和 $i_c$,两者之比为电阻 $r_{ce}$(输出特性曲线在工作点的斜率)

$$r_{ce} = \frac{\Delta U_{CE}}{\Delta I_C}\bigg|_{I_B} = \frac{u_{ce}}{i_c}\bigg|_{I_B} \qquad (6-3-5)$$

$r_{ce}$ 称为晶体管的交流输出电阻,在小信号条件下,它也是个常数。若把集电极和发射极之间看作受控电流源,则 $r_{ce}$ 就是它的内阻,所以在等效电路中,$r_{ce}$ 与受控电流源并联。图 6-3-10(b)就是晶体管在小信号工作条件下简化的微变等效电路。在实际应用中,因为 $r_{ce}$ 数值很大(几十千欧到几百千欧),分流作用极小,可忽略不计,故本书在后面的电路中常省略 $r_{ce}$。

2. 放大电路的微变等效电路分析

将图 6-3-6(b)中的晶体管用其微变等效电路代替,即构成放大电路的微变等效电路,图 6-3-2 放大电路的微变等效电路如图 6-3-12 所示。为便于频率特性分析,图中将小信号当作单一频率正弦波,并将电路直接转换到相量域(参考第 3 章)。

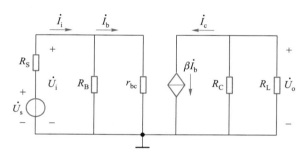

图 6-3-12　图 6-3-2 放大电路的微变等效电路

(1)电压放大倍数

电压放大倍数就是输出电压与输入电压的变化量之比。设输入信号为正弦量,图 6-3-12 的电压和电流用相量表示。则

输入电压　　　　　　　　$\dot{U}_i = r_{be}\dot{I}_b$

输出电压　　　　　　　　$\dot{U}_o = -R'_L\dot{I}_c = -\beta R'_L\dot{I}_b$

式中,$R'_L$ 为等效负载电阻,由 $R_C$ 与 $R_L$ 并联构成,$R'_L = R_C /\!/ R_L = \dfrac{R_C R_L}{R_C + R_L}$,放大电路的有载电压放大倍数

$$A_u = \frac{\dot{U}_o}{\dot{U}_i} = -\frac{\beta R'_L\dot{I}_b}{r_{be}\dot{I}_b} = -\beta\frac{R'_L}{r_{be}} \qquad (6-3-6)$$

若放大电路负载开路($R_L = \infty$),则放大电路空载电压放大倍数为

220

$$A_{uo} = -\beta \frac{R_C}{r_{be}} \qquad (6-3-7)$$

上两式中负号表示输出电压和输入电压相位相反,称为反相放大。电压放大倍数与集电极电阻 $R_C$、负载电阻 $R_L$、晶体管电流放大系数 $\beta$ 和 $r_{be}$ 有关。由于 $r_{be}$ 受静态工作点影响,$I_{EQ}$ 增大,$r_{be}$ 将减小,此时 $|A_u|$ 将增大,可见电压放大倍数 $A_u$ 也受静态工作点变化的影响。

(2)输入电阻

输入电阻的大小等于输入电压和输入电流之比,当输入电压为正弦电压时,采用相量分析,由于电路中没有电抗,所以输入阻抗为实数(输入电阻)

$$r_i = \frac{\dot{U}_i}{\dot{I}_i} = R_B \mathbin{/\mkern-5mu/} r_{be} \approx r_{be} \qquad (6-3-8)$$

因为 $R_B$ 的阻值比 $r_{be}$ 大得多,所以这一类放大电路的输入电阻 $r_i$ 近似等于晶体管的输入电阻 $r_{be}$,数值不大,一般数值为千欧量级。

放大电路的输入电阻小,将从信号源索取较大的电流,增加信号源的负担;放大电路从电压信号源分压获得的实际输入电压 $U_i$ 小;当放大电路作为前级放大电路的负载时,较小的输入电阻会使前级放大电路的电压放大倍数减小。通常希望放大电路的输入电阻略大些。

(3)输出电阻

对负载 $R_L$ 而言,放大电路等效为含有内阻的信号源(给 $R_L$ 提供被放大了的交流信号),如图 6-3-13 所示,这个内阻称为放大电路的输出电阻,用 $r_o$ 表示,它也是个动态电阻。放大电路的输出电阻 $r_o$ 可在信号源为零($u_s = 0$)的条件下在放大电路输出端求得。实际上,放大电路输出端相当于一个有源二端网络,根据戴维南定理,这个有源二端网络可以用一个等效的电压源代替,电压源的内阻就是放大电路的输出电阻,如图 6-3-13 所示。

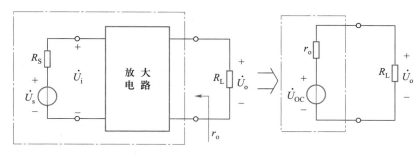

图 6-3-13 放大电路的输出电阻

对图 6-3-9 所示电路,利用图 6-3-12 微变等效电路,将信号源置零 $\dot{U}_s = 0$,则 $\dot{I}_b = 0$,受控电流源也为 0,从输出端看进去的等效电阻(输出电阻)为

$$r_o = R_C \qquad (6-3-9)$$

例 6-3-2
Multisim 仿真

放大电路作为负载的信号源,其内阻 $r_o$ 的数值应尽量小些。$r_o$ 越小,放大电路的带负载能力越强。

**例 6-3-2** 在图 6-3-9 所示电路中,若 $R_L = 3 \text{ k}\Omega$,试求电压放大倍数、输入电阻及输出电阻(假设 $r_{bb'} = 10 \ \Omega$)。

**解:** 图 6-3-9 所示电路的微变等效电路如图 6-3-12 所示。

(1)电压放大倍数 $A_u$

在例 6-3-1 中已经求出 $I_{CQ} = 3.8 \text{ mA}$,计算晶体管输入电阻

$$r_{be} = r_{bb'} + r_{b'e} = r_{bb'} + \beta \frac{U_T}{I_{CQ}} = \left( 10 + 100 \times \frac{25.8}{3.8} \right) \Omega \approx 689 \ \Omega$$

根据式(6-3-6)计算有载电压放大倍数

$$A_u = - \beta \frac{R'_L}{r_{be}} = - 100 \times \frac{\frac{2.1 \times 3}{2.1 + 3} \text{ k}\Omega}{689 \ \Omega} \approx - 179$$

当负载开路时,利用式(6-3-7)计算空载电压放大倍数

$$A_{uo} = - \beta \frac{R_C}{r_{be}} = - 100 \times \frac{2.1 \text{ k}\Omega}{689 \ \Omega} \approx - 305$$

(2)放大电路的输入电阻 $r_i$

由图 6-3-12 所示微变等效电路可知

$$r_i = R_B \ // \ r_{be} = \frac{300 \times 0.689}{300 + 0.689} \text{ k}\Omega \approx 0.687 \text{ k}\Omega$$

(3)放大电路的输出电阻 $r_o$

$$r_o = R_C = 2.1 \text{ k}\Omega$$

3. 放大电路动态性能的图解分析

在静态分析的基础上,利用晶体管的输出特性曲线,可以直观地分析各个电压、电流交流分量的传输情况和相互关系。

与静态分析类似,动态时晶体管的工作点也是沿一条直线($u_{CE} = U'_{CC} - i_C R'_L$)运动,这条直线被称为晶体管的交流负载线。直流负载线反映的是静态时的电流 $I_C$ 与电压 $U_{CE}$ 的变化关系,交流负载线反映的则是动态时的电流 $i_C$ 与电压 $u_{CE}$ 的变化关系。动态时耦合电容 $C_2$ 相当于短路,集电极的负载电阻是 $R_C$ 与 $R_L$ 并联的等效电阻 $R'_L$,因此交流负载线的斜率与直流负载线不同,不是 $-R_C^{-1}$,而是 $-(R'_L)^{-1}$。由于 $R'_L$ 小于 $R_C$,通常交流负载线比直流负载线更陡。当输入信号的瞬时值为零时,放大电路处于静态,工作点既在交流负载线上,又在静态工作点上,因此交、直流负载线在 $Q$ 点相交,只要过 $Q$ 点作一条斜率为 $-(R'_L)^{-1}$ 的直线,即可得到放大电路的交流负载线。对图 6-3-9 所示电路,可作其交流负载线如图 6-3-14 所示。

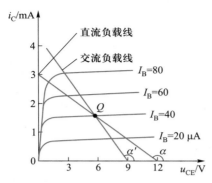

图 6-3-14　直流负载线和交流负载线

若放大电路输入端加入正弦电压 $u_i$，在线性范围内，晶体管的 $u_{BE}$、$i_B$、$i_C$、$u_{CE}$ 都将围绕各自的静态值随 $u_i$ 按正弦规律变化，工作点也将围绕静态工作点 $Q$ 在交流负载线上移动。输入信号正半周，工作点从 $Q$ 上移到 $Q_1$，再从 $Q_1$ 移回 $Q$；输入信号负半周，工作点从 $Q$ 下移到 $Q_2$，再从 $Q_2$ 移回 $Q$。放大电路的基极回路和集电极回路的动态工作情况分别如图 6-3-15 所示。

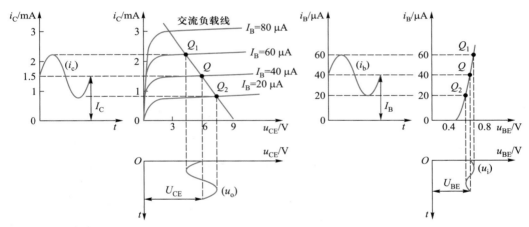

图 6-3-15　放大电路动态性能的图解分析

从图解分析可以看到，放大电路的输出波形 $u_o$ 与信号输入波形 $u_i$ 的变化方向是相反的，即它们的相位关系是反相的，这是共发射极电路的基本特征之一。当元件参数取得合适时，$u_o$ 的幅度大于 $u_i$ 的幅度，实现电压放大。利用图解分析也可以计算电压放大倍数，它等于 $u_o$ 的幅值与 $u_i$ 的幅值之比。

4. 非线性失真

如果静态工作点位置设置不合适，或者信号幅度过大，晶体管的工作范围将超出其特性曲线的线性区而进入非线性区，导致输出信号的波形不能完全重现输入信号的波形（波形畸变），这种现象称为非线性失真。

当工作点偏高时，如图 6-3-16 中 $Q_1$，虽然基极电流 $i_{b1}$ 为不失真的正弦波，但是由于输入信号 $i_{b1}$ 的正半周靠近峰值的一段时间内晶体管进入了饱和区，导

致集电极电流 $i_{c1}$ 产生顶部失真,集电极电阻 $R_C$ 上的电压也产生同样的失真,从而导致 $u_o$ 波形产生底部失真,其波形如图 6-3-16 所示,这种因晶体管饱和而产生的失真称为饱和失真。

当工作点偏低时,如图 6-3-16 中 $Q_2$,在信号负半周靠近峰值的一段时间内,晶体管 b-e 结电压 $u_{BE}$ 小于其死区电压,晶体管截止,基极电流 $i_{b2}$ 将产生底部失真,如图 6-3-16 所示。集电极电流 $i_{c2}$ 和集电极电阻 $R_C$ 上的电压也随之产生同样的失真,从而导致 $u_o$ 波形产生顶部失真,如图 6-3-16 所示,这种因晶体管截止而产生的失真称为截止失真。

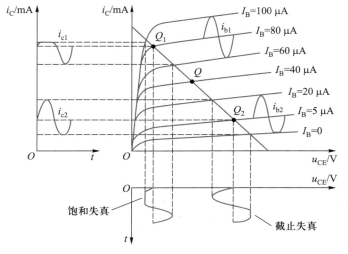

图 6-3-16　工作点不合适引起输出波形失真

当工作点设置不合适产生非线性失真时,一般通过调节基极偏置电阻 $R_B$ 对静态工作点进行调整,增大 $R_B$,$I_{BQ}$ 减小,工作点 $Q$ 下移,远离饱和区;相反,减小 $R_B$,$I_{BQ}$ 增大,工作点 $Q$ 上移,远离截止区。

应当指出,饱和失真与截止失真是比较极端的两种情况。实际上,在输入信号的整个周期内,即使晶体管始终工作在放大区,也会因为输入特性和输出特性的非线性,使输出波形产生失真,只不过当输入信号很小时,这种失真也很小,可以忽略而已,工程上,小信号一般指晶体管净输入电压 $\Delta u_{BE} < 5$ mV(小于温度电压当量的 1/5)。

5. 动态工作范围——最大不失真输出

最大不失真输出是指输出波形没有明显失真的情况下,放大电路能够输出的最大电压(有效值或幅值)。利用图解法可以估算最大不失真输出电压的范围。

从前面分析可以知道,当输入正弦交流信号时,晶体管的工作点将围绕静态工作点 $Q$ 在交流负载线上移动。由图 6-3-17 可见,当工作点上移超过 $A$ 点时,进入饱和区,输出波形会产生饱和失真;当工作点下移超过 $B$ 点时,进入截止区,输出波形会产生截止失真。因此,输出波形不产生明显失真的动态工作范围

由交流负载线上的 $A$、$B$ 两点所限制的范围决定。当静态工作点 $Q$ 设置在 $AB$ 的中点时，$AQ=QB$，它们在横轴上的投影 $CD=DE$，则此时放大电路的最大不失真输出幅度为

$$U_{OM} = CD = DE$$

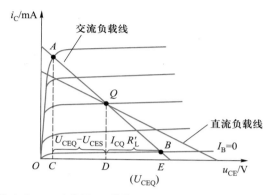

图 6-3-17　用图解法估算最大不失真输出电压的范围

若静态工作点 $Q$ 设置得过高或过低，则交流负载线上 $AB$ 间的动态工作范围不能充分利用，从而使最大不失真输出幅度减小，此时 $CD \neq DE$，$U_{OM}$ 将由 $CD$ 和 $DE$ 的较小者决定。即

$$U_{OM} = \min\{CD, DE\}$$

一般地，$CD$ 为工作点电压向饱和方向变化的最大值，$CD = U_{CEQ} - U_{CES}$；$DE$ 为工作点电压向截止方向变化的最大值，$DE = R'_L I_{CQ}$，$R'_L = R_C /\!/ R_L$。因此，放大电路最大不失真输出幅度可由下式确定

$$U_{OM} = \min\{U_{CEQ} - U_{CES}, R'_L I_{CQ}\} \qquad (6-3-10)$$

显然，静态工作点设置在交流负载线在放大区内的中点（即 $AB$ 的中点）能获得最大的动态工作范围。

## 6.3.3　静态工作点稳定电路

从上面的分析知道，放大电路应有合适的静态工作点，才能保证有良好的放大效果。静态工作点不但决定了放大电路是否会产生失真，而且还影响着放大电路的电压放大倍数、输入电阻等动态参数。由于静态工作点由直流负载线与对应静态基极电流的那条晶体管输出特性曲线的交点确定，当电源电压 $U_{CC}$ 和集电极电阻 $R_C$ 的大小确定后，静态工作点的位置就决定于基极电流（偏置电流）的大小。对图 6-3-2(b) 所示的基本共射放大电路，其偏置电流由下式确定

$$I_{BQ} = \frac{U_{CC} - U_{BEQ}}{R_B} \approx \frac{U_{CC}}{R_B} \qquad (6-3-11)$$

当 $R_B$ 一经确定，$I_{BQ}$ 的大小也就基本固定不变了，故称其为固定式偏置电路。

固定式偏置电路虽然简单，静态工作点易于调整，但是即使设计时将静态工

作点设置在最佳区域,在外部因素(温度变化、晶体管参数变化、电源电压波动等)影响下,静态工作点仍会发生偏移,严重时甚至会使放大电路不能正常工作,其中温度的变化是影响最大的因素。

当环境温度升高时,$\beta$ 和 $I_{CEO}$ 均会增大,而 $U_{BE}$ 会下降(当 $I_B$ 不变时),这些参数的变化,最终将导致集电极电流 $I_C$ 的增大,使晶体管的整个输出特性曲线向上平移,如图 6-3-18 中的虚线所示。

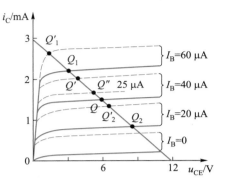

图 6-3-18　温度对静态工作点的影响

假设忽略偏置电流 $I_B$ 所受温度的影响,$I_{BQ}$ 值不变,静态工作点就从 $Q$ 移动到 $Q'$,若原先的工作范围是 $Q_1Q_2$,温度升高后的工作范围就移到了 $Q_1'Q_2'$,进入了饱和区,使放大电路产生饱和失真。显然,要使静态工作点重新回到原来的位置并保持基本稳定,只要在温度升高时适当地减小基极电流,依靠 $I_{BQ}$ 的减小来抵消 $I_{CQ}$ 的增大和 $U_{CEQ}$ 的减小,使 $I_{CQ}$ 和 $U_{CEQ}$ 基本不变即可。这需要改进偏置电路,使温度升高时,一旦 $I_C$ 增大,偏流 $I_B$ 自动减小。

图 6-3-19(a)给出了最常用的静态工作点稳定电路。与固定式偏置电路相比,主要是发射极接有电阻 $R_E$ 和电容 $C_E$,直流电源 $U_{CC}$ 经电阻 $R_{B1}$、$R_{B2}$ 分压后接到晶体管的基极。这个电路称为分压式偏置稳定工作点电路。

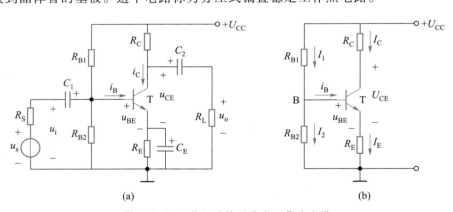

(a)　　　　　　　　　　　　(b)

图 6-3-19　分压式偏置稳定工作点电路

**一、稳定静态工作点的原理**

由图 6-3-19(b)所示的直流通路可知

$$I_C \approx I_E = \frac{V_E}{R_E} = \frac{V_B - U_{BE}}{R_E} \qquad (6-3-12)$$

为使 $I_C$ 稳定,采取了两个措施。

（1）固定基极电位 $V_B$

选取适当的 $R_{B1}$ 和 $R_{B2}$，使 $I_B \ll I_2 \approx I_1$，$R_{B1}$ 和 $R_{B2}$ 相当于分压器

$$V_B \approx \frac{R_{B2}}{R_{B1} + R_{B2}} U_{CC} \qquad (6-3-13)$$

可以认为 $V_B$ 的值与晶体管的参数无关，不受温度影响，而仅为 $R_{B1}$ 和 $R_{B2}$ 的分压电路所固定。

（2）取适当的 $V_B$ 值，使 $V_B \gg U_{BE}$。于是

$$I_C \approx I_E = \frac{V_E}{R_E} \approx \frac{V_B}{R_E} \qquad (6-3-14)$$

因而，也可以认为 $I_C$ 不受温度影响，基本维持不变，静态工作点得以稳定。实际上，上面两个措施中，只要满足 $I_2 = (5 \sim 10) I_B$ 和 $V_B = (5 \sim 10) U_{BE}$ 两个条件即可。

$I_2$ 不能太大，否则，$R_{B1}$ 和 $R_{B2}$ 就要取得较小，这不但要增加功率损耗，还会降低放大电路的输入电阻，从信号源取用较大的电流，使信号源内阻压降增大，而加在放大电路输入端的电压 $u_i$ 减小。$R_{B1}$ 和 $R_{B2}$ 一般为几十千欧。

基极电位 $V_B$ 也不能太高，否则发射极电位 $V_E$ 也随之增高，电源电压 $U_{CC}$ 一定时，晶体管集-射极间的电压 $U_{CE}$ 相对减小，使放大电路的输出电压变化范围变小。

温度升高时，分压式偏置电路稳定静态工作点的过程可表示如下：

$$T(\text{℃}) \uparrow \rightarrow I_C \uparrow (I_E \uparrow) \rightarrow V_E \uparrow \xrightarrow{V_B \text{ 一定}} U_{BE} \downarrow \rightarrow I_B \downarrow$$

$$(\text{维持不变}) I_C \downarrow \longleftarrow \qquad\qquad\qquad\qquad$$

同理，温度降低时也有同样的调节结果。

在这个过程中，电阻 $R_E$ 起了两个重要作用：

① 采样——$R_E$ 将输出回路电流 $I_C$（输出量）转化为电压实现采样。

② 反馈——$R_E$ 上的电压反送到输入回路，改变净输入 $U_{BE}$，从而调节 $I_B$ 使输出回路的电流 $I_C$ 维持不变，静态工作点得到稳定。

$R_E$ 将输出量通过上述方式引回输入回路，进而使输出量的数值下降，这个过程称为负反馈。由于引回的输出量是电流，因而又称为电流负反馈。

显然，$R_E$ 越大，负反馈作用越强，同样的 $I_C$ 变化量所产生的 $V_E$ 变化量越大，对 $I_B$ 的调节作用越灵敏，电路的温度稳定性越好。但是，$R_E$ 增大后，$V_E$ 也随之升高，放大电路的输出电压变化范围也就减小，一般 $R_E$ 在小电流情况下，其值为几百欧到几千欧，在大电流情况下其值为几欧到几十欧。

上面分析了发射极电流的直流分量 $I_E$ 流过 $R_E$，自动稳定静态工作点的作用。事实上，发射极电流中的交流分量 $i_e$ 同样流过 $R_E$，也会产生交流压降，使 $u_{be}$ 减小，进而导致放大电路电压放大倍数大大下降。为此可以在 $R_E$ 两端并联一个大容量的电容 $C_E$，如图 6-3-19（a）所示，由于 $C_E$ 容量大，容抗小，对交流分

量相当于短路,使 $i_e$ 主要从 $C_E$ 中通过,而 $C_E$ 对直流分量无影响。$C_E$ 称为旁路电容器,其容量一般为几十微法到几百微法。

## 二、静态分析

重新画出图 6-3-19 分压式偏置稳定工作点电路的直流通路,如图 6-3-20(a)所示,利用戴维南定理将输入回路作等效电源,如图 6-3-20(b)所示,其中

$$U_{BB} = \frac{R_{B2}}{R_{B1} + R_{B2}} U_{CC} \qquad R_B = R_{B1} /\!/ R_{B2}$$

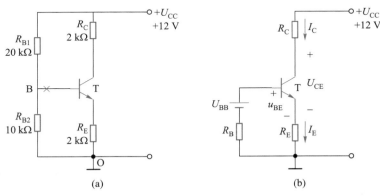

图 6-3-20　图 6-3-19 电路的直流通路的戴维南等效电路

对图中电路的输入回路应用 KVL 可得

$$U_{BB} = I_B R_B + U_{BE} + I_E R_E$$

假设晶体管工作在放大状态,$I_E = (1+\beta)I_B$,$U_{BE} = 0.7$ V,所以

$$I_{BQ} = \frac{U_{BB} - U_{BE}}{R_B + (1 + \beta) R_E} \qquad (6-3-15)$$

$$I_{CQ} \approx I_{EQ} = (1 + \beta) I_{BQ} \qquad (6-3-16)$$

$$U_{CEQ} = U_{CC} - R_C I_{CQ} - R_E I_{EQ} \qquad (6-3-17)$$

当 $(1+\beta)R_E \gg R_B$ 时,忽略 $R_B$,式(6-3-16)结果与式(6-3-12)相同。因此可利用 $R_E$ 与 $R_B$($R_{B1} /\!/ R_{B2}$ 值)是否满足式 $R_B \ll (1+\beta)R_E$,来判断电路是否满足 $I_1 \gg I_B$。

## 三、动态分析

图 6-3-19 所示电路的微变等效电路如图 6-3-21(a)所示。

图中,电容 $C_E$ 容量大,容抗小,对交流分量相当于短路。若将 $R_{B1} /\!/ R_{B2}$ 用 $R_B$ 代替,该微变等效电路与图 6-3-12 所示放大电路的微变等效电路完全相同。因此它们的动态参数也有

$$A_u = \frac{\dot{U}_o}{\dot{U}_i} = -\frac{\beta R'_L \dot{I}_b}{r_{be} \dot{I}_b} = -\beta \frac{R'_L}{r_{be}} (R'_L = R_C /\!/ R_L) \qquad (6-3-18)$$

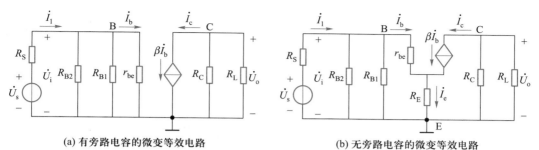

(a) 有旁路电容的微变等效电路    (b) 无旁路电容的微变等效电路

图 6-3-21　图 6-3-19 电路的微变等效电路

$$r_i = \frac{\dot{U}_i}{\dot{I}_i} = R_B \mathbin{/\!/} r_{be} = R_{B1} \mathbin{/\!/} R_{B2} \mathbin{/\!/} r_{be} \tag{6-3-19}$$

$$r_o = R_C \tag{6-3-20}$$

倘若没有旁路电容 $C_E$，电路的微变等效电路如图 6-3-21(b)所示。由图可知

$$\dot{U}_i = r_{be}\dot{I}_b + R_E\dot{I}_e = [r_{be} + (1+\beta)R_E]\dot{I}_b$$

$$\dot{U}_o = -R'_L\dot{I}_c = -\beta R'_L\dot{I}_b$$

电路动态参数

$$A_u = \frac{\dot{U}_o}{\dot{U}_i} = -\beta\frac{R'_L\dot{I}_b}{[r_{be}+(1+\beta)R_E]\dot{I}_b} = -\beta\frac{R'_L}{r_{be}+(1+\beta)R_E}$$

$$r_i = R_{B1} \mathbin{/\!/} R_{B2} \mathbin{/\!/} [r_{be}+(1+\beta)R_E]$$

$$r_o = R_C$$

若 $r_{be} \ll (1+\beta)R_E$，且 $\beta \gg 1$，则有

$$A_u = \frac{\dot{U}_o}{\dot{U}_i} \approx -\frac{R'_L}{R_E}$$

可见，虽然 $R_E$ 使 $|A_u|$ 减小了，但由于 $A_u$ 只与电阻值的大小有关，所以不受环境温度影响，稳定性得到了提高。

**例 6-3-3**　在图 6-3-19 所示的分压式偏置电压放大电路中。已知 $U_{CC}$ = 12 V，$R_{B1}$ = 30 kΩ，$R_{B2}$ = 10 kΩ，$R_C$ = 3 kΩ，$R_E$ = 1.5 kΩ，$R_L$ = 6 kΩ，晶体管电流放大系数 $\beta$ = 100，$r_{bb'}$ = 10 Ω，$U_{BE}$ = 0.6 V。

（1）求放大电路的静态工作点。

（2）求电压放大倍数、输入电阻和输出电阻。

（3）断开电容 $C_E$，再求电路的电压放大倍数、输入电阻和输出电阻。

**解：**（1）求放大电路的静态工作点

例 6-3-3
Multisim 仿真

$$U_{BB} = \frac{R_{B2}}{R_{B1} + R_{B2}} U_{CC} = \frac{10}{30 + 10} \times 12 \text{ V} = 3 \text{ V}$$

$$R_B = R_{B1} // R_{B2} = \frac{30 \times 10}{30 + 10} \text{ k}\Omega = 7.5 \text{ k}\Omega$$

$$I_{BQ} = \frac{U_{BB} - U_{BE}}{R_B + (1 + \beta) R_E} = \frac{3 - 0.6}{7.5 + (1 + 100) \times 1.5} \text{ mA} \approx 0.015 \text{ mA}$$

$$I_{CQ} = \beta I_{BQ} \approx 100 \times 0.015 \text{ mA} = 1.5 \text{ mA}$$

$$U_{CEQ} \approx U_{CC} - I_{CQ}(R_C + R_E) \approx (12 - 1.5 \times 4.5) \text{ V} = 5.25 \text{ V}$$

（2）求电压放大倍数、输入电阻和输出电阻

微变等效电路如图 6-3-21（a）所示，其中

$$r_{be} = r_{bb'} + \beta \frac{U_T}{I_C} \approx \left(10 + 100 \times \frac{25.8}{1.5}\right) \ \Omega = 1.73 \text{ k}\Omega$$

$$R'_L = R_C // R_L = \frac{3 \times 6}{3 + 6} \text{ k}\Omega = 2 \text{ k}\Omega$$

计算放大器的放大倍数、输入电阻和输出电阻。

$$A_u = -\beta \frac{R'_L}{r_{be}} \approx -100 \times \frac{2}{1.73} \approx -115.6$$

$$r_i = R_{B1} // R_{B2} // r_{be} \approx \frac{1}{\dfrac{1}{30} + \dfrac{1}{10} + \dfrac{1}{1.73}} \text{ k}\Omega \approx 1.4 \text{ k}\Omega$$

$$r_o = R_C = 3 \text{ k}\Omega$$

（3）断开旁路电容 $C_E$ 后，直流通路不变，静态工作点没改变，微变等效电路变为图 6-3-21（b），由图可得

$$A_u = \frac{\dot{U}_o}{\dot{U}_i} = -\beta \frac{R'_L}{r_{be} + (1 + \beta) R_E} \approx -100 \times \frac{2}{1.73 + 101 \times 1.5} \approx -1.3$$

$$r_i = R_{B1} // R_{B2} // [r_{be} + (1 + \beta) R_E] \approx \frac{1}{\dfrac{1}{30} + \dfrac{1}{10} + \dfrac{1}{1.73 + 101 \times 1.5}} \text{ k}\Omega \approx 7.15 \text{ k}\Omega$$

$$r_o = R_C = 3 \text{ k}\Omega$$

可见，撤除旁路电容 $C_E$ 后，电压放大倍数大大下降，甚至完全丧失了放大能力，这对放大电路很不利。但是输入电阻却增大了，这对放大电路常常是有利的。因此，在实用电路中，为了使工作点稳定，且输入电阻适当提高，放大倍数下降不至于太多，常常将 $R_E$ 分为两部分，只将其中较大的一部分接旁路电容（部分旁

路),而留下一个较小(一般为几欧至几十欧)电阻作交流反馈。

### 6.3.4 射极输出器

图 6-3-22(a)所示是另一种常用的单管放大电路,该电路从晶体管的发射极输出信号,称为射极输出器。对交流信号,电源 $U_{CC}$ 相当于短路,交流通路如图 6-3-22(c)所示,集电极成为输入与输出回路公共端,射极输出器也称为共集电极放大电路。

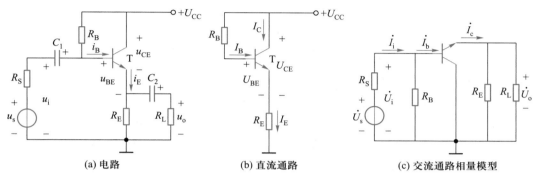

(a) 电路        (b) 直流通路        (c) 交流通路相量模型

图 6-3-22  射极输出器

**一、射极输出器的静态分析**

仿照共发射极电路的分析,从直流通路可确定射极输出器的静态工作点

$$I_{BQ} = \frac{U_{CC} - U_{BE}}{R_B + (1 + \beta)R_E}$$

$$I_{CQ} \approx I_{EQ} = (1 + \beta)I_{BQ}$$

$$U_{CEQ} = U_{CC} - R_E I_{EQ}$$

**二、射极输出器的动态分析**

1. 电压放大倍数

首先作出射极输出器的微变等效电路,如图 6-3-23 所示。其中

$$r_{be} = r_{bb'} + (1 + \beta)\frac{U_T}{I_{EQ}}$$

由图 6-3-23 所示微变等效电路可以得出

$$\dot{U}_i = \dot{I}_b r_{be} + \dot{I}_e R'_L = \dot{I}_b r_{be} + (1 + \beta)\dot{I}_b R'_L = \dot{I}_b [r_{be} + (1 + \beta)R'_L]$$

$$\dot{U}_o = \dot{I}_e R'_L = (1 + \beta)\dot{I}_b R'_L$$

其中 $R'_L = R_E /\!/ R_L$,所以

$$A_u = \frac{\dot{U}_o}{\dot{U}_i} = \frac{(1 + \beta)R'_L}{r_{be} + (1 + \beta)R'_L} \approx 1 \qquad (6 - 3 - 21)$$

231

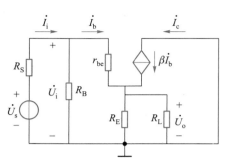

图 6-3-23　射极输出器的微变等效电路

（1）射极输出器电压放大倍数接近 1，但恒小于 1。

这是因为 $r_{be} \ll (1+\beta)R'_L$，所以 $\dot{U}_o \approx \dot{U}_i$，但 $\dot{U}_o$ 略小于 $\dot{U}_i$。虽然该电路没有电压放大作用，但因 $\dot{I}_e = (1+\beta)\dot{I}_b$，故仍有电流放大和功率放大作用。

（2）输出电压与输入电压同相位，且大小基本相等。

输出电压总是跟随输入电压变化，因而射极输出器常被称为射极跟随器。

2．输入电阻

在微变等效电路的输入端，暂不考虑 $R_B$ 的影响。

$$\dot{U}_i = r_{be}\dot{I}_b + R'_L\dot{I}_e = [r_{be} + (1+\beta)R'_L]\dot{I}_b$$

此时的输入电阻

$$r'_i = \frac{\dot{U}_i}{\dot{I}_b} = r_{be} + (1+\beta)R'_L$$

将 $R_B$ 考虑进去后的输入电阻

$$r_i = R_B \ /\!/ \ r'_i = R_B \ /\!/ \ [r_{be} + (1+\beta)R'_L] \qquad (6-3-22)$$

通常，偏置电阻 $R_B$ 阻值很大（几十千欧到几百千欧），而发射极等效电阻 $R'_L$ 折算到基极回路时，将增大 $(1+\beta)$ 倍，使得 $[r_{be}+(1+\beta)R'_L]$ 也很大，所以射极输出器的输入电阻可以做得很高，达几十千欧到几百千欧。

3．输出电阻

为分析射极输出器的输出电阻，令输入信号为零，即将交流信号源短路，保留其内阻 $R_s$，作出如图 6-3-24 所示等效电路，在输出端加一交流电压 $\dot{U}_o$，求出交流电流 $\dot{I}_o$ 为

$$\dot{I}_o = \dot{I}_e + \beta\dot{I}_b + \dot{I}_b = \frac{\dot{U}_o}{R_E} + (1+\beta)\frac{\dot{U}_o}{R'_S + r_{be}} = \left(\frac{1}{R_E} + \frac{1+\beta}{R'_S + r_{be}}\right)\dot{U}_o$$

其中，$R'_S = R'_S \ /\!/ \ R_B$，则

232

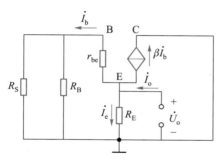

图 6-3-24　计算输出电阻 $r_o$ 的等效电路

$$r_{\mathrm{o}} = \frac{\dot{U}_{\mathrm{o}}}{\dot{I}_{\mathrm{o}}} = \frac{1}{\dfrac{1}{R_{\mathrm{E}}} + \dfrac{1+\beta}{R'_{\mathrm{S}} + r_{\mathrm{be}}}} = R_{\mathrm{E}} \mathbin{/\!/} \frac{R'_{\mathrm{S}} + r_{\mathrm{be}}}{1+\beta} \qquad (6-3-23)$$

基极回路的电阻 $R'_{\mathrm{S}} + r_{\mathrm{be}}$ 等效到射极回路时减小了 $(1+\beta)$ 倍,所以射极输出器的输出电阻很小,一般只有几十欧到上百欧的数量级。

例如,若信号源内阻 $R_{\mathrm{S}} = 50\ \Omega$,$R_{\mathrm{B}} = 120\ \mathrm{k\Omega}$,晶体管的 $\beta = 100$,静态工作点设置使得 $r_{\mathrm{be}} = 1.5\ \mathrm{k\Omega}$。因为 $R_{\mathrm{S}} \ll R_{\mathrm{B}}$,$R'_{\mathrm{S}} \approx R_{\mathrm{S}} = 50\ \Omega$,那么

$$r_{\mathrm{o}} = R_{\mathrm{E}} \mathbin{/\!/} \frac{R'_{\mathrm{S}} + r_{\mathrm{be}}}{1+\beta} < \frac{R'_{\mathrm{S}} + r_{\mathrm{be}}}{1+\beta} = \frac{50 + 1\,500}{101}\ \Omega \approx 15.3\ \Omega$$

可见,射极输出器的输出电阻确实很小,其数值比共射放大电路的输出电阻要小得多,因而射极输出器具有很强的带负载能力。

综上所述,射极输出器具有三个显著的特点:① 电压跟随,输出电压 ≈ 输入电压,输入、输出电压同相,电压放大倍数略小于 1;② 输入电阻大;③ 输出电阻小。

由于射极输出器具有上述特点,因而在电子电路中得到了广泛的应用:

(1)用作电压跟随器,提高带负载能力。

(2)用作多级放大电路的输入级,提高整个放大电路的输入电阻。

(3)用作多级放大电路的输出级,降低整个放大电路的输出电阻。

(4)用作多级放大电路的中间级,在输出电阻大的前级放大电路与输入电阻小的后级放大电路之间,进行阻抗变换。

**例 6-3-4**　有一信号源,$u_{\mathrm{s}} = 4\sin(\omega t)\ \mathrm{V}$,$R_{\mathrm{S}} = 3\ \mathrm{k\Omega}$。

(1)信号源直接带 $R_{\mathrm{L}} = 2\ \mathrm{k\Omega}$ 的负载,如图 6-3-25(a)所示,求输出电压 $u_{\mathrm{o}}$。

(2)信号源经过射极输出器($r_{\mathrm{bb'}} = 10\ \Omega$,$\beta = 100$)接 $R_{\mathrm{L}} = 2\ \mathrm{k\Omega}$ 负载,如图 6-3-25(b)所示,求输出电压 $u_{\mathrm{o}}$。

**解:**(1)信号源直接带负载时的输出电压

$$u_{\mathrm{o}} = \frac{R_{\mathrm{L}}}{R_{\mathrm{S}} + R_{\mathrm{L}}} u_{\mathrm{s}} = \frac{2}{3+2} \times 4\sin(\omega t)\ \mathrm{V} = 1.6\sin(\omega t)\ \mathrm{V}$$

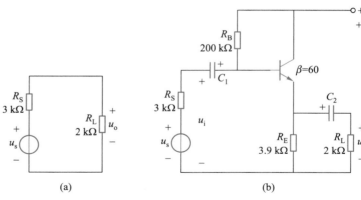

图 6-3-25　例 6-3-4 的电路

可见信号损失很大,信号没有被负载充分利用。

（2）信号源经射极输出接负载时的输出电压

首先确定图 6-3-25(b)所示的射极输出器静态工作点

$$I_{BQ} = \frac{U_{CC} - U_{BE}}{R_B + (1 + \beta)R_E} = \frac{19.3}{200 + 393.9} \text{ mA} \approx 32 \text{ μA}$$

$$I_{EQ} \approx I_{CQ} = \beta I_{BQ} \approx 3.2 \text{ mA}$$

$$U_{CEQ} = U_{CC} - I_{EQ}R_E \approx 7.5 \text{ V}$$

晶体管输入电阻

$$r_{be} = r_{bb'} + (1 + \beta)\frac{U_T}{I_{EQ}} \approx 824 \text{ Ω}$$

由微变等效电路可知

$$r_i = R_B \mathbin{/\mkern-5mu/} [r_{be} + (1 + \beta)(R_E \mathbin{/\mkern-5mu/} R_L)] \approx 80 \text{ kΩ}$$

因此,射极输出器得到的输入电压

$$u_i = \frac{r_i}{R_S + r_i}u_s \approx \frac{80}{3 + 80} \times 4\sin(\omega t) \text{ V} \approx 3.86\sin(\omega t) \text{ V}$$

所以,输出电压为

$$u_o \approx u_i \approx 3.86\sin(\omega t) \text{ V}$$

由于射极输出器的输入电阻大,信号损失很小,信号几乎都加在了负载上。当信号源内阻较大时,尤其要用射极输出器作为放大电路的输入级。

## 6.4　场效应晶体管

场效应晶体管是另一种半导体三极管,简称场效应管(英文简称 FET,是 field effect transistor 的缩写)。和双极型晶体三极管一样,场效应管也可用作放大元件或开关元件,其外形也与双极型晶体管相似,但是,场效应管的工作原理与双极型晶体管不同。晶体管中电子和空穴两种极性的载流子同时参与导电,而在场效应管中仅靠多数载流子一种极性的载流子参与导电,因此场效应管又称为单极型晶体管。晶体管是电流控制型元件,通过基极电流控制集电极电流或发射极电流,信号源必须提供一定的输入电流才能工作,输入电阻较低,为 $10^2 \sim 10^4\ \Omega$。场效应管则是电压控制型元件,利用输入回路的电场效应来控制输出回路的电流,输出电流受控于输入电压,基本上不需要输入电流,输入电阻很高,可达 $10^9 \sim 10^{14}\ \Omega$,这是场效应管的突出特点。此外,场效应管还具有制造工艺简单、便于集成、受温度和辐射的影响小等优点,20 世纪 90 年代以来得到广泛应用。

场效应管从结构上可分为绝缘栅和结型两大类,每一大类按其导电沟道可分为 N 沟道和 P 沟道两种,按照沟道形成的方式,绝缘栅型还有增强型和耗尽型之分。

## 6.4.1 绝缘栅场效应管

### 一、N 沟道增强型绝缘栅场效应管(简记为 ENMOS FET)

#### 1. 基本结构

图 6-4-1 是 N 沟道增强型绝缘栅场效应管的结构示意图和图形符号。以一块掺杂浓度较低、电阻率较高的 P 型硅片作为衬底,利用扩散方法形成两个相距很近的高掺杂浓度 $N^+$ 型区(称为有源区),并在硅片表面生成一层薄薄的二氧化硅绝缘层,在二氧化硅表面和 $N^+$ 型区表面安置三个电极,分别称为栅极(G)、源极(S)和漏极(D),它们分别相当于晶体管的基极 B、射极 E 和集电极 C。在衬底上也引出一个电极 B,通常在管子内部就将衬底与源极相连接。从图上可以看到栅极与其他电极及硅片之间是绝缘的,故称为绝缘栅场效应管。因绝缘栅场效应管是由金属、氧化物和半导体组成,又称金属(metal)-氧化物(oxide)-半导体(semiconductor)场效应管,简称 MOS 管。由于栅极是绝缘的,栅电流几乎为零,栅源(漏)极间输入电阻非常高,可高达 $10^{14}\Omega$。

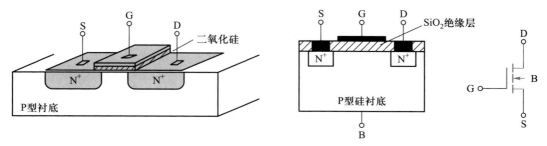

图 6-4-1 N 沟道增强型绝缘栅场效应管的结构示意图和图形符号

#### 2. 工作原理

工作时,在漏极与源极之间加上漏源电压 $u_{DS}$,在栅极与源极之间加上栅源电压 $u_{GS}$。由于两个 N 型漏、源区之间隔着 P 型衬底,漏、源极之间是两个背对背的 PN 结。若 $u_{GS} = 0$，对 $u_{DS}$ 来说总有一个 PN 结是反向偏置的，漏、源两区之间不存在可导电的沟道，故漏极电流 $i_D = 0$。若 $u_{GS} > 0$，在栅极与 P 型硅片之间的二氧化硅介质中产生一个垂直的电场，由于二氧化硅层很薄，虽然 $u_{GS}$ 不大，但电场也会很强。当 $u_{GS}$ 增大到一定程度时，在强电场的作用下，栅极附近硅片中的空穴被排斥，而硅片和 P 区中的自由电子被吸引到栅极附近形成一个 N 型电子薄层（称为反型层）。这个薄层成为漏极与源极之间的导电沟道，称为 N 型沟道。在漏源电压作用下，由于 N 型沟道的导通作用，将形成漏极电流 $i_D$。由于这种场效应管是通过施加足够大的栅源电压 $u_{GS}$ 形成 N 沟道，故称为 N 沟道增强型 MOS 管。

$u_{GS}$ 越大，N 型沟道越厚，沟道电阻越小，$i_D$ 越大。因此，可利用 $u_{GS}$ 对 $i_D$ 进行控制，而栅极上几乎不取电流，这就是场效应管的栅极电压控制作用。

3. 特性曲线

场效应管的特性曲线包括转移特性和输出特性两组，图 6-4-2 所示是 N 沟道增强型绝缘栅场效应管的特性曲线。

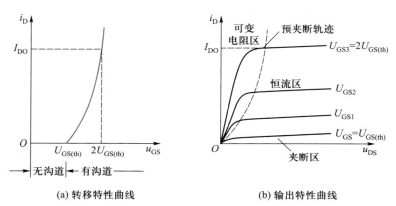

(a) 转移特性曲线　　　(b) 输出特性曲线

图 6-4-2　N 沟道增强型绝缘栅场效应管的特性曲线

转移特性表征了在一定的 $u_{DS}$ 下，$i_D$ 与 $u_{GS}$ 之间的关系

$$i_D = f(u_{GS}) \mid_{u_{DS} = 常数} \qquad (6-4-1)$$

体现了栅源电压 $u_{GS}$ 对漏极电流 $i_D$ 的控制作用。在一定的漏源电压 $u_{DS}$ 下，使管子从不导通到导通的临界 $u_{GS}$ 值称为开启电压，用 $U_{GS(th)}$ 表示。当 $u_{GS} < U_{GS(th)}$ 时，漏、源极间沟道尚未形成，漏极电流 $i_D \approx 0$。当 $u_{GS} > U_{GS(th)}$ 时，沟道形成，$u_{GS}$ 越大，沟道越厚，导电能力越强，因此，漏极电流 $i_D$ 随着栅源电压 $u_{GS}$ 的上升而增大。根据半导体物理，增强型 N 沟道 MOS 管，在 $u_{GS} > U_{GS(th)}$ 范围内，漏极电流可近似表示为

$$i_D = I_{DO} \left( \frac{u_{GS}}{U_{GS(th)}} - 1 \right)^2 \qquad (6-4-2)$$

式中，$I_{DO}$ 是 $u_{GS} = 2U_{GS(th)}$ 时的漏极电流值，其值与 MOS 管的工艺参数和尺寸有关。

输出特性又称漏极特性,表征了在一定的 $u_{GS}$ 下,漏极电流 $i_D$ 与漏源电压 $u_{DS}$ 的关系

$$i_D = f(u_{DS}) \big|_{u_{GS}=常数} \qquad (6-4-3)$$

一条曲线对应于一个 $u_{GS}$,因此输出特性为一族曲线,如图 6-4-2(b)所示。

N 沟道增强型 MOS 管的输出特性可分为可变电阻区、恒流区和夹断区三部分。

在曲线图中虚线左侧部分,$u_{DS}$ 较小,由于改变 $u_{GS}$ 可改变导电沟道的深度,即改变其导通电阻的大小,漏源之间类似一个受 $u_{GS}$ 控制的可变电阻,$i_D$ 随 $u_{DS}$ 线性变化。$u_{GS}$ 越大,导通电阻越小,特性曲线就越陡,称为可变电阻区。

虚线右侧是恒流区,亦称饱和区。在饱和区内,随着 $u_{DS}$ 的逐渐增大,栅漏电压 $u_{GD} = u_{GS} - u_{DS}$ 逐渐减少,使得靠近漏极的导电沟道随之变窄,如图 6-4-3(a)所示。

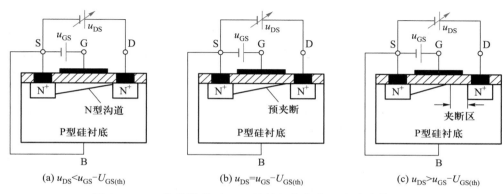

(a) $u_{DS} < u_{GS} - U_{GS(th)}$      (b) $u_{DS} = u_{GS} - U_{GS(th)}$      (c) $u_{DS} > u_{GS} - U_{GS(th)}$

图 6-4-3 N 沟道增强型 MOS 管导电沟道随 $u_{DS}$ 的变化情况

当 $u_{DS}$ 增大到使 $u_{GD}$ 刚好等于 $U_{GS(th)}$ 时,沟道在漏极端一侧出现夹断点,称为预夹断,如图6-4-3(b)所示。输出特性曲线中的虚线就是各条曲线上的预夹断点的轨迹。若 $u_{DS}$ 继续增大,夹断的区域随之延长,如图 6-4-3(c)所示。此时 $u_{DS}$ 的增大部分几乎全部落在夹断区域,强大的电场将从源极发射过来的电子迅速拉过夹断区域,维持漏极电流基本不变。这时在一定的 $u_{GS}$ 下,$i_D$ 几乎不随 $u_{DS}$ 变化,达到了饱和,曲线平坦。$i_D$ 只随 $u_{GS}$ 改变,受 $u_{GS}$ 控制,当 $u_{GS}$ 增大,$i_D$ 上升,曲线上移。场效应管用于放大器时,利用栅源电压 $u_{GS}$ 的变化来控制 $i_D$ 的变化,一般就工作在这一恒流区,所以恒流区也称为"线性放大区"。

在曲线的下部,$u_{GS} < U_{GS(th)}$ 的区域,由于 N 沟道整个被夹断,导电通道未能形成,此时无论 $u_{DS}$ 为何值,$i_D \approx 0$。这一区域被称为夹断区,又称截止区。

**二、N 沟道耗尽型绝缘栅场效应管(简记为 DNMOS FET)**

增强型 MOS 管在制造时并没有生成原始导电沟道,只有在外加足够大栅源电压 $u_{GS}$ 才产生导电沟道。如果采用特殊工艺,制造时在漏、源极之间预先生成一条原始导电沟道,这类管就称为耗尽型 MOS 管。

图 6-4-4 是 N 沟道耗尽型绝缘栅场效应管的结构示意图和图形符号。制

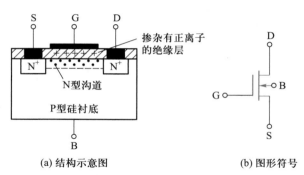

(a) 结构示意图　　　　　　　　　(b) 图形符号

图 6-4-4　N 沟道耗尽型绝缘栅场效应管的结构示意图和图形符号

造时在二氧化硅绝缘层中掺入了大量的正离子,在这些正离子产生的电场作用下,即使栅源电压 $u_{GS}=0$,P 型衬底表面就已经能感应出电子薄层(反型层),形成了漏、源极之间的导电沟道(N 沟道),只要在漏、源极之间施加电压,就会产生漏极电流,如图 6-4-4(a) 所示。此时,如果在栅、源极之间加正向电压,即 $u_{GS}>0$,则将在沟道中感应出更多的电子,使沟道加宽,漏极电流 $i_D$ 会增大。反之,在栅、源极之间加反向电压,即 $u_{GS}<0$,则会在沟道中感应出正电荷与电子复合,使沟道变窄,漏极电流会减少。当 $u_{GS}$ 负向增大到一定值,导电沟道被夹断,$i_D=0$。这一电压称为夹断电压,记作 $U_{GS(off)}$。

　　图 6-4-5(a)、(b) 是 N 沟道耗尽型绝缘栅场效应管的转移特性曲线和输出特性曲线。耗尽型 NMOS 管对栅源电压 $u_{GS}$ 的要求比较灵活,无论 $u_{GS}$ 是正、是负或是零都能控制漏极电流 $i_D$。在 $U_{GS(off)} \leqslant u_{GS} \leqslant 0$ 的范围内,转移特性可近似为

$$i_D = I_{DSS}\left(1 - \frac{u_{GS}}{U_{GS(off)}}\right)^2 \qquad (6-4-4)$$

式中,$I_{DSS}$ 是 $u_{GS}=0$ 时的 $i_D$ 值,其值也是由 MOS 管的工艺参数和管子尺寸决定的。

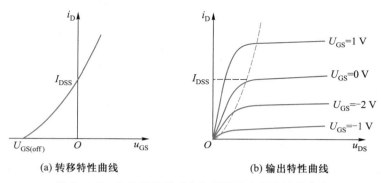

(a) 转移特性曲线　　　　　　　　　(b) 输出特性曲线

图 6-4-5　N 沟道耗尽型绝缘栅场效应管的特性曲线

### 三、P 沟道绝缘栅场效应管(PMOS FET)

　　MOS 管无论是增强型还是耗尽型,除 N 沟道类外,还有 P 沟道类,简称 PMOS 管。与 NMOS 管比较,PMOS 管的衬底是 N 型半导体,源区和漏区则是 P

型的,形成的导电沟道也是 P 型的。PMOS 管的工作原理与 NMOS 管类似,使用时要注意 $u_{GS}$ 和 $u_{DS}$ 的极性与 NMOS 管相反,增强型 PMOS 管的开启电压 $U_{GS(th)}$ 为负,当 $u_{GS} < U_{GS(th)}$ 时管子才导通,漏、源之间应加负电源电压;耗尽型 PMOS 管的夹断电压 $U_{GS(off)}$ 为正,$u_{GS}$ 可在正、负值的一定范围内实现对 $i_D$ 的控制,漏、源之间也应加负电源电压。图 6-4-6 是 P 沟道绝缘栅场效应管图形符号。

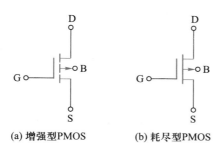

(a) 增强型PMOS　　　(b) 耗尽型PMOS

图 6-4-6　P 沟道绝缘栅场效应管图形符号

## 6.4.2　结型场效应管（JEFT）

### 一、基本结构

图 6-4-7(a) 是 N 沟道结型场效应管的结构示意图,在一块 N 型半导体材料的两侧,扩散两个高浓度的 $P^+$ 型区,形成两个 PN 结。而 N 型半导体的中间就是导电沟道,称为 N 沟道。将两个 $P^+$ 型区连在一起,引出电极称为栅极 G,同时在 N 型半导体材料的两端各引出一个电极,分别称为源极 S 和漏极 D。图 6-4-7(b) 是 N 沟道结型场效应管的图形符号。若在 P 型半导体材料的两侧扩散两个高浓度的 $N^+$ 型区,并相应地引出栅极 G、源极 S 和漏极 D,则形成的是 P 沟道结型场效应管,图 6-4-8 是 P 沟道结型场效应管的结构示意图和图形符号。从结构上可以看出结型场效应管属于耗尽型(未加偏置即存在沟道)一类。

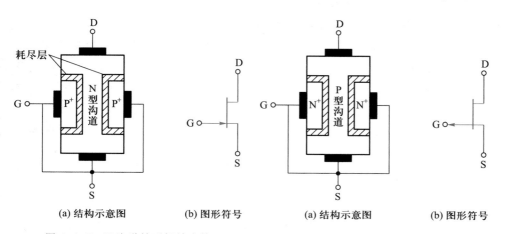

(a) 结构示意图　　(b) 图形符号　　　　(a) 结构示意图　　(b) 图形符号

图 6-4-7　N 沟道结型场效应管　　　　图 6-4-8　P 沟道结型场效应管

## 二、工作原理

以 N 沟道为例,工作时,应在栅、源极之间加反向电压(即 $u_{GS}<0$),而在漏、源极之间加正向电压($u_{DS}>0$)。沟道两侧与栅极分别产生了 PN 结,PN 结加反向电压,耗尽层加宽,反向电压越大,耗尽层越宽。图 6-4-9(a)是 $u_{GS}=0$ 的情况,此时两个 PN 结零偏置,耗尽层只占 N 型半导体本体很少一部分,导电沟道较宽,沟道电阻较小。在漏源电压 $u_{DS}$ 的作用下,N 沟道中的多数载流子自由电子从源极 S 流向漏极 D,形成漏极电流 $i_D$。在一定的 $u_{DS}$ 下,$u_{GS}=0$ 时的漏极电流称为漏极饱和电流,记为 $I_{DSS}$,其值与 MOS 管的工艺参数和尺寸有关。实际上,$i_D$ 沿沟道产生的电压降使得栅极与沟道内部各点的电压是不相等的,越靠近漏极的电压越大,造成靠近漏极一端的耗尽层比靠近源极一端的宽,导电沟道靠近漏极一端比靠近源极一端的窄,呈楔子状。

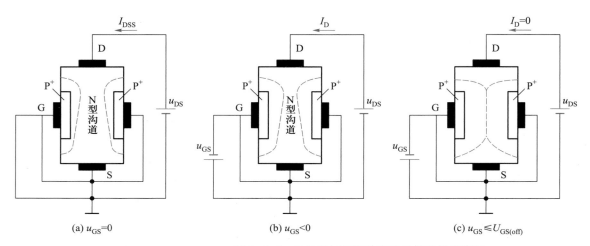

图 6-4-9　N 沟道结型场效应管的栅极控制作用

当 $u_{GS}<0$ 时,由于两个 PN 结加了反向电压,耗尽层加宽,导电沟道变窄,如图 6-4-9(b)所示,沟道电阻增大,漏极电流减少,有 $i_D<I_{DSS}$。

$u_{GS}$ 反向电压增大到一定值,使两边的耗尽层合拢,导电沟道被夹断,如图 6-4-9(c)所示,漏极电流 $i_D\approx0$,此时的 $u_{GS}$ 值称为夹断电压 $U_{GS(off)}$。$u_{GS}$ 达到 $U_{GS(off)}$ 后再继续增大,耗尽层不再有明显变化,但 $u_{GS}$ 反向电压过大可能发生反向击穿。

可见,在 $0\sim U_{GS(off)}$ 范围内,改变栅源电压($u_{GS}<0$)的大小,可改变漏极电流的大小,实现 $u_{GS}$ 对 $i_D$ 的控制。

P 沟道结型场效应管虽然在结构上不同,但工作原理完全相同,只是工作时 $u_{GS}$ 为正值,$u_{DS}$ 为负值。

## 三、特性曲线

图 6-4-10(a)、(b)是 N 沟道结型场效应管的转移特性曲线和输出特性曲线。这两组特性曲线所表征的意义与 MOS 管的特性曲线相同。转移特性表征了在一定的 $u_{DS}$ 下,$u_{GS}$ 对 $i_D$ 的控制作用,与耗尽型 NMOS 管相似,在 $U_{GS(off)}\leqslant u_{GS}\leqslant0$ 的范

围内,转移特性可近似表示为式(6-4-4)的形式。输出特性也分为可变电阻区、恒流区和夹断区三个区域,情况与 NMOS 管相类似。

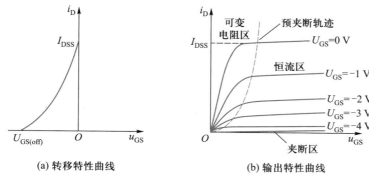

(a) 转移特性曲线      (b) 输出特性曲线

图 6-4-10   N 沟道结型场效应管的特性曲线

    结型和绝缘栅型两种场效应管都是通过改变栅源电压的大小来改变导电沟道的宽窄,进而达到控制漏极电流的目的,只是改变导电沟道宽窄的方法不同。结型管通过改变栅源电压来控制耗尽层的宽窄,进而改变导电沟道的宽窄;而绝缘栅管则是通过改变栅源电压来改变半导体表面电场力的大小,由感应电荷的多少来改变导电沟道的宽窄。绝缘栅型管较结型管的输入电阻更高,也更有利于高度集成化,因而得到了更广泛的应用。

### 6.4.3   场效应管的主要参数

**一、直流参数**

1. 开启电压 $U_{\mathrm{GS(th)}}$

$u_{\mathrm{DS}}$ 固定时,使 $i_{\mathrm{D}} > 0$ 所需的 $|u_{\mathrm{GS}}|$ 最小值。一般手册中给出 $i_{\mathrm{D}}$ 为规定的微小电流(如5 μA)时的 $u_{\mathrm{GS}}$。$U_{\mathrm{GS(th)}}$ 是增强型 MOS 管的参数。

2. 夹断电压 $U_{\mathrm{GS(off)}}$

与 $U_{\mathrm{GS(th)}}$ 相类似,$u_{\mathrm{DS}}$ 固定时,$i_{\mathrm{D}}$ 为规定的微小电流(如 5 μA)时的 $u_{\mathrm{GS}}$。它是结型场效应管和耗尽型 MOS 管的参数。

3. 饱和漏极电流 $I_{\mathrm{DSS}}$ 或 $I_{\mathrm{DO}}$

$I_{\mathrm{DSS}}$ 是耗尽型 MOS 管或 JFET 的参数,指 $u_{\mathrm{GS}} = 0$ 时的漏极电流。

$I_{\mathrm{DO}}$ 是增强型 MOS 管的参数,指 $u_{\mathrm{GS}} = 2U_{\mathrm{GS(th)}}$ 时的漏极电流。

4. 直流输入电阻 $R_{\mathrm{GS(DS)}}$

定义为栅源电压和栅极电流的比值。结型管的 $R_{\mathrm{GS(DS)}} > 10^7 \ \Omega$,而 MOS 管的 $R_{\mathrm{GS(DS)}} > 10^9 \ \Omega$,手册中一般只给出栅极电流的大小。

**二、交流参数**

1. 低频跨导 $g_{\mathrm{m}}$

定义:$u_{\mathrm{DS}}$ 为某固定值时,$i_{\mathrm{D}}$ 的微小变化量与引起它变化的 $u_{\mathrm{GS}}$ 的微小变化量的比值,即

$$g_{\mathrm{m}} = \frac{\Delta i_{\mathrm{D}}}{\Delta u_{\mathrm{GS}}}\bigg|_{u_{\mathrm{DS}} = \text{常数}} = \frac{\mathrm{d}i_{\mathrm{D}}}{\mathrm{d}u_{\mathrm{GS}}}\bigg|_{u_{\mathrm{DS}} = \text{常数}}$$

$g_{\mathrm{m}}$ 表征栅源电压 $u_{\mathrm{GS}}$ 对漏极电流 $i_{\mathrm{D}}$ 的控制能力,是转移特性曲线工作点处切线的斜率。由于曲线的非线性,各点切线斜率是不同的,$i_{\mathrm{D}}$ 越大,$g_{\mathrm{m}}$ 越大。$g_{\mathrm{m}}$ 可从式(6-4-2) 或式(6-4-4)求导而得,与工作点电流 $I_{\mathrm{DQ}}$ 有关。

$$g_{\mathrm{m}} = 2\,\frac{\sqrt{I_{\mathrm{DQ}}I_{\mathrm{DO}}}}{|U_{\mathrm{GS(th)}}|} \quad \text{或} \quad = 2\,\frac{\sqrt{I_{\mathrm{DQ}}I_{\mathrm{DSS}}}}{|U_{\mathrm{GS(off)}}|} \qquad (6-4-5)$$

**2. 极间电容**

场效应管的三个电极之间均存在的电容效应,它们是栅源电容 $C_{\mathrm{GS}}$、栅漏电容 $C_{\mathrm{GD}}$ 以及漏源电容 $C_{\mathrm{DS}}$。一般 $C_{\mathrm{GS}}$ 和 $C_{\mathrm{GD}}$ 为 $1 \sim 3$ pF,$C_{\mathrm{DS}}$ 为 $0.1 \sim 1$ pF。在高频应用时,应考虑这些电容的影响。管子的最高工作频率 $f_{\mathrm{M}}$ 是综合考虑了三个电容的影响而确定的工作频率的上限值。

**3. 低频噪声系数 $N_{\mathrm{F}}$**

噪声会使一个放大器在无输入信号的情况下,输出端也产生不规则电压或电流变化。噪声系数 $N_{\mathrm{F}}$ 表征了噪声所产生的影响,其值(单位 dB)越小越好。

**三、极限参数**

**1. 最大漏极电流 $I_{\mathrm{DM}}$**

管子正常工作时允许的最大漏极电流。

**2. 漏源击穿电压 $U_{\mathrm{(BR)DS}}$**

管子进入恒流区后,在 $u_{\mathrm{DS}}$ 增大过程中,使 $i_{\mathrm{D}}$ 急剧增加产生雪崩击穿时的 $u_{\mathrm{DS}}$ 的值。工作时外加在漏源之间的电压不得超过此值。

**3. 栅源击穿电压 $U_{\mathrm{(BR)GS}}$**

使 MOS 管的绝缘层击穿,或使结型管栅极与沟道间 PN 结反向击穿的电压。

**4. 最大耗散功率 $P_{\mathrm{DM}}$**

它决定于管子允许的温升。$P_{\mathrm{DM}}$ 确定后,可在管子的输出特性上画出临界最大功耗线,再根据 $I_{\mathrm{DM}}$ 和 $U_{\mathrm{(BR)DS}}$,便可得到管子的安全工作区。

使用 MOS 管时除注意不要超过以上极限参数外,还要特别注意可能出现栅极感应电压过高而造成的绝缘层击穿问题。由于 MOS 管的栅极与衬底之间的电容量很小,栅极少量的感应电荷就能产生很高的电压,而 MOS 管的输入电阻极大,感应电荷难以泄放,致使感应电荷所产生的高压将很薄的二氧化硅绝缘层击穿。因此,在工作电路中应该保持栅、源之间的直流通路,避免栅极悬空,以免受周围电场的影响而被损坏。存放场效应管时必须把三个电极短路,焊接时电烙铁应有良好的接地。场效应管与双极型晶体管的比较见表 6-4-1。

表 6-4-1　场效应管与双极型晶体管的比较

| 项目 | 器件 | |
|---|---|---|
| | 双极型晶体管 | 场效应管 |
| 载流子 | 两种极性载流子同时参与导电 | 一种极性的载流子参与导电 |
| 温度稳定性 | 较差 | 好 |
| 控制方式 | 电流控制 | 电压控制 |
| 主要类型 | NPN 和 PNP 两种 | N 沟道和 P 沟道两类六种 |
| 放大参数 | $\beta$ 几十~几百 | $g_m$ 几十毫西门子 |
| 输入电阻 | $10^2 \sim 10^4\ \Omega$ | $10^7 \sim 10^{14}\ \Omega$ |
| 输出电阻 | $r_{ce}$ 很高 | $r_{ds}$ 很高 |
| 制造工艺 | 较复杂 | 简单、成本低 |
| 对应电极 | 基极-栅极,发射极-源极,集电极-漏极 | |

## 6.5　场效应管放大电路

　　场效应管的三个电极(源极、栅极和漏极)与晶体管的三个电极(发射极、基极和集电极)相对应,组成放大电路时与晶体管相似,场效应管也可以组成共源极、共漏极和共栅极三种形式的放大电路。由于共栅极电路应用得比较少,本节只对共源极和共漏极(即源极输出器)两种电路进行讨论。

### 6.5.1　场效应管放大电路静态工作点的设置及分析

　　与晶体管一样,为了使输出信号不失真,场效应管放大电路也必须设置合适的静态工作点,以保证场效应管工作在恒流区。晶体管是电流控制元件,当电源电压 $U_{CC}$ 和集电极电阻 $R_C$ 确定后,电路的静态工作点主要由基极电流 $I_B$(偏流)确定。而场效应管是电压控制元件,当电源电压 $U_{DD}$ 和漏极电阻 $R_D$ 确定后,电路的静态工作点主要由栅源电压 $U_{GS}$(偏压)确定。下面介绍两种常用的偏置电路。

#### 一、自给偏压偏置电路

　　图 6-5-1 是典型的自给偏压偏置电路,图中 FET 未画出具体符号,可以是耗尽型 MOSFET 和 JFET 的任何一种。静态时,由于栅极电流为零,因而在电阻 $R_G$ 上的电压也为零,即栅极电位 $V_G$ 为零。而漏极电流 $I_D$ 流过源极电阻 $R_S$ 产生压降,使源极电位 $V_S = I_D R_S$,因此栅源静态电压

$$U_{GS} = V_G - V_S = -R_S I_D \qquad (6-5-1)$$

这种偏置电路靠源极电流自身在源极电阻上产生的电压为栅、源极之间提

供一个负偏压,称自给偏压。由于自给提供的是负源极电阻电压,所以这种偏置电路只能用于由耗尽型 MOSFET 和 JFET 管组成的放大电路(必须有沟道预先存在)。

电路中 $R_S$ 为源极电阻,由它控制静态工作点,其阻值约为几千欧;$C_S$ 为源极电阻的交流旁路电容,其容量约为几十微法;$R_G$ 为栅极电阻,用于构成栅、源极间的直流通路,保护栅极免受静电击穿,它不能太小,否则会降低放大电路的输入电阻,其阻值一般在 200 kΩ ~ 10 MΩ;$R_D$ 为漏极电阻,使放大电路具有电压放大作用,其阻值约为数千欧至几十千欧。

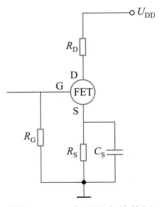

图 6-5-1　典型的自给偏压偏置电路

由式(6-5-1)和场效应管转移特性方程可分析得到静态工作点 $U_{GS}$、$I_D$

$$U_{GS} = - R_S I_D$$

$$I_D = I_{DSS}\left(1 - \frac{U_{GS}}{U_{GS(off)}}\right)^2$$

上述方程组可得出两组 $U_{GS}$ 和 $I_D$ 的解,其中数值合理(场效应管处于恒流区)的一组解为静态工作点,另一组解舍弃,管压降可由电路求得

$$U_{DS} = U_{DD} - (R_D + R_S)I_D \qquad (6-5-2)$$

如果两组解的数值都不合理,则表明电路参数设置不合适,需要调整。

**二、分压式偏置电路**

图 6-5-2 是分压式偏置电路,利用电阻 $R_{G1}$ 和 $R_{G2}$ 对电源电压 $U_{DD}$ 分压和源极电阻压降来调节偏置电压大小,适用于各种类型的 FET。为使分压结果稳定,分压电阻一般不能取太大阻值,如果直接将分压点接到场效应管的栅极 G,就会因分压电阻而破坏场效应管的高输入电阻特性,因此,在电路中引入了高阻值的 $R_G(>1\text{ MΩ})$。

如图 6-5-2 所示,静态时由于栅极电流为零,电阻 $R_G$ 中无电流流过,栅极电位由电阻 $R_{G1}$ 和 $R_{G2}$ 分压确定

$$V_G = \frac{R_{G2}}{R_{G1} + R_{G2}}U_{DD}$$

此时源极电位

$$V_S = R_S I_D$$

源极电阻产生的电压和栅极电位共同产生栅源偏压

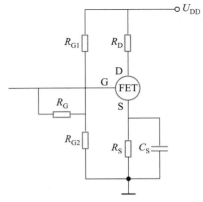

图 6-5-2　分压式偏置电路

$$U_{GS} = V_G - V_S = \frac{R_{G2}}{R_{G1} + R_{G2}} U_{DD} - R_S I_D \qquad (6-5-3)$$

将式(6-5-3)和 FET 转移特性方程式(6-4-2)(增强型 MOSFET 时)或式(6-4-4)(耗尽型 MOSFET 和 JFET 时)联立求解,可求得静态工作点 $I_{DQ}$ 和 $U_{GSQ}$。再利用式(6-5-2)可求得管压降 $U_{DQ}$。

**例 6-5-1** 图 6-5-3 是 N 沟道耗尽型 MOSFET 分压式偏置共源极放大电路,已知电路的 $U_{DD} = 20$ V,$R_D = R_S = 10$ kΩ,$R_{G1} = 200$ kΩ,$R_{G2} = 51$ kΩ,$R_G = 1$ MΩ,场效应管的参数 $I_{DSS} = 4$ mA,$U_{GS(off)} = -1$ V。试估算电路的静态工作点。

例 6-5-1
Multisim 仿真

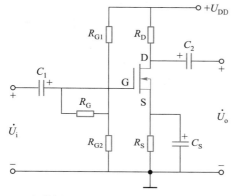

图 6-5-3　N 沟道耗尽型 MOSFET 分压式偏置共源极放大电路

**解:** 由电路可得

$$V_G = \frac{R_{G2}}{R_{G1} + R_{G2}} U_{DD} = \frac{51}{200 + 51} \times 20 \text{ V} \approx 4 \text{ V}$$

设场效应管工作在恒流(放大)状态,根据式(6-5-3)和式(6-4-4)有方程组

$$\begin{cases} U_{GS} = V_G - R_S I_D \\ I_D = I_{DSS}\left(1 - \frac{U_{GS}}{U_{GS(off)}}\right)^2 \end{cases}$$

将数值代入得

$$\begin{cases} U_{GS} \approx 4 - 10 \times 10^3 I_D \\ I_D \approx 4 \times 10^{-3} \times (1 + U_{GS})^2 \end{cases}$$

求出得两组可能的解

$$\begin{cases} I_{D1} \approx 0.46 \text{ mA} \quad U_{GS1} \approx -0.66 \text{ V} \\ I_{D2} \approx 0.55 \text{ mA} \quad U_{GS2} \approx -1.37 \text{ V} \end{cases}$$

因为 $U_{GS2} < U_{GS(off)}$,第二组解与假设的场效应管工作状态相悖,舍去。因此

$$U_{GSQ} \approx -0.66 \text{ V} \quad I_{DQ} \approx 0.46 \text{ mA}$$

根据式(6-5-2),有

$$U_{DSQ} = U_{DD} - (R_D + R_S)I_{DQ} \approx [20 - (10+10)\times 0.46]\ V = 10.8\ V$$

因 $U_{GS} - U_{GS(off)} \approx -0.66 - (-1) = 0.34\ V$,而 $U_{DS} \approx 10.8\ V > 0.34\ V$,电路确实处于放大状态。

### 6.5.2　场效应管放大电路的动态分析

**一、场效应管的微变等效电路**

与分析晶体管的微变等效电路一样,也将场效应管看成一个双端口网络,栅极与源极之间为输入端口,漏极与源极之间为输出端口。输入端口栅极电流恒定为零,因此,输入端口呈现为开路状态,只有栅极与源极之间的开路电压 $u_{GS}$ 对输出端口起控制作用。而输出端口漏极电流 $i_D$ 是栅源电压 $u_{GS}$ 和漏源电压 $u_{DS}$ 的函数,可表示为 $i_D = f(u_{GS}, u_{DS})$,研究动态信号作用,其实是研究在静态工作点处存在微小变化的情况,因此,用特性曲线在静态工作点处的全微分表示

$$\mathrm{d}i_D = \left.\frac{\partial i_D}{\partial u_{GS}}\right|_{U_{DSQ}} \cdot \mathrm{d}u_{GS} + \left.\frac{\partial i_D}{\partial u_{DS}}\right|_{U_{GSQ}} \cdot \mathrm{d}u_{DS} \qquad (6-5-4)$$

上式中,令

$$\left.\frac{\partial i_D}{\partial u_{GS}}\right|_{U_{DSQ}} = g_m \qquad \left.\frac{\partial i_D}{\partial u_{DS}}\right|_{U_{GSQ}} = \frac{1}{r_{DS}}$$

其中 $g_m$ 为场效应管转移特性在静态工作点处的斜率,是场效应管的低频跨导,数值上可由下式确定

$$g_m = 2\frac{\sqrt{I_{DQ}I_{DO}}}{|U_{GS(th)}|} \quad 或 \quad = 2\frac{\sqrt{I_{DQ}I_{DSS}}}{|U_{GS(off)}|}$$

$r_{DS}$ 则是场效应管输出特性在静态工作点处的斜率,称为场效应管漏、源极之间的等效电阻。

当管子的电流、电压在工作点 $Q$ 附近作微小变化时,可以认为在 $Q$ 点附近的特性曲线是线性的,此时 $g_m$ 与 $r_{DS}$ 近似为常数。

如果将场效应管的工作电压电流表示成"直流+小信号交流"的形式,则全微分特性表示的微分线性化特性为

$$i_d = g_m u_{gs} + \frac{u_{ds}}{r_{DS}} \qquad (6-5-5)$$

考虑输入正弦信号,采用相量分析,用 $\dot{I}_d$、$\dot{U}_{gs}$ 和 $\dot{U}_{ds}$ 分别代替式(6-5-4)中的微分量,得到

$$\dot{I}_d = g_m \dot{U}_{gs} + \frac{\dot{U}_{ds}}{r_{DS}} \qquad (6-5-6)$$

根据式(6-5-5)可画出场效应管的微变等效电路,如图 6-5-4 所示。也可按式(6-5-6)作相量域场效应管的微变等效电路,输入回路栅、源之间虽然有一个电压 $u_{gs}$,但由于栅极电流为零,栅、源之间相当于开路;输出回路与双极型晶体管的微变等效电路相似,也是一个受控电流源和一个电阻并联,所不同的是,晶体管的输出受控电流源受电流 $i_b$ 控制,而场效应管的输出受控电流源受电压 $u_{gs}$ 控制,它体现了 $u_{gs}$ 对 $i_d$ 的控制作用。一般 $r_{DS}$ 为几百千欧,当漏极电阻 $R_D$ 比 $r_{DS}$ 小得多时,可以认为等效电路中的 $r_{DS}$ 开路。

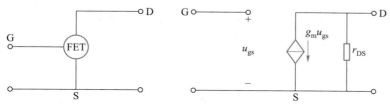

图 6-5-4 场效应管的微变等效电路

## 二、共源极放大电路的动态分析

图 6-5-5(a)是共源极放大电路。考虑小信号交流状态以正弦稳态分析,其微变等效电路(相量模型)如图 6-5-5(b)所示,图中已经将 $r_{DS}$ 与 $R_D$ 并联合并为 $R_D' = r_{DS} /\!/ R_D$。

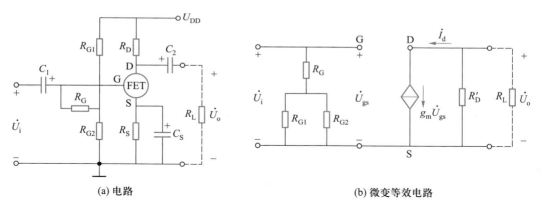

(a) 电路          (b) 微变等效电路

图 6-5-5 共源放大电路

由微变等效电路得 $\dot{U}_{gs} = \dot{U}_i$,当放大电路未接负载时 $\dot{U}_o = -R_D'\dot{I}_d = -g_m R_D'\dot{U}_{gs}$,共源极放大电路的开路(空载)电压放大倍数为

$$A_{uo} = \frac{\dot{U}_o}{\dot{U}_i} = -g_m R_D' \qquad (6-5-7)$$

当输出端接有负载电阻 $R_L$ 时,等效负载电阻 $R_L' = R_D' /\!/ R_L$,则有载电压放大倍数

$$A_u = \frac{\dot{U}_o}{\dot{U}_i} = -g_m R'_L \qquad (6-5-8)$$

共源极放大电路的输入电阻为

$$r_i = R'_G = R_G + R_{G1} /\!/ R_{G2} \qquad (6-5-9)$$

共源极放大电路的输出电阻为

$$r_o = R'_D = r_{DS} /\!/ R_D \approx R_D \qquad (6-5-10)$$

例 6-5-2　Multisim 仿真

　　**例 6-5-2**　若图 6-5-3 所示共源极放大电路管子的负载电阻 $R_L = 10$ kΩ。

　　（1）试用微变等效电路法估算放大电路的电压放大倍数 $A_u$、输入电阻 $r_i$ 和输出电阻 $r_o$；

　　（2）为改善放大电路的工作性能，将图 6-5-3 电路中的源极电阻留出 0.5 kΩ 的电阻 $R'_S$ 不被电容旁路用于引入负反馈，计算电压放大倍数 $A_{uf}$。

　　**解：**首先根据静态工作点确定低频跨导

$$g_m = 2\frac{\sqrt{I_{DQ}I_{DSS}}}{|U_{GS(off)}|} = 2 \times \frac{\sqrt{0.46 \times 4}}{1} \text{ mS} \approx 2.7 \text{ mS}$$

　　（1）图 6-5-3 所示电路的微变等效电路同图 6-5-5（b）。由式（6-5-8）~ 式（6-5-10）可得

$$A_u = -g_m R'_L = -g_m (R_D /\!/ R_L) \approx -2.7 \times \frac{10 \times 10}{10 + 10} = -13.5$$

$$r_i = R'_G = R_G + R_{G1} /\!/ R_{G2} \approx \left(1 + \frac{0.2 \times 0.051}{0.2 + 0.051}\right) \text{ M}\Omega \approx 1.04 \text{ M}\Omega$$

$$r_o = R_D = 10 \text{ k}\Omega$$

　　（2）电阻 $R'_S$ 不被电容旁路时的微变等效电路如图 6-5-6 所示。

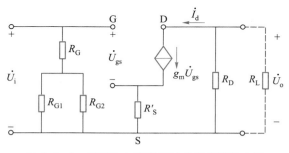

图 6-5-6　$R'_S$ 不被电容旁路时的微变等效电路

$$A_{uf} = \frac{\dot{U}_o}{\dot{U}_i} = \frac{-R'_L \dot{I}_d}{\dot{U}_{gs} + R'_S \dot{I}_d} = \frac{-g_m R'_L \dot{U}_{gs}}{\dot{U}_{gs} + g_m R'_S \dot{U}_{gs}} = -\frac{g_m R'_L}{1 + g_m R'_S} \approx -\frac{2.7 \times 5}{1 + 2.7 \times 0.5} \approx -5.74$$

### 三、共漏极放大电路的动态分析

图 6-5-7(a)是共漏极放大电路,又称源极输出器或源极跟随器。图中 FET 未画出具体符号,可以是 N 沟道 FET 的任何一种。图 6-5-7(b)为共漏极放大电路的微变等效电路。

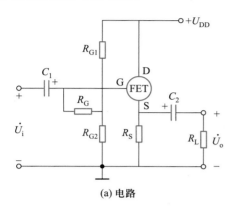

(a) 电路

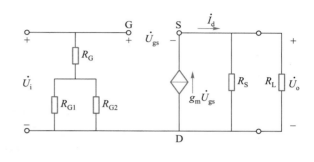

(b) 微变等效电路

图 6-5-7 共漏极放大电路

设 $R'_L = R_s /\!/ R_L$,由微变等效电路可得

$$\dot{U}_o = R'_L \dot{I}_d = g_m R'_L U_{gs}$$

$$\dot{U}_i = \dot{U}_{gs} + \dot{U}_o = \dot{U}_{gs} + g_m R'_L \dot{U}_{gs} = (1 + g_m R'_L)\dot{U}_{gs}$$

则源极输出器电压放大倍数

$$A_u = \frac{\dot{U}_o}{\dot{U}_i} = \frac{g_m R'_L \dot{U}_{gs}}{(1 + g_m R'_L)\dot{U}_{gs}} = \frac{g_m R'_L}{1 + g_m R'_L} \qquad (6-5-11)$$

源极输出器输入电阻

$$r_i = R'_G = R_G + R_{G1} /\!/ R_{G2} \qquad (6-5-12)$$

用外加激励的方法分析源极输出器的输出电阻。将输入端信号源置零,仅保留信号源内阻 $r_s$,在输出端加交流电压 $\dot{U}$,然后求出电流 $\dot{I}$,如图 6-5-8 所示。

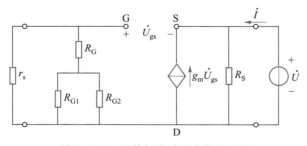

图 6-5-8 用外加激励法求输出电阻

249

由图可知 $\dot{I} = \dfrac{\dot{U}}{R_S} + g_m \dot{U}_{gs}$，由于栅极电流为零，所以有 $\dot{U}_{gs} = -\dot{U}$，因此

$$\dot{I} = \frac{\dot{U}}{R_S} + g_m \dot{U} = \left( \frac{1}{R_S} + g_m \right) \dot{U}$$

所以源极输出器输出电阻

$$r_o = \frac{\dot{U}}{\dot{I}} = \frac{1}{\dfrac{1}{R_S} + g_m} = \frac{R_S}{1 + g_m R_S} \qquad (6-5-13)$$

源极输出器和晶体管的射极输出器一样，具有电压放大倍数小于 1 但接近 1、输入电阻高和输出电阻小等特点。

**例 6-5-3**　图 6-5-9 是由增强型 NMOS 管组成的源极输出器，已知电路的 $U_{DD} = 20$ V，$R_S = 10$ kΩ，$R_{G1} = 100$ kΩ，$R_{G2} = 300$ kΩ，$R_G = 10$ MΩ，管子的 $g_m = 15$ mS，负载电阻 $R_L = 10$ kΩ。试估算电路的电压放大倍数 $A_u$、输入电阻 $r_i$ 和输出电阻 $r_o$。

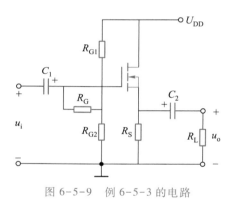

图 6-5-9　例 6-5-3 的电路

**解：**由式（6-5-11）~ 式（6-5-13）可得

$$A_u = \frac{g_m R'_L}{1 + g_m R'_L} = \frac{15 \times 5}{1 + 15 \times 5} \approx 0.987$$

$$r_i = R_G + R_{G1} \parallel R_{G2} = 10 \text{ MΩ} + 75 \text{ kΩ} = 10.075 \text{ MΩ}$$

$$r_o = \frac{R_S}{1 + g_m R_S} = \frac{10}{1 + 10 \times 15} \text{ kΩ} \approx 0.066 \text{ kΩ} = 66 \text{ Ω}$$

### 6.5.3　场效应管放大电路与晶体管放大电路的比较

（1）场效应管放大电路的稳定性好。

场效应管是利用导电沟道中多数载流子的受控变化规律工作的，少数载流子不参与导电过程，故温度稳定性和抗射线干扰的能力较好。选择合适的工作

点时其温度系数可为零。

（2）场效应管放大电路的输入电阻高。

场效应管是压控器件，容易做成高输入电阻的放大电路。

（3）场效应管放大电路的放大能力较弱。

共源极放大电路的电压放大倍数的数值只有几到十几，而共射极放大电路的电压放大倍数的数值可达百倍以上，一般场效应管放大电路的电压放大倍数低于晶体管放大电路。当信号源内阻不太大时，采用晶体管电路可获得较好的放大。

（4）场效应管放大电路高频特性较差，不适合用于超高频电路。

## 6.6 多级放大电路

单级放大电路的电压放大倍数一般只能做到几十倍，而在实际应用中往往要把一个微弱信号放大几千倍，这是单级放大电路所不能完成的。为了解决这个问题，可把若干单级放大电路级联起来，组成多级放大电路，以达到所需要的放大倍数。图 6-6-1 为多级电压放大电路的方框图，其中前面几级主要用作电压放大，称为前置级。由前置级将微弱的输入电压放大到足够大的幅度，然后推动功率放大级（末前级及末级）工作，以满足负载所需求的功率。

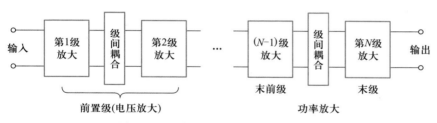

图 6-6-1　多级电压放大电路的方框图

多级放大电路引出了级间连接的问题，每两个单级放大电路之间的连接称为级间耦合，实现耦合的电路称为耦合电路，其任务是将前级信号有效地传送到后级。耦合方式主要有阻容耦合、变压器耦合、直接耦合、光电耦合等。前两种只能传送交流信号，后两种既能传送交流信号，又能传送直流信号。由于变压器很笨重，变压器耦合已日渐少用，这里主要介绍阻容耦合和直接耦合两种。

### 6.6.1　阻容耦合放大电路

图 6-6-2 为两级阻容耦合电压放大电路，两级之间通过电容 $C_2$ 与第二级输入电阻 $r_{i2}$ 构成 $RC$ 耦合电路，故称为阻容耦合。由于电容 $C_2$ 有隔直流作用，可使前、后级放大电路的直流工作状态相互不产生影响，因而阻容耦合多级放大电路中每一级的静态工作点可以单独设置和调试。为了有效地传输信号，耦合电容 $C_2$ 数值一般取得很大（几微法到几十微法），在信号工作频率，耦合电容的容抗与后级输入电阻相比很小，前级的输出信号几乎没有衰减的传递到后级，因此，在分立元件电路中阻容耦合方式得到非常广泛的应用。

下面对多级阻容耦合放大电路的静态工作和动态性能进行分析。

由于前、后级之间通过电容相连,阻容耦合多级放大电路各级的直流电路互不相通,各级静态工作点互不影响,每一级放大电路的静态工作点均可按照前面介绍的方法单独进行设置和分析。

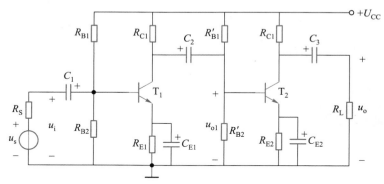

图 6-6-2　两级阻容耦合电压放大电路

由图 6-6-2 可知,第一级放大电路的输出电压 $u_{o1}$ 是第二级的输入电压 $u_{i2}$,即 $u_{o1}=u_{i2}$。两级电路的电压放大倍数分别为

$$A_{u1}=\frac{\dot{U}_{o1}}{\dot{U}_i}$$

$$A_{u2}=\frac{\dot{U}_o}{\dot{U}_{i2}}=\frac{\dot{U}_o}{\dot{U}_{o1}}$$

总放大倍数

$$A_u=\frac{\dot{U}_o}{\dot{U}_i}=\frac{\dot{U}_{o1}}{\dot{U}_i}\cdot\frac{\dot{U}_o}{\dot{U}_{i2}}=\frac{\dot{U}_{o1}}{\dot{U}_i}\cdot\frac{\dot{U}_o}{\dot{U}_{o1}}=A_{u1}\cdot A_{u2} \qquad (6-6-1)$$

可见,多级放大电路的总电压放大倍数等于各级放大电路电压放大倍数的乘积,一般地,$n$ 级电压放大电路的电压放大倍数

$$A_u=A_{u1}\cdot A_{u2}\cdot A_{u3}\cdot\cdots\cdot A_{un} \qquad (6-6-2)$$

应当指出,上式中从第一级到第 $(n-1)$ 级,每一级的放大倍数均是以后级输入电阻作为负载时的有载放大倍数。因此,分析时需要首先将后级放大电路的输入电阻计算出来,作为前级电路的负载,才能计算前级放大电路的放大倍数。

根据放大电路输入电阻和输出电阻的定义,不难发现,多级放大电路的总输入电阻其实就是第一级的输入电阻,而多级放大电路的总输出电阻就是最后一级的输出电阻。

$$r_i=r_{i1} \qquad (6-6-3)$$

$$r_{\text{o}} = r_{\text{on}} \qquad\qquad (6-6-4)$$

**例 6-6-1** 在图 6-6-2 所示的两级阻容耦合电压放大电路中,已知 $R_{\text{B1}} = 30 \text{ k}\Omega, R_{\text{B2}} = 15 \text{ k}\Omega, R'_{\text{B1}} = 20 \text{ k}\Omega, R'_{\text{B2}} = 10 \text{ k}\Omega, R_{\text{C1}} = 3 \text{ k}\Omega, R_{\text{C2}} = 2.5 \text{ k}\Omega, R_{\text{E1}} = 3 \text{ k}\Omega, R_{\text{E2}} = 2 \text{ k}\Omega, R_{\text{L}} = 5 \text{ k}\Omega, C_1 = C_2 = C_3 = 5 \text{ μF}, C_{\text{E1}} = C_{\text{E2}} = 100 \text{ μF}, U_{\text{CC}} = 12 \text{ V}$。两晶体管的 $\beta = 100, r_{\text{bb}'} = 10 \text{ Ω}, U_{\text{BE}} = 0.6 \text{ V}$。求放大电路的静态工作点和电压放大倍数、输入电阻、输出电阻。为简化分析,信号源内阻忽略不计。

例 6-6-1
Multisim 仿真

**解:** 首先分析静态工作点。

两级都为分压式偏置电路,第一级的静态工作点为

$$U_{\text{BB1}} = \frac{R_{\text{B2}}}{R_{\text{B1}} + R_{\text{B2}}} U_{\text{CC}} = \frac{15}{30 + 15} \times 12 \text{ V} = 4 \text{ V}$$

$$I_{\text{BQ1}} = \frac{U_{\text{BB1}} - U_{\text{BE1}}}{R_{\text{B1}} /\!/ R_{\text{B2}} + (1 + \beta_1) R_{\text{E1}}} = \frac{4 - 0.6}{10 + 303} \text{ mA} \approx 0.010\ 86 \text{ mA}$$

$$= 10.86 \text{ μA}$$

$$I_{\text{CQ1}} = \beta_1 I_{\text{BQ1}} = 1.086 \text{ mA}$$

$$I_{\text{EQ1}} = (1 + \beta_1) I_{\text{BQ1}} = 1.097 \text{ mA}$$

$$U_{\text{CEQ1}} = U_{\text{CC}} - R_{\text{C1}} I_{\text{CQ1}} - R_{\text{E1}} I_{\text{EQ1}} = 5.45 \text{ V}$$

第二级的静态工作点为

$$U_{\text{BB2}} = \frac{R'_{\text{B2}}}{R'_{\text{B1}} + R'_{\text{B2}}} U_{\text{CC}} = \frac{10}{20 + 10} \times 12 \text{ V} = 4 \text{ V}$$

$$I_{\text{BQ2}} = \frac{U_{\text{BB2}} - U_{\text{BE2}}}{R'_{\text{B1}} /\!/ R'_{\text{B2}} + (1 + \beta_2) R_{\text{E2}}}$$

$$= \frac{4 - 0.6}{6.67 + 202} \text{ mA} \approx 0.016\ 3 \text{ mA} = 16.3 \text{ μA}$$

$$I_{\text{CQ2}} = \beta_2 I_{\text{BQ2}} = 1.63 \text{ mA}$$

$$I_{\text{EQ2}} = (1 + \beta_2) I_{\text{BQ2}} = 1.646 \text{ mA}$$

$$U_{\text{CEQ2}} = U_{\text{CC}} - R_{\text{C2}} I_{\text{CQ2}} - R_{\text{E2}} I_{\text{EQ2}} = 4.63 \text{ V}$$

图 6-6-2 所示放大电路的微变等效电路(相量模型)如图 6-6-3 所示。其中

$$r_{\text{be1}} = r_{\text{bb}'} + (1 + \beta_1) \frac{U_T}{I_{\text{CQ1}}} \approx \left( 10 + 101 \times \frac{25.8}{1.097} \right) \text{ Ω} \approx 2.39 \text{ k}\Omega$$

$$r_{\text{be2}} = r_{\text{bb}'} + (1 + \beta_2) \frac{U_T}{I_{\text{EQ2}}} \approx \left( 10 + 101 \times \frac{25.8}{1.646} \right) \text{ Ω} \approx 1.59 \text{ k}\Omega$$

第一级放大电路等效负载电阻

$$R'_{\text{L1}} = R_{\text{C1}} /\!/ r_{\text{i2}} = R_{\text{C1}} /\!/ R'_{\text{B1}} /\!/ R''_{\text{B2}} /\!/ r_{\text{be2}} = 0.9 \text{ k}\Omega$$

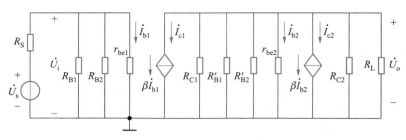

图 6-6-3 图 6-6-2 所示放大电路的微变等效电路(相量模型)

第一级电压放大倍数(有载)为

$$A_{u1} = -\beta_1 \frac{R'_{L1}}{r_{be1}} = -100 \times \frac{0.9}{2.39} = -37.7$$

第二级放大电路等效负载电阻

$$R'_{L2} = R_{C2} /\!/ R_L = \frac{2.5 \times 5}{2.5 + 5} \text{ k}\Omega = 1.67 \text{ k}\Omega$$

第二级电压放大倍数(有载)为

$$A_{u2} = -\beta_2 \frac{R'_{L2}}{r_{be2}} = -100 \times \frac{1.67}{1.59} = -105$$

总电压放大倍数为

$$A_u = A_{u1} \cdot A_{u2} \approx (-37.7) \times (-105) \approx 3\,959$$

$A_u$ 为正值,表明输出电压 $\dot{U}_o$ 与输入电压 $\dot{U}_i$ 同相。

由图 6-6-3 可以看出,放大电路总输入电阻为

$$r_i = r_{i1} = R_{B1} /\!/ R_{B2} /\!/ r_{be1} = \frac{1}{\dfrac{1}{30} + \dfrac{1}{15} + \dfrac{1}{2.38}} \text{ k}\Omega \approx 1.92 \text{ k}\Omega$$

输出电阻为

$$r_o = r_{o2} = R_{C2} = 2.5 \text{ k}\Omega$$

## 6.6.2 直接耦合放大电路

阻容耦合多级放大电路要求信号频率足够高,保证耦合电容的容抗充分小,信号才能顺利通过耦合电路输送到下一级进行放大,但是,工业控制中的大部分控制信号(由温度、压力、流量、长度等物理量通过传感器转化成电信号)一般为变化缓慢的微弱信号,若要采用阻容耦合,必须使用非常大容量的电容器,这是不现实的。为了避免耦合电容对变化缓慢信号带来的不良影响,可以将阻容耦合方式的耦合电容去掉,用短路线直接连接前、后级,这样便组成了直接耦合放

大电路。

　　直接耦合方式既能放大交流信号,也能放大变化缓慢的直流信号。而且耦合元件简单便于集成化,但是采用直接耦合方式也带来了两个特殊问题。

### 一、前后级静态工作点相互影响

　　直接耦合使前后级之间存在直流通路,造成各级工作点相互影响,不能独立分析、设计,如果设置不当将使放大电路不能正常工作。图 6-6-4 是两个 NPN 型晶体管组成的直接耦合的两级电压放大电路。由电路图可知,$U_{CE1} = U_{BE2} = 0.7$ V,使得第一级放大电路的静态工作点接近饱和区,动态范围很小。存在问题的关键在于 $U_{CE1}$ 被 $U_{BE2}$ 限制在 0.7 V 左右,两级静态工作点相互牵制,通常采用的解决方法有两个:

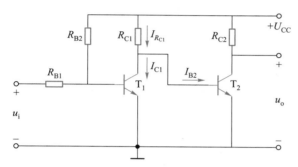

图 6-6-4　直接耦合的两级电压放大电路

　　1. 提高后级晶体管的发射极电位

　　(1) 在后级发射极串联电阻,提高射极电位

　　如图 6-6-5(a)①所示。第二级射极电位提高了,相应基极电位也提高了,从而保证了第一级集电极有较高的静态电位,不至于工作在饱和区。但是串入电阻 $R_{E2}$ 后,将使第二级的放大倍数严重下降。

　　(2) 在后级发射极串联二极管

　　如图 6-6-5(a)②所示。由于二极管的直流电阻大,交流电阻小,用串入二极管代替电阻 $R_{E2}$,一方面可以提高第二级射极静态电位 $V_{E2}$,另一方面不至于使第二级的放大倍数严重下降。

　　(3) 在后级发射极串入稳压二极管

　　如图 6-6-5(b)所示。由于稳压二极管的反向特性很陡,交流电阻几乎为零,串入稳压二极管比串入二极管效果更好,但是为了使稳压二极管正常工作,需要另外设置稳压二极管偏置电阻 R。

　　2. 采用 NPN-PNP 耦合方式

　　即使采用串入稳压二极管提高后级晶体管的发射极电位,也会使后级集电极的有效电压变化范围减小;同时,当级数进一步增多时,集电极电位也逐级上升,电源电压将无法承受。图 6-6-6 所示电路给出了另一个解决方法。

　　电路中每两级组成一个单元,前级采用 NPN 管而后级采用 PNP 管,由于

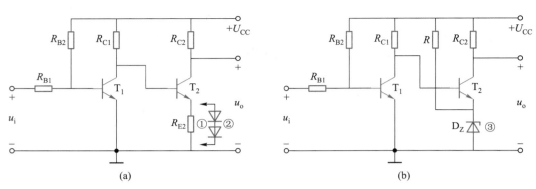

图 6-6-5　改进的直接耦合电压放大电路

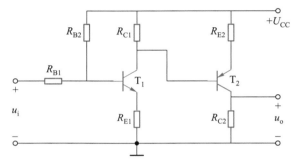

图 6-6-6　NPN-PNP 耦合方式放大电路

PNP 管的集电极电位比基极电位低,因此,即使耦合的级数增多,也不会使集电极电位逐级升高,而使各级均能获得合适的静态工作点。这种 NPN-PNP 的耦合方式无论在分立元件或者集成直接耦合电路中都常常被采用。

　　由于前后级之间存在直流通路,各级工作点相互影响,不能独立计算,直接耦合放大电路静态工作点的计算过程比阻容耦合电路要复杂。在分析具体电路时,常常先找出最容易确定的环节,再计算其余各处的静态值。有时还要通过联立方程来求解。

　　**例 6-6-2**　在图 6-6-5(b)所示的直接耦合放大电路中,已知:$R_{B2} = 270$ kΩ,$R_{C1} = 4.3$ kΩ,$R_{C2} = 500$ Ω,稳压二极管的工作电压 $U_Z = 4$ V,$\beta_1 = \beta_2 = 50$,$U_{CC} = 24$ V,试计算各级静态工作点。如果温度升高,$I_{C1}$ 增加 1%,静态输出电压 $U_O$ 将改变多少?

　　**解:**假设静态时 $U_{BE1} = U_{BE2} = 0.6$ V,则前级静态工作点

$$I_{BQ1} = \frac{U_{CC} - U_{BE1}}{R_{B2}} = \frac{24 - 0.6}{270} \text{ mA} \approx 0.086\ 7 \text{ mA}$$

$$I_{CQ1} = \beta_1 I_{BQ1} \approx 50 \times 0.086\ 7 \text{ mA} \approx 4.3 \text{ mA}$$

$$U_{CEQ1} = U_{C1} = U_{BE2} + U_Z = 4.6 \text{ V}$$

$$I_{R_{C1}} = \frac{U_{CC} - U_{C1}}{R_{C1}} \approx \frac{24 - 4.6}{4.3} \text{ mA} \approx 4.5 \text{ mA} > I_{CQ1}$$

后级静态工作点

$$I_{BQ2} = I_{R_{C1}} - I_{CQ1} = (4.5 - 4.3) \text{ mA} = 0.2 \text{ mA}$$

$$I_{CQ2} = \beta_2 I_{BQ2} = 50 \times 0.2 \text{ mA} = 10 \text{ mA}$$

$$U_{CEQ2} = U_{CC} - R_{C2}I_{CQ2} - U_Z = (24 - 10 \times 0.5 - 4) \text{ V} = 15 \text{ V}$$

静态时的输出电压

$$U_O = U_{C2} = U_{CC} - R_{C2}I_{CQ2} = 19 \text{ V}$$

$I_{C1}$增加 1% 时

$$I_{C1} = 4.3 \times (1 + 1\%) \text{ mA} = 4.343 \text{ mA}$$

$$I_{B2} = I_{R_{C1}} - I_{C1} = (4.5 - 4.343) \text{ mA} = 0.157 \text{ mA}$$

$$I_{C2} = \beta_2 I_{B2} = 50 \times 0.157 \text{ mA} = 7.85 \text{ mA}$$

$$U_O = U_{CC} - R_{C2}I_{C2} = (24 - 7.85 \times 0.5) \text{ V} = 20.075 \text{ V}$$

静态时的输出电压比原来升高了 1.01 V,约升高了 5.3%。

**二、零点漂移的影响**

从例 6-6-2 可以看到,即使输入电压保持为零,直流输出电压也会因为温度的变化而上下波动,这是直接耦合放大电路的主要缺点。

一个理想的直接耦合电压放大电路,当输入信号为零时,其输出端电压应保持不变。但实际的直接耦合放大电路,将其输入端对地短接(使输入电压为零),测量输出端电压时,输出电压并不是保持不变,而是在缓慢而无规则地变化着,这种现象称为零点漂移。零点漂移使输出端电压偏离其原始值,看上去像一个缓慢变化的输出信号,但它并不是由输入端加入的信号放大后输出的真实信号,如图 6-6-7 所示。

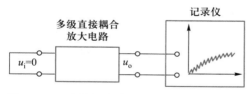

图 6-6-7 直接耦合放大电路的零点漂移现象

当 $u_i \neq 0$ 时,这种漂移将和被放大的有用信号共存于放大电路中,两者都在缓慢地变化着,一真一假,同时在输出端表现出来。当漂移量大到足以和有用信号量相比,便鱼目混珠,使放大电路失去作用。因此必须分析零点漂移产生的原因并采取相应的抑制零点漂移的措施。

引起零点漂移的本质原因是环境变化,例如,晶体管参数的变化、电源电压的波动、电路元件参数的变化等,其中温度的影响是最严重的。对于多级直接耦合放大电路,前级的漂移将被后级放大,因而前级的漂移对放大电路的影响比后级严重。所以抑制零点漂移着重在前级放大,特别是第一级。

通常将输出端的漂移电压折合到输入端来评价零点漂移

$$u_{\text{id}} = \frac{u_{\text{od}}}{|A_u|} \qquad\qquad (6-6-5)$$

式中,$u_{\text{id}}$ 为输入端等效漂移电压;$u_{\text{od}}$ 为输出端漂移电压;$|A_u|$ 为电压放大倍数。

解决零点漂移问题的方法是差分放大电路,将两个结构、参数、工作环境相同的放大电路组合在一起,它们具有相同的漂移,但分别输入大小相同、相位相反的信号(差分信号),两个放大电路输出端分别含有大小相同、相位一致的漂移和大小相同、相位相反的放大信号,因此,只要将两个输出作差分(相减)输出,就能抵消漂移,从而达到抑制漂移的目的。

差分放大电路是集成运算放大器的主要单元电路,下一章将详细介绍差分放大电路的结构和分析。

<h2>6.7  功率放大电路</h2>

放大电路带动负载时,要向负载提供一定的功率(电压与电流的乘积),以推动负载工作,例如使仪表指针偏转,使扬声器发声,使继电器工作等。这些负载通常都具有比较低的电阻值(如扬声器典型电阻值为 4 Ω、8 Ω、16 Ω、32 Ω),前面介绍的电压放大电路直接带动如此低阻值负载时,将使放大倍数严重下降,失去放大能力。所以在多级放大电路中,首先由电压放大电路将微弱信号放大到足够幅度,然后进行功率放大并带动负载,功率放大电路一般只对电流进行放大,基本没有电压放大能力。与电压放大电路不同,功率放大电路要求有尽可能大的输出功率,因此,它必须工作在大信号状态。

### 6.7.1  功率放大电路的特点

**一、功率放大电路中的晶体管**

在功率放大电路中,为使输出功率尽可能大,需要设置晶体管工作在极限应用状态,晶体管的集电极电流、管压降、集电极耗散功率最大时均接近晶体管的极限参数。因此,在选择功率放大管时,要特别注意极限参数的选择,以保证安全工作。

一般功率放大管都是大功率管,使用时要特别注意其散热条件,安装合适的散热片,必要时还要采取各种保护措施。

**二、功率放大电路的分析方法**

由于前置电压放大级已对信号电压幅度进行了充分放大,功率放大电路的输入信号电压幅度一般都很大,功率放大晶体管通常工作在大信号状态,不能采用仅适用于小信号的微变等效电路法,而常常采用图解法来分析功率放大电路的静态和动态工作情况。

由于功率放大电路的输入信号较大,输出波形容易产生非线性失真,电路中应采用适当的方法改善输出波形,如引入交流负反馈等。

### 三、功率放大电路的主要技术指标

1. 最大输出功率 $P_{oM}$

功率放大电路的输出功率是指放大电路负载获得的信号功率。在输入信号为正弦波且输出波形基本不失真条件下,输出功率定义为

$$P_o = U_o I_o \tag{6-7-1}$$

其中 $U_o$ 和 $I_o$ 分别为输出电压和输出电流的交流有效值。

最大输出功率 $P_{oM}$ 是在电路参数确定的情况下负载可能获得的最大交流功率。

2. 转换效率 $\eta$

功率放大电路的输出功率 $P_o$ 和电源所提供的直流功率 $P_E$ 之比称为转换效率。即

$$\eta = \frac{P_o}{P_E} \tag{6-7-2}$$

其中 $P_E$ 为直流电源输出功率,是指放大电路消耗的直流功率。

对功率放大电路的基本要求是:(1)在不失真的前提下尽可能地输出较大的功率;(2)具有较高的效率。

输出信号的动态范围一般由晶体管的静态工作点决定,在图 6-7-1(a)中,静态工作点 $Q$ 设置在交流负载线的中间,晶体管工作点始终处于放大区,这种状态称为甲类(A 类)工作状态,前面介绍的电压放大电路就工作在这种状态。在甲类工作状态,直流功率 $P_E = U_{CC}I_{CQ}$ 是恒定的。无信号输入时,电源功率全部消耗在管子和电阻上,其中又以管子的集电极损耗为主;有信号输入时,直流功率中的一部分转换为有用的信号输出功率 $P_o$,信号越大,输出的功率也越大。不论有无输入信号,甲类放大电路晶体管的集电极都有较大的静态电流,晶体管的损耗功率较大,甲类工作状态放大电路的效率很低。在理想情况下,甲类功率放大电路的最高效率也只能达到 50%(需要使用变压器,使直流负载线变成近似垂直)。

为了提高效率,除可以用增大电路的动态工作范围来增加输出功率外(这对晶体管的要求更高,成本增加),通常用减小直流电源功耗的办法来解决,即在电源电压 $U_{CC}$ 不变的情况下,使静态电流 $I_{CQ}$ 减小,以减小晶体管静态时消耗的功率。这样静态工作点 $Q$ 将沿负载线下移,如图 6-7-1(b)所示,放大电路的这种工作状态称为甲乙类(AB 类)工作状态。若将静态工作点下移到 $I_{CQ} \approx 0$ 处,如图 6-7-1(c)所示,则静态管耗(直流电源提供的功率)更小,效率更高,放大电路此时的工作状态称为乙类(B 类)工作状态。乙类工作状态的特点:晶体管只有半个周期工作在放大区,另外半个周期截止。由图 6-7-1 可见,晶体

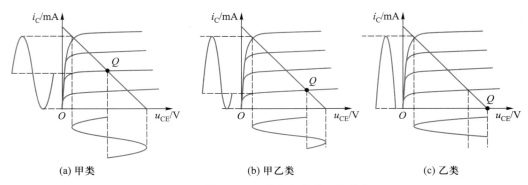

(a) 甲类  (b) 甲乙类  (c) 乙类

图 6-7-1 放大电路的工作状态

工作在甲乙类或乙类状态,节省了电路处于静态时集电结所消耗的功率,可以提高效率,但输出波形却产生了严重的失真。解决的办法是采用互补对称功率放大电路,由两个对称的分别工作在甲乙类或乙类状态放大电路组合构成,这样既能提高效率,又能减小信号波形的失真,其在低频功率放大中得到广泛的应用。

## 6.7.2 互补对称功率放大电路

### 一、双电源的互补对称功率放大电路(OCL 电路)

图 6-7-2(a)是双电源的互补对称功率放大电路的原理图,可视为由图 6-7-2(b)和图6-7-2(c)两个射极输出器组成。$T_1$、$T_2$ 分别为 NPN 和 PNP 型管,它们导通时的偏置极性正好相反。由于基极回路没有引入偏置电流,两管均工作在乙类状态。当输入信号 $u_i$ 为正半周时,$T_1$ 管的发射结处于正向偏置,$T_1$ 管导通,电流 $i_{L1}$ 经 $T_1$ 管流向负载 $R_L$,如图 6-7-2(b)所示,在 $R_L$ 上得到一个正半周的输出电压,此时 $T_2$ 管的发射结处于反向偏置,$T_2$ 管截止。当输入信号 $u_i$ 为负半周时,情况与正半周相反,$T_1$ 管截止,$T_2$ 管导通,电流 $i_{L2}$ 经 $T_2$ 管流向负载 $R_L$,如图 6-7-2(c)所示,在 $R_L$ 上得到一个负半周的输出电压。于是在输入信号 $u_i$ 的一个周期内,$T_1$、$T_2$ 管分别在正、负半周轮流导通和截止,使电流 $i_{L1}$ 和 $i_{L2}$ 以正反不同的方向交替流过负载 $R_L$,在 $R_L$ 上便合成一个既有正半周又有负半周的输出电压。

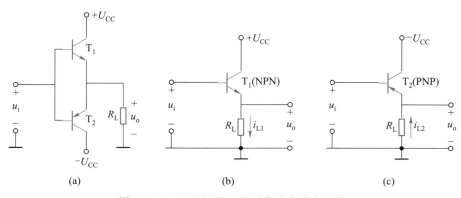

(a)  (b)  (c)

图 6-7-2 双电源的互补对称功率放大电路

为了使输出电压波形正、负半周完全对称，$T_1$、$T_2$ 管的参数必须完全对称相等。这种 $T_1$、$T_2$ 管交替导通、相互补充、参数对称的电路称为互补对称放大电路，图 6-7-2 所示电路因无输出电容，一般称为 OCL(output-capacitor-less，无输出电容)电路。因 OCL 电路由两个射极输出器组成，所以，其具有输入电阻高和输出电阻低的特点。

虽然理论上 OCL 电路可以在负载上得到正、负半周的输出电压，但实际上由于存在晶体管导通电压的原因，输出电压波形存在着失真。由于设置零静态偏置，当输入信号 $u_i$ 低于晶体管的死区电压时，$T_1$、$T_2$ 管都截止，$R_L$ 上无电流流过，出现一段零值区($|u_i| \le 0.5$ V)，如图 6-7-3 所示。这种现象称为交越失真，即正、负半周交替过渡时出现的失真。为了消除交越失真，可为两个互补对称晶体管建立合适的静态工作点，使两管静态均处于临界导通或微弱导通状态，避开死区段，这种状态称为甲乙类状态。通常在 $T_1$ 和 $T_2$ 管的基极之间串接了两只二极管，如图 6-7-4 所示，导通的二极管为 $T_1$、$T_2$ 管的发射结提供了稍大于死区电压的正向偏置电压，处于临界导通状态。由于二极管的动态电阻很小，使得交流状态下两管基极近似短路，因而当有交流信号输入时，图 6-7-4 所示电路的工作情况和图 6-7-2 所示电路是一样的。在图 6-7-4 所示消除交越失真电路中，$R_{B1}$ 与 $R_{B2}$ 为二极管提供直流通路，要求其中流过的电流在二极管允许的最大整流电流以内，同时又要使得两电阻中的直流电流比晶体管平均基极电流大得多(5 倍)，一般 $R_{B1}$ 与 $R_{B2}$ 取值应大致相等，从而保证晶体管基极直流电位处于零。

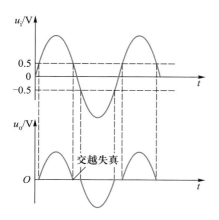

图 6-7-3 交越失真波形

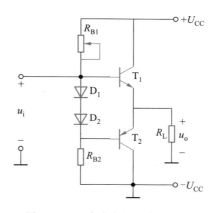

图 6-7-4 消除交越失真的电路

由于每个管只工作半个周期，故其静态工作点可下移至 $I_C \approx 0$，$T_1$、$T_2$ 管的静态功耗约为零，因而使效率提高，并使放大电路有较大的动态范围。

从图 6-7-5 所示的晶体管输出特性可以看到，当工作点 $Q$ 下移至 $u_{CE} \approx U_{CC}$ 时，输出信号电压的最大不失真幅度 $U_{om}$ 仅受晶体管不进入饱和状态的限制，因此，最大不失真输出幅度为

$$U_{om} = U_{CC} - U_{CES} \qquad (6-7-3)$$

261

若忽略工作的饱和压降,输出电压的最大幅度为

$$U_{om} \approx U_{CC} \qquad (6-7-4)$$

由式(6-7-1)得输出信号的功率为

$$P_o = U_o I_o = \frac{U_{om}}{\sqrt{2}} \cdot \frac{I_{om}}{\sqrt{2}} = \frac{1}{2} U_{om} I_{om}$$

$$(6-7-5)$$

式中,$U_{om}$ 和 $I_{om}$ 为输出电压和输出电流的幅度。因为

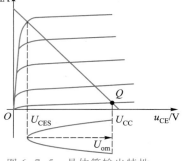

图 6-7-5　晶体管输出特性

$$I_{om} = \frac{U_{om}}{R_L} \qquad (6-7-6)$$

故

$$P_o = \frac{1}{2} \cdot \frac{U_{om}^2}{R_L} \qquad (6-7-7)$$

输出功率与输出电压的幅度和负载电阻有关,当负载电阻不变,输出电压的幅值最大时,输出功率最大,为

$$P_{omax} = \frac{1}{2} \cdot \frac{U_{ommax}^2}{R_L} \approx \frac{1}{2} \cdot \frac{U_{CC}^2}{R_L} \qquad (6-7-8)$$

最大功率输出时,每个晶体管的输出电流平均值(集电极电流平均值)

$$I_{C(AV)} = \frac{1}{2\pi} \int_0^\pi \frac{U_{CC}}{R_L} \sin(\omega t) \, d(\omega t) = \frac{U_{CC}}{\pi R_L} \qquad (6-7-9)$$

则每个电源提供的直流功率为

$$P_{E1} = U_{CC} I_{C(AV)} = \frac{U_{CC}^2}{\pi R_L} \qquad (6-7-10)$$

两个电源提供的总直流功率为

$$P_E = 2P_{E1} = \frac{2U_{CC}^2}{\pi R_L} \qquad (6-7-11)$$

于是由式(6-7-2)得出理想情况下 OCL 功率放大电路的最大效率为

$$\eta_{max} = \frac{P_{omax}}{P_E} = \frac{\dfrac{U_{CC}^2}{2R_L}}{\dfrac{2U_{CC}^2}{\pi R_L}} = \frac{\pi}{4} = 78.5\% \qquad (6-7-12)$$

在互补对称功率放大电路中,要求配有一对特性对称的 NPN-PNP 型功率管。当输出功率较大时,很难获得不同类型的晶体管的配对,而且大功率管的 $\beta$ 值均较小。小功率晶体管的配对则比较容易,因此常采用由两个晶体管组成的"复合管"代替单个晶体管,在图 6-7-6 中列举了两种典型的复合管。图 6-7-6(a)中的复合管中各电流的关系如下

$$i_{C1} = \beta_1 i_{B1} = \beta_1 i_B$$

$$i_{C2} = \beta_2 i_{B2} = \beta_2(\beta_1 + 1)i_B$$

$$i_C = i_{C1} + i_{C2} = \beta_1 i_B + \beta_2(\beta_1 + 1)i_B = [\beta_1 + \beta_2(\beta_1 + 1)]i_B$$

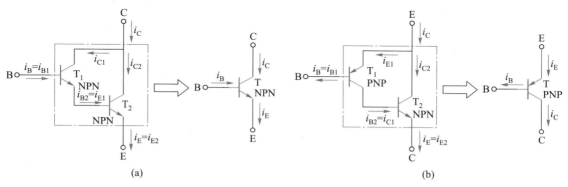

图 6-7-6　复合管

可见,图 6-7-6(a)中的复合管可等效为电流放大系数近似为两管电流放大系数乘积的 NPN 管。同理,图 6-7-6(b)是由一个小功率的 PNP 管和一个大功率的 NPN 管组成的复合管,等效为电流放大系数近似为两管电流放大系数乘积的 PNP 管。

由分析得知,复合管的类型由第一个小功率晶体管(即 $T_1$)决定,与后接的大功率晶体管(即 $T_2$)无关,第一个晶体管是 PNP 型管,等效的复合管也是 PNP 型管,复合管的电流放大系数近似为两管电流放大系数乘积,即 $\beta \approx \beta_1 \beta_2$。复合管的大功率特性则由同类型的大功率晶体管决定,这样就解决了不同类型大功率晶体管难以配对的问题。

**二、单电源的互补对称功率放大电路(OTL 电路)**

构成 OCL 电路需要正、负两个直流电源,有时显得不是很方便,故在一些信号频率较高的场合,可使用单电源的互补对称功率放大电路,如图 6-7-7 所示。

电路中,通过电容 $C$ 将负载电阻接至两管的发射极。静态时,通过调整 $R_{B1}$ 的阻值,使 k 点的电位为 $\frac{1}{2}U_{CC}$,则静态时电容 $C$ 被充电到电压 $U_C = \frac{1}{2}U_{CC}$。

当有输入信号 $u_i$ 时,在 $u_i$ 的正半周,$T_1$ 管导通,$T_2$ 管截止,电流由 $T_1$ 管经过电容 $C$ 流向负载。在 $u_i$ 的负半周,$T_1$ 管截止,$T_2$ 管导通,已充电 $U_C = \frac{1}{2}U_{CC}$ 的

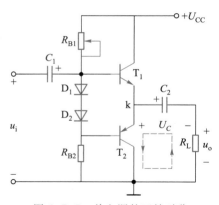

电容 $C$ 起着电源的作用,通过 $T_2$ 向负载 $R_L$ 放电,放电的电流方向如图中虚线所示。只要选择时间常数 $R_L C$ 足够大(远大于信号周期),在信号的两个半周期中电容的充电与放电引起的电压变化可以忽略,即认为电容两端的电压始终保持不变,类似直流电压源。因此可以认为用电容 $C$ 和一个电源(其值为图 6-7-4 所示电路中一个电源的 2 倍),与图 6-7-4 所示 OCL 电路的正、负两个电源的作用相同。这种单电源有输出电容的功率放大电路称为 OTL(output-transformer-less,无输出变压器)电路。

图 6-7-7　单电源的互补对称功率放大电路

OTL 电路每个晶体管的工作电压均为 $U_c = \dfrac{1}{2} U_{CC}$。在计算 $P_{omax}$、$P_E$、$\eta$ 时,要以 $U_c = \dfrac{1}{2} U_{CC}$ 代替上述式(6-7-8)、式(6-7-11)和式(6-7-12)中的 $U_{CC}$ 值。

目前,中、小功率的集成功率放大器(将整个放大电路同时制造在一块半导体芯片上,称为集成电路)相继问世,品种繁多,而且应用越来越广泛,图 6-7-8(a)是双集成功率放大器 TDA2822M 的引脚图,内部电路由输入级、中间放大级和功率输出级组成。输入级采用差分放大电路,有同相和反相两个输入端。输出级采用上述互补对称功率放大电路。图 6-7-8(b)是用此芯片接成的立体声双声道电路。在图 6-7-8(b)中,$C_{11}$ 和 $R_5$ 组成电源滤波电路;$R_3$ 和 $C_9$、$R_4$ 和 $C_{10}$ 是相位补偿电路,以消除自激振荡,并改善高频时的负载特性;$C_3$ 和 $C_4$ 是消除输入端高频干扰的滤波电容。

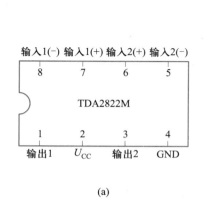

(a)

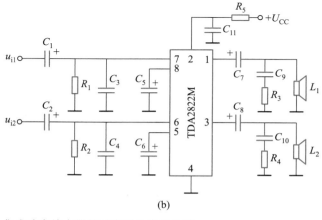

(b)

图 6-7-8　集成功率放大器的引脚图及应用电路

## 6.8 放大电路的频率特性

在实际应用中,需要放大的交流信号通常不是单一频率的正弦波,信号往往覆盖一定的频率范围。这就要求放大电路对各种频率的信号有相同的放大作用。但是在阻容耦合放大电路中,由于存在级间的耦合电容、发射极旁路电容及晶体管的极间电容和连线的分布电容等,它们的容抗与频率有关,当信号频率不同时,放大电路输出电压的幅值和相位也将与信号频率有关。

放大电路的电压放大倍数与频率的关系称为幅频特性,输出电压和输入电压的相位差与频率的关系称为相频特性,两者统称为频率特性。图 6-8-1 所示是单级阻容耦合电压放大电路频率特性。

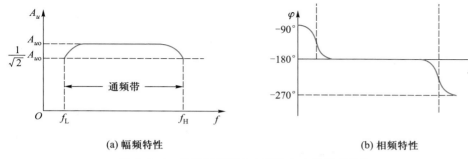

(a) 幅频特性          (b) 相频特性

图 6-8-1 单级阻容耦合电压放大电路频率特性

由图 6-8-1 可以看出,在某一段频率范围内,单级阻容耦合放大电路的电压放大倍数与频率无关,输出信号与输入信号的相位移为 $180°$。随着频率的增高或降低,电压放大倍数都会减小,相位移也发生变化。当放大倍数下降到最大值 $A_{uo}$ 的 $1/\sqrt{2}$ 时(即 $0.707A_{uo}$),所对应的两个频率分别称为下限频率 $f_L$ 和上限频率 $f_H$。上、下限频率之差定义为放大电路的通频带 $BW = f_H - f_L$(又称带宽)。

在通频带范围内,放大电路的放大能力基本保持恒定。通频带是表达放大电路频率特性的一个重要指标。当信号的频率范围超过放大电路的通频带时,放大电路对不同频率的信号在幅度和相位的放大效果不完全一样,输出信号不能重现输入信号波形,产生幅度失真和相位失真,统称为频率失真。从放大信号的角度出发,希望放大电路有较宽的通频带。

考虑耦合电容、发射极旁路电容及晶体管的极间电容和连线的分布电容等的影响,经过等效变换(这里不做具体分析),图 6-8-2(a)所示共发射极晶体管放大电路的全频率微变等效电路如图 6-8-2(c)所示。

图中,$C_\pi$ 和 $C_\mu$ 分别是发射结和集电结的结电容经过等效后的等效电容。一般 $C_\pi$ 为十几皮法至几十皮法,$C_\mu$ 为几皮法至十几皮法。

在中频段(1 kHz~100 kHz),由于耦合电容和发射极旁路电容的容量较大($>10$ μF),对中频段信号来说,其容抗很小$\left( X_C < \dfrac{1}{2\pi f_{\min} C_{\min}} = 32\ \Omega \right)$,而与之相串

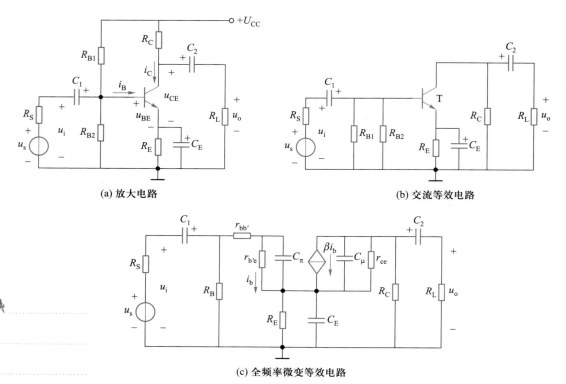

(a) 放大电路　　　　　　　　　　　　　　(b) 交流等效电路

(c) 全频率微变等效电路

图 6-8-2　共发射极晶体管放大电路的全频率微变等效电路

联的电阻值一般都为千欧级,因此可视为短路。晶体管极间等效电容 $C_\pi$ 和 $C_\mu$ 容量很小($<100$ pF),对中频段信号的容抗很大$\left(X_C>\dfrac{1}{2\pi f_{\max}C_{\max}}=32\text{ k}\Omega\right)$,与之相并联的电阻值多在千欧级,因此可视作开路。综合起来,在中频段可不考虑电容的影响,进而得到中频段微变等效电路如图 6-8-3 所示,实际上这就是前面分析放大电路动态性能时的微变等效电路。在本书的例题和习题中计算的电压放大倍数,均指中频段的电压放大倍数。

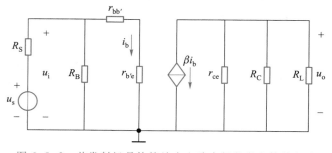

图 6-8-3　共发射极晶体管放大电路中频段微变等效电路

在低频段($<100$ Hz),由于信号频率较低,晶体管极间等效电容容抗比中频段更大($X_C>32$ MΩ),更可视作开路进而忽略。而耦合电容、旁路电容容抗较大

266

（$X_C>320\ \Omega$），不能忽略。因此，低频段等效电路可只考虑耦合电容和旁路电容的影响，如图 6-8-4 所示。此时耦合电容容抗的分压作用和旁路电容容抗的负反馈作用，均会使电压放大倍数下降。

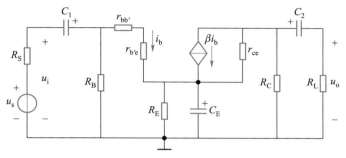

图 6-8-4 共发射极晶体管放大电路低频段微变等效电路

在高频段（>1 MHz），由于信号频率较高，耦合电容和旁路电容的容抗比中频段时更小（$X_C<0.032\ \Omega$），均可视为短路，但是晶体管极间等效电容容抗却减小到不能忽略（$X_C<3.2\ \text{k}\Omega$），因此，高频段等效电路可只考虑晶体管极间等效电容容抗的影响，如图 6-8-5 所示。晶体管极间等效电容容抗的并联作用，将使输入、输出阻抗减小，也导致了电压放大倍数的下降。

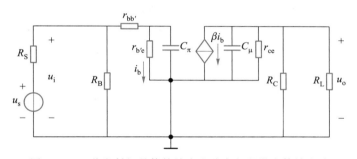

图 6-8-5 共发射极晶体管放大电路高频段微变等效电路

上面以共发射极单管放大电路为例分析了晶体管放大电路的频率特性，对于其他类型的放大电路和场效应管放大电路可以作同样的分析。由分析可知，阻容耦合方式不适合放大频率过高（快速变化）或过低（缓慢变化）的信号，特别是不能放大直流信号。此外，由于在集成电路中制造大容量的电容很困难，这种耦合方式也不易在集成电路中使用。

多级放大电路是由各级放大电路级联而成，按照多级放大电路增益的乘积计算方法，多级放大电路总的频率特性是各级放大电路频率特性的乘积，因此，总的通频带一般会比每个单级放大电路都窄。但是，如果合理地错开各级放大电路通频带中心频率，也可在牺牲总增益的前提下，扩展多级放大电路的通频带，有关这方面的内容，超出了本书的范围，有兴趣的读者可参考宽带放大电路设计的相关资料。

反馈的概念并不陌生,在许多科技领域中,反馈技术得到了广泛应用。例如,自动控制系统中引入负反馈,可以增强系统的稳定性。放大电路中引入负反馈,可以提高放大电路的质量,改善其工作性能等。因此在实用放大电路中,几乎都要引入这样或那样的负反馈。下面就放大电路中的负反馈,分几个问题来讨论。

### 6.9.1　什么是放大电路中的负反馈

#### 一、反馈的概念

基本放大电路中,有源器件(晶体管等)具有信号单向传递性,被放大信号从输入端输入,放大以后输出,存在输入信号对输出信号的单向控制。如果在电路中存在某些通路,将输出信号的一部分回馈到放大器的输入端,与外部输入信号叠加,产生基本放大电路的净输入信号,实现输出信号对输入的控制,即称构成了反馈。按照反馈对信号的作用,反馈分为正反馈和负反馈两大类。若引回的反馈信号削弱了放大电路的净输入信号,称为负反馈;反之,若反馈信号增强了净输入信号,则称为正反馈。

图6-9-1(a)、(b)分别为无反馈基本放大电路和有反馈放大电路(相量域)的方框图。任何带有反馈的放大电路都包含两个部分:① 无反馈基本放大电路 $A$,它可以是单级或多级放大电路;② 反馈电路 $F$,它是联系输出电路和输入电路的环节,多数由电阻、电容元件组成。

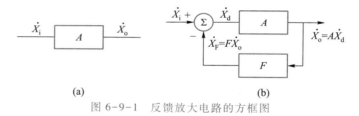

(a)　　　　　　　　　　　(b)

图6-9-1　反馈放大电路的方框图

图中用 $\dot{X}$ 表示信号,它既可以是电压,也可以是电流,假设信号为单频正弦信号,用相量表示。图中箭头代表信号传递方向。$\dot{X}_i$、$\dot{X}_o$ 和 $\dot{X}_f$ 分别为输入、输出和反馈信号。没有反馈时,基本放大电路的净输入信号就是外部输入信号 $\dot{X}_d = \dot{X}_i$。有反馈时,$\dot{X}_f$ 和 $\dot{X}_i$ 在输入端叠加($\Sigma$ 是叠加环节的符号),根据图中"+""−"可得净输入信号(或称差值信号)$\dot{X}_d = \dot{X}_i - \dot{X}_f$。

若 $\dot{X}_f$ 和 $\dot{X}_i$ 同相,反馈信号起到了削弱净输入信号的作用,为负反馈。

若 $\dot{X}_f$ 和 $\dot{X}_i$ 反相,反馈信号起到了增强净输入信号的作用,为正反馈。

#### 二、反馈的作用

两种反馈对放大电路具有不同的作用。负反馈有自动调节的作用,能实现稳定电路的作用。前面介绍的稳定静态工作点电路,就是通过射极电阻 $R_E$ 的

负反馈调节作用,使静态电流 $I_C$ 在温度变化时保持基本不变。如温度升高时 $R_E$ 的负反馈自动调节过程为

$$T\uparrow \Rightarrow I_C\uparrow \Rightarrow I_E\uparrow \Rightarrow V_E\uparrow$$
$$\Downarrow$$
$$\downarrow I_C \Leftarrow \downarrow I_B \Leftarrow \downarrow U_{BE}=V_B-V_E$$

使 $I_C$ 基本不变,静态工作点就稳定了。

　　负反馈还有直流负反馈和交流负反馈之分,上述稳定工作点的负反馈是直流负反馈,放大电路中,两种反馈往往同时存在。

### 6.9.2 负反馈的类型及判别

**一、反馈的类型**

1. 电压反馈与电流反馈

　　按反馈电路在放大电路输出端所采样的信号不同,反馈可分为电压反馈和电流反馈。如果反馈信号取自输出电压,称为电压反馈;如果反馈信号取自输出电流,称为电流反馈。如图 6-9-2 所示,从放大电路的输出端看,图(a)的反馈信号取自输出电压,构成电压反馈;图(b)的反馈信号取自输出电流,构成电流反馈。

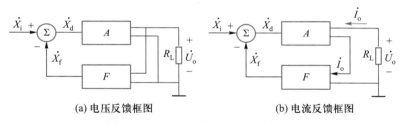

(a)电压反馈框图　　(b)电流反馈框图

图 6-9-2　电压反馈和电流反馈框图

　　图 6-9-3 给出了电压反馈采样的两种主要形式。电压反馈采样的主要特征是反馈信号引自于输出端(接负载端),与输出电压成正比。

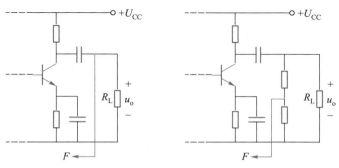

图 6-9-3　电压反馈采样的两种主要形式

　　图 6-9-4 是电流反馈采样的两种主要形式。电流反馈采样的主要特征是反馈信号引自于非输出端(非负载端),与输出电流成正比。

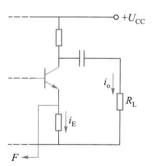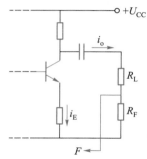

图 6-9-4　电流反馈采样的两种主要形式

**2. 串联反馈与并联反馈**

　　按反馈信号在输入端与输入信号叠加形式的不同,反馈可分为串联反馈和并联反馈。如果反馈信号与输入信号在输入回路中以电压形式叠加,即反馈信号与输入信号串联,称为串联反馈。如果两者以电流形式叠加,即反馈信号与输入信号并联,称为并联反馈,如图 6-9-5 所示。从放大电路的输入端看,图(a)的净输入电压 $\dot{U}_d = \dot{U}_i - \dot{U}_f$,反馈信号 $\dot{U}_f$ 与输入信号 $\dot{U}_i$ 以电压形式叠加,$\dot{U}_i$ 与 $\dot{U}_f$ 串联,属串联反馈;图(b)的净输入电流 $\dot{I}_d = \dot{I}_i - \dot{I}_f$,反馈信号 $\dot{I}_f$ 与输入信号 $\dot{I}_i$ 以电流形式叠加,$\dot{I}_i$ 与 $\dot{I}_f$ 并联,属并联反馈。

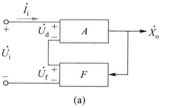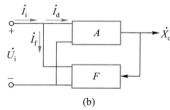

(a)　　　　　　　　　　(b)

图 6-9-5　串联反馈与并联反馈

　　图 6-9-6 是串联反馈回馈输入端的主要形式,其主要特征是反馈信号回馈至输入端的发射极。图 6-9-7 是并联反馈回馈输入端的主要形式,其主要特征是反馈信号回馈至输入端的基极。

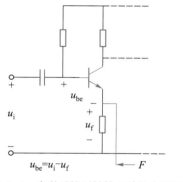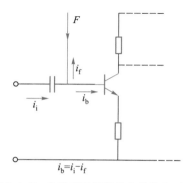

图 6-9-6　串联反馈回馈输入端的主要形式　　　图 6-9-7　并联反馈回馈输入端的主要形式

### 3. 交流反馈与直流反馈

有的反馈只对交流信号起作用,称为交流反馈。有的反馈只对直流信号起作用,称为直流反馈。有的反馈对交直流信号均起作用,即交直流反馈共存。若在反馈网络中串接隔直电容 $C_F$,如图 6-9-8 所示电路,可以隔断直流,此时反馈只对交流信号起作用,是交流反馈。若在起反馈作用的电阻两端并联旁路电容 $C$,如图 6-9-9 所示电路,可以使其只对直流信号起作用,是直流反馈。

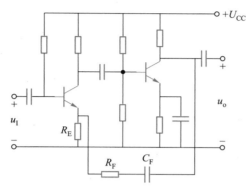

图 6-9-8　交流反馈电路

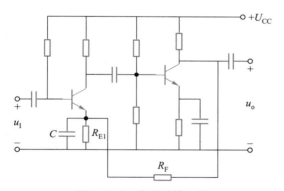

图 6-9-9　直流反馈电路

上面提出了几种常见的反馈分类方法,在实际放大电路中反馈形式是很多的,例如,在多级放大电路中,还可以分为局部反馈和级间反馈等。这一节着重分析交流负反馈。对于负反馈来说,根据反馈信号在输出端的采样方式和在输入端的回馈方式的不同,共有四种组态,它们是:电压串联负反馈、电压并联负反馈、电流串联负反馈和电流并联负反馈。图 6-9-10 给出了负反馈电路四种组态的框图。

图 6-9-11 是电压串联负反馈电路。射极电阻 $R_E$ 是反馈电阻,通过 $R_E$ 将输出电压百分之百地反馈到输入回路,反馈电压就是输出电压全部,故是电压反馈。在输入回路,对交流信号而言,净输入电压 $u_{be} = u_i - u_f$,输入信号与反馈信号以电压的形式叠加,$u_i$ 与 $u_f$ 串联,故为串联反馈。

图 6-9-12 所示电路是电流串联负反馈电路。电路从集电极输出,反馈电

阻是 $R_F$，发射极电流在反馈电阻上产生反馈信号电压 $u_f=R_Fi_E$，与输出回路电流 $i_E$ 成正比，故为电流反馈。在输入回路，与射极输出器一样，净输入电压 $u_{be}=u_i-u_f$，$u_i$ 与 $u_f$ 串联，故为串联反馈。

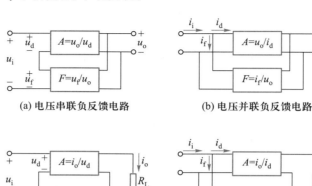

(a) 电压串联负反馈电路　　　　　　(b) 电压并联负反馈电路

(c) 电流串联负反馈电路　　　　　　(d) 电流并联负反馈电路

图 6-9-10　负反馈电路四种组态的框图

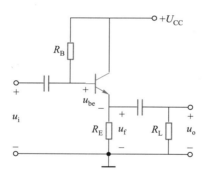
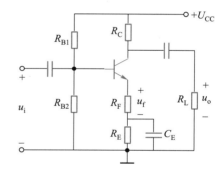

图 6-9-11　电压串联负反馈电路　　　　图 6-9-12　电流串联负反馈电路

### 二、反馈的判别

对反馈电路的分析判别可以从以下三个方面入手。

1. 判别电路中有无反馈

在放大电路中，除了有源放大器件（晶体管、场效应管）外，若存在将输出回路与输入回路相连接的通路或输入输出回路存在公用支路，即反馈通路，并由此影响了放大电路的净输入，则表明放大电路引入了反馈，否则电路中便没有反馈。

在图 6-9-13(a)所示电路中，电阻 $R_F$ 将电路的输出端与输入回路 $T_1$ 管的发射极相连接，使电路的净输入 $u_{be}=u_i-u_f$ 不仅决定于输入信号，还与输出信号（反馈信号）有关，故电路引入了反馈。而图 6-9-13(b)所示电路中，虽然电阻 $R_F$ 也将电路的输出端与输入回路 $T_1$ 管的发射极相连接，但由于 $T_1$ 管的发射极直接接地，输出电压并不影响净输入信号，故 $R_F$ 的接入没有引入反馈。$R_F$ 实质

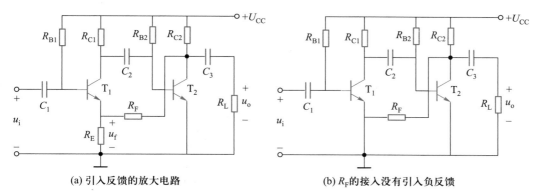

(a) 引入反馈的放大电路　　　　　　　　(b) $R_F$ 的接入没有引入负反馈

图 6-9-13　有无反馈的判别

上是一端接输出端,另一端接地,只起放大电路的负载作用,而不是沟通输出回路与输入回路的通路。通过寻找电路中有无输出回路与输入回路相连接的通路,即可判别电路中有无引入反馈。

2. 判别电路是正反馈还是负反馈

瞬时极性法是判别电路中反馈极性的基本方法。所谓的瞬时极性是指电路中某点的电位在特定瞬时是增大(⊕瞬时极性)或是减小(⊖瞬时极性)。判别的具体做法是:从输入端注入某一瞬时极性的信号,按照放大电路的工作特性,沿反馈环一周,标出各点信号的瞬时极性,直至反馈支路在输入端的连接点,比较注入信号极性和反馈回来的信号极性,是增强还是削弱净输入信号来确定是引入正反馈还是负反馈。

对图 6-9-13(a)所示电路,用瞬时极性法来判别它的反馈极性,如图 6-9-14(a)所示。设输入电压 $u_i$ 的瞬时极性为⊕,通过耦合电容到 $T_1$ 管的基极亦为⊕,晶体管的集电极电位与基极电位相位相反,则 $T_1$ 管集电极和 $T_2$ 管基极瞬时极性为⊖,$T_2$ 管集电极电位与基极相反为⊕,即输出电压 $u_o$ 对地的瞬时极性也为⊕,$u_o$ 经过 $R_F$ 和 $R_E$ 的分压,在 $R_E$ 上产生反馈电压 $u_f$,使 $T_1$ 管射极对地极性为⊕,由此导致 $T_1$ 管的净输入电压 $u_{be} = u_i - u_f$ 的数值减少,说明电路引入了负反馈。(注意这里所指的 $u_f$ 不表示 $R_E$ 上的实际电压,只表示输出电压 $u_o$ 作用的结果。)

若将图 6-9-14(a)所示电路的反馈电阻 $R_F$ 接入输入回路的一端改接到 $T_1$ 管的基极,如图 6-9-14(b)所示,电路各点的瞬时极性由图标出。此时 $R_F$ 两端的极性均为⊕,按放大原理,$T_2$ 管集电极电位升高,进而较 $T_1$ 管的基极电位更高,因而反馈电流 $i_f$ 是从 $T_2$ 管集电极流向 $T_1$ 管的基极,导致净输入电流 $i_{b1}(= i_i + i_f)$ 的数值增大,说明这时引入的反馈是正反馈。

从上面分析可以看到,一般来说,若反馈信号引回到输入管的发射极,输入信号和反馈信号的瞬时极性相同是负反馈;若反馈引回到输入管的基极,输入信号和反馈信号的瞬时极性相反是负反馈。反之是正反馈。

3. 判别反馈组态类型

判别电路的反馈组态,就是判别电路是串联反馈还是并联反馈,是电流反馈

273

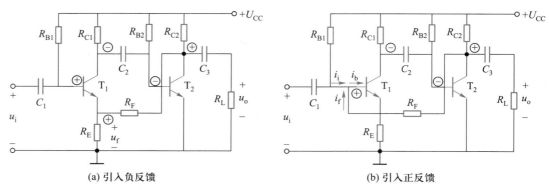

(a) 引入负反馈　　　　　　　　(b) 引入正反馈

图 6-9-14　瞬时极性法判断正负反馈

还是电压反馈。可以从放大电路的输入端看反馈信号与输入信号是以电压的形式还是以电流的形式叠加,确定是串联反馈还是并联反馈;从放大电路的输出端看反馈电路采样的是输出电压信号还是输出电流信号,确定是电压反馈还是电流反馈。

看图 6-9-14 所示电路的输入端,图(a)的反馈信号引回到 $T_1$ 管的发射极,以电压 $u_f$ 的形式与输入电压 $u_i$ 叠加,影响净输入电压 $u_{be}$($=u_i-u_f$),$u_f$ 与 $u_i$ 串联,是串联反馈;图(b)的反馈信号引回到 $T_1$ 管的基极,以电流 $i_f$ 的形式与输入电流 $i_i$ 叠加,影响净输入电流 $i_{b1}$($=i_i+i_f$),$i_f$ 与 $i_i$ 并联,是并联反馈。

一般地,如果反馈支路反馈回输入级晶体管的发射极,它只能以电压的形式与输入信号叠加,是串联反馈;如果反馈支路反馈回输入级晶体管的基极,它只能以电流的形式与输入信号叠加,是并联反馈。

看图 6-9-14 电路的输出端,图(a)的反馈信号从电压输出端($T_2$ 管的集电极)取出,输出电压 $u_o$ 经过 $R_F$ 和 $R_E$ 的分压,在 $R_E$ 上产生反馈电压 $u_f$,$u_f$ 正比于输出电压 $u_o$,当输出端交流短路,$u_o$ 为零,反馈电压 $u_f$ 也为零,属电压反馈;图(b)的反馈信号仍从电压输出端($T_2$ 管的集电极)取出,反馈电流 $i_f$ 的大小受输出电压 $u_o$ 影响,当输出端交流短路,$u_o$ 为零,反馈电流 $i_f$ 也为零,仍属电压反馈;但若把图(a)所示电路的反馈电阻 $R_F$ 改接到 $T_2$ 管的发射极,如图 6-9-15 所示,反馈信号不是从电压输出端($T_2$ 管的集电极)取出,$u_f$ 是经过 $R_F$ 和 $R_{E1}$ 对 $R_{E2}$ 上的电压 $u_{R_{E2}}$ 分压获得,与输出电压 $u_o$ 无关,即使把输出端交流短路,$u_o$ 为零,反馈电压 $u_f$ 仍存在,它的大小受 $u_{R_{E2}}$ 影响,因为 $u_{R_{E2}}=R_{E2}i_{E2}$,所以反馈电压 $u_f$ 正比于输出电流 $i_{E2}$,属电流反馈。

综上分析,图 6-9-14(a)是串联电压负反馈电路,图 6-9-14(b)是并联电压正反馈电路,图 6-9-15 是串联电流正反馈电路。

从上面分析还可以看到:一般地,判别电路是电压反馈还是电流反馈可用两种方法。一种方法是短路判别法:如果负载短路(输出电压为零)后反馈信号消失,是电压反馈;否则是电流反馈;另一种方法是连接位置判别法:如果反馈

274

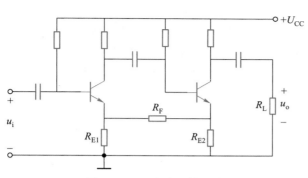

图 6-9-15 电流反馈电路

支路由电压输出端(负载端)引出,是电压反馈;否则是电流反馈。但这不是一种很严谨的方法,因为有个别电路的反馈信号虽由非输出端引出,但仍是电压反馈。例如图 6-9-16 所示电路,它们的反馈支路表面上不是由输出端引出,但反馈信号实质上仍是取自输出电压。

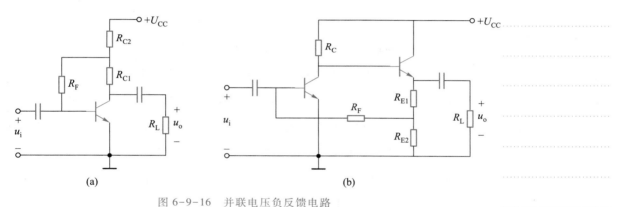

图 6-9-16 并联电压负反馈电路

**例 6-9-1** 试分析图 6-9-17 所示多级电压放大电路中的交流负反馈及其类型。

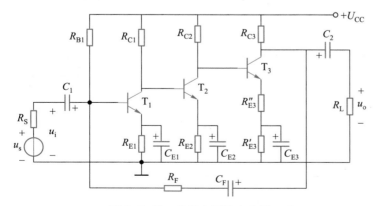

图 6-9-17 多级电压放大电路

**解：**这是一个三级放大电路，首先看到的是，第三级输出端与第一级输入端之间存在反馈。反馈元件 $R_F$ 与 $C_F$ 串联组成一条反馈电路（另一条是公共地线、构成反馈回路）。$C_F$ 容量大，是隔直电容（避免直流反馈），但对交流信号相当于短路。为判别反馈类型，画出交流通路（相量域），如图 6-9-18 所示（图中 $R_{B1}$ 未画出）。

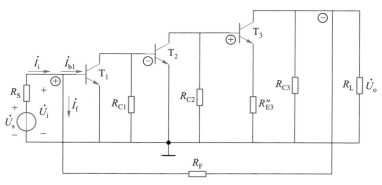

图 6-9-18　图 6-9-17 电路的交流通路相量模型

（1）判断净输入信号是否被削弱。放大电路的净输入信号是第一级的基极电流 $\dot{I}_{b1}$。如果无反馈（$R_F$ 支路不存在），$\dot{I}_{b1} = \dot{I}_i$，而现在 $\dot{I}_{b1} = \dot{I}_i - \dot{I}_f$。下面采用瞬时极性法确定 $\dot{I}_i$ 与 $\dot{I}_f$ 的相位关系。在图 6-9-18 中，设 $\dot{U}_i$ 瞬时极性为正。根据单级电压放大电路的反相作用，$\dot{U}_{o1}$ 的瞬时极性为负。同理 $\dot{U}_{o2}$ 和 $\dot{U}_{o3}$（即 $\dot{U}_o$）的瞬时极性如图中所示。可以看出，$T_1$ 基极电位比 $T_3$ 集电极电位高。$\dot{I}_f$ 的实际流向与图示方向一致，而 $\dot{I}_i$ 的实际流向也与图示方向一致，于是 $I_{b1} = I_i - I_f$，净输入信号被削弱，因而是负反馈。

（2）判断被引回的反馈信号是取自输出电流还是输出电压。反馈支路接在电压输出端，反馈电流信号 $\dot{I}_f = \dfrac{\dot{U}_i - \dot{U}_o}{R_F} \approx -\dfrac{\dot{U}_o}{R_F}$，$\dot{I}_f$ 与输出电压成正比，因而是电压反馈。

（3）判断反馈电路与信号源的连接方式。在输入端，反馈支路引回 $T_1$ 管的基极，与信号源是并联关系（$\dot{I}_i = \dot{I}_{b1} + \dot{I}_f$，反馈元件 $R_F$ 对信号源有分流作用），因此是并联反馈。

综合来看，反馈电路（$R_F$、$C_F$）构成了并联电压负反馈。

在本例电路中是否还有其他反馈？属于什么类型？请读者自行分析。

### 6.9.3　负反馈对放大电路工作性能的影响

放大电路引入交流负反馈后，虽然降低了放大电路的放大倍数（这是代价），但是其工作性能会得到多方面的改善，如，可以稳定放大倍数，改变输入电阻和输出电阻,展宽频带,减少非线性失真等。下面分别加以说明。

1. 负反馈降低放大倍数

由图 6.9.1(b)可知,基本放大电路的放大倍数即未引入负反馈时的放大倍数(亦称为开环放大倍数)为

$$A = \frac{\dot{X}_o}{\dot{X}_d} \tag{6-9-1}$$

反馈信号与输出信号之比称为反馈系数,即

$$F = \frac{\dot{X}_f}{\dot{X}_o} \tag{6-9-2}$$

引入负反馈后的净输入信号为

$$\dot{X}_d = \dot{X}_i - \dot{X}_f \tag{6-9-3}$$

则引入负反馈后的放大倍数(亦称为闭环放大倍数)为

$$A_f = \frac{\dot{X}_o}{\dot{X}_i} = \frac{\dot{X}_o}{\dot{X}_d + \dot{X}_f} = \frac{\frac{\dot{X}_o}{\dot{X}_d}}{1 + \frac{\dot{X}_f}{\dot{X}_d}} = \frac{\frac{\dot{X}_o}{\dot{X}_d}}{1 + \frac{\dot{X}_o}{\dot{X}_d} \cdot \frac{\dot{X}_f}{\dot{X}_o}} = \frac{A}{1 + AF} \tag{6-9-4}$$

由式(6-9-1)和式(6-9-2)可得

$$AF = \frac{\dot{X}_f}{\dot{X}_d} \tag{6-9-5}$$

称为环路增益,由图 6.9.1 可知,负反馈时,$\dot{X}_f$ 和 $\dot{X}_i$ 同相,则从式(6-9-5)可得此时 $AF$ 为正实数,这样由式(6-9-4)可知,$|A_f| < |A|$,即引入负反馈后放大倍数下降了。这是因为负反馈削弱了净输入信号,输出信号也就跟着变小,放大倍数就下降了。通常将 $|1 + AF|$ 称为反馈深度,其值越大,负反馈的作用越强,$A_f$ 也就越小。射极输出器将输出电压百分之百地反馈回输入端,它的反馈系数 $F = \frac{\dot{U}_f}{\dot{U}_o} = 1$,反馈极深,故无电压放大作用。

引入负反馈后,虽然放大倍数下降了,但换来了改善放大电路工作性能的许多好处。因而在实用放大电路中,总是根据需要引入各种负反馈。而引入负反馈引起的放大倍数下降,则可以通过增加放大电路的级数来提高。

2. 提高放大倍数的稳定性

当放大电路的工作状况变化时(例如环境温度变化、管子老化、元件参数变化、电源电压波动等),即使输入信号一定,由于放大倍数发生了变化,仍将引起输出信号变化。如果这种变化较小,则说明其稳定性较高。放大倍数的稳定性

常用相对变化量表示,无反馈时用 $\dfrac{\mathrm{d}|A|}{|A|}$ 表示,有负反馈时用 $\dfrac{\mathrm{d}|A_{\mathrm{f}}|}{|A_{\mathrm{f}}|}$ 表示,其值越小就越稳定。

在中频段,$A_{\mathrm{f}}$、$A$ 和 $F$ 均为实数,式(6-9-4)可写成

$$|A_{\mathrm{f}}| = \frac{|A|}{1 + |AF|}$$

对上式求导数,得

$$\frac{\mathrm{d}|A_{\mathrm{f}}|}{\mathrm{d}|A|} = \frac{\mathrm{d}\left(\dfrac{|A|}{1 + |AF|}\right)}{\mathrm{d}|A|} = \frac{1}{(1 + |AF|)^2} = \frac{1}{1 + |AF|} \cdot \frac{|A_{\mathrm{f}}|}{|A|}$$

即

$$\frac{\mathrm{d}|A_{\mathrm{f}}|}{|A_{\mathrm{f}}|} = \frac{1}{1 + |AF|} \cdot \frac{\mathrm{d}|A|}{|A|} \qquad (6-9-6)$$

式(6-9-6)表明,引入负反馈后,闭环放大倍数 $A_{\mathrm{f}}$ 的相对变化量 $\dfrac{\mathrm{d}|A_{\mathrm{f}}|}{|A_{\mathrm{f}}|}$ 仅为未引入反馈时开环放大倍数 $A$ 相对变化量的 $\dfrac{1}{1+|AF|}$,也就是说负反馈放大倍数的稳定性是无反馈的$(1+|AF|)$倍。应该指出,$A_{\mathrm{f}}$ 的稳定是以降低放大电路的放大倍数为代价的,$A_{\mathrm{f}}$ 减小到 $A$ 的 $\dfrac{1}{1+|AF|}$,才使闭环放大倍数 $A_{\mathrm{f}}$ 的稳定性提高到开环放大倍数 $A$ 的$(1+|AF|)$倍。

**例 6-9-2**　有一负反馈放大电路,$A = 10\,000$,$F = 0.01$。

(1)求 $A_{\mathrm{f}}$;

(2)当环境温度变化而使管子参数变化时,$A$ 减小了 10%,问 $A_{\mathrm{f}}$ 减小了多少?

**解:**(1)$A_{\mathrm{f}} = \dfrac{A}{1+AF} = \dfrac{10\,000}{1+10\,000\times0.01} = 99$

(2)$\dfrac{\mathrm{d}A_{\mathrm{f}}}{A_{\mathrm{f}}} = \dfrac{1}{1+AF}\times\dfrac{\mathrm{d}A}{A} = \dfrac{1}{1+10\,000\times0.01}\times10\% \approx 0.1\%$

从本例可以看到,当 $|AF| \gg 1$(深度负反馈)时

$$A_{\mathrm{f}} = \frac{A}{1+AF} \approx \frac{1}{F} \qquad (6-9-7)$$

此式说明,在深度负反馈的情况下,闭环放大倍数 $A_{\mathrm{f}}$ 仅与反馈电路的参数(如电阻、电容等)有关,它们基本上不受外界因素变化的影响,这时放大电路工作非常稳定。

3. 减小波形非线性失真

前面介绍过,工作点选择不合适,或输入信号过大,都将引起输出波形的非

线性失真,如图 6-9-19(a)所示。但引入负反馈后,反馈信号将输出波形的失真反馈回输入端,经过和输入信号的叠加,使电路的净输入信号也发生某种程度的失真(反方向的),再经过放大之后,将使输出信号的失真得到一定程度的补偿。但这种补偿,是负反馈利用失真了的输出波形来对输入波形作反方向的预失真,从而改善输出结果,所以负反馈只能减小失真,而不能完全消除失真。利用负反馈减小波形非线性失真的过程如图 6-9-19(b)所示。

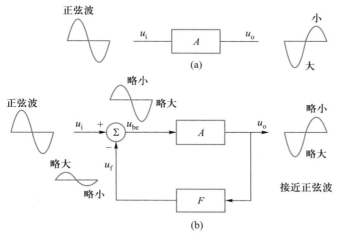

图 6-9-19 利用负反馈减小波形非线性失真

图 6-9-19 是以图 6-9-12 所示电流负反馈电路为例的。其中 $u_o$ 与 $u_i$ 反相;$u_f \approx i_c R_F, u_o = -i_c R'_L$,故 $u_f$ 与 $u_o$ 也反相。

负反馈减小非线性失真还可以从信号幅度来理解,事实上,产生非线性失真的根源在于放大器件特性的非线性,只有在信号幅度很小时才能具有近似线性的特性(小信号或微变),如果输入信号幅度增大到一定程度,输出幅度在大幅提高的同时,非线性将不可忽略,负反馈的作用在于将输出信号引回输入端,抵消增大了的输入信号,使得进入放大器件的净输入信号幅度降低,缩小工作点动态范围,重回小信号或微变,达到减小非线性失真的目的,必须注意,这时的输出信号幅度也将大大减小。

4. 对放大电路输入电阻的影响

输入电阻是从放大电路输入端看进去的等效电阻,负反馈对输入电阻的影响取决于基本放大电路与反馈回路在输入端的连接方式,即取决于电路引入的是串联反馈还是并联反馈。

(1)串联负反馈使放大电路输入电阻提高

考虑图 6-9-5(a)所示串联负反馈放大电路的框图,根据输入电阻的定义,基本放大电路的输入电阻为

$$r_i = \frac{\dot{U}_d}{\dot{I}_i}$$

279

整个放大电路的输入电阻为

$$r_{if} = \frac{\dot{U}_i}{\dot{I}_i} = \frac{\dot{U}_d}{\dot{I}_i} \cdot \frac{\dot{U}_i}{\dot{U}_d} = r_i \cdot \frac{\dot{U}_d + \dot{U}_f}{\dot{U}_d} = r_i \cdot \left( 1 + \frac{\dot{U}_o}{\dot{U}_d} \cdot \frac{\dot{U}_f}{\dot{U}_o} \right) = r_i(1 + AF)$$

$$(6-9-8)$$

由前面介绍的式（6-9-5）可知，负反馈时 $AF$ 为正实数，这样从上式可看到，引入串联负反馈后可以提高整个放大电路的输入电阻，其值为基本放大电路的（1+$AF$）倍。

（2）并联负反馈使放大电路输入电阻降低

考虑图 6-9-5(b)所示并联负反馈放大电路的框图，根据输入电阻的定义，基本放大电路的输入电阻为

$$r_i = \frac{\dot{U}_i}{\dot{I}_d}$$

整个放大电路的输入电阻为

$$r_{if} = \frac{\dot{U}_i}{\dot{I}_i} = \frac{\dot{U}_i}{\dot{I}_d + \dot{I}_f} = \frac{\dot{U}_i}{\dot{I}_d\left( 1 + \frac{\dot{I}_f}{\dot{I}_d} \right)} = r_i \frac{1}{1 + AF} \quad (6-9-9)$$

可见引入并联负反馈后输入电阻将降低，仅为基本放大电路的 $\frac{1}{1+AF}$。

对图 6-3-19 所示的分压式偏置电压放大电路，当断开电容 $C_E$，$R_E$ 使电路引入交流串联负反馈。正如例 6-3-3 分析的，当断开电容 $C_E$ 引入串联负反馈后，输入电阻 $r_i$ 从 1.7 kΩ 增大到 7.15 kΩ。

5. 对放大电路输出电阻的影响

输出电阻是从放大电路输出端看进去的等效内阻，负反馈对输出电阻的影响取决于电路引入的是电压反馈还是电流反馈。

具有电压负反馈的放大电路具有稳定输出电压的作用，即具有恒压输出的特性，而恒压源的内阻是很小的，所以电压负反馈放大电路的输出电阻也很小。例如射极输出器是典型的电压负反馈电路，它的输出电阻就很小。

具有电流反馈的放大电路具有稳定输出电流的作用，即具有恒流输出的特性，由于恒流源的内阻很大，所以电流负反馈的放大电路（不含 $R_C$）的输出电阻较高，即末级晶体管的输出电阻很大，但与 $R_C$ 并联后，近似等于 $R_C$。

### 本章主要概念与重要公式

**一、主要概念**

（1）放大电路本质上是一个实现直流电源能量转换为信号能量的装置，在输入信号的控制下，放大电路将内部直流电源能量转换成信号能量输出给负载。

（2）放大电路的主要性能指标包括：放大倍数，输入电阻，输出电阻，通频带，最大不失真输出电压。

（3）晶体管由两个 PN 结组成，按结构可分为 NPN 型和 PNP 型两大类。

（4）晶体管的三个工作区分别为：

放大区（发射结处于正向偏置，集电结处于反向偏置）

饱和区（发射结和集电结均处于正向偏置）

截止区（发射结和集电结均处于反向偏置）

（5）放大电路的直流通路和交流通路

直流通路是在直流电源作用下直流电流流经的通路，主要用于研究电路的静态工作点。交流通路是在输入交流信号的作用下，交流信号流经的通路，主要用于研究动态参数，即放大电路的各项动态技术指标。

（6）放大电路的静态分析和动态分析：静态分析主要分析电路中有源器件（如晶体管）的静态工作点直流电压和直流电流，确定其是否处于放大状态。动态分析主要估算放大电路的各项动态技术指标，如电压放大倍数、输入电阻、输出电阻、输出最大功率等。

（7）微变等效电路：对非线性器件在工作点处作微分线性化等效，使含非线性元件的电路成为线性电路（模型），主要用于小信号情况下的动态分析。

（8）共集电极放大电路的特点：电压跟随，输入电阻大，输出电阻小。

（9）场效应晶体管结构上分为绝缘栅和结型两类；按导电沟道分为 N 沟道和 P 沟道两种；按沟道形成的方式分为增强型和耗尽型。

（10）场效应管的三个工作区分别为可变电阻区、恒流区和夹断区，对应于晶体管的饱和区、放大区和截止区。

（11）场效应管放大电路的特点：输入电阻高、放大能力弱、稳定性好、高频特性差。

（12）影响放大电路低频段频率特性的主要因素：耦合电容，旁路电容。影响放大电路高频段频率特性的主要因素：级间电容、分布电容和负载电容。

（13）放大电路中负反馈的基本类型：电压串联、电压并联、电流串联、电流并联。

（14）负反馈对放大电路性能的影响：放大倍数降低，但稳定性提高，非线性失真减小，改变了输入、输出电阻。

（15）功率放大电路的主要技术指标：最大输出功率，转换效率。

（16）两种典型的低频功率放大电路分别为 OCL 和 OTL。

（17）互补对称功率放大电路的交越失真。

## 二、重要公式

（1）单管共射基本放大电路静态工作点分析：

$$U_{BEQ} = U_{BE} \quad I_{BQ} = \frac{U_{BB} - U_{BE}}{R_B}$$

$$I_{CQ} = \beta I_{BQ} \quad U_{CEQ} = U_{CC} - I_{CQ}R_C$$

281

（2）放大电路最大不失真输出电压幅度：
$$U_{om} = \min\{U_{CEQ} - U_{CES},\ I_{CQ} \cdot R'_L\}$$

（3）晶体管微等效输入电阻：
$$r_{be} = r_{bb'} + \beta \frac{U_T}{I_{CQ}}$$

（4）单管共射基本放大电路的电压放大倍数：
$$A_u = -\beta \frac{R'_L}{r_{be}}$$

（5）分压式偏置集电极静态电流：
$$I_{CQ} = \beta \frac{\dfrac{R_{B2}}{R_{B1} + R_{B2}} U_{CC} - U_{BE}}{R_{B1} /\!/ R_{B2} + (1 + \beta) R_E}$$

（6）分压式偏置（无旁路电容）共射放大电路的输入电阻与电压放大倍数：
$$r_i = R_{B1} /\!/ R_{B2} /\!/ [r_{be} + (1 + \beta) R_E]$$
$$A_u = \frac{\dot{U}_o}{\dot{U}_i} = -\beta \frac{R'_L}{r_{be} + (1 + \beta) R_E}$$

（7）共集电极放大电路的输入电阻、电压放大倍数与输出电阻：
$$r_i = R_B /\!/ [r_{be} + (1 + \beta) R'_L]$$
$$A_u = \frac{(1 + \beta) R'_L}{r_{be} + (1 + \beta) R'_L} \approx 1$$
$$r_o = R_E /\!/ \frac{R'_S + r_{be}}{1 + \beta}$$

（8）场效应管转移特性方程：
$$I_D = I_{DO}\left(1 - \frac{U_{GS}}{U_{GS(th)}}\right)^2 \quad (\text{增强型 MOSFET})$$
$$I_D = I_{DSS}\left(1 - \frac{U_{GS}}{U_{GS(off)}}\right)^2 \quad (\text{耗尽型 MOSFET 和 JFET})$$

（9）共源放大电路的电压放大倍数：
$$A_u = -g_m R'_L$$

（10）源极输出器电压放大倍数、输出电阻：
$$A_u = \frac{g_m R'_L}{1 + g_m R'_L}$$
$$r_o = \frac{\dot{U}_o}{\dot{I}_o} = \frac{1}{\dfrac{1}{R_S} + g_m} = \frac{R_S}{1 + g_m R_S}$$

（11）负反馈放大电路闭环放大倍数：

$$A_{\mathrm{f}} = \frac{A}{1+AF}$$

（12）深度负反馈闭环放大倍数：

$$A_{\mathrm{f}} \approx \frac{1}{F}$$

（13）OCL 电路最大输出功率及效率：

$$P_{\mathrm{omax}} = \frac{1}{2}\frac{U_{\mathrm{CC}}^2}{R_{\mathrm{L}}} \qquad \eta_{\mathrm{max}} = \frac{P_{\mathrm{omax}}}{P_{\mathrm{E}}} = \frac{\pi}{4} \approx 78.5\%$$

## 思考题与习题

E6-1　两个晶体管分别接在电路中,工作在放大状态时测得三个管脚的电位（对"地"）分别如下表所列,试判别晶体管的三个电极及类型（硅管,锗管,NPN 型管,PNP 型管）。

| 晶体管 I | | 晶体管 II | |
|---|---|---|---|
| 管脚 | 电位/V | 管脚 | 电位/V |
| 1 | −6 | 1 | 3.8 |
| 2 | −2.3 | 2 | 3.2 |
| 3 | −2 | 3 | 9 |

E6-2　判断题图 E6-2 中晶体管的工作状态。

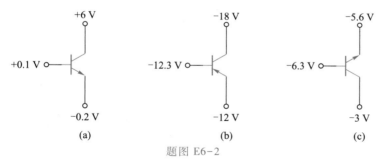

题图 E6-2

E6-3　试判断题图 E6-3 所示电路能否放大交流信号,为什么?

E6-4　晶体管放大电路如题图 E6-4 所示,已知 $U_{\mathrm{CC}} = 12$ V, $R_{\mathrm{C}} = 3$ kΩ, $R_{\mathrm{B}} = 240$ kΩ,晶体管的 $\beta$ 为 60, $U_{\mathrm{BE}} = 0.7$ V。

（1）试用直流通路估算静态值 $I_{\mathrm{BQ}}$、$I_{\mathrm{CQ}}$、$U_{\mathrm{CEQ}}$;

（2）问静态时（$u_{\mathrm{i}} = 0$）$C_1$、$C_2$ 上的电压各为多少? 并标出极性。

E6-5　在题 E6-4 中,改变 $R_{\mathrm{B}}$ 使 $U_{\mathrm{CEQ}} = 3$ V, $R_{\mathrm{B}}$ 应等于多少? 改变 $R_{\mathrm{B}}$ 使 $I_{\mathrm{CQ}} = 1.5$ mA, $R_{\mathrm{B}}$ 又应等于多少?

E6-6　在题图 E6-4 所示电路中,晶体管的 $\beta$ 为 100,若 $U_{\mathrm{CC}} = 10$ V,要求 $U_{\mathrm{CEQ}} = 5$ V, $I_{\mathrm{CQ}} = 2$ mA,试求 $R_{\mathrm{C}}$、$R_{\mathrm{B}}$ 的阻值。

E6-7　题 E6-4 中,若 $r_{\mathrm{bb'}} = 10$ Ω,画出微变等效电路,分别求以下两种情况的电压放大倍数 $A_u$:

（1）负载电阻 $R_{\mathrm{L}}$ 开路;

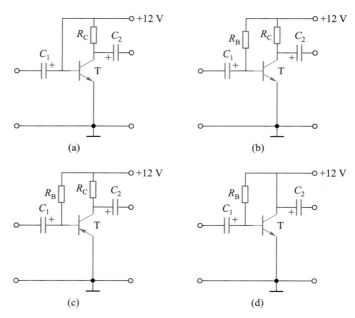

题图 E6-3

（2）$R_L = 6\ \mathrm{k\Omega}$。

E6-8　在对题图 E6-4 所示电路实验时,发现以下两种情况下,输入正弦信号后,输出电压波形均出现失真,这两种情况是:

（1）$U_{CEQ} \leqslant 1\ \mathrm{V}$;

（2）$U_{CEQ} \approx U_{CC}$。

试分别说明这两种情况输出电压波形出现的是什么失真,大致画出两种失真的输出电压 $u_o$ 波形,并说明可以怎样调节 $R_B$ 来消除失真。

E6-9　电路如题图 E6-9 所示,已知 $U_{CC} = 12\ \mathrm{V}$,$R_{B1} = 68\ \mathrm{k\Omega}$,$R_{B2} = 22\ \mathrm{k\Omega}$,$R_C = 3\ \mathrm{k\Omega}$,$R_E = 2\ \mathrm{k\Omega}$,$R_L = 6\ \mathrm{k\Omega}$,晶体管的 $\beta$ 为 60,$r_{bb'} = 10\ \Omega$,设 $R_S = 0$。

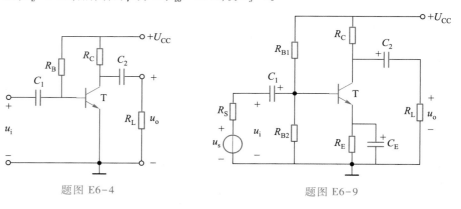

题图 E6-4　　　　题图 E6-9

（1）计算静态值 $I_{BQ}$、$I_{CQ}$、$U_{CEQ}$（$U_{BE} = 0.7\ \mathrm{V}$）。

（2）画出微变等效电路,求电压放大倍数 $A_u$、输入电阻 $r_i$ 和输出电阻 $r_o$。

E6-10　题图 E6-9 中,若旁路电容 $C_E$ 断开。

（1）试问静态值有无改变?

284

（2）画出此时的微变等效电路，求电压放大倍数 $A_u$、输入电阻 $r_i$ 和输出电阻 $r_o$，看它们有无改变？并说明射极电阻 $R_E$ 对它们的影响。

E6-11　题 E6-9 中，若 $R_S = 1\ \mathrm{k\Omega}$，试计算电压放大倍数 $A_u = \dfrac{\dot{U}_o}{\dot{U}_i}$ 和 $A_{us} = \dfrac{\dot{U}_o}{\dot{U}_s}$，并说明信号源内阻 $R_S$ 对电压放大倍数的影响。

E6-12　在题图 E6-12 所示电路中，已知 $U_{CC} = 12\ \mathrm{V}$，$R_{B1} = 120\ \mathrm{k\Omega}$，$R_{B2} = 40\ \mathrm{k\Omega}$，$R_C = 4\ \mathrm{k\Omega}$，$R'_E = 100\ \mathrm{\Omega}$，$R_E = 2\ \mathrm{k\Omega}$，$R_L = 4\ \mathrm{k\Omega}$，晶体管 $\beta = 100$，$r_{bb'} = 10\ \mathrm{\Omega}$，$U_{BE} = 0.6\ \mathrm{V}$。试求该电路的电压放大倍数 $A_u$、输入电阻 $r_i$ 和输出电阻 $r_o$。

E6-13　射极输出器如题图 E6-13 所示，已知 $U_{CC} = 12\ \mathrm{V}$，$R_B = 100\ \mathrm{k\Omega}$，$R_E = 2\ \mathrm{k\Omega}$，$R_S = 100\ \mathrm{\Omega}$，$\beta = 100$，$r_{bb'} = 10\ \mathrm{\Omega}$，$R_L = 4\ \mathrm{k\Omega}$。

（1）计算静态值 $I_{BQ}$、$I_{CQ}$、$U_{CEQ}$（$U_{BE} = 0.7\ \mathrm{V}$）。

（2）画出微变等效电路，求电压放大倍数 $A_u$、输入电阻 $r_i$ 和输出电阻 $r_o$。

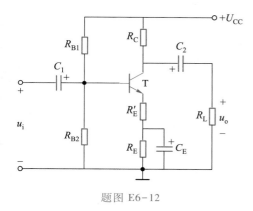
题图 E6-12

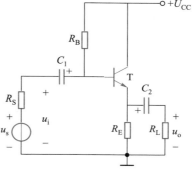
题图 E6-13

E6-14　两级阻容耦合电压放大电路如题图 E6-14 所示，已知 $U_{CC} = 20\ \mathrm{V}$，$R_{B1} = 100\ \mathrm{k\Omega}$，$R_{B2} = 24\ \mathrm{k\Omega}$，$R_{C1} = 6.8\ \mathrm{k\Omega}$，$R_{E1} = 2\ \mathrm{k\Omega}$，$R_{B3} = 33\ \mathrm{k\Omega}$，$R_{B4} = 6.8\ \mathrm{k\Omega}$，$R_{C2} = 7.5\ \mathrm{k\Omega}$，$R_{E2} = 1.5\ \mathrm{k\Omega}$，$R_L = 5\ \mathrm{k\Omega}$，$r_{bb'1} = 10\ \mathrm{\Omega}$，$r_{bb'2} = 5\ \mathrm{\Omega}$，$\beta_1 = 100$，$\beta_2 = 150$，$U_{BE1} = U_{BE2} = 0.6\ \mathrm{V}$。

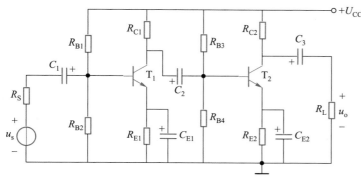
题图 E6-14

（1）求放大电路各级的输入电阻和输出电阻，以及总电路的输入电阻、输出电阻。

（2）求放大电路各级的电压放大倍数和总的电压放大倍数（设 $R_S = 0$）。

（3）若 $R_S = 600\ \mathrm{\Omega}$，当正弦信号源电压有效值 $U_s = 8\ \mathrm{\mu V}$ 时，放大电路的输出电压有效值

是多少?

E6-15　题图 E6-15 是两级阻容耦合电压放大电路,已知 $U_{CC} = 12$ V, $R_{B1} = 20$ k$\Omega$, $R_{B2} =$ 15 k$\Omega$, $R_{C1} = 3$ k$\Omega$, $R_{E1} = 4$ k$\Omega$, $R_{B3} = 120$ k$\Omega$, $R_{E2} = 3$ k$\Omega$, $R_L = 1.5$ k$\Omega$, $\beta_1 = \beta_2 = 100$, $r_{bb'1} = r_{bb'2} = 5$ $\Omega$, $U_{BE1} = U_{BE2} = 0.6$ V。

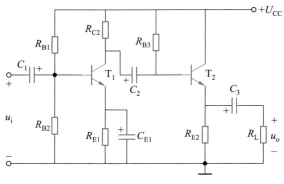

题图 E6-15

(1) 计算前后级放大电路的静态值;

(2) 求放大电路各级的电压放大倍数 $A_{u1}$、$A_{u2}$ 和总的电压放大倍数 $A_u$;

(3) 求电路的输入电阻 $r_i$、输出电阻 $r_o$。

E6-16　求题图 E6-16 所示两级电压放大电路的输入电阻、输出电阻及电压放大倍数。已知 $U_{CC} = 24$ V, $R_B = 1$ M$\Omega$, $R_{E1} = 27$ k$\Omega$, $R_{B1} = 82$ k$\Omega$, $R_{B2} = 43$ k$\Omega$, $R_{C2} = 10$ k$\Omega$, $R_{E21} = 510$ $\Omega$, $R_{E22} = 7.5$ k$\Omega$, $\beta_1 = \beta_2 = 100$, $r_{bb'1} = r_{bb'2} = 10$ $\Omega$, $U_{BE1} = U_{BE2} = 0.6$ V。

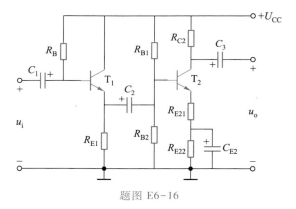

题图 E6-16

E6-17　交流放大电路如题图 E6-17 所示,该电路有两个输出端。已知 $U_{cc} = 12$ V, $R_B = 300$ k$\Omega$, $R_C = R_E = 2$ k$\Omega$, $\beta = 100$, $r_{bb'} = 10$ $\Omega$, $U_{BE} = 0.7$ V。

(1) 计算静态值 $I_{BQ}$、$I_{CQ}$、$U_{CEQ}$;

(2) 画出微变等效电路,求两个输出端的电压放大倍数 $A_{u1} = \dfrac{\dot{U}_{o1}}{\dot{U}_i}$ 和 $A_{u2} = \dfrac{\dot{U}_{o2}}{\dot{U}_i}$;

(3) 求该电路输入电阻 $r_i$ 和两个输出端的输出电阻 $r_{o1}$ 和 $r_{o2}$;

(4) 如果输入信号是正弦信号,试对比输入信号定性画出输出电压 $u_{o1}$ 及 $u_{o2}$ 波形;

(5) 找出电路中的反馈元件,如果从集电极输出电压,属何种类型反馈? 如果从发射极输出电压,属何种类型反馈?

E6-18　题图 E6-18 是集电极-基极偏置放大电路。已知 $U_{CC}=20$ V,$R_B=330$ kΩ,$R_C=3.9$ kΩ,$\beta=100$,$r_{bb'}=20$ Ω,$U_{BE}=0.7$ V。

（1）计算静态值 $I_{BQ}$、$I_{CQ}$、$U_{CEQ}$;

（2）试说明其稳定静态工作点的物理过程。

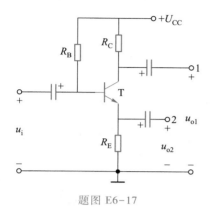
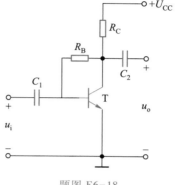

题图 E6-17　　　　　　　　题图 E6-18

E6-19　电路如题图 E6-19 所示,已知 $U_{CC}=12$ V,$R_{B1}=R_{B2}=150$ kΩ,$R_C=5.1$ kΩ,$R_S=300$ Ω,$r_{bb'}=10$ Ω,$\beta=150$,$U_{BE}=0.6$ V。

（1）计算静态值;

（2）画出微变等效电路,求电压放大倍数 $A_u$、$A_{us}$ 和输入电阻 $r_i$、输出电阻 $r_o$。

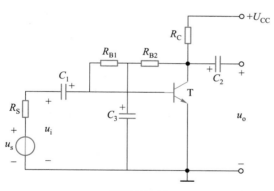

题图 E6-19

E6-20　两个直接耦合放大器,它们的电压放大倍数分别为 $10^3$ 和 $10^5$。如果两者的输出漂移电压都是 500 mV,哪个放大器的性能好? 若要放大 0.1 mV 的信号,两个放大器都可用吗? 为什么?

E6-21　在题图 E6-21 所示的两级放大电路中:

（1）有哪些直流负反馈?

（2）有哪些交流负反馈? 说明其类型;

（3）如果 $R_F$ 不接在 $T_2$ 的集电极,而是接在 $C_2$ 与 $R_L$ 之间,两者有何不同?

（4）如果 $R_F$ 的另一端不接在 $T_1$ 的发射极,而是接在它的基极,有何不同? 是否会变为正反馈?

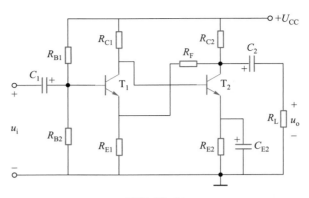

题图 E6-21

E6-22　在题图 E6-22 所示各电路中,哪些元件起交流负反馈作用? 哪些元件起直流负反馈作用? 如果是负反馈,属于哪一类型?

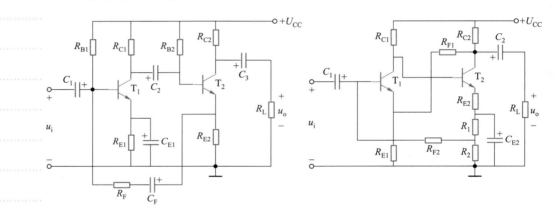

题图 E6-22

E6-23　如果需要实现下列要求,交流放大电路中应引入哪种类型的负反馈?

(1) 要求输出电压 $u_o$ 基本稳定,并能提高输入电阻;

(2) 要求输出电流 $i_o$ 基本稳定,并能提高输入电阻;

(3) 要求提高输入电阻,减小输出电阻。

E6-24　试画出两种以上,要求输出电压 $u_o$ 基本稳定、输出电阻小、信号源负担小的负反馈放大电路。

E6-25　图 6-7-2 所示双电源的互补对称功率放大电路中,$\pm U_{CC} = \pm 12$ V,$R_L = 8$ Ω,试估算最大不失真输出功率。

E6-26　图 6-7-7 单电源的互补对称功率放大电路中,$U_{CC} = 12$ V,$R_L = 8$ Ω,试估算最大输出功率。

E6-27　(1) 画出由两个同类型 PNP 管组成的复合管。若 $\beta_1 = 50$,$\beta_2 = 15$,试估算这个复合管的电流放大系数 $\beta$;

(2) 画出前面管子是 NPN 型、后面管子是 PNP 型组成的复合管电路。该复合管等效为 PNP 型还是 NPN 型管?

E6-28　已知耗尽型 NMOS 管 3D01E 的夹断电压 $U_{GS(off)} = -2.5$ V,饱和漏极电流

$I_{DSS}=0.50$ mA,试求 $U_{GS}=-1$ V时的漏极电流 $I_D$ 和跨导 $g_m$。

E6-29  如题图 E6-29 所示电路,结型场效应管 JFET 的 $I_{DSS}=2$ mA, $U_{GS(off)}=-2$ V。

（1）求静态电流 $I_{DQ}$ 和静态偏压 $U_{GSQ}$；

（2）画出等效交流电路,并求出 $r_i$、$r_o$ 和 $A_u$。

E6-30  题 E6-29 中的 $C_3$ 开路,求 $r_i$、$r_o$ 和 $A_u$。

E6-31  在题图 E6-31 所示的源极输出器中,已知 $U_{GS(off)}=-1.5$ V, $I_{DSS}=5$ mA, $U_{DD}=12$ V, $R_S=12$ kΩ, $R_{G1}=1$ MΩ, $R_{G2}=500$ kΩ, $R_G=1$ MΩ。试求静态值、电压放大倍数 $A_u$、输入电阻 $r_i$ 和输出电阻 $r_o$。

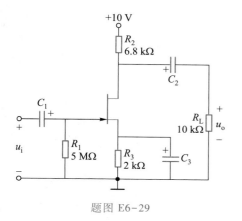
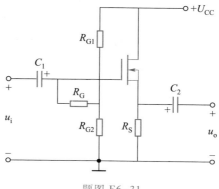

题图 E6-29                    题图 E6-31

E6-32  题图 E6-32 是两级放大电路,前级为场效应管放大电路,后级为晶体管放大电路。已知 $U_{GS(th)}=2$ V, $I_{DO}=10$ mA, $U_{BE}=0.6$ V, $\beta=80$,试求:

（1）放大电路的总电压放大倍数;

（2）放大电路的输入电阻和输出电阻。

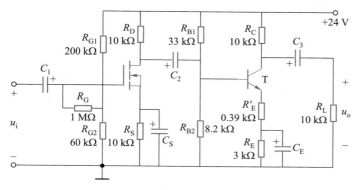

题图 E6-32

# 第 7 章  模拟集成电路及其应用电路

第 7 章.PPT

1958 年 9 月,第一块集成电路在得克萨斯仪器公司(TI)面世,开创了电子器件与电路(系统)的新篇章,在一小块半导体单晶上,制成多个二极管、晶体管(场效应管)、电阻、电容等元器件,并将它们连接成能够完成一定功能的电子线路。因此,集成电路是元器件和电路融合成一体的集成组件。这一里程碑的成果获得了 2000 年诺贝尔物理学奖。

集成电路按其功能可分为数字集成电路和模拟集成电路两大类。数字集成电路是用来产生和加工各种数字信号的集成电子线路。模拟集成电路是用来产生、放大和处理各种模拟信号或模拟信号和数字信号之间相互转换的集成电子线路。

模拟集成电路种类很多,集成运算放大器是最常用的一类模拟集成电路,它是以差分放大器为主体的线性集成电路,这种线性集成电路最初主要用于模拟计算机中实现运算功能,所以被称为集成运算放大器。其实它还可以用来处理各种模拟信号,实现放大、振荡、调制和解调,以及模拟信号的加、减、乘、除和比较等功能,此外集成运算放大器还广泛地应用于脉冲电路。因此,模拟集成运算放大器的意义已不只是"运算"了,但其名称却一直沿用至今。

本章首先对集成运算放大器的外部特性和主要内部电路进行介绍。然后重点介绍集成运算放大器应用电路的分析方法,在介绍分析方法的同时,给出一些典型的集成运算放大器应用单元电路。本章最后,介绍另一类模拟集成电路——集成功率放大器及其应用电路。

在本章学习中,应重点掌握集成运算放大器在应用电路中所表现的特性,包括理想化的条件和特征;理解运算放大器内部电路工作与其外部特性之间的联系;线性和非线性应用情况下集成运算放大器应用电路的分析方法。

本章学习的难点是如何判断集成运算放大器在应用电路中的工作状态,并选择合适的分析方法对电路进行分析。

## 7.1  集成运算放大器概述

运算放大器实质上是一种高增益的直流放大器,最早在 20 世纪 40 年代就诞生了,主要用于模拟计算机中进行线性和非线性的各种计算,故称为运算放大器。那时电子管是运算放大器的核心器件,到 50 年代,晶体管运算放大器制成,不仅缩小了体积,而且降低了功耗和电源电压,形成了比较理想的部件,其功能也远远超过了模拟运算的范围,被广泛地应用于各种电子技术领域中。但这种电路由彼此分开的晶体管、电容、电阻、电感组成,称为分立(或分离)电路。电路上有许多焊接点,这些焊点,只要有一点虚焊,就可能影响整个电路的性能。随着电路复杂性的增加,元器件越来越多,电路的可靠性成为突出矛盾。

1964 年,世界上第一块单片集成运算放大器(简称集成运放)问世,它将电路中所有的晶体管和电阻以及元件之间的连线一并制作在一小块硅片上,使之由"部件"变成了一个小器件,人们可以直接将其作为一种通用器件灵活使用。与电子管和晶体管运算放大器相比,集成运算放大器具有体积小、重量轻、功耗低、性能好、可靠性高及成本低等优点。此外,集成工艺非常适合制造特性一致的元件,使差分放大电路中成对的晶体管匹配良好,从而大大提高了运算放大器的性能。

## 7.1.1 集成运算放大器的组成、特点以及图形符号

集成运算放大器基本上都是由输入级、中间级、输出级、偏置电路和保护电路五部分组成,如图 7-1-1 所示。

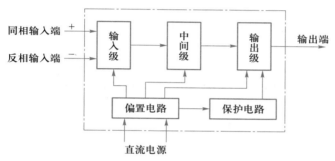

图 7-1-1 集成运算放大器组成框图

输入级采用恒流源偏置的双端输入差分放大电路,以克服零点漂移,提高共模抑制比和输入电阻。中间级的主要作用是放大电压,提供足够大的电压放大倍数,并将双端输入转为单端输出,作为输出的驱动源,采用恒流源负载的共发射极或共源极放大电路。输出级要求有较大的功率输出和较强的带负载能力,一般采用互补对称电路,以减小输出电阻。偏置电路的作用是为晶体管提供合适的直流偏置。此外,集成运算放大器中还有一定的保护电路,例如过流保护和过压保护。

集成运算放大器的特点与其制造工艺有关,主要有以下几点:

(1)在集成电路的制造工艺中,难以制造电感元件、容量大的电容元件以及阻值大的电阻元件,因此在集成运算放大器中基本无电感、无大容量电容和大阻值电阻。放大电路中的级间耦合都采用直接耦合。必须使用电感、电容元件时,一般采用外接的方法。

(2)在集成电路中,比较合适的电阻值一般为几十欧到几十千欧之间。因此在需要较低和较高阻值的电阻时,就要在电路上另想办法或也采用外接的方

291

法,例如采用工作在可变电阻区的场效应管作电阻元件使用。

（3）集成运算放大器的输入级采用差分放大电路,它要求两个晶体管（或场效应管）的性能相同。而集成电路中的各个晶体管是通过同一工艺过程制作在同一硅片上的,因此,容易获得特性一致的差分对管,同时各个管子的温度性能基本保持一致,所以,集成运算放大器的输入阻抗很高、零点漂移很小,对共模干扰信号有很强的抑制能力。

（4）集成运算放大器的开环增益非常高。这样,在应用时可以加入深度负反馈,使之具有增益稳定、非线性失真小等特性。更重要的是能在它的深度负反馈中接入各种线性或非线性的元件,以构成具有各种各样特性的电路。目前除了高频大功率电路以外,凡是晶体管（或场效应管）分立元件组成的电子电路都能用以集成运算放大器为基础的电路来代替,而且还能用集成运算放大器组成性能非常独特、用分立元件不能做到的电子电路。

（5）集成运算放大器还具有可靠性高、寿命长、体积小、重量轻和耗电少等特点,这些特点与其结构有关。集成运算放大器和分立元件的直接耦合放大电路虽然在工作原理上基本相同,但二者在电路的结构形式上有较大的区别。因此在学习使用集成电路时,应该重点了解其外部特性,而对其内部结构一般没有必要也不可能详细分析。

根据国家标准,集成运算放大器的图形符号如图 7-1-2（a）所示,图 7-1-2（b）为可使用符号,在国外资料中使用较多,图中的电压 $u_+$、$u_-$ 和 $u_o$ 均指对参考点（接地端）电压。长方形框的左边引线为信号输入端,其中"-"端为反相输入端,"+"端为同相输入端,框内三角形表示放大器,$A_{uo}$ 为放大器未接反馈电路时的电压放大倍数,称为开环放大倍数,即

$$u_o = A_{uo}(u_+ - u_-) = A_{uo}u_i \qquad (7-1-1)$$

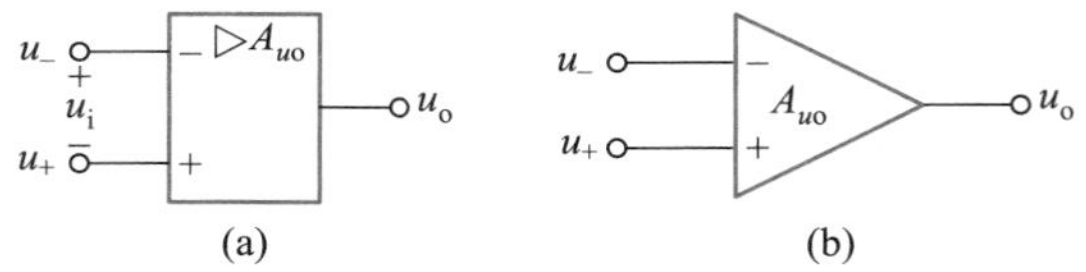

图 7-1-2　集成运算放大器的图形符号

### 7.1.2　集成运算放大器的电压传输特性和等效电路模型

**一、集成运算放大器的电压传输特性**

在电路系统中,将系统的输出信号和输入信号之间的关系曲线称为传输特性,集成运算放大器的电压传输特性如图 7-1-3 所示。由于集成运算放大器的输出电压是有限的,而开环电压放大倍数 $A_{uo}$ 非常大,因此,只有在输入信号很小的范围内,输出信号与输入信号保持线性,上述 $u_o = A_{uo}(u_+ - u_-)$ 关系只存在于坐标原点附近传输特性的线性工作区。

由于开环放大倍数 $A_{uo}$ 很高,线性区很窄,同相输入电压 $u_+$ 只要略高于反相

输入电压 $u_-$，输出电压 $u_o$ 就达到正饱和值 $+U_{om}$（接近正电源电压）；反之，同相输入电压 $u_+$ 只要略低于反相输入电压 $u_-$，输出电压 $u_o$ 就达到负饱和值 $-U_{om}$（接近负电源电压）。通常集成运算放大器的正、负电源电压相等，电压传输特性基本上对称于原点。

**二、集成运算放大器线性区的等效电路模型**

按照集成运算放大器的电压传输特性，可以建立集成运算放大器在线性区的等效电路模型，如图 7-1-4 所示。其中 $r_{id}$ 是集成运算放大器的输入电阻，$r_o$ 是集成运算放大器的输出电阻。

集成运算放大器的开环电压放大倍数 $A_{uo}$ 很高（$>10^4$），由于采用高质量差分放大电路，集成运算放大器输入电阻的阻值很高，达到兆欧量级，由于采用互补对称式功率放大电路，集成运算放大器输出电阻的阻值较低，一般只有几十欧。

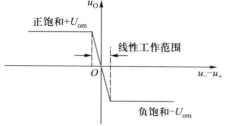

图 7-1-3 集成运算放大器的电压传输特性

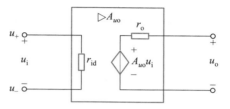

图 7-1-4 线性区等效电路模型

## 7.1.3 集成运算放大器的理想化

在分析集成运算放大器的各种应用电路时，为简化分析，通常将集成运算放大器加以理想化，理想化条件如下：

（1）开环电压放大倍数很大（$A_{uo}>10^4$），理想化为 $A_{uo}=\infty$。

（2）输入电阻很高（$r_{id}>10^6\ \Omega$），理想化为 $r_{id}=\infty$。

（3）输出电阻很低（$r_o<100\ \Omega$），理想化为 $r_o=0$。

实际集成运算放大器的特性很接近理想化的条件。因此，将饱和区特性考虑在内，理想集成运算放大器的电路模型如图 7-1-5 所示，分三段线性化。

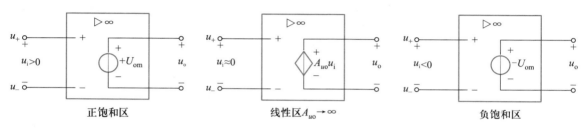

图 7-1-5 理想集成运算放大器的电路模型

293

理想化后,工作在线性区的运算放大器具有以下特征:

(1) 两个输入端之间的电压非常接近于零,但又不是短路,称为虚短,即

$$u_+ \approx u_- \qquad\qquad (7-1-2)$$

(2) 若一个输入端接地(设为 $u_+$),另一输入端不接地但等于地电位,称为虚地,即

$$u_- \approx 0 \qquad\qquad (7-1-3)$$

(3) 两输入端间呈开路,输入端虽不断开但却无电流,称为虚断,即

$$i_+ \approx 0, \quad i_- \approx 0 \qquad\qquad (7-1-4)$$

(4) 输出端呈现为受控电压源特性,输出电压不受输出电流影响。

"虚短""虚断"是理想运算放大器工作在线性区的重要特征,是线性应用电路分析的主要依据。

理想化后,工作在饱和区的运算放大器具有以下特征:

(1) 两输入端电位不相等,不再具有虚短特征。若同相输入端电压高于反相输入端电压,表明运算放大器工作在正饱和区,若反相输入端电压高于同相输入端电压,表明运算放大器工作在负饱和区。

(2) 两输入端间呈开路,输入端虽不断开但却无电流,仍具有虚断特征。

$$i_+ \approx 0 \quad i_- \approx 0$$

(3) 输出端呈现为理想电压源特性,根据运算放大器工作在正饱和区或负饱和区,输出电压分别为正饱和电压或负饱和电压。

$$u_{\text{o}} = + U_{\text{om}} \quad \text{或} \quad u_{\text{o}} = - U_{\text{om}}$$

### 7.1.4　常用的集成运算放大器及其主要参数

集成运算放大器种类很多,一般多按用途分类,可分为通用型运算放大器和专用型运算放大器。

通用型运算放大器具有一般的电气性能指标,价格便宜,用途很广。根据指标又可细分为:低增益运算放大器、中增益运算放大器和高增益运算放大器。

专用型运算放大器根据应用场合的要求可分为:低功耗运算放大器、低漂移高精度运算放大器、低噪声运算放大器和高输入阻抗运算放大器等。

世界上第一块集成运算放大器是 1964 年研制成功的 μA702,目前集成运算放大器已经发展到第四代产品。

第一代产品具备中等精度的技术指标。以 μA709 为代表,其开环增益约为 45 000 倍。与 μA702 相比,其主要性能有很大改善,电源电压、动态输入范围以及输入共模电压等特性已经标准化,因而得到了广泛的应用,但还存在不少缺点。例如,输出端短路时会导致运算放大器损坏,使用时需要外接很多元件等。

1968 年,制造出了高增益运算放大器 μA741,这是一块非常经典的产品,采

用有源负载来提高单级电压增益,仅使用两级电压放大,就使得整个放大器的开环增益达到 150 000 倍以上,扩大了输入共模电压范围和输入差模电压范围,输出级设置了短路保护电路,采取了内补偿措施无须外接补偿元器件,全面改善了运算放大器的性能。这是第二代标准通用型运算放大器,目前仍然被广泛使用。

第二代集成运算放大器虽然有较高的增益,但是输入误差参数和共模抑制比等方面仍未超过第一代。

第三代集成运算放大器的主要特征是输入级采用超 $\beta$ 管($\beta = 1\,000 \sim 5\,000$)。由于超 $\beta$ 管在很低的工作电流下仍有很高的 $\beta$ 值,因此可以把输入偏流设计得很小,从而使输入失调电流及温漂大大减小,输入电阻大大提高,并且仍具有高增益的特征。典型产品有 AD508、国产 4E325 等。

前三代集成运算放大器在抑制漂移上都是以电路参数的相互补偿来实现的。第四代产品在抑制漂移的机理上,突破了前三代的框框,将场效应管、双极型管和斩波自稳零放大电路兼容在一块硅片上,采用动态稳零的方式来抑制漂移。其产品有 HA2900、国产 5G7650 等。它们属于高阻、高精度、低漂移型运算放大器。性能指标十分接近于理想的运算放大器,被广泛应用于精密仪表中微弱信号测量以及自动控制系统。

为了正确地应用集成运算放大器,客观地评价各集成运算放大器的性能,并充分地利用集成运算放大器的特点来获得良好的电路性能,就必须对集成运算放大器的特性和参数有一个正确的理解,否则,即使是好的集成运算放大器,应用起来也不可能得到好的效果,制作不出满意的电路。集成运算放大器的参数很多,这里仅介绍其主要参数。

1. 开环电压放大倍数 $A_{uo}$

在标称电源电压和规定的负载电阻条件下,运算放大器不加反馈时,输出电压 $u_o$ 与差分输入电压 $u_i = u_+ - u_-$ 之比定义为开环电压放大倍数,用 $A_{uo}$ 表示

$$A_{uo} = \frac{u_o}{u_+ - u_-}$$

其中,$u_+$ 为同相输入端所加电压,$u_-$ 为反相输入端所加电压。开环电压放大倍数反映了集成运算放大器对有用信号的放大能力,当然希望这个参数越大越好。

对于一般通用运算放大器,$A_{uo}$ 在 $10^3$ 量级的称为低增益运算放大器,在 $10^4$ 量级的称为中增益运算放大器,在 $10^5$ 量级的称为高增益运算放大器。通常,$A_{uo}$ 对温度、老化及电源等因素是十分敏感的。因此测量 $A_{uo}$ 的确切数值是没有意义的,通常感兴趣的是它的数量级。

需要注意的是,尽管希望集成运算放大器的 $A_{uo}$ 越高越好,但在实际的电路设计中,还应兼顾其他因素,不可一味地追求高的 $A_{uo}$。一方面高增益运算放大器的价格比较高,另一方面增益高的集成运算放大器,频带比较窄,所以在选用集成运算放大器时应从电路的实际要求考虑,$A_{uo}$ 只是选用条件之一。

2. 最大输出电压 $U_{OPP}$(输出峰-峰值电压)

这个参数有时也称为输出电压摆幅。一般定义为运算放大器在额定电源电压和额定负载下,不出现明显失真时所得到的最大的峰-峰值输出电压。通常运算放大器的 $U_{OPP}$ 约比正、负电源电压差低 2~3 V。

3. 输入失调电压 $U_{IO}$

对于理想的运算放大器,当输入电压为零时,其静态输出电压也应为零。但由于制造工艺上的原因,运算放大器组件的参数很难达到完全对称,因此当输入电压为零时,输出电压并不为零。为使输出电压为零,必须在输入端加上一个补偿电压,定义这个补偿电压为输入失调电压,记为 $U_{IO}$。$U_{IO}$ 一般为毫伏数量级,其值越小越好。

4. 输入失调电流 $I_{IO}$

如果运算放大器的输入级电路参数是完全对称的,则差分对管的偏置电流应当相等,即 $I_{B1} = I_{B2}$。但实际上输入差分对管是不可能完全一致的,因此,它们的输入偏置电流必然会有差异。为了衡量集成运算放大器两个偏置电流不对称程度,定义了输入失调电流参数 $I_{IO}$,具体定义为:在标称电源电压及室温下,输入信号为零时,运算放大器两输入端偏置电流的差值,$I_{IO} = |I_{B1} - I_{B2}|$。$I_{IO}$ 一般在微安数量级,其值越小越好。

5. 输入偏置电流 $I_{IB}$

集成运算放大器的输入偏置电流的一般定义为:在标称电源电压及温度 25 ℃下,使运算放大器静态输出电压为零时流入(或流出)运算放大器输入端的电流平均值 $I_{IB} = \dfrac{1}{2}(I_{B1} + I_{B2})$。对 $I_{IB}$ 这个指标,希望越小越好,只有当运算放大器具有极高的输入电阻和极小的输入偏置电流时,才能近似地认为输入端不吸收电流,实际运算结果才接近理想。此外,偏置电流越小其随温度的漂移也就越小,这对设计高精度的运算电路是非常重要的。从这个意义上讲,由场效应管设计集成运算放大器比晶体管更具有优势。

6. 最大差模输入电压 $U_{IDM}$

差模输入电压是指在差分放大电路两个输入端所加的大小相同、相位相反的输入电压,最大差模输入电压定义为集成运算放大器输入端之间所能承受的最大电压,超过这个允许值,集成运算放大器输入差分放大电路一侧的管子将出现击穿,使运算放大器的输入特性显著恶化,甚至可能发生永久性损坏。

7. 最大共模输入电压 $U_{ICM}$

共模输入电压是指在差分放大电路两个输入端所加的大小和相位均相同的输入电压。集成运算放大器对共模信号具有很强的抑制能力,因此,一般加在运算放大器输入端的共模电压不会影响放大器的正常工作,但是集成运算放大器所能承受的共模电压不是没有限度的,当所加的共模电压过大时,共模抑制比将显著下降,甚至造成器件的永久性损坏。最大共模输入电压是指运算放大器输入端所能承受的最大共模电压,通常定义 $U_{ICM}$ 为共模抑制比下降到正常情况的一半时对应的共模输入电压值。在使用集成运算放大器时应避免出现共模输入

电压超过 $U_{\text{ICM}}$ 的情况。

## 7.2 集成运算放大器中的内部单元电路

从集成运算放大器的内部组成图 7-1-1 可见,其中的中间级电压放大和输出级功率放大已经在上一章介绍,其他核心的组成电路是直接耦合的差分放大电路和镜像电流源偏置电路。这一节对这两种电路进行分析,所得出的性能指标直接影响集成运算放大器的性能指标。

### 7.2.1 差分放大电路

差分放大电路在集成运算放大器中充当前面几级(尤其是第一级)电压放大,差分放大电路采用直接耦合,由于其对称的结构,抑制零点漂移效果显著。

**一、经典差分放大器**

图 7-2-1 是一个经典差分放大电路——长尾差分放大电路。由两个特性相同的晶体管 $T_1$ 和 $T_2$ 组成对称电路。图中,正、负电源及射极电阻 $R_E$(也称长尾电阻)为两管公用,通常 $R_E$ 取值较大,静态电流在其上产生较大的压降,为了使静态工作时输入端处于零电位,引进辅助负电源 $-U_{\text{EE}}$,以抵消 $R_E$ 上的直流压降,设置发射极电位 $V_E$ 为 $-0.6\sim-0.7$ V。信号由两管的基极输入,集电极输出。因此,可以认为该电路是由两个性能相同的单管共射放大电路组合(发射极耦合)而成的一个单元电路。

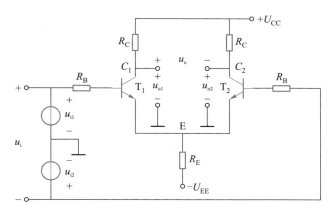

图 7-2-1　长尾差分放大电路

**二、差分放大电路工作原理**

1. 对零点漂移的抑制作用

在没有输入信号电压($u_i=0$)时,$u_{i1}$ 和 $u_{i2}$ 均为零。由于电路完全对称,两管的静态集电极电流和电压彼此相等,因此,输出电压 $u_o$ 为零,即 $u_o=u_{o1}-u_{o2}=0$。当温度变化或电源电压波动时,两管的集电极电流和电压的变化仍然相等,即 $\Delta I_{C1}=\Delta I_{C2}$,$\Delta u_{o1}=\Delta u_{o2}$,因此,其中相等的变化量也相互抵消,使输出电压仍为零,从而抑制了零点漂移。

抑制零点漂移的关键在于电路的对称性,也在于输出电压取自两管的集电极之间(称为双端输出),但对每个管子来说,似乎零漂还是较大的。实际上,由于电路中接入较大的射极电阻 $R_E$,具有强烈的电流串联负反馈作用。当环境影响使得两个晶体管电流均产生增量电流 $\Delta I_C$,叠加流过 $R_E$ 将使得发射极电位提高 $R_E(2\Delta I_C)$,从而强烈地减小两管的发射结电压,迅速减小偏置电流以抵消环境导致的静态电流增大。因此,由于长尾电阻的负反馈作用,每个管子的漂移都大大地抑制了,因此,即使是电路稍不对称或采用单端输出方式,均能有效地抑制零漂。

2. 对差模、共模和差分信号的放大作用

(1) 差模输入

当差分放大电路的两个输入端分别输入大小相等、相位相反的电压信号,即 $u_{i1}=-u_{i2}$,称为差模输入方式,这种输入信号称为差模输入信号,记作 $u_{id}$,$u_{i1}=u_{id}$,$u_{i2}=-u_{id}$。

在差模信号作用下,$T_1$ 管集电极电流增大,而 $T_2$ 管集电极电流等量减小,从而使 $T_1$ 集电极电位下降,$T_2$ 集电极电位等量升高。如果两管集电极对地的电压变化量分别用 $u_{o1}$ 和 $u_{o2}$ 表示,则两管集电极之间存在电压信号 $u_{od}=u_{o1}-u_{o2}$ 输出。

由于两管电流的变化量大小相等、方向相反,流过射极电阻 $R_E$ 的电流变化量为零,因此,差模信号在 $R_E$ 上产生的电压为 0,可等效为短路,射极电阻 $R_E$ 对差模信号不存在负反馈,两管耦合的射极对差模信号相当于接地。这时,电路两边均相当于普通的单管放大电路,整个放大电路的电压放大倍数为

$$A_{d(2)}=\frac{u_{od}}{u_i}=\frac{u_{o1}-u_{o2}}{u_{i1}-u_{i2}}=\frac{2u_{o1}}{2u_{i1}}=A_{d1}=-\beta\frac{R_C}{R_B+r_{be}} \qquad (7-2-1)$$

式中,$A_{d1}$ 为单管共射放大电路的电压放大倍数。可见,双端输出时,差分放大电路的电压放大倍数与单管放大电路的电压放大倍数相同。从这一点来说,差分放大电路实际上就是通过双倍的元件来实现一个单管放大电路的放大倍数,换取对零点漂移的抑制。

有时负载一端接地,输出电压需从一管的集电极与地之间取出(称为单端输出)。由于输出电压只是一管集电极电压的变化量,所以,单端输出时电压放大倍数只有双端输出时的一半,即

$$A_{d(1)}=\frac{u_{od}}{u_{id}}=\frac{u_{o1}}{2u_{i1}}=\frac{1}{2}A_{d1}=-\beta\frac{R_C}{2(R_B+r_{be})} \qquad (7-2-2)$$

(2) 共模输入

当差分放大电路两输入端分别输入大小相等、相位相同的电压信号,即 $u_{i1}=u_{i2}$,称为共模输入方式,这种输入信号称为共模信号,记作 $u_{ic}=u_{i1}=u_{i2}$。由于两管所加信号完全一样,两管集电极电流和集电极电位变化也相同,因此,输出电压 $u_{oc}=u_{o1}-u_{o2}=0$,说明双端输出的差分放大电路对共模信号没有放大作用,共

模电压放大倍数 $A_{\mathrm{c}} = \dfrac{u_{\mathrm{oc}}}{u_{\mathrm{ic}}} = 0$。

实质上,差分放大电路对零漂的抑制作用是抑制共模信号的一个特例,由于两个晶体管处于一致的工作环境,零点漂移等由于环境引起的干扰(噪声)都表现为共模形式,因此,理想情况下 $A_{\mathrm{c}} = 0$,输出电压中没有共模成分(包括漂移)。

实际电路中,由于元件不可能完全对称,两管特性也不可能完全相同,$A_{\mathrm{c}} \neq 0$,一般地,在集成运算放大器中,$A_{\mathrm{c}} < 10^{-4}$。显然,共模放大倍数越小,对零漂和共模信号的抑制能力就越强。

(3)差分输入

如果差分放大电路两个输入信号 $u_{\mathrm{i1}}$、$u_{\mathrm{i2}}$ 大小和相位任意,分别加在两个输入端和地之间,称为差分输入方式,这样的信号称为差分信号。

实际上,任何差分信号均可分解为差模分量 $u_{\mathrm{id}}$ 和共模分量 $u_{\mathrm{ic}}$ 的组合

$$u_{\mathrm{i1}} = u_{\mathrm{ic}} + u_{\mathrm{id}}$$

$$u_{\mathrm{i2}} = u_{\mathrm{ic}} - u_{\mathrm{id}}$$

$$u_{\mathrm{ic}} = \frac{1}{2}(u_{\mathrm{i1}} + u_{\mathrm{i2}})$$

$$u_{\mathrm{id}} = \frac{1}{2}(u_{\mathrm{i1}} - u_{\mathrm{i2}})$$

理想的差分放大电路只对差模分量放大,没有共模输出。两个输入电压差为 $u_{\mathrm{i1}} - u_{\mathrm{i2}} = 2u_{\mathrm{id}}$,放大后输出的只是这个差模电压,即

$$u_{\mathrm{o}} = A_{\mathrm{d}}(u_{\mathrm{i1}} - u_{\mathrm{i2}}) \qquad\qquad (7-2-3)$$

电路只放大了两个输入信号的差值,因此,称为差分放大电路。

**例 7-2-1** 差分放大电路如图 7-2-2 所示。已知,晶体管 $\beta = 100$,$U_{\mathrm{BE}} = 0.7\ \mathrm{V}$,$r_{\mathrm{bb'}} = 10\ \Omega$,$R_{\mathrm{C}} = 6.2\ \mathrm{k}\Omega$,$R_{\mathrm{B}} = 3\ \mathrm{k}\Omega$,$R_{\mathrm{P}} = 200\ \Omega$,$R_{\mathrm{E}} = 5.6\ \mathrm{k}\Omega$,$U_{\mathrm{CC}} = U_{\mathrm{EE}} = 12\ \mathrm{V}$,负载电阻 $R_{\mathrm{L}} = 6.2\ \mathrm{k}\Omega$。试计算:

(1)静态工作点参数。

(2)差模放大性能指标 $A_{\mathrm{d}}$、$r_{\mathrm{id}}$、$r_{\mathrm{o}}$。

**解:**(1)静态分析

首先将图 7-2-2 中输入信号 $u_{\mathrm{i}}$ 转化为差模输入信号

$$u_{\mathrm{i1}} = \frac{1}{2}u_{\mathrm{i}} \qquad u_{\mathrm{i2}} = -\frac{1}{2}u_{\mathrm{i}} \qquad u_{\mathrm{i}} = u_{\mathrm{i1}} - u_{\mathrm{i2}}$$

若电路不完全对称,为保证输入信号为零时,输出电压为零,在两管发射极之间串入一阻值较小的调零电位器 $R_{\mathrm{P}}$,滑动点两边的电阻分别构成 $\mathrm{T}_1$ 和 $\mathrm{T}_2$ 管射极的电流串联负反馈电阻。改变滑动点的位置,可使两管负反馈深度有所不同,从而达到调整零点的目的。计算时,设其滑动点处于中间位置,那么,每管射

例 7-2-1
Multisim 仿真

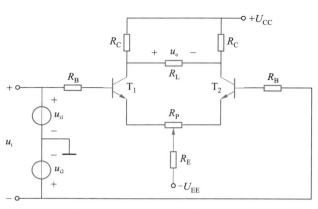

图 7-2-2　例 7-2-1 差分放大电路

极就接入 $\dfrac{1}{2}R_P$ 电阻。静态（$u_i = 0$）时，令管子的基极直流电位 $V_B = 0$，可得两管的

静态发射极电流

$$I_{EQ1} = I_{EQ2} = \frac{-U_{BE} - (-U_{EE})}{\dfrac{1}{2}R_P + 2R_E} = \frac{-0.7 + 12}{0.1 + 2 \times 5.6}\ \text{mA} = 1\ \text{mA}$$

集电极电流

$$I_{CQ1} = I_{CQ2} \approx I_{EQ1} = 1\ \text{mA}$$

基极电流

$$I_{BQ1} = I_{BQ2} = \frac{I_{CQ1}}{\beta} = 0.1\ \text{mA} = 10\ \mu\text{A}$$

集电极对地电压

$$U_{CQ1} = U_{CQ2} = U_{CC} - R_C I_{CQ1} = (12 - 1 \times 6.2)\ \text{V} = 5.8\ \text{V}$$

计算晶体管发射结电阻

$$r_{be1} = r_{be2} = r_{bb'} + (1 + \beta)\frac{U_T}{I_{EQ}} = \left(10 + 101 \times \frac{25.8}{1}\right)\ \Omega \approx 2.6\ \text{k}\Omega$$

（2）差模电压放大性能指标

本例为双端输入、双端输出。当加入差模输入信号时，两管的 $u_{o1}$ 和 $u_{o2}$ 将出现大小相等、方向相反的变化，使 $R_L$ 的一端电位升高，另一端电位降低，负载电阻 $R_L$ 的中点电位不变，因此，$R_L$ 的中点相当于对地短路，所以每管的负载为 $\dfrac{1}{2}R_L$。差模放大倍数与单管共发射极电压放大倍数相同，为

$$A_d = -\beta \frac{R_L'}{R_B + r_{be} + (1 + \beta)\dfrac{R_P}{2}} = -100 \times \frac{2.06}{3 + 2.6 + 101 \times \dfrac{0.2}{2}} \approx -13$$

300

式中，$R'_L = R_C \mathbin{/\!/} \dfrac{1}{2} R_L = 2.06 \text{ k}\Omega$，差分放大电路的双端输入电阻

$$r_{id} = 2\left[R_B + r_{be} + (1+\beta)\frac{R_P}{2}\right] = 2 \times \left[3 + 2.6 + 101 \times \frac{0.2}{2}\right] \text{ k}\Omega = 31.4 \text{ k}\Omega$$

差分放大电路的双端输出电阻

$$r_o = 2R_C = 12.4 \text{ k}\Omega$$

### 3. 共模抑制比 $K_{CMR}$

为了综合衡量差分放大电路对差模信号的放大作用和对共模信号的抑制能力，引入共模抑制比 $K_{CMR} = \left|\dfrac{A_d}{A_c}\right|$，用分贝表示为 $K_{CMRR} = 20\lg K_{CMR} \text{ dB}$。共模抑制比越大，说明差分放大电路放大差模信号的能力越强，而受共模信号干扰的影响越小。一般要求 $K_{CMR}$ 应在 $10^3 \sim 10^6$（$K_{CMRR} = 60 \sim 120 \text{ dB}$）以上。

### 三、采用恒流源偏置的差分放大电路

从负反馈的角度看，射极电阻 $R_E$ 越大，差分放大电路共模抑制能力越强，但是，$R_E$ 越大，要获得合适的静态工作点所需的负电源 $|U_{EE}|$ 越高。为了既能用较小的负电源 $|U_{EE}|$，又能提高共模抑制比，可以用恒流源来代替 $R_E$。

为了使运算放大器在有限级数的前提下获得尽可能大的开环电压放大倍数，根据上面差分放大电路放大倍数的计算公式可知，应使用尽可能大的集电极偏置电阻 $R_C$，但是，$R_C$ 越大，要获得合适的静态工作点所需的正电源 $U_{CC}$ 也越高。这对电路设计也是不利的。同样地，可以利用恒流源的高输出电阻特性，用恒流源替代 $R_C$，这样既可以保障静态工作点的设置，又能在信号通路中呈现极大的电阻值，从而获得很高的电压放大倍数。

图 7-2-3 所示是用恒流源电路（下一节介绍）代替 $R_E$ 和 $R_C$ 的差分放大电路。恒流源 $I_E$ 和恒流源 $I_C$ 保持 $I_E \approx 2I_C$ 的关系。这样，由于恒流源的恒流作用，$T_1$ 和 $T_2$ 的集电极电压 $u_{O1}$ 和 $u_{O2}$ 不随温度变化，达到抑制零点漂移的目的，

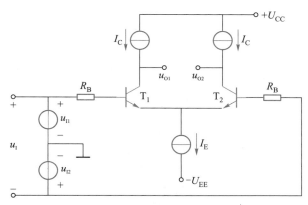

图 7-2-3　恒流源偏置的差分放大电路

同时恒流源 $I_C$ 的高输出电阻 $R_o$（一般可以达到 $10^5\,\Omega$ 以上）又为获得高电压放大倍数提供了保障。

**四、差分放大电路的输入、输出方式**

差分放大电路除了前面已经介绍过的双端输入、双端输出的方式外，根据输入端和输出端接地的不同情况，还有以下几种输入、输出方式。

当输出端（负载）需要有一端接地时，可采用图 7-2-4 所示的双端输入、单端输出方式。

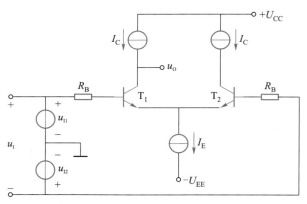

图 7-2-4　双端输入、单端输出差分放大电路

当输入端（信号源）和输出端（负载）需要有一公共接地端时，可采用图 7-2-5 所示的单端输入、单端输出方式。

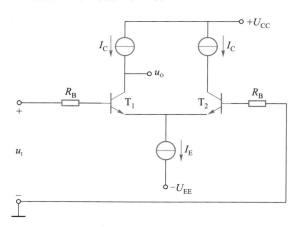

图 7-2-5　单端输入、单端输出差分放大电路

当只要求输入端（信号源）有一端接地，输出端无须接地端时，可采用图 7-2-6 所示的单端输入、双端输出方式。

由于差分放大电路两边完全对称，因此信号从任意一边输入（另一边输入端接地）时，作用在两个管子 $T_1$ 和 $T_2$ 的发射结上的电压都是一个差模信号，即 $u_{BE1}=-u_{BE2}$，所以与双端输入时一样，具有电压放大作用。

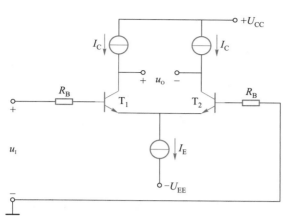

图 7-2-6　单端输入、双端输出差分放大电路

　　当单端输出时,由于输出只与一个管子的集电极电压变化有关,因此它的输出电压变化量只有双端输出的一半。所以,单端输出的差模电压放大倍数只有双端输出的一半,即

$$A_{d(1)} = (\pm) \frac{1}{2} \times \frac{\beta R_C}{R_B + r_{be}} \qquad (7-2-4)$$

式中,$(\pm)$ 取负号为从 $T_1$ 集电极输出,此时 $u_0$ 与 $u_1$ 的极性相反;取正号为从 $T_2$ 集电极输出,此时 $u_0$ 与 $u_1$ 的极性相同。

　　上面主要介绍由双极型晶体管构成的差分放大电路,对于由场效应管构成的差分放大电路也可以进行类似地分析,这里不再赘述。

### 7.2.2　镜像电流源偏置电路

　　从上面分析可见,为了获得大的电压放大倍数和高的共模抑制比,需要在差分放大电路中使用具有数值关联的恒流源电路作为电路的偏置,下面介绍这种在集成电路中广泛应用的镜像电流源偏置电路。

#### 一、基本镜像电流源电路

　　集成运算放大器中的电流源偏置电路要求各个电流源之间保持一定的数值关系,以便保障各级电路获得正确的偏置。因此,作为偏置电路的电流源电路需要在同一参考电流的基础上进行配置。图 7-2-7 为基本镜像电流源电路。

　　电路中各个晶体管的发射结并联连接,具有相同的 $U_{BE}$,工艺上,将各个晶体管的电流放大系数做得很大,$\beta \gg 1$,那么

$$I_1 = I_{B1} + I_{B2} + I_{B3} + \cdots = \frac{I_{C1}}{\beta_1} + \frac{I_{C2}}{\beta_2} + \frac{I_{C3}}{\beta_3} + \cdots \ll I_{C1}$$

$$I_{ref} = I_{C1} + I_1 = \frac{U_{CC} - U_{EE} - U_{BE}}{R_{ref}} \approx I_{C1} \qquad (7-2-5)$$

　　根据晶体管的制造工艺,在相同的发射结电压下,各晶体管集电极电流大小

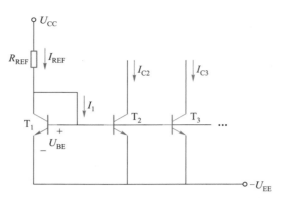

图 7-2-7 基本镜像电流源电路

与晶体管发射结的相对面积 $A$ 成正比(可以直观理解为,大面积晶体管是由多个晶体管并联而构成,所以电流比单个晶体管大),因此,各个电流源电流可以通过控制晶体管发射结相对面积得到

$$I_{C2} = \frac{A_2}{A_1} I_{C1} \approx \frac{A_2}{A_1} I_{ref} = \frac{A_2}{A_1} \frac{U_{CC} - U_{EE} - U_{BE}}{R_{ref}} \qquad (7-2-6)$$

$$I_{C3} = \frac{A_3}{A_1} I_{C1} \approx \frac{A_3}{A_1} I_{ref} = \frac{A_3}{A_1} \frac{U_{CC} - U_{EE} - U_{BE}}{R_{ref}} \qquad (7-2-7)$$

这一组电流源的电流是从所连接电路"拉"出,简称为拉电流源,可以作为差分放大电路的射极偏置电流源。如果采用 PNP 晶体管可以构成另一组用于集电极偏置的电流源,如图 7-2-8 所示。这组电流源的电流是向所连接电路"灌"入,简称灌电流源,电路的分析与拉电流源完全类似,读者可自行完成。

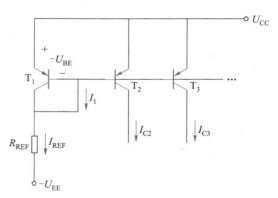

图 7-2-8 集电极偏置镜像电流源电路

将上面两类电流源电路组合在一起,可以构成完整的镜像电流源偏置电路,如图 7-2-9 所示。电路中,满足 $I_1 \ll I_{TC1}$,$I_2 \ll I_{TE1}$。

$$I_{ref} = \frac{U_{CC} + U_{EE} - 2|U_{BE}|}{R_{ref}} \approx I_{TC1} \approx I_{TE1} \qquad (7-2-8)$$

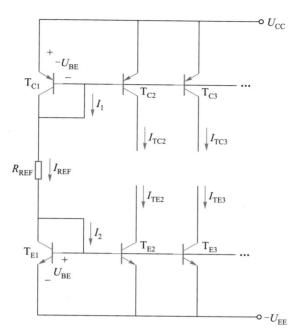

图 7-2-9 组合镜像电流源偏置电路

$$I_{\mathrm{TC}k} = \frac{A_{\mathrm{C}k}}{A_{\mathrm{C}1}}I_{\mathrm{TC}1} \approx \frac{A_{\mathrm{C}k}}{A_{\mathrm{C}1}}I_{\mathrm{ref}} = \frac{A_{\mathrm{C}k}}{A_{\mathrm{C}1}}\frac{U_{\mathrm{CC}} + U_{\mathrm{EE}} - 2\mid U_{\mathrm{BE}}\mid}{R_{\mathrm{ref}}} \qquad (7-2-9)$$

$$I_{\mathrm{TE}k} = \frac{A_{\mathrm{E}k}}{A_{\mathrm{E}1}}I_{\mathrm{TE}1} \approx \frac{A_{\mathrm{E}k}}{A_{\mathrm{E}1}}I_{\mathrm{ref}} = \frac{A_{\mathrm{E}k}}{A_{\mathrm{E}1}}\frac{U_{\mathrm{CC}} + U_{\mathrm{EE}} - 2\mid U_{\mathrm{BE}}\mid}{R_{\mathrm{ref}}} \qquad (7-2-10)$$

其中,$I_{\mathrm{TC}k}$ 和 $I_{\mathrm{TE}k}$ 分别表示晶体管 $\mathrm{T}_{\mathrm{C}k}$ 和 $\mathrm{T}_{\mathrm{E}k}$ 的集电极电流,$A_{\mathrm{C}k}$ 和 $A_{\mathrm{E}k}$ 分别表示晶体管 $\mathrm{T}_{\mathrm{C}k}$ 和 $\mathrm{T}_{\mathrm{E}k}$ 的发射结相对面积($k=1,2,3,\cdots$)。

**二、威尔逊(Wilson)电流源电路**

基本镜像电流源电路虽然保证了各个晶体管的发射结具有相同的偏置,但是,由于每个晶体管集电极的连接并不相同,晶体管内部反馈将影响各个晶体管的工作,使得偏置电流源产生误差,特别是 $\mathrm{T}_{\mathrm{C}1}$ 和 $\mathrm{T}_{\mathrm{E}1}$ 管工作在饱和边沿,影响电流源的稳定。图 7-2-10 所示威尔逊电流源电路是一种改进的方法,通过增加一个晶体管,使各个并联管基本工作在相同的条件下。

图中,参考电流为

$$I_{\mathrm{ref}} = \frac{U_{\mathrm{CC}} - U_{\mathrm{EE}} - 4\mid U_{\mathrm{BE}}\mid}{R_{\mathrm{ref}}} \approx I_{\mathrm{TC}1} \approx I_{\mathrm{TE}1} \qquad (7-2-11)$$

从电路结构上看,威尔逊(Wilson)电流源电路的每一路输出电流源都是两个晶体管输出端串联,因此,这种电流源电路将具有更高的输出电阻,电流源特性更趋于理想。

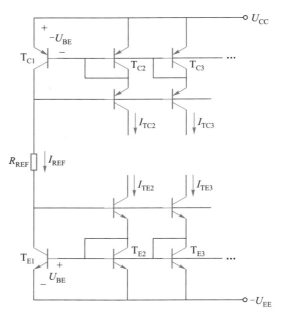

图 7-2-10　威尔逊（Wilson）电流源电路

### 三、韦德拉（Widlar）电流源电路

基本镜像电流源电路通过控制晶体管发射结面积来获得不同的电流源数值，当若干电流源数值相差悬殊时，需要制作很大面积的晶体管，甚至要采用多管并联才能满足设计要求，这对于节省芯片面积非常不利。图 7-2-11 所示韦德拉电流源电路是一种改进的方法，通过在晶体管发射极串联一个精确电阻，调整晶体管发射结的偏置电压，从而控制各个电流源数值。

下面针对发射极拉电流源（电路下半部分）进行分析。根据晶体管在放大状态的特性，有

$$I_{\text{TE1}} = \beta_{\text{E1}} I_{\text{EB1}} = \beta_{\text{E1}} I_{\text{ES1}} e^{\frac{U_{\text{EBE1}}}{U_T}} \qquad U_{\text{EBE1}} = U_T \ln \frac{I_{\text{TE1}}}{\beta_{\text{E1}} I_{\text{ES1}}} \qquad (7-2-12)$$

$$I_{\text{TE2}} = \beta_{\text{E2}} I_{\text{EB2}} = \beta_{\text{E2}} I_{\text{ES2}} e^{\frac{U_{\text{EBE2}}}{U_T}} \qquad U_{\text{EBE2}} = U_T \ln \frac{I_{\text{TE2}}}{\beta_{\text{E2}} I_{\text{ES2}}} \qquad (7-2-13)$$

但是，对于 $T_{\text{E2}}$ 管，由于发射极串联了电阻 $R_{\text{E2}}$，因此，若 $\beta \gg 1$

$$U_{\text{EBE1}} = U_{\text{EBE2}} + R_{\text{E2}} I_{\text{TE2}} \qquad (7-2-14)$$

$$R_{\text{E2}} = \frac{U_T}{I_{\text{TE2}}} \ln \frac{I_{\text{TE1}}}{I_{\text{TE2}}} = \frac{U_T}{I_{\text{TE2}}} \ln \frac{I_{\text{ref}}}{I_{\text{TE2}}} \qquad (7-2-15)$$

$$I_{\text{ref}} = \frac{U_{\text{CC}} - U_{\text{EE}} - U_{\text{EBE1}} - |U_{\text{CBE1}}|}{R_{\text{ref}}} \qquad (7-2-16)$$

306

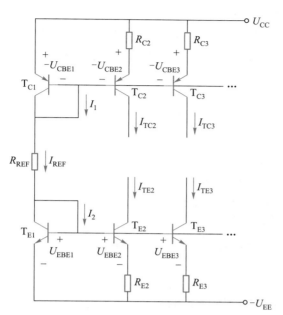

图 7-2-11 韦德拉(Widlar)电流源电路

这样,每个晶体管完全按照同一尺寸制造,各管 $\beta$ 和 $I_s$ 完全一致,电流源的不同数值仅通过相应地调整射极串联电阻来实现,可以大大提高集成度,也可使电流源电路性能的一致性得到提高。

上面对集成电路内部单元电路的介绍只涉及晶体管,实际上,随着 CMOS 工艺的改进,目前,CMOS 集成电路工艺已经占据集成电路的主要地位,90% 以上的集成电路都采用 CMOS 工艺。根据上一章关于场效应管放大电路的分析,可以方便地将双极型电路分析推广到 MOS 管电路。

## 7.3 集成运算放大器的线性应用

如果在电路中集成运算放大器工作在线性区,称为集成运算放大器的线性应用。由于集成运算放大器具有很高的开环电压增益,因此,电路结构上必须存在从输出端到输入端的负反馈支路,使净输入信号幅度足够小,集成运算放大器的输出处于最大输出电压的范围内(如图 7-1-3 所示),才能保证运算放大器工作在线性区。因此,电路中存在负反馈是集成运算放大器线性工作的必要条件。

工作在线性区的集成运算放大器主要用于实现各种模拟信号的比例、求和、积分、微分等数学运算,以及有源滤波、信号检测、采样保持等功能。

### 7.3.1 比例运算电路

比例运算指的是集成运算放大器的输出电压和输入电压有着比例的关系(放大)。由于运算放大器有反相输入端和同相输入端两个输入端,所以比例运算也分为反相比例运算和同相比例运算。

307

### 一、反相比例运算电路

图 7-3-1 所示电路中,输入信号 $u_I$,经过电阻 $R_1$ 加在反相输入端与"地"之间。同相输入端经电阻 $R_2$ 接地,电阻 $R_F$ 跨接于反相输入端与输出端之间构成电压并联负反馈,该电路有可能工作在线性区。

根据负反馈的存在,初步判断运算放大器工作在线性区,然后按照线性应用的电路进行分析。分析运算放大器的线性应用电路,一般可分六步进行:

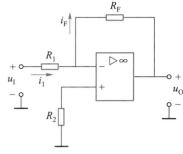

图 7-3-1　反相比例运算电路

第一步,利用同相端虚断特性 $i_+ = 0$,求出同相输入端电压 $u_+$。从电路可知

$$i_+ = 0 \Rightarrow u_+ = 0$$

第二步,利用虚短特性 $u_- = u_+$,确定反相输入端电压 $u_-$

$$u_- = u_+ = 0$$

第三步,利用 $u_-$ 和欧姆定律,求出电流 $i_1$

$$i_1 = \frac{u_I - u_-}{R_1} = \frac{u_I}{R_1}$$

第四步,利用反相端虚断特性 $i_- = 0$,求出反馈电流 $i_F$

$$i_F = i_1 = \frac{u_I}{R_1}$$

第五步,利用 KVL,由反馈电路的特性和 $u_-$ 确定输出电压 $u_O$

$$u_O = u_- - R_F i_F = -\frac{R_F}{R_1} u_I \tag{7-3-1}$$

第六步,分析前仅仅根据必要条件初步判断运算放大器工作在线性区,这是不严谨的,必须对线性假设进行检验。

检验运算放大器是否工作在线性区的方法是检查输出电压是否在正、负最大输出电压之间。如果分析的结果是输出电压落在区间 $(-U_{om}, +U_{om})$,说明线性的判断正确,上述分析有效。

如果分析的结果是输出电压 $u_O \leqslant -U_{om}$,说明运算放大器实际上是工作在负饱和区,上述分析结果无效,需要用运算放大器负饱和区等效电路重新分析。

如果分析的结果是输出电压 $u_O \geqslant +U_{om}$,说明运算放大器实际上是工作在正饱和区。上述分析结果也无效,需要用运算放大器正饱和区等效电路重新分析。

反相比例运算电路的特点:

(1) 输出电压与输入电压的比值是一个负常数,由式(7-3-1)可见,整个电路闭环电压放大倍数为

$$A_{uf} = \frac{u_O}{u_I} = -\frac{R_F}{R_1} \tag{7-3-2}$$

输入、输出电压相位相反,所以称为反相比例运算器。

（2）电路的闭环电压放大倍数只与 $R_1$ 和 $R_F$ 有关，与开环放大倍数无关。

（3）当 $R_F = R_1$ 时，$A_{uf} = -1$，此时的运算电路称为反相器。

（4）闭环放大倍数 $A_{uf}$ 与 $R_2$（平衡电阻）无关。

（5）电路中两个输入端的电位均是 0，输入端共模成分少，因此，对运算放大器的共模抑制要求不高。

电路中同相输入端通过电阻 $R_2$ 接地，是为了消除静态基极电流对输出电压的影响，选择 $R_2$ 使两输入端外接直流通路的等效电阻值相等（$R_2 = R_1 \ /\!/ \ R_F$），这样偏置电流在两个输入端产生相同的电压，不会因偏置电流非零而在两个输入端形成差模电压，所以 $R_2$ 称为平衡电阻。

## 二、同相比例运算电路

同相比例运算电路如图 7-3-2 所示，输入信号 $u_I$，经过电阻 $R_2$ 加在同相输入端与"地"之间，反相输入端经电阻 $R_1$ 接地，电阻 $R_F$ 跨接于反相输入端与输出端之间构成电压串联负反馈。

根据负反馈的存在，初步判断运算放大器工作在线性区，按照线性应用电路的六步分析法进行分析。

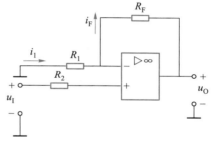

图 7-3-2　同相比例运算电路

第一步，利用同相端虚断特性 $i_+ = 0$，求出同相输入端电压 $u_+$。从电路可知

$$i_+ = 0 \Rightarrow u_+ = u_I。$$

第二步，利用虚短特性 $u_- = u_+$，确定反相输入端电压 $u_-$

$$u_- = u_+ = u_I。$$

第三步，利用 $u_-$ 和欧姆定律，求出电流 $i_1$

$$i_1 = \frac{0 - u_-}{R_1} = -\frac{u_I}{R_1}$$

第四步，利用反相端虚断特性 $i_- = 0$，求出反馈电流 $i_F$

$$i_F = i_1 = -\frac{u_I}{R_1}$$

第五步，根据 KVL，由反馈电路的特性和 $u_-$ 确定输出电压 $u_O$

$$u_O = u_- - R_F i_F = \left( 1 + \frac{R_F}{R_1} \right) u_I \qquad (7 - 3 - 3)$$

第六步，检验输出电压是否在线性范围内。

同相比例运算电路的特点：

（1）输出电压与输入电压的比值为正常数，由式（7-3-3）可见电路的闭环电压放大倍数

$$A_{uf} = \frac{u_O}{u_I} = \left( 1 + \frac{R_F}{R_1} \right) \qquad (7 - 3 - 4)$$

输入、输出同相位,所以称为同相比例运算器。

（2）闭环电压放大倍数仅与 $R_1$ 和 $R_F$ 有关,而与开环放大倍数无关。

（3）若 $R_F = 0$［如图 7-3-3(a)所示］,或 $R_1 = \infty$［如图 7-3-3(b)所示］,或两者同时出现［如图 7-3-3(c)所示］时,$A_{uf} = 1$,输出电压等于输入电压,称为电压跟随器,此时反馈最深。

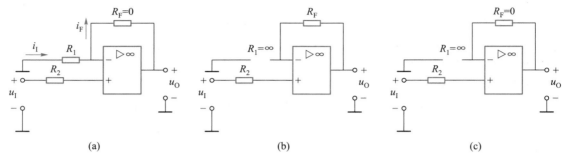

(a)　　　　　　　　(b)　　　　　　　　(c)

图 7-3-3　电压跟随电路

（4）平衡电阻要求 $R_2 = R_1 /\!/ R_F$。

（5）电路中两个输入端的电位均不是 0,输入端存在共模成分,因此,对运算放大器的共模抑制要求高。

如果输入信号 $u_1$ 经过电阻 $R_2$、$R_3$ 分压后加在同相输入端与"地"之间,反相输入端仍然经电阻 $R_1$ 接地,如图 7-3-4 所示,输入输出电压之间的关系为

$$u_O = \left(1 + \frac{R_F}{R_1}\right) u_+ = \left(1 + \frac{R_F}{R_1}\right) \frac{R_3}{R_2 + R_3} u_I \qquad (7-3-5)$$

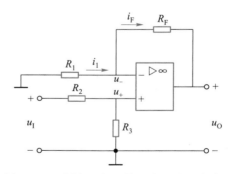

图 7-3-4　同相比例运算电路的另一种接法

### 7.3.2　加法、减法运算电路

**一、反相加法运算**

反相加法运算电路如图 7-3-5 所示,多个输入信号同时加在反相输入端（图示电路含有三个输入信号）,输出电压和输入信号之间的关系构成反相加法运算。

电路中电阻 $R_F$ 构成负反馈,假设运算放大器线性应用,仍采用六步法分析。

第一步,利用同相端虚断特性 $i_+ = 0$,求出同相输入端电压 $u_+$。从电路可知

$$i_+ = 0 \Rightarrow u_+ = 0$$

第二步,利用虚短特性 $u_- = u_+$,确定反相输入端电压 $u_-$

$$u_- = u_+ = 0$$

第三步,利用 $u_-$ 和欧姆定律,求出电流 $i_{11}$、$i_{12}$、$i_{13}$

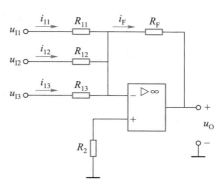

图 7-3-5 反相加法运算电路

$$i_{11} = \frac{u_{11} - u_-}{R_{11}} = \frac{u_{11}}{R_{11}}$$

$$i_{12} = \frac{u_{12} - u_-}{R_{12}} = \frac{u_{12}}{R_{12}}$$

$$i_{13} = \frac{u_{13} - u_-}{R_{13}} = \frac{u_{13}}{R_{13}}$$

第四步,利用反相端虚断特性 $i_- = 0$ 和 KCL,求出反馈电流 $i_F$

$$i_F = i_{11} + i_{12} + i_{13} = \frac{u_{11}}{R_{11}} + \frac{u_{12}}{R_{12}} + \frac{u_{13}}{R_{13}}$$

第五步,根据 KVL,由反馈电路的特性和 $u_-$ 确定输出电压 $u_O$

$$u_O = u_- - R_F i_F = -\left( \frac{R_F}{R_{11}} u_{11} + \frac{R_F}{R_{12}} u_{12} + \frac{R_F}{R_{13}} u_{13} \right) \qquad (7-3-6)$$

如果取 $R_{11} = R_{12} = R_{13} = R_1$,则

$$u_O = -\frac{R_F}{R_1} (u_{11} + u_{12} + u_{13})$$

第六步,检验输出电压是否在线性范围内。

式(7-3-6)表明,输出信号与输入信号的关系是一种反相加权求和的关系。实际使用中,电路的输入信号可以扩充至更多。

为了保证运算放大器的差分输入电路的对称,要求静态时外接等效电阻相等($R_+ = R_-$),应选择平衡电阻 $R_2 = R_{11} /\!/ R_{12} /\!/ R_{13} /\!/ R_F$。

反相加法运算电路中运算放大器两个输入端的电位均为 0,因此输入端共模成分少,对运算放大器的共模抑制要求不高。

实际上,反相加法电路还可以利用叠加定理进行分析,每个输入信号单独激励时的电路都是一个反相比例运算器,利用反相比例运算器的结论也能得到上面分析的结果。但是,对于线性应用的检验,只能在所有信号都加入的情况下进行,每个输入单独激励都满足线性并不能保证输入信号全部加入时仍然线性,反

之,所有输入共同激励时满足线性条件,也并不能保证每个输入单独激励时满足线性条件。

**二、同相加法运算**

同相加法运算电路如图 7-3-6 所示,多个输入信号同时加在运算放大器的同相输入端(图示电路含三个输入信号),反相输入端通过电阻 $R_1$ 接地。输出电压和各输入电压之间的关系就构成同相加法运算。

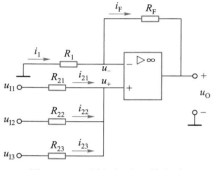

图 7-3-6　同相加法运算电路

电阻 $R_F$ 构成负反馈,可假设运算放大器工作在线性区,仍采用六步法进行分析。

第一步,利用同相输入端虚断特性 $i_+ = 0$ 和 KCL,可得 $i_{21}+i_{22}+i_{23}=0$,即

$$\frac{u_{I1} - u_+}{R_{21}} + \frac{u_{I2} - u_+}{R_{22}} + \frac{u_{I3} - u_+}{R_{23}} = 0$$

从而确定同相输入端电压 $u_+$

$$u_+ = \frac{\dfrac{u_{I1}}{R_{21}} + \dfrac{u_{I2}}{R_{22}} + \dfrac{u_{I3}}{R_{23}}}{\dfrac{1}{R_{21}} + \dfrac{1}{R_{22}} + \dfrac{1}{R_{23}}}$$

第二步,利用虚短特性确定反相输入端电压 $u_-$

$$u_- = u_+ = \frac{\dfrac{u_{I1}}{R_{21}} + \dfrac{u_{I2}}{R_{22}} + \dfrac{u_{I3}}{R_{23}}}{\dfrac{1}{R_{21}} + \dfrac{1}{R_{22}} + \dfrac{1}{R_{23}}}$$

第三步,利用反相输入端电压和欧姆定律求出电流 $i_1$

$$i_1 = -\frac{u_-}{R_1} = -\frac{1}{R_1} \frac{\dfrac{u_{I1}}{R_{21}} + \dfrac{u_{I2}}{R_{22}} + \dfrac{u_{I3}}{R_{23}}}{\dfrac{1}{R_{21}} + \dfrac{1}{R_{22}} + \dfrac{1}{R_{23}}}$$

第四步,利用反相输入端虚断特性 $i_- = 0$ 和 KCL 求出电流 $i_F$

$$i_F = i_1 = -\frac{1}{R_1} \frac{\dfrac{u_{I1}}{R_{21}} + \dfrac{u_{I2}}{R_{22}} + \dfrac{u_{I3}}{R_{23}}}{\dfrac{1}{R_{21}} + \dfrac{1}{R_{22}} + \dfrac{1}{R_{23}}}$$

第五步,由反馈电路的特性和 KVL 确定输出电压 $u_O$

$$u_O = u_- - R_F i_F = \left(1 + \frac{R_F}{R_1}\right) \frac{\dfrac{u_{I1}}{R_{21}} + \dfrac{u_{I2}}{R_{22}} + \dfrac{u_{I3}}{R_{23}}}{\dfrac{1}{R_{21}} + \dfrac{1}{R_{22}} + \dfrac{1}{R_{23}}} \qquad (7-3-7)$$

若使 $R_{21} = R_{22} = R_{23} = R_2$,则

$$u_O = \frac{1}{3}\left(1 + \frac{R_F}{R_1}\right)(u_{I1} + u_{I2} + u_{I3})$$

若进一步取 $R_F = 2R_1$,则有 $u_O = u_{I1} + u_{I2} + u_{I3}$。

第六步,检验输出电压是否在线性范围内。

式(7-3-7)表明,输出信号与输入信号的关系是一种同相加权求和的关系。实际使用中,电路的输入信号可以扩充到四个、五个甚至更多。

为了保证运算放大器的差分输入电路的对称,要求静态时外接等效电阻相等($R_+ = R_-$),即 $R_{21} /\!/ R_{22} /\!/ R_{23} = R_1 /\!/ R_F$。

同相加法电路中,运算放大器的两个输入端都具有非零电压,因此电路中包含共模输入成分,对运算放大器的共模抑制要求高。

与反相加法电路一样,也可以使用叠加定理分析同相加法运算电路。

**三、减法运算电路**

若在运算放大器的两个输入端分别输入两个对地信号为 $u_{I1}$ 和 $u_{I2}$,如图 7-3-7 所示,可实现减法运算。

电路输出与输入关系同样可以用前面介绍的六步法进行分析(读者可以自己试着分析)。也可以用叠加定理求解,具体步骤如下:

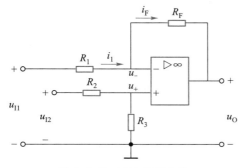

图 7-3-7 减法运算电路

313

第一步，$u_{I1}$ 单独作用时，$u_{I2}$ 短接置零。此时电路相当于反相比例运算，这时 $R_2 \parallel R_3$ 相当于平衡电阻，由式(7-3-1)可得

$$u_O' = -\frac{R_F}{R_1}u_{I1}$$

第二步，$u_{I2}$ 单独作用时，$u_{I1}$ 短接置零。此时电路相当于同相比例运算，由式(7-3-3)可得

$$u_O'' = \left(1 + \frac{R_F}{R_1}\right)\frac{R_3}{R_2 + R_3}u_{I2}$$

应用叠加定理得

$$u_O = u_O' + u_O'' = \left(1 + \frac{R_F}{R_1}\right)\frac{R_3}{R_2 + R_3}u_{I2} - \frac{R_F}{R_1}u_{I1} \qquad (7-3-8)$$

第三步，检验叠加后的输出电压是否在线性范围内。如果在线性范围内，则电路实现了加权减法运算。当 $R_1 = R_2$ 且 $R_3 = R_F$ 时

$$u_O = \frac{R_F}{R_1}(u_{I2} - u_{I1})$$

若取 $R_1 = R_2 = R_3 = R_F$ 时，则

$$u_O = u_{I2} - u_{I1}$$

**例 7-3-1**　某理想运算放大电路及其参数如图 7-3-8 所示，求输出电压 $u_O$。

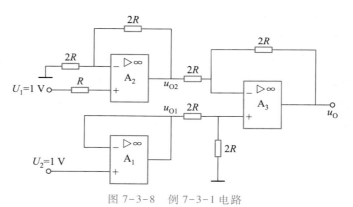

图 7-3-8　例 7-3-1 电路

**解**：运算放大器 $A_1$ 构成电压跟随器，所以

$$u_{O1} = U_2 = 1 \text{ V}$$

运算放大器 $A_2$ 构成同相比例运算，由式(7-3-3)可得

$$u_{O2} = \left(1 + \frac{2R}{2R}\right)U_1 = 2 \text{ V}$$

运算放大器 $A_3$ 构成减法运算,由式(7-3-8)可得

$$u_O = \left(1 + \frac{2R}{2R}\right)\frac{2R}{2R + 2R}u_{O1} - \frac{2R}{2R}U_{O2} = u_{O1} - u_{O2} = -1 \text{ V}$$

所有运算放大器的输出电压都在线性范围内。

### 7.3.3 微分、积分运算电路

#### 一、微分电路

将反相比例运算电路中的电阻 $R_1$ 换成电容 $C$,可构成微分运算电路,如图 7-3-9 所示。

电路的分析仍然可以采用六步法进行。

第一步,利用同相输入端的虚断特性 $i_+ = 0$,求出同相输入端电压 $u_+ = 0$ V。

第二步,利用虚短特性 $u_+ = u_-$,确定反相输入端电压 $u_- = u_+ = 0$ V。

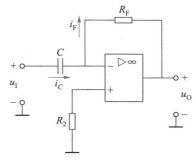

图 7-3-9 微分运算电路

第三步,利用电容的特性求出电流 $i_C$

$$i_C = C\frac{\mathrm{d}u_C}{\mathrm{d}t} = C\frac{\mathrm{d}(u_I - u_-)}{\mathrm{d}t} = C\frac{\mathrm{d}u_I}{\mathrm{d}t}$$

第四步,利用反相输入端的虚断特性 $i_- = 0$,求出电流 $i_F = i_C$。

第五步,由反馈电路的特性和 KCL 确定输出电压

$$u_O = u_- - R_F i_F = -R_F C\frac{\mathrm{d}u_I}{\mathrm{d}t} \qquad (7-3-9)$$

式中,$R_F C$ 为微分常数,输出电压正比于输入电压对时间的微分,负号表示电路实现反相功能,故称反相微分运算电路。

第六步,检验输出电压是否在线性范围内。

当输入信号为快速变化的阶跃电压时,如图 7-3-10(a)所示,输出电压将得到一个尖脉冲电压,如图 7-3-10(b)所示,实现了信号状态改变时刻的提取(输出一个尖脉冲),用于系统的定时触发。但是,由于该电路容易受外来高频信号干扰,一般不能直接使用。实际使用中为了防止电容对干扰直接耦合,常常与电容串联一个小阻值的电阻元件,相应电路的分析留给读者自行完成。

#### 二、积分运算电路

将反相比例运算电路中的反馈电阻 $R_F$ 换成电容 $C_F$,可构成积分运算电路,如图 7-3-11 所示。用六步分析法分析电路的输出与输入的关系如下。

第一步,利用同相输入端的虚断特性 $i_+ = 0$,求出同相输入端电压 $u_+ = 0$。

第二步,利用虚短特性 $u_+ = u_-$,确定反相输入端电压 $u_- = u_+ = 0$。

第三步,利用欧姆定律求出电流 $i_1 = \dfrac{u_1 - u_-}{R_1} = \dfrac{u_1}{R_1}$。

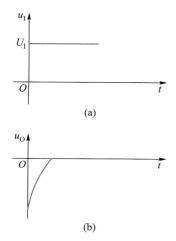

$$u_I$$

$$U_I$$

$$O \qquad\qquad t$$

(a)

$$u_O$$

$$O \qquad\qquad t$$

(b)

图 7-3-10  微分运算电路的阶跃响应

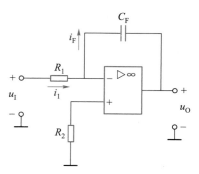

图 7-3-11  积分运算电路

第四步,利用反相输入端虚断特性 $i_- = 0$,求出反馈电容的电流 $i_F = i_1 = \dfrac{u_I}{R_1}$。

第五步,根据反馈电路特性和 KVL 确定输出电压

$$u_O = u_- - \frac{1}{C_F}\int i_F \mathrm{d}t = -\frac{1}{R_1 C_F}\int u_1 \mathrm{d}t \qquad (7-3-10)$$

第六步,检验输出电压是否在线性范围内。

上式说明,输出电压与输入电压的积分成正比。式中 $R_1 C_F$ 是积分常数,负号表示反相,故称为反相积分电路。若输入信号为直流电压 $U_I$,则

$$u_O = -\frac{U_I}{R_1 C_F}t$$

此时,输出电压与时间 $t$ 具有线性关系,输出电压将随时间的增加而线性变化。图 7-3-12 给出了 $u_1$ 为正向阶跃电压时积分运算电路的输出电压波形。由图 7-3-12(b) 可知,$u_O$ 开始阶段线性下降,但当积分时间足够长时,$u_O$ 达到集成运算放大器输出负饱和值 $(-U_{om})$,此时电容 $C$ 不会再充电,相当于断开,运算放大器负反馈不复存在,这时运算放大器已离开线性区而进入非线性区工作。所以电路的积分关系是只在运算放大器线性工作区内有效。

若此时去掉输入信号 $(u_1 = 0)$,由于电容无放电回路,输出电压 $u_O$ 维持在 $-U_{om}$。当 $u_1$ 变为负值时,电容将反向放电,输出电压从 $-U_{om}$ 开始增加。

**例 7-3-2**  电路如图 7-3-13 所示,试求 $u_O$ 与 $u_{I1}$、$u_{I2}$ 的关系式。

**解**:第一步,利用同相端虚断特性求出同相输入端电压

$$\frac{u_{I2} - u_+}{R} = C\frac{\mathrm{d}u_+}{\mathrm{d}t}$$

$$u_+ = u_{I2} - RC\frac{\mathrm{d}u_+}{\mathrm{d}t}$$

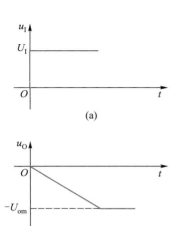

图 7-3-12　积分运算电路的输出电压波形

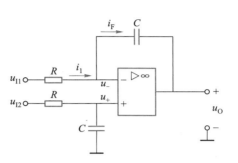

图 7-3-13　例 7-3-2 电路

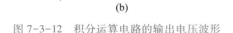

第二步,利用虚短特性确定反相输入端电压

$$u_- = u_+ = u_{I2} - RC\frac{\mathrm{d}u_+}{\mathrm{d}t}$$

第三步,利用欧姆定律求电流 $i_1$

$$i_1 = \frac{u_{I1} - u_-}{R} = \frac{u_{I1} - u_{I2}}{R} + C\frac{\mathrm{d}u_+}{\mathrm{d}t}$$

第四步,根据反相端虚断特性和 KCL 求反馈电流

$$i_F = i_1 = \frac{u_{I1} - u_{I2}}{R} + C\frac{\mathrm{d}u_+}{\mathrm{d}t}$$

第五步,根据反馈电路特性和 KVL 确定输出电压

$$u_O = u_- - \frac{1}{C}\int i_F \mathrm{d}t = u_- - \frac{1}{RC}\int(u_{I1} - u_{I2})\mathrm{d}t - u_+ = \frac{1}{RC}\int(u_{I2} - u_{I1})\mathrm{d}t$$

第六步,检验输出电压是否在线性范围内。

**例 7-3-3**　分析图 7-3-14 所示运算放大器应用电路中,输出电压与输入电压的关系。

**解:** 这个电路中存在两级反馈,将输出电压 $u_O$ 当作运算放大器 $A_1$ 的一个输入,实现减法运算,由式(7-3-8)可得

$$u_{O1} = \left(1 + \frac{R_F}{R_1}\right)\frac{R_1}{R_1 + R_F}u_O - \frac{R_F}{R_1}u_I = u_O - \frac{R_F}{R_1}u_I$$

而运算放大器 $A_2$ 构成同相积分电路,其中 $u_O = u_+ = u_- = u_C$。

$$i_C = C\frac{\mathrm{d}u_C}{\mathrm{d}t} = C\frac{\mathrm{d}u_O}{\mathrm{d}t} = \frac{u_{O1} - u_C}{R} = \frac{u_{O1} - u_O}{R}$$

$$RC\frac{\mathrm{d}u_O}{\mathrm{d}t} + u_O = u_{O1} = u_O - \frac{R_F}{R_1}u_I$$

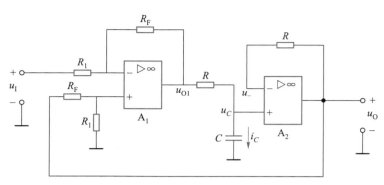

图 7-3-14 例 7-3-3 电路

$$\frac{\mathrm{d}u_0}{\mathrm{d}t} = -\frac{R_F}{RR_1C}u_I$$

$$u_0 = -\frac{R_F}{RR_1C}\int u_I\mathrm{d}t$$

## 7.3.4 有源滤波器

滤波器实质上是一种选频电路,当有用频率的信号通过滤波器时,衰减很小,信号能顺利通过;而当无用频率的信号通过滤波器时,衰减很大,信号不能通过。通常称允许通过的信号频率范围为通频带,不能通过的信号频率范围为阻频带。通频带和阻频带的界限频率称为截止频率。构成滤波器的电路多种多样,用集成运算放大器可以构成各种滤波器,由于运算放大器是一种有源元件,所以将由运算放大器构成的滤波器称为有源滤波器。

有源滤波器按功能可以分为低通滤波器、高通滤波器和带通滤波器。低通滤波器允许通过低频信号,抑制频率高于截止频率 $f_0$ 的高频信号。高通滤波器允许通过高频信号,抑制频率低于截止频率 $f_0$ 的低频信号。带通滤波器允许通过某一段频带内的信号,而比通频带下限频率 $f_L$ 低和比通频带上限频率 $f_H$ 高的信号都被衰减。

### 一、低通滤波器

低通滤波器电路如图 7-3-15(a)所示。由 $RC$ 网络可得

$$\dot{U}_C = \dot{U}_+ = \frac{\dot{U}_i}{R + \frac{1}{\mathrm{j}2\pi fC}} \cdot \frac{1}{\mathrm{j}2\pi fC} = \frac{\dot{U}_i}{1 + \mathrm{j}2\pi fRC}$$

由同相比例运算电路知

$$\dot{U}_o = \left(1 + \frac{R_F}{R_1}\right)\dot{U}_+ = \left(1 + \frac{R_F}{R_1}\right) \cdot \frac{\dot{U}_i}{1 + \mathrm{j}2\pi fRC}$$

故

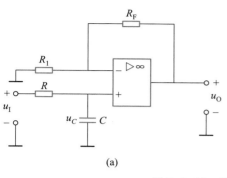

(a)

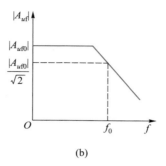

(b)

图 7-3-15 低通滤波器

$$A_{uf} = \frac{\dot{U}_o}{\dot{U}_i} = \frac{1 + \dfrac{R_F}{R_1}}{1 + j2\pi fRC} = \frac{1 + \dfrac{R_F}{R_1}}{1 + j\dfrac{f}{f_0}} \qquad (7-3-11)$$

式中，$f_0 = \dfrac{1}{2\pi RC}$ 称为截止频率，有时也用截止角频率 $\omega_0 = \dfrac{1}{RC}$ 表示。幅频特性

$$|A_{uf}| = \left|\frac{\dot{U}_o}{\dot{U}_i}\right| = \left(1 + \frac{R_F}{R_1}\right)\frac{1}{\sqrt{1 + \left(\dfrac{f}{f_0}\right)^2}} \qquad (7-3-12)$$

当信号频率 $f=0$（即直流电路）时，$|A_{uf0}| = 1 + \dfrac{R_F}{R_1}$，滤波器相当于一个同相输

入比例运算，输出电压最大。当 $f=f_0$ 时，$|A_{uf}| = \dfrac{1}{\sqrt{2}}|A_{uf0}|$，此时输出电压为最

大值的 0.707 倍。当 $f>f_0$ 时，电容容抗随频率的增加越来越小，输出电压也越来

越小，其幅频特性如图 7-3-15(b)所示，实现低通滤波功能。

**二、高通滤波器**

高通滤波器如图 7-3-16(a)所示，其电压放大倍数为

$$A_{uf} = \frac{\dot{U}_o}{\dot{U}_i} = -\frac{R_F}{R + \dfrac{1}{j2\pi fC}} = -\frac{\dfrac{R_F}{R}}{1 - j\dfrac{f_0}{f}} \qquad (7-3-13)$$

式中，$f_0 = \dfrac{1}{2\pi RC}$ 称为截止频率，有时也用截止角频率 $\omega_0 = \dfrac{1}{RC}$ 表示。电路的幅频

特性为

319

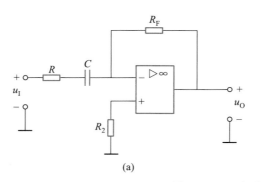
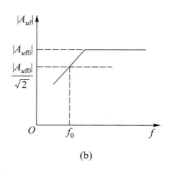

(a) 　　　　　　　　　　　(b)

图 7-3-16　高通滤波器

$$|A_{uf}| = \left|\frac{\dot{U}_o}{\dot{U}_i}\right| = \frac{\dfrac{R_F}{R}}{\sqrt{1+\left(\dfrac{f_0}{f}\right)^2}} \qquad (7-3-14)$$

当信号频率时 $f=\infty$ 时，$|A_{uf0}| = \dfrac{R_F}{R_1}$，输出电压最大。当 $f=f_0$ 时，$|A_{uf}| = \dfrac{|A_{uf0}|}{\sqrt{2}}$，此时输出电压为最大值的 0.707 倍。当 $f<f_0$ 时，输出电压也越来越小，其幅频特性如图 7-3-16(b)所示，实现高通滤波功能。

利用运算放大器和高阶 $RLC$ 电路组合，可以构成各种高阶有源滤波电路。必须注意的是，由于运算放大器自身的频率范围有限，所以构造高通滤波或宽带带通滤波电路时，滤波器的性能受到运算放大器最高工作频率的限制。

## 7.4　集成运算放大器的非线性应用

当集成运算放大器处于开环或加有正反馈时，由于集成运算放大器的开环放大倍数 $A_{uo}$ 很高，只要输入很小电压，输出电压 $u_O$ 就会达到饱和值（接近集成运算放大器的正、负电源电压值），例如，若开环放大倍数 $A_{uo}$ 为 $10^5$，电源电压±15 V，那么输入信号电压只要达到 $15\text{ V}/10^5 = 0.15\text{ mV}$，运算放大器就进入饱和。

当净输入电压($u_+-u_-$)>0 时，输出电压 $u_O$ 为正饱和值；当净输入电压($u_+-u_-$)<0 时，输出电压 $u_O$ 为负饱和值。此时集成运算放大器的输入和输出电压之间不存在线性关系，集成运算放大器在这种状态下的应用称为非线性应用。

### 7.4.1　比较器

比较器是对输入信号进行鉴别和比较的电路，视输入信号是否大于给定参考值来决定输出状态，在测量、控制以及各种非正弦波发生器等电路中得到广泛应用。比较器也是运算放大器工作于非线性区的最基本电路。

### 一、带参考电压的比较器

电路如图 7-4-1(a)所示,比较器的作用是将输入信号电压 $u_I$ 与参考电压 $U_R$ 的大小进行比较,比较结果用输出电压的正、负极性来分辨。信号 $u_I$ 加在开环运算放大器的反相端,参考电压 $U_R$ 加在同相端。由于运算放大器开环放大倍数 $A_{uo}$ 很高,只要 $u_I$ 稍大于 $U_R$,即输出负饱和电压 $-U_{om}$;相反,只要 $u_I$ 稍小于 $U_R$,则输出正饱和电压 $+U_{om}$,比较器的灵敏度很高。图 7-4-1(b)是比较器的电压传输特性,$u_I$ 和 $u_O$ 的坐标均以伏特为单位时,理想运算放大器开环放大倍数为无穷大,比较器电压传输特性是跃变的。

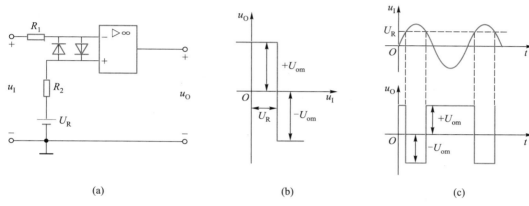

$$(a) \qquad\qquad (b) \qquad\qquad (c)$$

图 7-4-1　带参考电压的比较器

运算放大器作比较器用时,要在两输入端间接入两个互为反向的并联二极管作限幅保护,以防止 $u_I$ 与 $U_R$ 差值太大超过运算放大器的最大差模输入电压。为配合二极管工作,还需同时串入两个限流电阻 $R_1$ 和 $R_2$。由于比较器灵敏度是微伏数量级,硅二极管死区电压为 0.5 V,故正常工作时二极管无电流,$R_1$ 和 $R_2$ 亦无电流,不影响电压的传递。当 $u_I$ 与 $U_R$ 差值超过 0.5 V 时,运算放大器两输入端间的电压限制在 0.5 V 以内。为简化电路图,以后出现的比较器电路均省略保护环节。图 7-4-1(a)中,信号加在反相端,称反相比较器。若信号加在同相端,参考电压加在反相端,则称同相比较器。

当输入信号 $u_I$ 是正弦波时,比较器输出波形如图 7-4-1(c)所示,实现了信号的波形转换,由于存在参考电压,输出正、负脉冲的宽度不相等,调节参考电压可以改变输出脉冲的占空比(即正脉冲占一周期比例)。

### 二、过零比较器

参考电压 $U_R = 0$ 时的比较器称为过零比较器,图 7-4-2(a)是反相过零比较器电路,信号 $u_I$ 接在运算放大器反相端。图 7-4-2(b)是其电压传输特性,图 7-4-2(c)是输入信号为正弦波时输出电压 $u_O$ 的波形。每当输入信号穿过零值,过零比较器输出状态改变一次,因此过零比较器常用于信号的正、负值检测。过零比较器也可以在同相端输入信号,这样图 7-4-2(b)中的电压传输特性曲线将左右翻转。

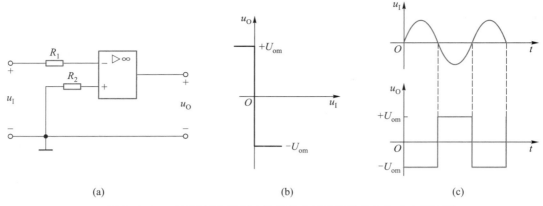

(a)　　　　　　　　　　(b)　　　　　　　　　　(c)

图 7-4-2　反相过零比较器电路及其电压传输特性和输出电压波形

### 三、滞回比较器[施密特(Schmidt)触发器]

上述两种比较器在电压传输特性的转折处,如果输入信号受到干扰使得 $u_I$ 在参考电压数值附近反复波动,由于比较器的灵敏度很高,比较器输出值将出现反复跳转现象,电路不能正常工作。

为了防止这种现象的发生,需要对比较器的电压传输特性进行修正,使其具有一定的容差能力,将比较器输出状态的两个跳转处设置在不同的参考电压。图 7-4-3(a)所示电路利用正反馈实现这一转变,将输出电压通过电阻 $R_F$ 反馈到同相输入端,这时比较器的输入-输出特性曲线具有滞迟回线形状,如图 7-4-3(b)所示,这种比较器称为滞回比较器[又称施密特(Schmidt)触发器]。

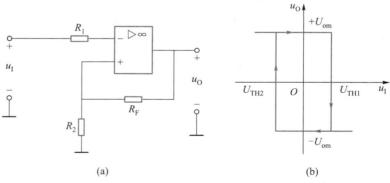

(a)　　　　　　　　　　(b)

图 7-4-3　反相输入滞回比较器

在图 7-4-3(a)所示电路中,输入信号加在反相输入端,输出电压经反馈电阻 $R_F$ 送到比较器的同相输入端。当输出电压发生变化时,正反馈迫使同相输入端的电位随之变化,反馈电压 $u_F = u_+ = \dfrac{R_2}{R_F + R_2} u_O$。

如果比较器当前输出电压 $u_O = +U_{om}$(正饱和),要使 $u_O$ 变为 $-U_{om}$(由正饱和转变为负饱和),必须使

322

$$u_{\mathrm{I}} > u_{+} = \frac{R_2}{R_{\mathrm{F}} + R_2} U_{\mathrm{om}} = U_{\mathrm{TH1}} \qquad (7-4-1)$$

如果比较器当前输出电压 $u_{\mathrm{O}} = -U_{\mathrm{om}}$(负饱和),要使 $u_{\mathrm{O}}$ 变为 $+U_{\mathrm{om}}$(由负饱和转变为正饱和),必须使

$$u_{\mathrm{I}} < u_{+} = \frac{R_2}{R_{\mathrm{F}} + R_2}(-U_{\mathrm{om}}) = U_{\mathrm{TH2}} \qquad (7-4-2)$$

在图 7-4-3(b)中,$U_{\mathrm{TH1}}$ 称为上阈值电压(或上门限电压),即 $u_{\mathrm{I}} > U_{\mathrm{TH1}}$ 后,$u_{\mathrm{O}}$ 从 $+U_{\mathrm{om}}$ 变为 $-U_{\mathrm{om}}$;$U_{\mathrm{TH2}}$ 称为下阈值电压(或下门限电压),即 $u_{\mathrm{I}} < U_{\mathrm{TH2}}$ 后,$u_{\mathrm{O}}$ 从 $-U_{\mathrm{om}}$ 变为 $+U_{\mathrm{om}}$;两者之差($U_{\mathrm{TH1}} - U_{\mathrm{TH2}}$)称为回差。

当输入信号超过上门限电平时,滞回比较器就会翻转到输出低电平,这时,即使由于干扰而出现波动使输入信号小于上门限电平,但只要不低于下门限电平,则输出信号仍然会保持而不发生错误的翻转。同理,在下门限附近也是如此。由此可见,滞回比较器有较强的抗干扰能力。

滞回比较器也可以设计成信号接在同相输入端的形式,读者可作为练习完成相应电路的构造和分析。

**四、限幅比较器**

比较器的后接电路有时并不希望比较器输出值高达 $\pm U_{\mathrm{om}}$,或者希望比较器输出电压稳定在某一个数值,这时可以用稳压二极管限幅,如图 7-4-4(a)、(b)所示。

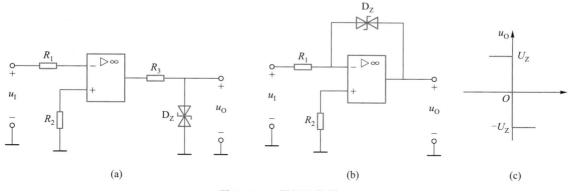

图 7-4-4 限幅比较器

图 7-4-4(a)所示电路中,$D_{\mathrm{Z}}$ 是双向稳压二极管(相当于两个稳压二极管反极性串联),$R_3$ 为限流电阻,当输入电压不等于零时,运算放大器的输出总能使双向稳压二极管中的其中一个处于稳压状态(稳压值为 $U_{\mathrm{Z}}$),另一个处于正向导通状态(导通电压为 $U_{\mathrm{D}}$),输出电压 $u_{\mathrm{O}}$ 被限制在 $\pm(U_{\mathrm{D}} + U_{\mathrm{Z}})$ 上,其传输特性如图 7-4-4(c)所示(图中忽略了导通电压 $U_{\mathrm{D}}$)。

图 7-4-4(b)所示电路中,双向稳压二极管跨接于输出与反相输入端之间,$R_1$ 为限流电阻,当输入电压不等于零时,由于运算放大器的反相输入端是虚地

点,运算放大器的输出电压总是大于双向稳压二极管中的其中一个的稳压值 $U_Z$,而使之处于稳压状态,该电路具有负反馈,使运算放大器不能进入饱和区而停留在线性区边界工作。此时,输出电压被稳压二极管限制在 $\pm U_Z$ 上,其传输特性如图 7-4-4(c)所示。注意,这种电路结构只适用于同相输入端接地的情况。

### 7.4.2　采样保持电路

根据抽样定理,只要对连续的模拟量在足够多的离散时间点上获取样本(并量化成数字量),就能完全保持信息,也就是说,由这些离散点的样本值就能完全恢复原信号。随着数字技术的发展,在计算机实时控制和非电量的测量系统中,通常将模拟量转换为数字量来处理。为将随时间连续变化的模拟量转换为数字量,首先需要对连续变化的模拟量进行跟踪采样,并将采集到的量值保持一定的时间,以便在此时间内完成模拟量到数字量的转换,这就是采样保持电路的功能。

基本的采样保持电路如图 7-4-5(a)所示。场效应管在此作为电子开关使用。

当控制端为低电平时,场效应管处于导通状态,$u_I$ 通过 $R_1$ 和场效应管向电容 $C$ 充电,如果忽略场效应管的漏源电压,则输出电压 $u_O$ 等于电容两端的电压(该电路中运算放大器的反相输入端为虚地点),它跟随输入模拟信号电压 $u_I$ 的变化而变化,此阶段称为采样阶段。

当控制端为高电平时,场效应管截止,电容 $C$ 上的电压因为没有放电回路而得以保持,该阶段称为保持阶段。采样保持电路的工作波形如图 7-4-5(b)所示。

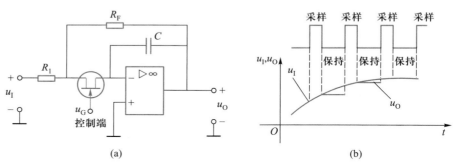

图 7-4-5　基本采样保持电路

## 7.5　模拟集成功率放大器及其应用

集成功率放大器是把功率放大电路的主要元件集成在一块半导体芯片上的器件,具有体积小、外围元件少、性能稳定、易于安装和调试等优点,广泛应用于现代音频电路、视频电路和自动控制电路中。自 1967 年第一块音频功率放大器集成电路问世以来,在短短几十年的时间内,其发展速度和应用是惊人的。目前约 95% 以上的音响设备上的音频功率放大器都采用了集成电路。据统计,音频功率放大器集成电路的产品品种已超过 300 种。从输出功率容量来看,已从不到 1 W 的小功率放大器,发展到 10 W 以上的中功率放大器,直到 25 W 以上的厚膜集成功率放大器。从电路的结构来看,已从单声道的单路输出集成功率放大器发展到双声道立体声的二重双路输出集成功率放大器。从电路的功能来看,已从一般的 OTL 功率放大器集成电路发展到具有过压保护电路、过热保护电路、负载短路保护电路、电源浪涌过冲电压保护电路、静噪声抑制电路、电子滤波电路等功能更强的集成功率放大器。

本节以 LM386 集成功率放大器为例,简要介绍其内部电路结构和外部引脚功能,并给出几种典型应用电路。

## 7.5.1 LM386 集成功率放大器

LM386 是美国国家半导体公司出品的一款音频集成功率放大器,具有自身功耗低、电压增益可调整、电源电压范围大、外接元件少和总谐波失真小等优点,广泛应用于录音机和收音机之中。

### 一、LM386 的内部电路

LM386 内部电路原理图如图 7-5-1 所示,如点画线所划分,它是一个三级放大电路。第一级为差分放大电路,$T_1$ 和 $T_2$、$T_3$ 和 $T_4$ 分别构成复合管,作为差分放大电路的放大管,$T_5$ 和 $T_6$ 组成镜像电流源作为 $T_1$ 和 $T_3$ 的有源负载。信号从 $T_2$ 和 $T_4$ 管的基极输入,从 $T_3$ 管的集电极输出,为双端输入单端输出差分放大电路。

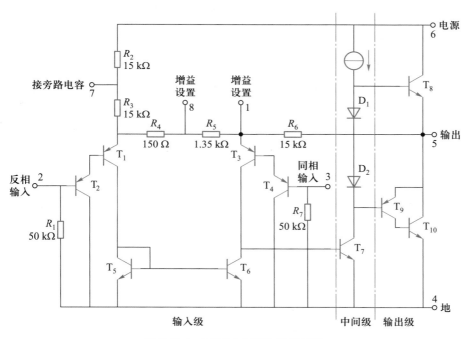

图 7-5-1 LM386 内部电路原理图

第二级为共射放大电路,$T_7$ 为放大管,恒流源作有源负载,以增大放大倍数。
第三级中的 $T_9$ 和 $T_{10}$ 管复合成 PNP 型管,与 $T_8$ 构成准互补输出级。二极管

$D_1$ 和 $D_2$ 为输出级提供合适的偏置电压,消除交越失真。利用瞬时极性法可以判断出,引脚 2 为反相输入端,引脚 3 为同相输入端。电路由单电源供电,故为 OTL 电路。输出端(引脚 5)应外接输出电容后再接负载。电阻 $R_6$ 从输出端连接到 $T_3$ 的发射极,形成反馈通路,并与 $R_4$ 和 $R_5$ 构成反馈网络,从而引入了深度电压串联负反馈,使整个电路具有稳定的电压增益。

**二、LM386 的外部引脚及特点**

LM386 采用 8 脚 DIP(dual in-line package,双列直插式)封装,引脚排列如图 7-5-2 所示,引脚 2 为反相输入端,引脚 3 为同相输入端,引脚 5 为输出端,引脚 6 和 4 分别为电源和地,引脚 1 和 8 为电压增益设定端,使用时在引脚 7 和地之间接一个旁路电容,该电容通常取 10 μF。

集成功率放大器克服了晶体管分立元件功率放大器的诸多缺点,性能优良,保真度高,稳定可靠,而且所用外围元件少,结构简单,调试非常方便。

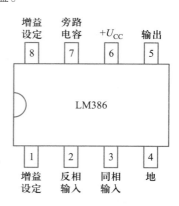

图 7-5-2　LM386 的引脚排列

LM386 的工作电源电压范围大(4~12 V),使用灵活方便,是具有足够输出功率的通用集成功率放大器,如果在引脚 1 和 8 之间,用 10 μF 电容串入适当电阻,其增益可在 20~200 倍之间自由设定。

LM386 消耗的静态电流约为 4 mA,输入阻抗为 50 kΩ,频带宽度 300 kHz,内部设有过载保护电路。

### 7.5.2　LM386 的典型应用

LM386 组成的最小增益功率放大器如图 7-5-3 所示,当引脚 1 和 8 之间开路时,由于在交流通路中 $T_1$ 管发射极近似为地,$R_4$ 和 $R_5$ 上的动态电压为反馈电压,近似等于同相输入端的输入电压,即为二分之一差模输入电压,于是可写出表达式为

$$\dot{U}_f \approx \dot{U}_4 + \dot{U}_5 \approx \frac{\dot{U}_i}{2}$$

反馈系数

$$F = \frac{\dot{U}_f}{\dot{U}_o} = \frac{R_4 + R_5}{R_4 + R_5 + R_6} \approx \frac{\dot{U}_i}{2\dot{U}_o}$$

$$A_u = \frac{\dot{U}_o}{\dot{U}_i} = 2\left(1 + \frac{R_6}{R_4 + R_5}\right)$$

因为 $R_6 \gg R_4 + R_5$,所以 $A_u = \dfrac{\dot{U}_o}{\dot{U}_i} \approx \dfrac{2R_6}{R_4 + R_5}$,图 7-5-3 是由 LM386 组成的最小增

益功率放大器,总的电压增益为

$$A_u = \frac{2R_6}{R_5 + R_4} = \frac{2 \times 15}{0.15 + 1.35} = 20$$

$C_2$ 是输出电容,将功率放大器的输出交流送到负载上,输入信号通过 $R_P$ 接到 LM386 的同相输入端。$C_1$ 电容是退耦电容,$R_1$-$C_3$ 网络起到消除高频自激振荡的作用。

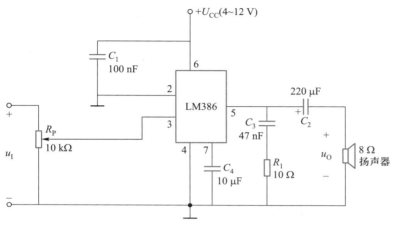

图 7-5-3　LM386 组成的最小增益功率放大器

静态时输出电容上的电压为 $\frac{1}{2}U_{CC}$,LM386 的最大不失真输出电压的峰-峰值约为电源电压 $U_{CC}$。设负载电阻为 $R_L$,最大输出功率表达式为

$$P_{om} = \frac{\left(\dfrac{U_{CC}}{2\sqrt{2}}\right)^2}{R_L} = \frac{U_{CC}^2}{8R_L}$$

若要得到最大增益的功率放大器电路,可采用图 7-5-4 所示电路。在该电路中,LM386 的 1 脚和 8 脚之间接入一个电解电容器,则该电路的电压增益将变得最大

$$A_u = \frac{2R_6}{R_4} = \frac{2 \times 15}{0.15} \text{ k}\Omega = 200$$

电路其他元件的作用与图 7-5-3 作用一样。若要得到任意增益的功率放大器,可采用图 7-5-5 所示电路。该电路的电压增益为

$$A_u = \frac{2R_6}{R_4 + R_5 \; /\!/ \; R_2}$$

改变 $R_2$ 的值,就可以使电路的电压增益在 20~200 之间变化。

实际上,在引脚 1 和 5(即输出端)之间外接电阻也可改变电路的电压放大倍数,设引脚 1 和 5 之间外接电阻为 $R'$,则

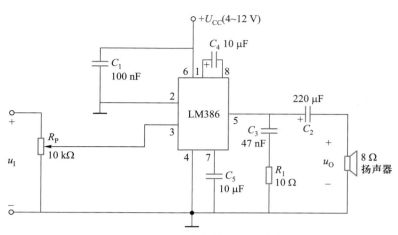

图 7-5-4　LM386 组成的最大增益功率放大器

$$A_u = \frac{2(R_6 /\!\!/ R')}{R_4 + R_5}$$

应当指出,在引脚 1 和 8(或者 1 和 5)之间外接电阻时,应只改变交流通路,所以必须在外接电阻回路中串联一个大容量电容,如图 7-5-5 所示电路中 $C_4$ 和 $R_2$。

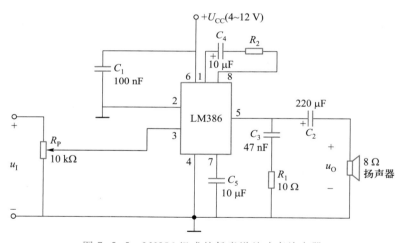

图 7-5-5　LM386 组成的任意增益功率放大器

## 本章主要概念与重要公式

### 一、主要概念

(1) 集成运算放大器由输入级、中间级、输出级、偏置电路和保护电路五部分组成。

(2) 集成运算放大器的理想化条件:

① 开环电压放大倍数 $A_{uo} = \infty$ ;② 输入电阻 $r_{id} = \infty$ ;③ 输出电阻 $r_o = 0$。

（3）工作在线性区的理想运算放大器特征：

① 两个输入端之间虚短；② 两输入端虚断；③ 输出端为受控电压源。

（4）工作在饱和区的理想运算放大器特征：

① 两个输入端之间不再虚短；② 两输入端仍虚断；③ 输出端为理想电压源。

（5）差分放大电路的特点：结构对称，放大差模信号，抑制共模信号，能有效克服电路中的零点漂移。

（6）差分放大电路的输入、输出方式：双端输入、双端输出；双端输入、单端输出；单端输入、单端输出；单端输入、双端输出。

（7）镜像电流源偏置电路：基本镜像电流源电路、威尔逊（Wilson）电流源电路、韦德拉（Widlar）电流源电路。

（8）集成运算放大器线性工作的必要条件：电路中存在负反馈。

（9）分析运算放大器的线性应用电路方法：六步分析法。

（10）集成运算放大器非线性工作的两种模式：开环、正反馈。

## 二、重要公式

（1）差分放大电路双端输出的电压放大倍数

$$A_{d(2)} = \frac{u_{od}}{u_I} = \frac{u_{o1} - u_{o2}}{u_{I1} - u_{I2}} = \frac{2u_{o1}}{2u_{I1}} = A_{d1} = -\beta \frac{R_C}{R_B + r_{be}}$$

（2）差分放大电路单端输出的电压放大倍数

$$A_{d(1)} = \frac{u_{od}}{u_I} = \frac{u_{o1}}{2u_{I1}} = \frac{1}{2} A_{d1} = -\beta \frac{R_C}{2(R_B + r_{be})}$$

（3）反相（比例）加法运算电路

$$u_o = -\left( \frac{R_F}{R_{11}} u_{I1} + \frac{R_F}{R_{12}} u_{I2} + \frac{R_F}{R_{13}} u_{I3} \right)$$

（4）同相（比例）加法运算电路

$$u_O = \left( 1 + \frac{R_F}{R_1} \right) \frac{\dfrac{u_{I1}}{R_{21}} + \dfrac{u_{I2}}{R_{22}} + \dfrac{u_{I3}}{R_{23}}}{\dfrac{1}{R_{21}} + \dfrac{1}{R_{22}} + \dfrac{1}{R_{23}}}$$

（5）反相积分电路

$$u_o = \frac{-1}{R_1 C_F} \int u_I dt$$

（6）反相微分电路

$$u_o = -R_F C \frac{du_I}{dt}$$

（7）同相输入一阶 $RC$ 有源低通滤波器

$$A_{uf} = \frac{\dot{U}_o}{\dot{U}_i} = \frac{1+\dfrac{R_F}{R_1}}{1+\mathrm{j}2\pi fRC} = \frac{1+\dfrac{R_F}{R_1}}{1+\mathrm{j}\dfrac{f}{f_0}}$$

（8）反相输入一阶 $RC$ 有源高通滤波器

$$A_{uf} = \frac{\dot{U}_o}{\dot{U}_i} = -\frac{R_F}{R+\dfrac{1}{\mathrm{j}2\pi fC}} = -\frac{\dfrac{R_F}{R}}{1-\mathrm{j}\dfrac{f_0}{f}}$$

（9）施密特（Schmidt）触发器跃变阈值电平

$$U_{TH1} = \frac{R_2}{R_F+R_2}U_{om} \qquad U_{TH2} = \frac{R_2}{R_F+R_2}(-U_{om})$$

## 思考题与习题

E7-1　理想运算放大器组成如题图 E7-1（a）、（b）所示电路，分别写出各自的输入输出关系式，并画出其电压传输特性曲线。

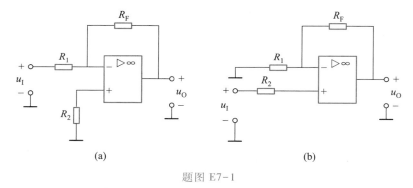

题图 E7-1

E7-2　理想运算放大器组成如题图 E7-2 所示电路，试写出 $(u_o - u_1)$ 的表达式。

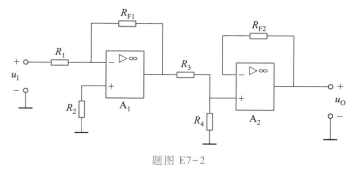

题图 E7-2

E7-3　理想集成运算放大器应用电路如题图 E7-3 所示，已知 $u_{I1}=-0.1\text{ V}$，$u_{I2}=-0.8\text{ V}$，$u_{I3}=0.2\text{ V}$，$R_{I1}=60\text{ k}\Omega$，$R_{I2}=30\text{ k}\Omega$，$R_{I3}=20\text{ k}\Omega$，$R_F=200\text{ k}\Omega$，$\pm U_{OM}=\pm15\text{ V}$。试计算图示电路的输出电压 $u_o$ 及平衡电阻 $R_2$。

330

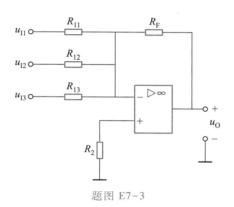

题图 E7-3

E7-4 如题图 E7-4 所示电路中的集成运算放大器满足理想化条件。若 $\dfrac{R_2}{R_1}=\dfrac{R_4}{R_3}$，试证明流过负载电阻 $R_L$ 的电流 $I_L$ 与 $R_L$ 值的大小无关。

（提示：假设运算放大器线性工作，设定负载电流，确定同相端电压，再利用虚短特点确定反相端电压，进而获得输出电压。）

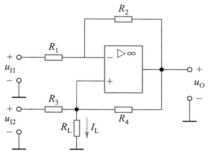

题图 E7-4

E7-5 已知题图 E7-5 所示电路中的集成运算放大器满足理想化条件，试证明其输出电压为 $U_o=2\left(1+\dfrac{1}{A}\right)\dfrac{R_2}{R_1}(u_{I2}-u_{I1})$。

（提示：假设运算放大器线性工作，设定一个输入端电压 $u_+=u_-=u$，利用虚断特点和 $AR_2$ 上下两个节点 KCL 进行分析。）

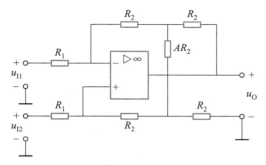

题图 E7-5

E7-6 由理想运算放大器组成增益可以调节的反相比例运算电路如题图 E7-6 所示。已知电路最大输出为 $\pm U_{om} = \pm 15$ V, $R_1 = 100$ kΩ, $R_F = 200$ kΩ, $R_P = 5$ kΩ, $u_I = 2$ V, 问在下述三种情况下, $u_O$ 各为多少伏?

（1）$R_P$ 滑动触头在顶部位置。

（2）$R_P$ 滑动触头在正中位置。

（3）$R_P$ 滑动触头在底部位置。

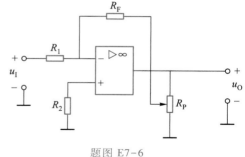

题图 E7-6

E7-7 理想集成运算放大器组成如题图 E7-7 所示电路。试写出输出电压 $u_O = f(u_1, u_2, u_3)$ 的表达式。

E7-8 理想运算放大器组成如题图 E7-8 所示电路, 写出 $u_O = f(u_1, u_2, u_3, u_4)$ 的关系式。

题图 E7-7

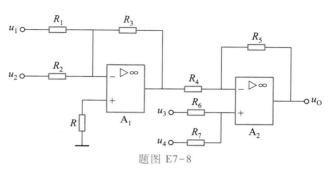

题图 E7-8

E7-9 理想运算放大器组成如题图 E7-9 所示电路。

（1）写出 $u_O = f(u_1)$ 的关系式。（提示：设置 $R_4$ 上端节点电压为中间变量。）

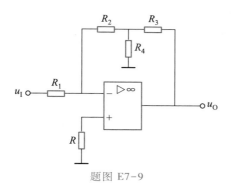

题图 E7-9

（2）若 $R_1 = 20$ kΩ, $R_2 = 200$ kΩ, $R_3 = 20$ kΩ, $R_4 = 10$ kΩ, 电路的闭环增益 $|A_{uf}|$ 值为多大？

E7-10　理想运算放大器组成如题图 E7-10 所示电路, 求输出电压 $u_O$。

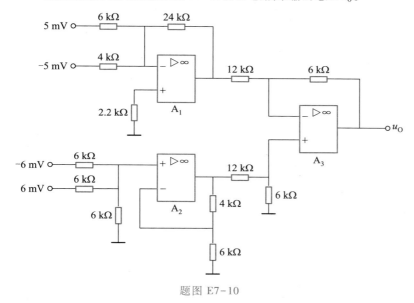

题图 E7-10

E7-11　理想运算放大器组成如题图 E7-11 所示电路, 试导出输入与输出的关系式。

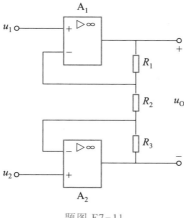

题图 E7-11

E7-12　理想运算放大器组成如题图 E7-12 所示电路,改变可调电阻 $bR_1$,可以调节电路增益。试计算该电路总增益 $A_u = \dfrac{u_O}{u_1 - u_2}$。

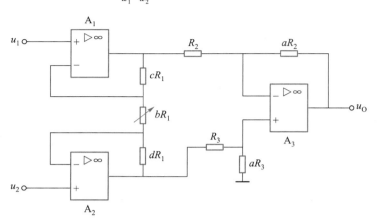

题图 E7-12

E7-13　电路如题图 E7-13 所示,试写出 $u_O = f(u_{I1}, u_{I2})$ 的关系式。

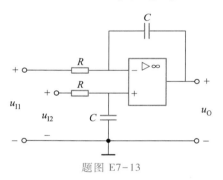

题图 E7-13

E7-14　理想运算放大器组成如题图 E7-14(a) 所示电路,题图 E7-14(b) 为输入电压 $u_1(t)$ 的波形。试写出输入与输出的关系式。如果 $T_1$、$T_2 \gg RC$,定性画出输出电压波形 $u_O(t)$。

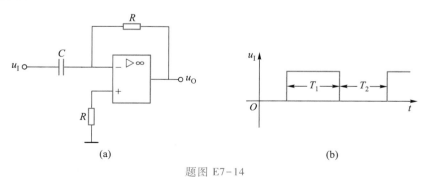

题图 E7-14

E7-15　理想运算放大器组成如题图 E7-15 所示电路,试求输出电压的数学表达式。

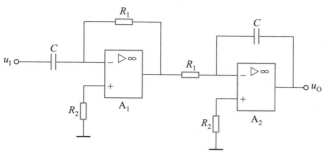

题图 E7-15

E7-16 理想运算放大器组成如题图 E7-16 所示电路，求 $u_0 = f(u_{I1}, u_{I2})$ 的表达式。

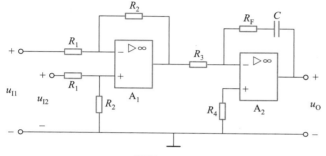

题图 E7-16

E7-17 理想运算放大器组成如题图 E7-17 所示电路，试写出输出与输入的关系式。

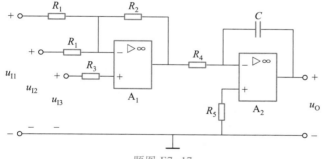

题图 E7-17

E7-18 理想运算放大器组成如题图 E7-18(a) 所示电路。

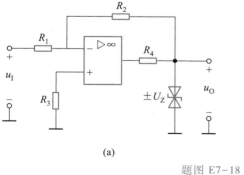

(a)                    (b)

题图 E7-18

335

（1）已知 $R_1 = 20 \text{ k}\Omega$，$R_2 = 50 \text{ k}\Omega$，$\pm U_Z = \pm 10 \text{ V}$，试写出输入输出的关系式并画出输入输出关系曲线。

（2）若要实现题图 E7-18（b）所示电压传输特性，电路应如何改动，画出相应的电路图，并标明元件参数。

E7-19　理想运算放大器组成如题图 E7-19（a）所示电路，已知 $R_1 = 20 \text{ k}\Omega$，$R_3 = 2 \text{ k}\Omega$，$R_4 = 8 \text{ k}\Omega$，$\pm U_{Z1} = \pm 6 \text{ V}$，$\pm U_{Z2} = \pm 10 \text{ V}$。题图 E7-19（b）为输入电压波形。试说明运算放大器 $A_1$、$A_2$ 构成何种电路，并画出 $u_{O1}$、$u_{O2}$ 的波形。

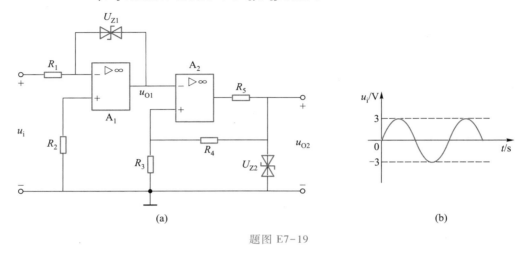

(a)　　　　　　　　　　　　　　　　　(b)

题图 E7-19

E7-20　理想运算放大器组成如题图 E7-20 所示的监控报警装置，$u_I$ 是监控信号，$U_R$ 是参考电压。当监控信号 $u_I$ 超过正常值时，报警灯亮，试说明其工作原理。二极管 D 和电阻 $R_3$ 在此起何作用？

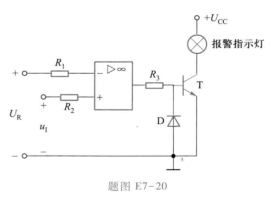

题图 E7-20

336

# 第8章 信号产生电路

在自动化设备和系统中,经常需要进行性能的测试和信息的传送,这些都离不开一定的波形作为测试和传送的依据。通信领域中,也必须产生特定波形的信号,作为系统的载波、触发、扫描或时钟等。模拟电子系统中,常用的波形有正弦波、矩形波(方波)和锯齿波。这些波形的产生,常常要使用反馈电路。第 6 章已经介绍了负反馈放大电路,引入负反馈可以改善放大器的性能指标,但如果反馈引入不当也会造成一些不良影响,甚至可能产生自激振荡,破坏放大器的正常工作。自激振荡对于反馈放大器来说是一件坏事。但是,它在无输入信号的情况下却有信号输出,这种特性若能加以利用,可以构成一种全新的电子电路——振荡电路。振荡电路是通过自激方式把直流电源能量转换为按一定规律变化的电压(如正弦波、矩形波和锯齿波等)的一种电子线路——信号产生电路。

日常生活中振荡的现象很常见,振荡电路的应用也十分普遍,如电子钟,一般使用 1.5 V 直流干电池提供能源,由振荡电路产生频率精确的方波,驱动步进电机,电机再带动指针转动。事实上,振荡电路在电子学领域内有着广泛的用途。无线电技术发展的初期,它就在发射机(如电台)中用来产生高频载波电压,发射信号;在超外差接收机(如收音机)中用作本机振荡电路,以接收无线电信号;在教学实验、科学研究仪器中,振荡电路产生各种频率的信号(如正弦信号发生器)作为信号源;在自动控制中,振荡电路用来完成监控、报警、无触点开关控制以及定时控制;在遥控技术中,振荡电路产生各种频率的振荡电压,接收后经过识别,达到遥控的目的;在医学领域内,振荡电路可以产生脉冲电压用于消除疼痛,疏通经络;在机械加工中可用振荡电路产生的超声波进行材料探伤;在热处理中振荡电路产生大功率高频电能对负载加热等。随着电子学的不断发展,振荡电路已作为一个极为实用的功能电路应用到各种各样的仪器设备中。

本章首先按照振荡产生的波形分别介绍正弦波振荡电路、方波和锯齿波振荡电路的工作原理以及典型电路,最后简单介绍一种多功能函数信号发生集成电路及其应用电路。

## 8.1 正弦信号产生电路

### 8.1.1 正弦波振荡电路的基本原理

**一、振荡的基本概念**

如图 8-1-1(a)所示电路,将开关 S 先拨向 1 端,待电容 C 充电后,再拨向 2

端,根据第 4 章的介绍,若线圈的损耗电阻 $r$ 足够小,便会在电路中产生如图 8-1-1(b)所示的衰减的振荡。形成振荡的原因是电容 $C$ 在充电期间所储存的能量向电感线圈 $L$ 转移,然后又从电感线圈往电容器中转移,不断来回交换能量,形成振荡。在振荡过程中,电流流过电阻 $r$,能量逐渐消耗,因而振荡幅度逐渐减小。此时如果设法给这个 $LC$ 振荡回路补充能量,振荡就可以维持下去。补充的能量要能加强原有振荡,这可通过放大器加正反馈来实现。

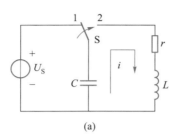
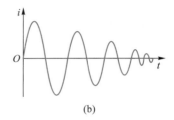

图 8-1-1　振荡原理

如图 8-1-2 所示,利用正反馈网络 $F$,将放大电路输出信号反馈到输入端,与输入信号叠加(加强),如果反馈回来的信号恰好与原输入信号大小相同,那么,这时即使撤除输入信号(开关 S 切换到 2),也能在输出端维持输出。

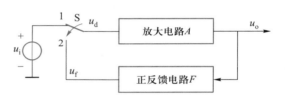

图 8-1-2　反馈振荡原理框图

要维持输出,反馈信号与原输入信号不仅幅度必须要相同,而且相位也要相同。如果反馈信号幅度小于输入信号,则切换后输出将越来越小;如果反馈信号滞后输入信号,则输出信号的相位将越来越滞后,输出频率将不稳定。因此,反馈振荡需要两个条件:幅度条件和相位条件。

事实上,自激振荡器并不需要先由外加激励信号 $u_i$ 产生输出,然后再将激励信号移去。而是靠反馈环路自身建立振荡,振荡电压从无到有逐步增大,最后达到一个稳定振幅输出,进入平衡状态后,即使外界条件发生变化,也会自动恢复平衡。这就是下面要讨论的起振条件、平衡条件和平衡状态下的稳定条件。

在正弦波振荡电路中,由于导电的粒子性,各种电子器件内部都存在噪声,而且由于电路供电直流电源的突然接入等原因,电路中整个频率域(从直流到极高频率)都分布着扰动或噪声。虽然每个频率分量幅度都极小,但是,如果选取某一频率的噪声或扰动进行强正反馈,其他频率的噪声或扰动则具有较小的反馈(或负反馈),那么这个选定频率分量的噪声或扰动将逐步得到放大而变得越来越大,其他频率的噪声或扰动不能得到逐步放大,仍维持很小的幅度,最终在输出端将得到具有一定幅度和确定频率的信号输出。

为了确定对特定频率噪声的强正反馈,在构成振荡电路时,结构上需要使用选频网络。一般地,反馈式正弦波振荡器由以下环节构成:(1)放大电路;(2)选频网络;(3)正反馈电路,如图 8-1-3 所示。

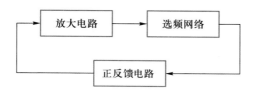

图 8-1-3 反馈式正弦波振荡器的组成

## 二、振荡的起振条件和平衡条件

### 1. 起振条件

在振荡电路接通电源的瞬间,电流突变和电子器件内部热噪声等使得电路中总是存在着宽频带的噪声,其中包含 $f_0$ 的频率成分。由于选频网络的选频特性,将频率为 $f_0$ 的电压成分"挑选"出来,而抑制其他频率的电压成分,也就是说,只有频率为 $f_0$ 的电压才能顺利地通过反馈环路送到输入端,成为最初的输入信号 $u_i$,如图 8-1-4 所示。

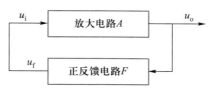

图 8-1-4 反馈振荡电路

输入信号通过放大和反馈后得到反馈电压 $u_f$,如果 $u_f$ 与 $u_i$ 同相位,即为正反馈,并且环路增益 $AF$ 大于 1,反馈电压大于输入电压( $|u_f| > |u_i|$ ),这时放大电路的输入信号变为 $u_i'$,它比最初的输入信号 $u_i$ 的幅度大,$u_i'$ 再经过放大和反馈后送入输入端,再放大、再反馈,反复循环,频率为 $f_0$ 的电压幅度将会迅速增大起来,自激振荡也就建立起来了。

由于 $A = \dfrac{u_o}{u_i}$,$F = \dfrac{u_f}{u_o}$,所以环路增益 $AF = \dfrac{u_f}{u_i}$,起振的条件可归结为:

（1）相位条件

必须保证电路的反馈电压 $u_f$ 与原输入电压 $u_i$ 同相位,即环路增益的总相移为零或是 $2\pi$ 的整数倍,具体来说,就是包含选频网络在内的基本放大电路 $A$ 的相移 $\varphi_A$ 与反馈网络 $F$ 的相移 $\varphi_F$ 之和应等于 $2\pi$ 的整数倍

$$\varphi_A + \varphi_F = \pm 2n\pi \quad n = 0,1,2,3,\cdots \qquad (8-1-1)$$

（2）幅度条件

必须保证电路的反馈电压幅度大于原输入电压幅度,即环路增益模值大于 1,则

$$|AF| = \left| \frac{u_f}{u_i} \right| > 1 \qquad (8-1-2)$$

振荡电路只有在同时满足相位条件和幅度条件时才能起振。

2. 平衡条件

振荡建立起来后,随着信号幅度的不断增大,放大电路将逐步进入非线性工作状态(晶体管进入饱和或截止),放大器的电压放大倍数下降,致使环路增益 $|AF|$ 下降,振荡的幅度增长变慢,振荡幅度越大,晶体管进入非线性状态越深,放大器的电压放大倍数下降越多,振荡幅度增长越慢。当振荡幅度增加到一定值时,$|AF|=1$,这时反馈电压幅度等于输入电压幅度,振荡幅度将不再增大,达到了平衡状态。振荡器的平衡条件是

$$\begin{cases} |AF| = \left| \dfrac{u_f}{u_i} \right| = 1 \\[2mm] \varphi_A + \varphi_F = \pm 2n\pi \end{cases} \qquad n = 0,1,2,3,\cdots \qquad (8-1-3)$$

这种通过振荡电路中器件本身的非线性实现稳幅的方法称为内稳幅,也可以在振荡电路中加入专门的稳幅电路实现稳幅,称为外稳幅。

3. 稳定条件

振荡电路达到平衡状态后,外部环境的变化常常会破坏这种平衡,使振荡电路输出偏离稳定输出,这时,如果电路不能通过自身调节重新返回平衡状态,那么,这样的电路将是不稳定的。

输出偏离稳定输出的情况分为两种,即频率偏移和幅度偏移。对于频率偏移,当输出频率产生正偏移时,说明反馈信号的相位出现了超前现象,必须通过环路相移调节,让反馈信号相位的超前得到抑制;当输出频率产生负偏移时,说明反馈信号的相位出现了滞后现象,必须通过环路相移调节,让反馈信号相位的滞后得到抑制。因此,振荡电路频率稳定条件是,振荡电路环路总相移在振荡平衡点处对频率具有负斜率

$$\frac{\partial}{\partial f}(\varphi_A + \varphi_F)\Big|_{f=f_0} < 0 \qquad (8-1-4)$$

对于幅度偏移,当输出幅度产生正偏移时,说明反馈信号的幅度出现了增大现象,必须通过环路增益调节,让反馈信号幅度的增大得到抑制;当输出幅度产生负偏移时,说明反馈信号的幅度出现了减小现象,必须通过环路增益调节,让反馈信号幅度的减小得到抑制。因此,振荡电路的幅度稳定条件是,振荡电路环路增益在振荡平衡点处对输出幅度具有负斜率

$$\frac{\partial}{\partial U_{om}} |AF|\,\Big|_{U_{om}=U_{OM}} < 0 \qquad (8-1-5)$$

正弦波振荡器根据选频网络的不同,可分为 $LC$ 振荡电路和 $RC$ 振荡电路。下面我们分别对这两种电路加以介绍。

### 8.1.2　$LC$ 振荡电路

$LC$ 振荡电路采用 $LC$ 回路作为选频网络,在电路中一般按反馈耦合的方式分

为三种：变压器反馈式振荡电路、电感反馈式振荡电路、电容反馈式振荡电路。

## 一、变压器反馈式 *LC* 振荡电路

振荡电路由放大电路、选频网络、正反馈电路组成。放大电路一般采用单级晶体管放大电路。图 8-1-5(a) 所示是一分压式偏置放大电路，如果在放大电路中用担任选频网络的 *LC* 并联回路来代替分压偏置式放大电路中的集电极电阻 $R_C$，如图 8-1-5(b) 所示，则放大电路的放大倍数将与 *LC* 并联回路的阻抗成比例。由于 *LC* 并联谐振回路具有选频特性，如果其谐振频率为 $f_0$，那么只有当频率为 $f_0$ 的正弦交流电输入时，*LC* 并联谐振回路发生谐振，此时 *LC* 回路阻抗最大，放大倍数最大，因此输出也就最大。当频率偏离 $f_0$ 的正弦交流电输入时，*LC* 并联谐振回路不会发生谐振，*LC* 并联回路阻抗降低，放大倍数减小，输出也就较小，从而抑制了偏离 $f_0$ 的正弦交流电压输出。频率偏离越大，抑制作用越强。这样就将频率为 $f_0$ 的正弦交流电压选了出来。

振荡器的特点是没有输入信号就能有输出信号的产生。图 8-1-5(b) 所示电路虽具有选频的特性但还不具备振荡的条件，必须加入正反馈环路。

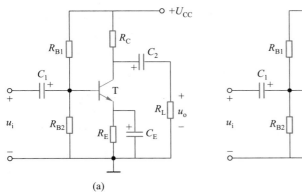
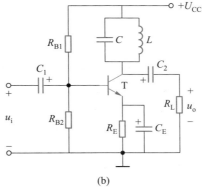

(a)　　　　　　　　　　　(b)

图 8-1-5　用于振荡器的分压偏置单级放大电路

图 8-1-6 所示电路利用变压器来构成正反馈，称为变压器耦合反馈式 *LC* 振荡电路。变压器的一次绕组 $L_1$ 与 $C$ 构成选频网络，二次绕组 $L_2$ 取出反馈信号送到放大器的输入端。下面分析该电路的工作过程。

电源接通后，集电极电流中含有各种频率分量正弦波（噪声或电源突然接入引起），集电极电流流过 $L_1 C$ 并联电路时，频率为 $f_0 = \dfrac{1}{2\pi\sqrt{L_1 C}}$ 的分量因谐振产生最大电压。经变压器的二次绕组 $L_2$ 反馈到放大器的输入端，再经放大器使频率为 $f_0$ 的正弦波得到进一步

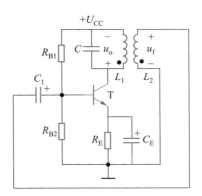

图 8-1-6　变压器耦合反馈式
*LC* 振荡电路

的放大,从而形成了振荡,最终输出稳定的频率为 $f_0$ 的电压。

通过调节变压器的一次、二次绕组匝数比,反馈系数可以做得较大,通常能够满足振荡的幅度条件,所以,电路能否振荡主要是看电路是否满足振荡的相位条件。下面分析图 8-1-6 所示的电路是否满足相位平衡条件,首先画出电路的交流通路如图 8-1-7(a)所示(省略了基极电阻)。

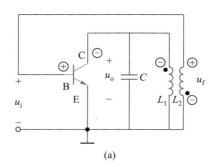
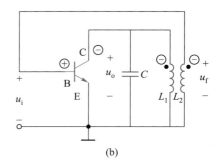

图 8-1-7 变压器耦合反馈式 $LC$ 振荡交流通路

根据共发射极晶体管放大电路的反相放大特点,晶体管集电极输出电压 $u_o$ 与基极输入电压 $u_i$ 相位相反,也就是说 $\varphi_A = \pi$。根据变压器同名端的连接方式不同,反馈电路的相移(即 $u_f$ 与 $u_o$ 之间的相位差)有 $0$ 和 $\pi$ 两种可能性。图 8-1-7(a)中,$u_f$ 与 $u_o$ 的相位差 $\varphi_F = \pi$,因此 $\varphi_A + \varphi_F = 2\pi$,变压器输出电压 $u_f$ 与放大器输入电压 $u_i$ 同相,电路是正反馈,符合自激振荡的相位平衡条件,能够产生振荡。而图 8-1-7(b)中变压器同名端连接不正确,$\varphi_F = 0$,$\varphi_A + \varphi_F = \pi$,变压器输出电压 $u_f$ 与放大器输入电压 $u_i$ 反相,电路是负反馈,故不能产生振荡。

实际制作振荡器时,有时并不知道变压器引出线的同名端,这时可把变压器二次绕组(或一次绕组)的两个接头任意连接,若发现不振荡,再把接头对调一下就行了。

**例 8-1-1** 试用自激振荡的相位条件判断图 8-1-8(a)所示电路能否产生正弦波振荡,并指出反馈电压取自哪一段。

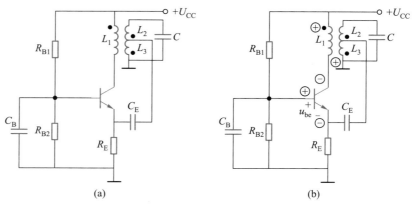

图 8-1-8 例 8-1-1 电路图

**解:** 该电路反馈取自 $L_3$。用瞬时极性法判断电路是否是正反馈。如图8-1-8(b)所示,给晶体管基极一个瞬时对地的正极性,晶体管集电极极性与之相反,所以 $L_1$ 上端为正,$L_3$ 的下端与 $L_1$ 上端为同名端也为正,故 $L_3$ 上端为负,反馈到晶体管的发射极为负。反馈信号使晶体管输入电压 $u_{be}$ 增大,是正反馈,因此电路满足相位条件,能产生自激振荡。

**例 8-1-2** 图 8-1-9 为变压器反馈式振荡器。

(1) $C_1$、$C_2$ 起什么作用。

(2) 振荡频率 $f = ?$

(3) 变压器一次、二次绕组同名端如图所示,按线路接法,是否满足正反馈关系,如不满足,应该如何连接。

**解:** (1) $C_1$、$C_2$ 起交流旁路作用。

(2) 振荡频率为 $f = \dfrac{1}{2\pi\sqrt{CL}}$。

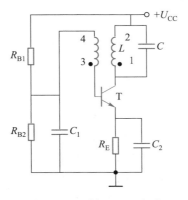

图 8-1-9 例 8-1-2 电路

(3) 用瞬时极性法可以判断出该电路不满足正反馈关系,所以不能起振。此时应将 3、4 端对调,方能满足起振的相位条件。

## 二、电感反馈式振荡电路(电感三端式振荡器)

变压器耦合振荡电路因使用变压器作反馈,使得电路结构比较笨重,而且因变压器的高低频特性较差,限制了其使用范围。电感反馈式振荡电路是另一种常见的 $LC$ 正弦波振荡电路,其基本电路形式如图 8-1-10(a)所示[该电路又称为哈特莱(Hartely)电路]。电感 $L_1$ 和 $L_2$ 一般是绕在同一骨架上,其间存在着互感,但也可以是互感为零的两个独立线圈。

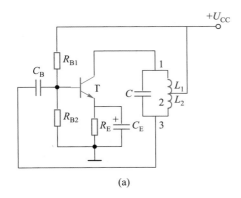

(a)

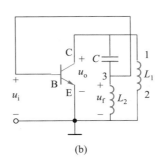

(b)

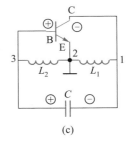

(c)

图 8-1-10 电感反馈式 $LC$ 振荡电路

为了清楚起见,忽略一切有功损耗,画出如图 8-1-10(b)或图 8-1-10(c)所示交流等效电路。由图可以看出,集电极负载实际上由电感 $L_1$ 与 $C$、$L_2$ 支路并联组成。$L_1$、$L_2$、$C$ 构成并联谐振回路,由于谐振时回路中电感电流比总电流大得多,所以可以近似认为谐振时两个电感中电流相同,这样,$L_1$、$L_2$ 对回路电压进行分压,形成反馈。所以,这种电路称为电感反馈式 $LC$ 振荡。可以断定,对振荡频率来说,$C$、$L_2$ 支路必定是电容性的,否则就不能构成谐振电路。这种电路的振荡频率通过调节电容而改变,调频过程不改变反馈系数 $\left(F=-\dfrac{L_2}{L_1}\right)$,调节方便。但因晶体管寄生电容与振荡回路电感并联,在高频振荡时,并联的寄生容抗减小将使振荡器停振。所以,一般只用于几十兆赫以下的振荡。从图 8-1-10(c)中还可以看出,电感的三个端子(1、2、3)和三极管的三个极(C、E、B)直接相连,这种电路又称为电感三端式振荡器。

由于电感反馈的反馈系数(电感分压系数)可以做得较大,通常都能够满足振荡的幅度条件,所以,电路振荡与否主要看是否构成正反馈。并联谐振时,电容、电感中的电流比总电流大 $Q$(振荡回路的品质因数)倍,如果 $Q$ 较大,则两电感中流过相同的电流。反馈电压由两电感分压产生($L_2$)。根据瞬时极性法,在晶体管基极加一个瞬时对地的正极性,在集电极得到瞬时对地的负极性,电容 $C$ 及电感 $L_2$ 的极性如图 8-1-10(c)所示,反馈到晶体管输入端的信号增强了原输入信号,所以可以判断该电路构成正反馈环,满足振荡的相位条件,能够起振。

组成电感三端式振荡电路时,反馈系数一般按下面方法选取

$$\left|F\right|=\left|\frac{\dot{U}_f}{\dot{U}_o}\right|=\frac{L_2+M}{L_1+M}=\frac{1}{2}\sim\frac{1}{5}\quad (M\ 为互感)\qquad (8-1-6)$$

振荡频率则由谐振回路的谐振频率确定

$$f_o=\frac{1}{2\pi\sqrt{(L_1+L_2+2M)C}}\qquad (8-1-7)$$

上面两式中考虑了两个电感存在互感的情况,如果采用无互感的独立电感,则式中互感 $M=0$。

### 三、电容反馈式振荡电路(电容三端式振荡器)

电容反馈式振荡电路基本电路形式如图 8-1-11(a)所示[该电路又称考毕兹(Colpitts)电路],图 8-1-11(b)、(c)为图 8-1-11(a)所示基本电路的交流等效电路。

从等效电路中可以看出,$C_1$、$C_2$、$L$ 构成并联谐振回路作为集电极负载,由于谐振时回路中电容电流比总电流大得多,所以可以近似认为谐振时两个电容中电流相同,这样,$C_1$、$C_2$ 对回路电压进行分压,形成反馈。所以,这种电路称为电容反馈式 $LC$ 振荡。电路的振荡频率不能通过调节电容来改变,否则将改变反

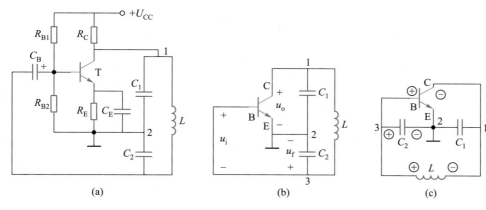

图 8-1-11　电容反馈式 LC 振荡电路

馈系数 $\left( F = -\dfrac{C_1}{C_2} \right)$，要靠调节电感来调节电路的频率，因此频率调节很不方便。在高频振荡时，晶体管寄生电容和振荡电容并联，不会破坏振荡条件，所以，电容反馈式振荡电路常用于高频固定频率振荡。

从图 8-1-11 中看到，选频网络中的电容 $C_1$ 和 $C_2$ 的三个端子和三极管的三个极直接相连，所以这个电路又称为电容三端式振荡器，可以采用与电感三端式振荡器相同的方法分析。由于电容反馈的反馈系数可以做得较大，通常都能够满足振荡的幅度条件，所以，振荡与否主要看是否构成正反馈。并联谐振时，电容、电感中的电流比总电流大 $Q$（振荡回路的品质因数）倍，如果 $Q$ 较大，两电容中流过相同的电流。反馈电压由两电容分压产生（$C_2$）。根据瞬时极性法，如图 8-1-11(c) 所示，在晶体管基极加一个瞬时对地的正极性，在集电极得到瞬时对地的负极性，电感 $L$ 及电容 $C_2$ 上极性如图 8-1-11(c) 所示，可见反馈到晶体管输入端的信号增强了原输入信号，该电路构成正反馈环，满足振荡的相位条件，所以能够起振。

组成电容三端式振荡电路时，反馈系数一般按下面方法选取

$$|F| = \left| \frac{\dot{U}_f}{\dot{U}_o} \right| = \frac{C_1}{C_2} = \frac{1}{3} \sim \frac{1}{5} \qquad (8-1-8)$$

振荡频率由谐振回路的谐振频率确定

$$f_0 = \frac{1}{2\pi \sqrt{\dfrac{C_1 C_2}{C_1 + C_2} L}} \qquad (8-1-9)$$

综上所述，三端式 LC 振荡电路的一般组成如图 8-1-12 所示，$Z_{be}$、$Z_{ce}$ 为同种性质的电抗（感抗或容抗），$Z_{bc}$ 为异种性质的电抗（容抗或感抗）。组成电抗的可以是单一电容或电感，也可以是由电容、电感组成的串联或并联电路。

按照三端式 $LC$ 振荡器的构成原则,可以对上面的电容三端式电路作出改进,以克服频率调节不便的缺点。一种方法是将单一振荡电感改成电感与可调电容的串联结构,由等效电感与分压反馈电容组成振荡回路,这样用可调电容来调节频率而不影响反馈系数,这种改进电路称为克拉波(Clapper)振荡电路,如图 8-1-13(a)所示;另一种方法是将单一振荡电感改成电感与可调电容的并联结构,由等效电感与分压反馈电容组成振荡回路,用可调电容来调节频率而不影响反馈系数,这种改进电路称为西勒(Ciller)振荡电路,如图 8-1-13(b)所示。

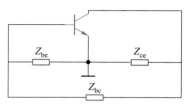

图 8-1-12 三端式 $LC$ 振荡电路的一般组成

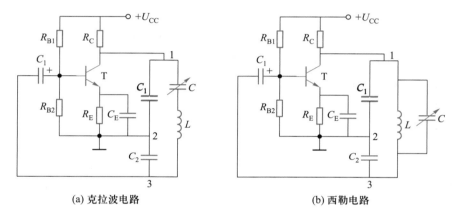

(a) 克拉波电路  (b) 西勒电路

图 8-1-13 改进的电容三端式振荡电路

**例 8-1-3** 试用自激振荡的相位条件判断图 8-1-14(a)所示电路能否产生正弦波振荡,并指出反馈电压取自哪一段。

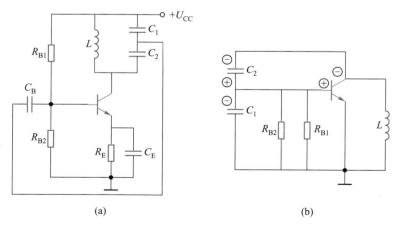

(a)  (b)

图 8-1-14 例 8-1-3 电路

**解**：为了清楚起见，画出振荡电路的交流通路如图 8-1-14（b）所示，可见反馈取自 $C_1$，用瞬时极性法可以判断出该电路是负反馈，不满足相位条件，因此不能产生正弦波振荡。

### 8.1.3 *RC* 振荡电路

*RC* 振荡电路区别于 *LC* 振荡电路的一个显著性能是 *RC* 正弦波振荡电路能实现低频振荡，甚至频率能达到 1 Hz 以下。假设用 *LC* 选频网络的正弦波振荡电路实现 1 Hz 的振荡频率，电容若取 100 pF，则电感值根据 $f_0 = \dfrac{1}{2\pi\sqrt{LC}}$ 计算，应为 253 H。这样大的电感即使能制作出来，其 $Q$ 值也会降到不能正常工作了。

*RC* 振荡电路的工作原理与 *LC* 振荡电路的工作原理类似，也是由选频网络、放大电路、正反馈电路构成，其区别仅仅是用 *RC* 选频网络代替了 *LC* 选频网络。本节主要介绍 *RC* 桥式振荡电路。

*RC* 桥式振荡电路是一种广泛使用的低频振荡器。其优点是波形好、振幅稳定及频率调节方便。工作频率范围可从 1 Hz 以下的超低频到约 1 MHz 的高频频段。图 8-1-15（a）所示为 *RC* 桥式振荡电路最基本的形式，由集成运算放大器和正、负两个反馈网络构成。$R_1$、$C_1$、$R_2$、$C_2$ 构成 *RC* 串并联选频网络作正反馈，这是产生振荡所必须具备的。$R_{F1}$ 和 $R_{F2}$ 组成负反馈网络，以提高振荡器的性能指标。正、负反馈网络正好构成电桥的四个臂，放大器的输出电压同时加在正、负反馈网络的两端，而正、负反馈网络另一端则分别接在放大器的同相输入端和反相输入端，正好构成一个电桥，故称此振荡电路为 *RC* 桥式振荡电路。

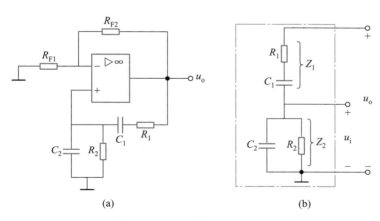

图 8-1-15 *RC* 桥式振荡电路

从图 8-1-15（a）可以看出，$R_2$、$C_2$ 并联网络两端的电压为运算放大器的同相输入电压，设为 $u_i$，如图 8-1-15（b）所示，$R_1$、$C_1$、$R_2$、$C_2$ 的串并联网络的两端电压为运算放大器的输出 $u_o$。在图 8-1-15（b）中

$$Z_1 = R_1 + \frac{1}{j\omega C_1} = \frac{1 + j\omega R_1 C_1}{j\omega C_1}$$

$$Z_2 = \frac{R_2 \times \dfrac{1}{j\omega C_2}}{R_2 + \dfrac{1}{j\omega C_2}} = \frac{R_2}{1 + j\omega R_2 C_2}$$

$RC$ 串并联网络的反馈分压系数为

$$F = \frac{\dot{U}_i}{\dot{U}_o} = \frac{Z_2}{Z_1 + Z_2} = \frac{j\omega R_2 C_1}{(1 + j\omega R_1 C_1)(1 + j\omega R_2 C_2) + j\omega R_2 C_1}$$

设 $R_1 = R_2 = R$、$C_2 = C_1 = C$，则

$$F = \frac{j\omega RC}{(1 + j\omega RC)(1 + j\omega RC) + j\omega RC} = \frac{1}{3 + j\left(\omega RC - \dfrac{1}{\omega RC}\right)}$$

如果要使 $u_i$ 与 $u_o$ 同相，必须使 $\omega RC = \dfrac{1}{\omega RC}$，从而得到振荡频率

$$f_0 = \frac{1}{2\pi RC} \qquad\qquad (8-1-10)$$

振荡频率时选频网络的反馈系数为

$$F_0 = F_{\max} = \frac{1}{3} \qquad\qquad (8-1-11)$$

图 8-1-15(a)中负反馈网络的分析很简单，如果同相输入端的输入信号是 $u_i$，同相比例运算电路的电压放大倍数则为

$$A = \frac{\dot{U}_o}{\dot{U}_i} = 1 + \frac{R_{F2}}{R_{F1}} \qquad\qquad (8-1-12)$$

当 $R_{F2} = 2R_{F1}$ 时，$A = 3$，则在振荡频率 $f_0$ 时的环路增益 $AF = 1$，$u_o$ 和 $u_i$ 同相，电路的正反馈满足振荡平衡条件。起振时，使 $|AF| > 1$，即 $|A| > 3$，随着振荡幅度的增大，$|A|$ 自动减小，直到满足 $|A| = 3$ 或 $|AF| = 1$ 时，振荡振幅达到稳定。

　　$RC$ 振荡电路的稳幅方式通常是在负反馈电路中采用某种非线性元件来自动调整反馈强弱，以维持输出电压恒定。实现上述稳幅方式的简单方法是将图 8-1-15(a)所示电路中的负反馈电阻 $R_{F2}$ 用热敏电阻来代替。热敏电阻是具有负温度系数的热敏元件，在起振时，振荡幅度较小，流过热敏电阻的电流也较小，温度较低，热敏电阻阻值较大，使 $R_{F2} > 2R_{F1}$，即 $|AF| > 1$，振荡电路容易起振。起振后，振荡幅度不断增加，流过热敏电阻的电流也随之增大，平均功率增大，温度升高，热敏电阻阻值减小，直到 $R_{F2} = 2R_{F1}$ 时，满足了振幅平衡条件，振荡幅度就

稳定下来。在工作期间,如果有任何原因使输出电压发生变化,热敏电阻会使这种变化减小。

也可以利用二极管正向伏安特性的非线性稳幅。如图 8-1-16 所示,将原反馈电阻 $R_{F2}$ 分成两部分($R$、$R_{F2}$),$R$ 起限流的作用,在 $R_{F2}$ 上、下各并联一个方向相反的二极管,它们在输出电压 $u_o$ 正、负半周内分别导通。在起振初期,由于 $u_o$ 幅度很小,尚不能使二极管导通,正、反向二极管都近似于开路,此时($R+R_{F2}$)$>2R_{F1}$。随着振荡幅度的增加,二极管在正、负半周内分别导通,其正向电阻逐渐减小,直到($R+R_{F2}/\!/r_D$)$= 2R_{F1}$ 时,振荡趋于稳定。

不论利用热敏电阻还是二极管,当任何原因使输出电压的幅度发生变化时,都将改变反馈支路电阻值,使振荡幅度趋于稳定。

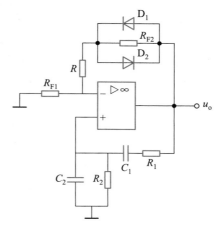

图 8-1-16 利用二极管自动稳幅的 RC 振荡电路

### 8.1.4 石英晶体正弦波振荡电路

石英晶体谐振器简称石英晶体,由石英晶体组成的选频网络具有非常稳定的固有频率,常用在对振荡频率稳定性要求非常高的电路中。

#### 一、石英晶体的等效电路和振荡频率

将二氧化硅($SiO_2$)晶体按一定的方向切割成很薄的晶片,再将晶片两个对应的表面抛光并涂敷银层,引出引脚并封装构成石英晶体谐振器,其结构示意如图 8-1-17(a)所示,图 8-1-17(b)是石英晶体谐振器的图形符号。

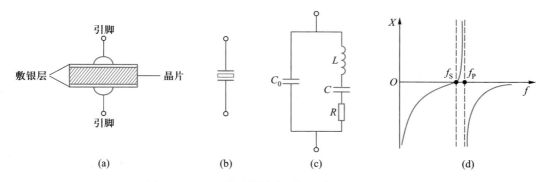

(a)　　　　　(b)　　　　　(c)　　　　　(d)

图 8-1-17 石英晶体结构、符号、等效电路及特性

若在石英晶体的两个电极上加一电场,晶片就会产生机械变形。反之,若在晶片的两侧施加机械压力,则在晶片相应的方向上将产生电场,这种物理现象称

为压电效应。如果在晶片的两极上加交变电压,晶片就会产生机械振动,同时晶片的机械振动又会产生交变电场。一般情况下,无论是机械振动的振幅,还是交变电场的振幅都非常小,但是,当交变电场的频率为某一特定值时,产生共振,振幅骤然增大,形成压电振荡。这一特定频率就是石英晶体的固有频率,也称谐振频率。在谐振频率附近,石英谐振器和由 $LC$ 组成的串联电路的谐振特性非常相似,因此,石英谐振器可等效成如图 8-1-17(c) 所示的 $LC$ 谐振回路。不振动时,石英晶体结构类似一个平板电容器,可等效为一个静态电容 $C_0$,其值取决于晶片的几何尺寸和电极面积,一般约为几皮到几十皮法。当晶片产生振动时,机械振动的惯性等效为电感 $L$,其值约为几毫亨,晶片的弹性等效为电容 $C$,其值仅为 0.01 pF 到 0.1 pF,$C \ll C_0$。晶片的摩擦损耗等效为电阻 $R$,其值约为几十欧至 100 $\Omega$,理想情况下 $R = 0$。

当等效电路中的 $L$、$C$、$R$ 支路产生串联谐振时,该支路呈纯阻性,等效电阻为 $R$,串联谐振频率

$$f_S = \frac{1}{2\pi\sqrt{LC}} \qquad (8-1-13)$$

当 $f < f_S$ 时,$C_0$ 和 $C$ 电抗较大,起主导作用,石英晶体呈容性。

当 $f > f_S$ 时,$L$、$C$、$R$ 支路呈感性,将与 $C_0$ 产生并联谐振,石英晶体又呈纯阻性,并联谐振频率

$$f_P = \frac{1}{2\pi\sqrt{L\dfrac{CC_0}{C+C_0}}} = f_S\sqrt{1+\frac{C}{C_0}} \qquad (8-1-14)$$

由于 $C \ll C_0$,所以 $f_P \approx f_S$。

当 $f > f_P$ 时,电抗主要决定于 $C_0$,石英晶体又呈容性。石英晶体电抗随频率变化特性如图 8-1-17(d) 所示,只有在 $f_S < f < f_P$ 的情况下,$L$、$C$、$R$ 支路呈感性,才会有与 $C_0$ 产生并联谐振的现象。并且 $C_0$ 和 $C$ 的容量相差越悬殊,串联谐振频率 $f_S$ 和并联谐振频率 $f_P$ 越接近,石英晶体呈感性的频带越窄。

根据串联谐振电路品质因数的表达式 $Q = \dfrac{1}{R}\sqrt{\dfrac{L}{C}}$,由于 $C$ 和 $R$ 的数值都很小,$L$ 数值很大,因此,石英晶体的 $Q$ 值非常高,可达 $10^4 \sim 10^6$,由石英晶体构成的振荡电路频率稳定度 $\dfrac{\Delta f}{f}$ 达 $10^{-6} \sim 10^{-8}$,采用稳频措施后可达 $10^{-10} \sim 10^{-11}$。而 $LC$ 振荡器的 $Q$ 值只能达到几十,频率稳定度只能达到 $10^{-5}$。石英晶体振荡频率高稳定性的特点是其他选频网络所不能比拟的。

**二、石英晶体正弦波振荡电路**

石英晶体正弦波振荡电路有并联型和串联型两种类型。并联型石英晶体振荡电路的组成如图 8-1-18(a) 所示,图 8-1-18(b) 为串联型石英晶体正弦波振

荡电路。

在图 8-1-18(a)所示并联型石英晶体正弦波振荡电路中,将电容三端式正弦波振荡电路中的电感 $L$ 用石英晶体替代,石英晶体在电路中起电感 $L$ 的作用。电路的振荡频率处于石英晶体的串并联谐振频率之间 $f_S<f_0<f_P$。

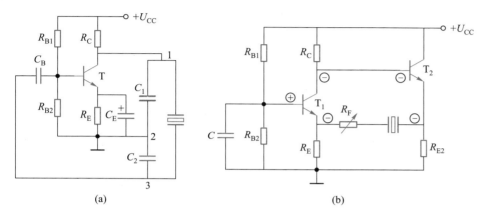

(a)                              (b)

图 8-1-18    石英晶体正弦波振荡电路

图 8-1-18(b)所示的电路由两级放大器组成,第一级为共基极电路,第二级为共集电极电路,石英晶体所在的支路为放大器的反馈网络。当石英晶体等效电路中的 $R$、$L$、$C$ 支路发生串联谐振现象时,石英晶体所在的支路呈纯电阻性负载,根据瞬时极性法判断,谐振时反馈放大器通过石英晶体构成强正反馈,满足振荡器振荡的相位条件。调整电位器 $R_F$ 使电路同时满足振荡的幅度条件,振荡就会起振,输出正弦波信号。串联型石英晶体振荡电路的振荡频率为石英晶体的串联谐振频率 $f_S$。

## 8.2 非正弦信号产生电路

在工程实践中,除广泛应用正弦波发生电路外,测量设备、数字系统及自动控制系统中,还常常需要非正弦波发生电路。

矩形波发生器是一种能直接产生矩形波或方波的非正弦信号发生器。由于矩形波或方波包含极丰富的谐波,这种电路又称为多谐振荡器。

### 8.2.1    矩形波发生器

矩形波发生器电路如图 8-2-1 所示。$R_1$、$R_2$ 组成正反馈电路,$R_2$ 上的反馈电压 $U_R$ 是输出电压的一部分。设开始时运算放大器处于正饱和状态,$u_O = +U_{om}$,此时加在同相输入端的正反馈电压是 $U_R = \dfrac{R_2}{R_1+R_2}U_{om}$。同时,输出电压 $+U_{om}$ 经过 $R_F$ 对电容 $C$ 充电,如图 8-2-1(a)所示,形成加在反相输入端的负反馈电压 $u_- = u_C$。

随着充电过程的进行,$u_C$ 逐渐增大,但只要 $u_C$ 还低于 $U_R$,运算放大器维持

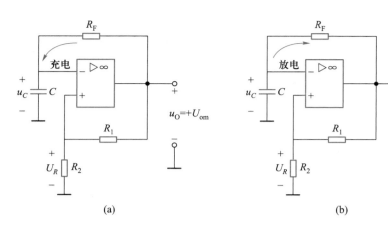

图 8-2-1　矩形波发生器电路

正饱和,输出保持在 $+U_{om}$。当 $u_C$ 增长到大于 $U_R$ 时,运算放大器从正饱和转换成负饱和,输出 $u_O$ 由 $+U_{om}$ 跳变到 $-U_{om}$,此时 $U_R$ 也随着变成 $U_R = -\dfrac{R_2}{R_1+R_2}U_{om}$,于是电容 $C$ 将反向放电,如图 8-2-1(b) 所示, $u_C$ 逐渐下降,当 $u_- = u_C$ 下降到 0 时, $u_C$ 仍高于 $U_R$,运算放大器维持负饱和,输出电压保持在 $-U_{om}$,电容 $C$ 开始向反方向充电,当 $u_- = u_C$ 下降到低于 $U_R$ 时,运算放大器又从负饱和转换为正饱和,输出 $u_O$ 由 $-U_{om}$ 再次跳变到 $+U_{om}$。如此周而复始,形成矩形波输出。矩形波振荡电路工作波形如图 8-2-2 所示。

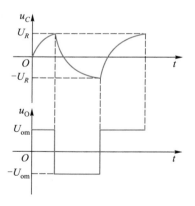

图 8-2-2　矩形波振荡电路工作波形

　　由于正反馈作用,运算放大器在正饱和与负饱和两种状态间反复翻转,而电路充放电时间常数 $R_FC$ 决定电路在每一状态下的停留时间,即矩形波正、负半周时间 $T_1$ 和 $T_2$。由于图 8-2-1 所示电路正、反向充电电路完全相同,因此,电路将产生正、负半周相等的方波信号。

　　为了使输出电压的幅值更加稳定,可在运算放大器的输出端加接一个双向稳压二极管,如图 8-2-3(a) 所示。其工作原理与图 8-2-1 所示电路相同,工作波形如图 8-2-3(b) 所示。

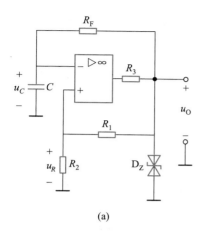 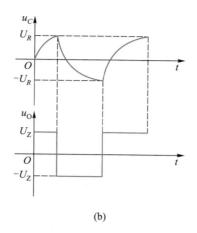

(a)　　　　　　(b)

图 8-2-3　双向限幅的矩形波发生器

如果希望正、负半周的时间不相等,可使充电和放电的时间常数不相等,如图 8-2-4 所示,正向充电经过电阻 $R_{F1}$ 进行,而放电和反向充电则经过电阻 $R_{F2}$ 进行,只要充、放电电阻不相等,正、负半周的时间就不会相等,调节电位器 $R_P$ 可对矩形波的占空比进行连续调节。

设二极管导通电阻为 $r_D$,$R_P$ 下半部电阻为 $R_{P1}$,上半部电阻为 $(R_P-R_{P1})$,电路的正向充电时间常数为 $\tau_1$,反向充电时间常数为 $\tau_2$,则

$$\begin{cases}\tau_1 = (r_D + R_{F1} + R_{P1})C \\ \tau_2 = (r_D + R_{F2} + R_P - R_{P1})C\end{cases}$$

$$(8-2-1)$$

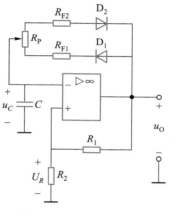

图 8-2-4　占空比可调的
矩形波振荡电路

电容的充、放电在 $\pm U_R = \pm\dfrac{R_2}{R_1+R_2}U_{om}$ 之间进行,正、反向充电稳态值分别为 $\pm U_{om}$,根据第 4 章电路暂态过程的分析,可以得出

正向充电($-U_R \to +U_R$)时间

$$T_1 = \tau_1\ln\left(\frac{U_{om} + U_R}{U_{om} - U_R}\right) = \tau_1\ln\left(1 + 2\frac{R_2}{R_1}\right) \qquad (8-2-2)$$

反向充电($+U_R \to -U_R$)时间

$$T_2 = \tau_2\ln\left(\frac{U_{om} + U_R}{U_{om} - U_R}\right) = \tau_2\ln\left(1 + 2\frac{R_2}{R_1}\right) \qquad (8-2-3)$$

电路振荡输出矩形脉冲占空比可调范围为

353

$$K = \frac{T_1}{T_1 + T_2} = \frac{\tau_1}{\tau_1 + \tau_2} = \begin{cases} \dfrac{r_D + R_{F1}}{2r_D + R_{F2} + R_P + R_{F1}} & \text{最小} \\ \dfrac{r_D + R_{F1} + R_P}{2r_D + R_{F2} + R_P + R_{F1}} & \text{最大} \end{cases} \qquad (8-2-4)$$

### 8.2.2 三角波和锯齿波发生器

三角波和锯齿波常用在示波器的扫描电路或数字电压表中,也可在自动控制电路中作定时信号。从上面的讨论中可以看到,在图 8-2-3(a) 中,$R_F$ 和 $C$ 构成的 $RC$ 积分电路对矩形波电压进行积分,积分区间固定,通过积分时间常数的调整实现电压-时间转换,得到一个近似三角波电压,如图 8-2-3(b) 所示的 $u_C$ 波形。但无源 $RC$ 积分电路不是线性积分环节,所以得到的三角波线性度很差,如果利用上一章介绍的由运算放大器构成的线性积分电路,则可以得到线性度很好的三角波。

图 8-2-5(a) 所示电路为包含线性积分环节的三角波-方波发生器。其中,运算放大器 $A_1$ 构成同相输入的电压比较器,运算放大器 $A_2$ 构成积分电路。比较器的输出 $u_{O1}$ 作为积分电路的输入信号,而积分电路的输出信号 $u_{O2}$ 又反馈作为比较器的输入信号,它们共同构成闭合环路。

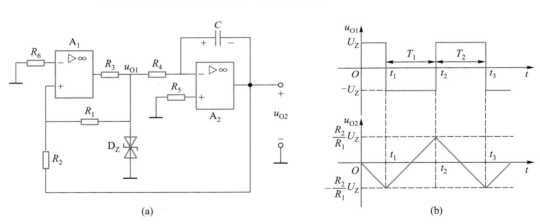

图 8-2-5 三角波-方波发生器

假设图 8-2-5(a) 所示电路接通电源后,比较器 $A_1$ 的输出电压 $u_{O1} = U_Z$,如图 8-2-5(b) 所示,作为反相积分电路的输入信号,对电容 $C$ 正向充电,充电电流为 $i_C = \dfrac{U_Z}{R_4}$,电容两端电压线性上升 $u_C = u_C(0) + \dfrac{U_Z}{R_4}t$,由于运算放大器 $A_2$ 的反相输入端虚地,输出电压 $u_{O2} = -u_C$ 线性下降,对应图 8-2-5(b) 中时间段 $0 \sim t_1$。$u_{O2}$ 通过反馈环路,使 $A_1$ 的同相输入端的电位也线性下降。由叠加定理可以求出 $A_1$ 的同相输入端的电位

$$u_{1+} = \frac{R_2}{R_1 + R_2} U_Z + \frac{R_1}{R_1 + R_2} u_{O2} \qquad (8-2-5)$$

式中,第一项是 $u_{O1}$ 单独作用的结果(因此时运算放大器 $A_1$ 正饱和,$u_{O1} = U_Z$),第二项是 $u_{O2}$ 单独作用的结果。随着 $u_{O2}$ 线性下降,$u_{1+}$ 也线性下降,当 $u_{1+}$ 下降到 0 V 时,运算放大器 $A_1$ 由正饱和转为负饱和,$u_{O1}$ 从 $+U_Z$ 跃变为 $-U_Z$,此时对电容 $C$ 的充电电流转换方向 $i_C = -\dfrac{U_Z}{R_4}$,即开始反向充电,电容两端电压线性下降 $u_C = u_C(t_1) - \dfrac{U_Z}{R_4}t$,输出电压 $u_{O2} = -u_C$ 线性上升,对应图 8-2-5(b)中时间段 $t_1 \sim t_2$。运算放大器 $A_1$ 的同相输入端的电位为

$$u_{1+} = \frac{R_2}{R_1 + R_2}(-U_Z) + \frac{R_1}{R_1 + R_2} u_{O2} \qquad (8-2-6)$$

随着电容反向充电,$u_{O2}$ 线性上升,$u_{1+}$ 也线性上升,当 $u_{1+}$ 上升到 0 V 时,运算放大器 $A_1$ 再次由负饱和转为正饱和,$u_{O1}$ 从 $-U_Z$ 跃变为 $+U_Z$。如此周而复始,在输出端 $u_{O2}$ 输出三角形电压,在输出端 $u_{O1}$ 输出方波电压,其波形如图 8-2-5(b)所示。

在图 8-2-5(a)所示电路中,电容器 $C$ 正、反向充电的时间常数相同,充电电压区间也相同,所以输出波形的线性上升时间与线性下降时间相同,波形为对称三角波。电路中如果电容器 $C$ 正、反向充电的时间常数不同,则可使积分电路 $A_2$ 的输出为不对称三角波,不对称的三角波也称为锯齿波。图 8-2-6(a)就是实现上述设想的电路。当比较器的输出 $u_{O1} = U_Z$ 时,$D_2$ 导通,对电容 $C$ 正向充电,充电电流 $i_1 = \dfrac{U_Z}{r_D + R_5}$(其中,$r_D$ 为二极管导通电阻)。当比较器输出电压为 $u_{O1} = -U_Z$ 时,$D_1$ 导通,电容 $C$ 反向充电,充电电流 $i_2 = \dfrac{-U_Z}{r_D + R_4}$。若选取 $R_5 \ll R_4$,则积分电路

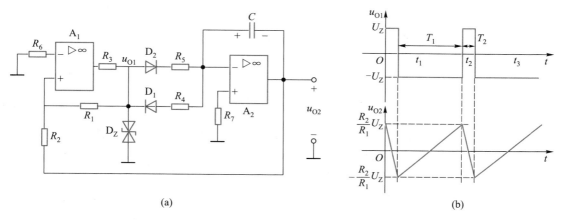

(a)

(b)

图 8-2-6 锯齿波-矩形波发生电路

输出波形的上升速率(即 $C$ 反向充电)远小于下降速率,如图 8-2-6(b)所示。$u_{O2}$ 的波形成为锯齿波。改变 $R_4$、$R_5$ 的比值可以改变 $T_1$、$T_2$ 的占空比。

下面分析电路的振荡周期和占空比。电路中电容电压充电变化量 $\pm 2\dfrac{R_2}{R_1}U_Z$,由于积分电路电容充电电流恒定,电压线性变化,电容反向充电积分时间间隔 $T_1$ 为

$$T_1 = C\frac{\Delta u_C}{|i_1|} = C(R_4 + r_D)\frac{2R_2}{R_1} \qquad (8-2-7)$$

电容正向充电积分时间间隔 $T_2$ 为

$$T_2 = C\frac{\Delta u_C}{|i_2|} = C(R_5 + r_D)\frac{2R_2}{R_1} \qquad (8-2-8)$$

振荡电路输出信号周期

$$T = T_1 + T_2 = C(R_4 + R_5 + 2r_D)\frac{2R_2}{R_1} \qquad (8-2-9)$$

振荡电路输出矩形脉冲占空比

$$K = \frac{T_2}{T} = \frac{T_2}{T_1 + T_2} = \frac{R_5 + r_D}{R_4 + R_5 + 2r_D} \qquad (8-2-10)$$

## 8.3　集成函数发生器 8038 及其应用

集成函数发生器 8038 是一种多用途的波形发生器,可以用来产生正弦波、方波、三角波和锯齿波,其振荡频率可通过外加的直流电压进行调节,是一种应用广泛的压控集成信号发生器。

### 8.3.1　集成函数发生器 8038 的电路结构及其功能

8038 为塑封双列直插式集成电路,其内部电路结构如图 8-3-1 所示。

在图 8-3-1 中,电压比较器 A 的门限电压 $U_A = \dfrac{2}{3}(U_{CC} + U_{EE})$,电压比较器 B 的门限电压 $U_B = \dfrac{1}{3}(U_{CC} + U_{EE})$,电流源 $I_1$ 和 $I_2$ 的大小可通过外接电阻调节,其中 $I_2$ 必须大于 $I_1$。当触发器的输出端为低电平时,控制开关 S 使电流源 $I_2$ 断开,电流源 $I_1$ 向外接电容 $C$ 充电,使电容两端电压随时间线性上升。当 $u_C$ 上升到 $u_C = U_A$ 时,比较器 A 的输出电压发生跳变,使触发器输出端由低电平变为高电平,控制开关 S 使电流源 $I_2$ 接通。由于 $I_2 > I_1$,因此外接电容 $C$ 放电,$u_C$ 随时间线性下降。当 $u_C$ 下降到 $u_C = U_B$ 时,比较器 B 输出发生跳变,使触发器输出端又由高电平变为低电平,$I_2$ 再次断开,$I_1$ 再次向 $C$ 充电,$u_C$ 又随时间线性上升。如此周而复始,产生振荡。

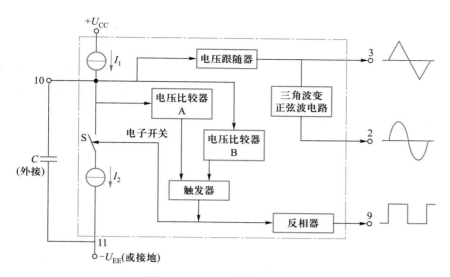

图 8-3-1    8038 内部电路结构

外接电容 $C$ 交替地从一个电流源充电后向另一个电流源放电, 若 $I_2 = 2I_1$, $u_C$ 上升时间与下降时间相等, 就会在电容 $C$ 的两端产生三角波并输出到 3 脚。该三角波经电压跟随器缓冲后, 一路经正弦波变换器变成正弦波后由 2 脚输出, 另一路通过比较器和触发器, 并经过反相器缓冲, 由 9 脚输出方波。当 $I_1 < I_2 < 2I_1$ 时, $u_C$ 的上升时间与下降时间不相等, 3 脚输出锯齿波。

8038 能输出方波、三角波、正弦波和锯齿波四种不同的波形。图 8-3-2 为 8038 外部引脚排列图。各引脚说明如下。

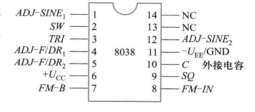

图 8-3-2    8038 外部引脚排列图

1 脚: 正弦波失真度调节。

2 脚: 正弦波输出。

3 脚: 三角波输出。

4 脚: 方波的占空比调节、正弦波和三角波的对称调节, 接电阻 $R_A$。

5 脚: 方波的占空比调节、正弦波和三角波的对称调节, 接电阻 $R_B$。

6 脚: 接正电源 $U_{CC}$。

7 脚: 调频偏置电压输出。

8 脚: 调频控制电压输入。

9 脚: 方波输出 (集电极开路输出)。

10 脚: 外接电容 $C$。

11 脚: 接负电源 $-U_{EE}$ 或接地。

12 脚: 正弦波失真度调节。

13、14 脚: 空脚。

### 8.3.2 集成函数发生器 8038 的典型应用

8038 构成的函数信号发生器如图 8-3-3 所示,振荡频率由电位器 $R_{P1}$ 滑动触头的位置、$C$ 的容量、$R_A$ 和 $R_B$ 的阻值决定,图中 $C_1$ 为高频旁路电容,用以消除 8 脚的寄生交流电压,$R_{P2}$ 为方波占空比和正弦波失真度调节电位器,当 $R_{P2}$ 位于中间时,9 脚、3 脚和 2 脚的输出波形分别为方波、三角波和正弦波。

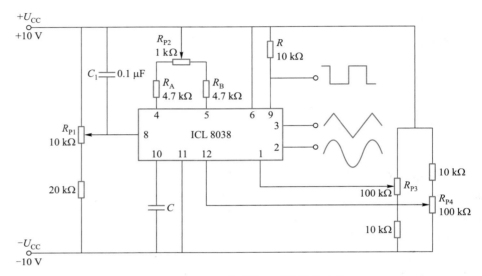

图 8-3-3 8038 构成的函数信号发生器

当 $R_{P2}$ 在中间位置时,调节 $R_{P1}$,可以改变正电源 $+U_{CC}$ 与 8 脚之间的控制电压(即调频电压),振荡频率随之变化,因此该电路是一个频率可调的函数信号发生器。如果控制电压按一定规律变化,则可构成扫频式函数发生器。

## 本章主要概念与重要公式

**一、主要概念**

(1) 反馈式正弦波振荡器的组成环节:放大电路、选频网络、正反馈电路。

(2) 反馈振荡电路的起振条件:相位条件 $\varphi_A + \varphi_F = 2n\pi$、幅度条件 $|AF| > 1$。

(3) 反馈振荡电路的平衡条件:相位条件 $\varphi_A + \varphi_F = 2n\pi$、幅度条件 $|AF| = 1$。

(4) 反馈振荡电路频率稳定条件:振荡电路环路总相移在振荡平衡点处对频率具有负斜率。

(5) 反馈振荡电路幅度稳定条件:振荡电路环路增益在振荡平衡点处对输出幅度具有负斜率。

(6) 三端式 $LC$ 振荡电路的组成原则:三极管 b-e 和 c-e 接同性电抗、b-c 接异性电抗。

## 二、重要公式

（1）LC 正弦波振荡电路的振荡频率

$$f_0 = \frac{1}{2\pi\sqrt{LC}}$$

（2）RC 串并联正弦波振荡器的振荡频率

$$f_0 = \frac{1}{2\pi RC}$$

（3）矩形波发生器输出信号周期与占空比

$$\begin{cases} T = T_1 + T_2 = (R_P + R_{F1} + R_{F2} + 2r_D)\,C\ln\left(1 + 2\frac{R_1}{R_2}\right) \\ K = \frac{T_1}{T_1 + T_2} = \frac{R_{F1} + r_D}{R_P + R_{F1} + R_{F2} + 2r_D} \sim \frac{R_P + R_{F1} + r_D}{R_P + R_{F1} + R_{F2} + 2r_D} \end{cases}$$

（4）锯齿波发生器输出信号周期与占空比

$$\begin{cases} T = T_1 + T_2 = C(R_4 + R_5 + 2r_D)\dfrac{2R_2}{R_1} \\ K = \dfrac{T_2}{T} = \dfrac{T_2}{T_1 + T_2} = \dfrac{R_5 + r_D}{R_4 + R_5 + 2r_D} \end{cases}$$

### 思考题与习题

**E8-1** 用相位平衡条件判断题图 E8-1 所示电路是否能产生正弦波振荡，并说明理由。

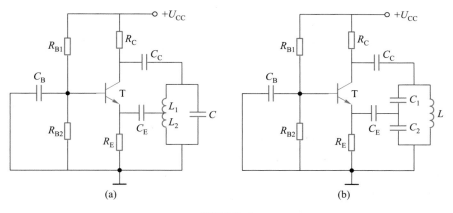

题图 E8-1

**E8-2** 变压器反馈式振荡电路如题图 E8-2 所示。已知电路总电感 $L = 10$ mH，$C = 0.01$ μF。

（1）在图中变压器的二次绕组上标明同名端，使反馈信号的相移满足电路振荡的相位条件。

（2）试估算电路的振荡频率 $f_0$。

**E8-3** 电路如题图 E8-3 所示，请标明变压器的同名端，使反馈信号的相移满足电路振荡的相位条件。若已知电路总电感 $L = 5$ mH，$C = 0.50$ F，求电路振荡频率 $f_0$。

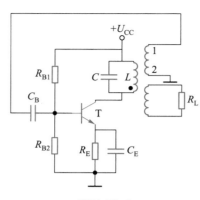

题图 E8-2

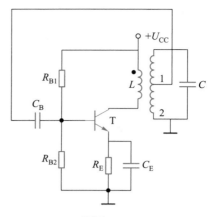

题图 E8-3

E8-4　RC 文氏桥式正弦波振荡电路如题图 E8-4 所示。

（1）分析电路中的反馈支路和类型。

（2）若 $R = 10\ \text{k}\Omega$，$C = 0.062\ \mu\text{F}$，电路振荡频率是多少？

（3）电路的起振条件是什么？

E8-5　试用题图 E8-5 所示的差分放大电路和 RC 选频网络组成文氏桥式正弦波振荡电路，并完成连接。要求满足 $f_0 = 200\ \text{Hz}$，电阻 $R$ 应选多大？设 $C = 0.033\ \mu\text{F}$。

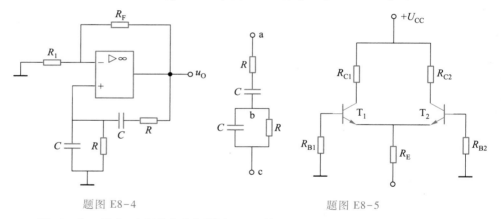

题图 E8-4　　　　　　　　　　　　　题图 E8-5

E8-6　有一桥式 RC 振荡电路如题图 E8-6 所示。

（1）电路满足什么条件才能起振？

（2）导出电路振荡频率的表达式。在电阻 $R = 16\ \text{k}\Omega$，电容 $C = 0.01\ \mu\text{F}$ 时，求振荡频率 $f_0$。

E8-7　由运算放大器构成的正弦波振荡电路如题图 E8-7 所示。

（1）在图中标明运算放大器的同相、反相输入端。

（2）电路起振和哪些参量有关？应如何选择？

（3）振荡频率和哪些参量有关？写出其表达式。

E8-8　三角波发生电路如题图 E8-8 所示。

（1）运算放大器 $A_1$、$A_2$ 各组成何种功能电路？

（2）输出 $u_O$ 为何值时切换运算放大器 $A_1$ 的输出状态？定性画出 $u_O$、$u_{O1}$ 波形。导出电路振荡周期 $T$ 的表达式。若 $R = 15\ \text{k}\Omega$，$C = 0.033\ \mu\text{F}$，$R_1 = 20\ \text{k}\Omega$，$R_2 = 12\ \text{k}\Omega$，$U_Z = 6\ \text{V}$，运算放大器输出最大值 $\pm u_{O\max} = \pm 12\ \text{V}$，求 $T$ 值。

360

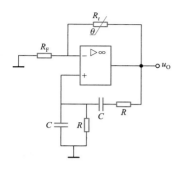

题图 E8-6

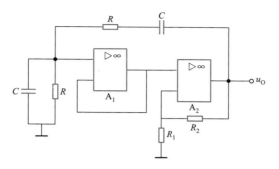

题图 E8-7

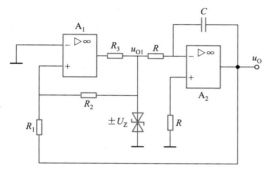

题图 E8-8

**E8-9** 波形发生电路如题图 E8-9 所示。

（1）电路为何种波形发生电路？

（2）定性画出 $u_O$、$u_{O1}$ 的波形。

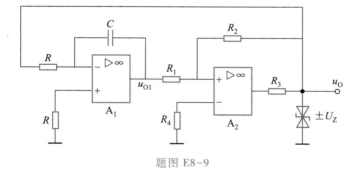

题图 E8-9

# 第 9 章   直流电源

电子设备一般都需要稳定的直流电源供电。直流电可以由直流发电机产生，也可以来自干电池、蓄电池等其他直流能源，但在大多数情况下，是采用将交流电（市电）转变为直流电的直流稳压电源。常用电子仪器或设备的功率一般小于 1 kW，采用单相小功率直流稳压电源供电就可以满足要求，其原理框图如图 9-0-1 所示，它由电源变压器、整流电路、滤波电路和稳压电路四部分组成。电网供给的交流电压 $u_1$（220 V，50 Hz）经电源变压器降压后，得到符合电路需要的交流电压 $u_2$，然后由整流电路变换成方向不变、大小随时间变化的脉动电压 $u_3$，再用滤波器滤去其交流分量，就可得到比较平直的直流电压 $U_1$。但这样的直流输出电压，还会随交流电网电压的波动或负载的变化而变化，在对直流供电要求较高的场合，还需要使用稳压电路，以保证当电网电压或负载在一定范围变化时，都能输出稳定的直流电压 $U_O$。

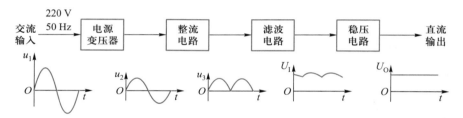

图 9-0-1   单相小功率直流稳压电源原理框图

对需要大功率直流电源的工业设备，则采用三相直流稳压电源。其工作原理与单相直流稳压电源相似，只是其输入是来自电网的三相交流电压，降压需要三相变压器，采用三相整流电路。

在直流稳压电源中，降压、整流、滤波这三个环节的电路一般都比较固定，但稳压环节采用的电路形式较多，典型的有稳压二极管稳压、串联型线性稳压、集成稳压、开关型稳压等，如图 9-0-2 所示。稳压二极管稳压电路是最简单的一种，但它只能用在输出直流电压固定且负载电流较小的场合。在电子电路中，应用更为广泛的是串联型线性稳压（包括集成稳压）和开关型稳压电路。串联型线性稳压器的调整管工作在线性放大区，通过管子的电流和管子两端的电压都较大，因此管子功耗大，稳压电源的效率低（<50%）；开关型稳压器的调整管一般以 10~100 kHz 的频率反复翻转于饱和区和截止区的开关状态工作，因而管子的功耗很低，电源效率可以提高到 80%~90%。但其输出的脉动较大，还会产生尖峰干扰和谐波干扰。集成稳压是将基于串联型线性稳压结构的电

路都集成在一片集成电路中,对外只有输入、输出、公共端三个引出端,具有体积小、可靠性高、使用灵活、价格低廉等优点,目前在小功率直流电源中得到广泛应用。

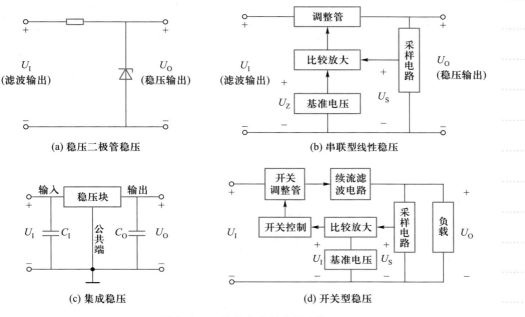

图 9-0-2　几种典型的稳压电路

　　本章将逐一介绍整流滤波电路、稳压二极管稳压电路、串联型线性稳压电路和开关型稳压电路的工作原理及应用。

## 9.1　整流滤波电路

### 9.1.1　整流电路

　　二极管是构成整流电路的关键元件(常称之为整流管),利用其单向导电性将交流电变换成脉动直流电。在第 5 章中已介绍了几种常见的整流电路,下面将单相小功率直流电源常用的三种整流电路的性能列于表 9-1-1 中。

表 9-1-1　单相小功率直流电源常用的三种整流电路的性能

| | 单相半波 | 单相全波 | 单相桥式 |
|---|---|---|---|
| 电路结构 | | | |

续表

| | 单相半波 | 单相全波 | 单相桥式 |
|---|---|---|---|
| 输出电压 $u_O$ 波形 | 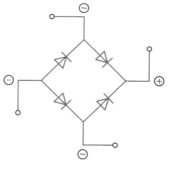 | | |
| 输出电压平均值 $U_O$ | $0.45U_2$ | $0.9U_2$ | $0.9U_2$ |
| 二极管平均电流 $I_D$ | $I_O$ | $\dfrac{I_O}{2}$ | $\dfrac{I_O}{2}$ |
| 二极管最高反向电压 $U_{DRM}$ | $\sqrt{2}\,U_2$ | $2\sqrt{2}\,U_2$ | $\sqrt{2}\,U_2$ |
| 变压器二次电流有效值 $I$ | $1.57I_O$ | $0.79I_O$ | $1.11I_O$ |

　　单相半波整流电路的输出电压脉动较大,变压器利用率低。全波整流电路要求变压器有中间抽头,体积增大,而且在输出相同平均电压的情况下,整流二极管承受的最大反向电压最高。桥式整流电路优势明显,它的输出平均电压高、脉动小,整流管所承受的最大反向电压低,因此,桥式整流电路应用最广。

　　虽然桥式整流电路使用二极管的数量相对较多,但目前已有集成的整流桥产品来代替 4 个分立元件,对外只有 4 个引出端,其中两端为单相交流电压输入端("～"符号),另外两端是整流电压输出的正、负极("+""−"),如图 9-1-1(a)所示。整流桥堆的出现使得桥式整流电路体积减小,成本降低,可靠性增加。图 9-1-1(b)是 0.5~50 A 的全系列桥式整流器,它包含:圆桥 WOB、2WOB、RB 系列;扁桥 KBP、KBL、KBU、KBJ、GBU 系列;方桥 KPBC、BR、DB 系列;贴片桥 MBS 系列。

(a) 整流桥的四个端口　　　　　　　(b) 各种型号的整流桥堆

图 9-1-1　整流桥的端口和各种型号的整流桥堆

364

单相整流电路的功率一般为几瓦到几百瓦,常用在电子仪器中。而对于要求整流功率为几千瓦以上的供电场合,则需要采用三相整流电路(参考第 5 章),大功率情况下采用单相整流电路会造成三相电网负载不平衡,影响供电质量。

### 9.1.2 滤波电路

整流电路虽然都可以将交流电变换为直流电,但输出的是单向脉动电压,含有较大的交流成分。根据第 3 章,全波整流输出 $u_0$ 的傅里叶级数为

$$u_0 = \frac{2\sqrt{2}\,U_2}{\pi}\left\{1 - \frac{2}{3}\cos\,(2\omega t) - \frac{2}{15}\cos\,(4\omega t) - \cdots\right\}$$

式中第一项是直流分量,即整流电压平均值($U_0 = 0.9U_2$),其他是各次谐波分量。交流分量引起的脉动对某些设备(如电镀、蓄电池充电等)是允许的,但在大多数电子设备中,都需要加接滤波电路用于滤去整流输出电压中的交流谐波成分。滤波电路中需要用到电容和(或)电感元件。事实上,根据电感和电容的电抗随频率变化的规律,滤除整流电压中的谐波信号,电感应与负载 $R_L$ 串联,使更多的谐波电压被电感分担,电容应与负载 $R_L$ 并联,使更多的谐波电流被电容旁路。电容 $C$ 与电感 $L$ 之所以具有滤波的作用,还可以从暂态响应角度理解,电容 $C$ 与电感 $L$ 是储能元件,电容电压 $u_C$ 和电感电流 $i_L$ 不能跃变,因此,电容与负载并联能使负载电压的变化趋于平滑,电感与负载串联使负载电流的脉动大大减小。

滤波电路的形式很多,常见的电源滤波电路如图 9-1-2 所示,分为电容滤波电路、电感滤波电路、$LC$ 滤波电路和 $\pi$ 型滤波电路,$\pi$ 型滤波电路又有 $LC$、$RC$ 两种之分。在小功率直流电源中,应用较多的是电容滤波电路,如图 9-1-2(a) 所示,后面将对其作重点分析。

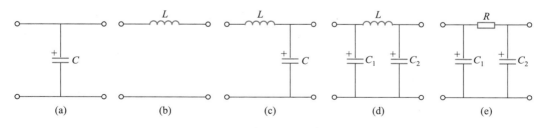

图 9-1-2 常见的电源滤波电路

滤波电路的结构不同,滤波效果等性能也有一定差异,表 9-1-2 给出了五种常用平滑(低通)滤波器的性能比较。

表 9-1-2　五种常用平滑（低通）滤波器的性能比较

| 类型 | 滤波效果 | 对整流管的冲击电流 | 带负载能力 |
|---|---|---|---|
| 电容滤波电路 | 对小电流输出较好 | 大 | 差 |
| 电感滤波电路 | 对大电流输出较好 | 小 | 强 |
| $LC$ 型滤波电路 | 适应性较强 | 小 | 强 |
| $RC$-π 型滤波电路 | 对小电流输出较好 | 大 | 差 |
| $LC$-π 型滤波电路 | 适应性较强 | 大 | 较差 |

### 一、电容滤波电路

在整流电路的负载电阻 $R_L$ 两端并联一个足够大的电容，就构成了电容滤波电路，如图9-1-3（a）所示，电路中整流电路是单相半波整流电路，还可以是其他整流电路。电容滤波电路是依据电容两端电压不能突变的特性来工作的。下面介绍电容滤波电路的工作情况。

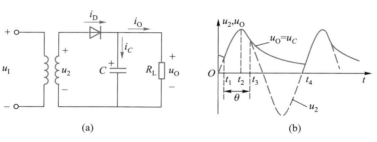

(a)　　　　　　　　　　(b)

图 9-1-3　带电容滤波的单相半波整流电路

当 $u_2$ 从零开始正向增大时，到达 $t_1$ 时刻，$u_2 \geqslant u_c$，使得二极管 D 导通，电源向负载电阻 $R_L$ 供电的同时，对电容 $C$ 充电。如果忽略二极管的正向压降，有 $u_0 = u_c = u_2$，到 $t_2$ 时刻，随着 $u_2$ 增大到幅值 $\sqrt{2}\,U_2$，电容电压也充电到 $\sqrt{2}\,U_2$。

过了 $t_2$ 时刻，$u_2$ 开始按正弦规律下降，电容 $C$ 也开始放电。开始时，$u_2$ 下降的速度比电容 $C$ 放电的速度慢，也就是说 $u_2 \geqslant u_c$，二极管 D 仍导通，负载两端的电压仍为 $u_0 = u_c = u_2$，流过的电流一方面由变压器二次绕组通过二极管提供，另一方面由电容 $C$ 放电提供。$u_0$ 波形如图9-1-3（b）所示的 $t_2 \sim t_3$ 段。

过了 $t_3$ 时刻，$u_2$ 下降得比 $u_c$ 快，使得 $u_2 \leqslant u_c$，此时二极管 D 反向截止。电容 $C$ 通过负载 $R_L$ 放电，电容电压 $u_c$ 按指数规律下降，放电时间常数 $\tau = R_L C$，只要 $C$ 取得足够大，$u_c$ 下降的速度就很慢。因为 $u_0 = u_c$，所以负载两端的电压 $u_0$ 下降也很慢，也就是比较平稳，减少了脉动成分。直到 $u_2$ 的下一个正半周到来，两曲线相交的 $t_4$ 时刻起，又有 $u_2 \geqslant u_c$，二极管 D 再次导通，电源又开始向负载供电和向电容充电，重复前面的过程。如此不断地重复，在负载 $R_L$ 上便得到如图9-1-3（b）所示的电压 $u_0$ 波形。可见输出电压 $u_0$ 的脉动程度得到很大改善，输出电压的平均值 $U_0$ 也大为提高。而且这两者都与电容 $C$ 放电的时间常数 $\tau$

密切相关。当负载开路，$R_L = \infty$，电容 $C$ 充电到最大值 $\sqrt{2}\,U_2$ 后，因没有放电回路，输出电压 $u_0$ 保持为 $\sqrt{2}\,U_2$。当负载增大，$R_L$ 减少，$\tau$ 变小，电容放电加快，输出电压 $u_0$ 下降较多，脉动成分加大。输出电压随负载变化有较大影响，即外特性较差，或者说带负载能力差。有、无电容滤波的单相半波整流电路的外特性曲线如图9-1-4所示。

工程上，通常滤波电路输出电压平均值 $U_0$ 取

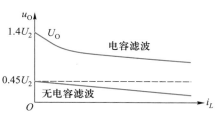

$$\begin{cases} U_0 = U_2 & (半波整流) \\ U_0 = 1.2U_2 & (全波整流) \end{cases}$$

$$(9-1-1)$$

为得到较平滑的输出电压，滤波电容的取值可按下式考虑

图 9-1-4　有、无电容滤波的单相
半波整流电路的外特性曲线

$$R_L C \geqslant 5 \times \frac{T}{2} = 2.5T \qquad (9-1-2)$$

式中，$T$ 是交流电源电压的周期。由于 $R_L = \dfrac{U_0}{I_0}$，代入式（9-1-2），有

$$C \geqslant \frac{2.5TI_0}{U_0} = \frac{2.5I_0}{U_0 f} \qquad (9-1-3)$$

滤波电容的数值一般取几十微法到几千微法，以电源的最大负载电流 $I_{Omax}$ 确定，通常采用有极性的电解电容，其耐压选取应大于输出电压的最大值，并留有一定的安全余量。

整流电路加电容滤波后，整流元件的工作条件发生了一些变化。这时整流二极管的导通时间仅为 $t_1 \sim t_3$ 期间，即导通角度（导通时间所对应的角度）由 $\pi$ 减小到 $\theta$，如图 9-1-3（b）所示。二极管的导通时间短了，但流过的电流却大了，除了供给负载外，还包括向电容充电的电流，势必增大二极管正向电流的峰值，产生冲击电流，而且导通角越小，冲击电流越大，容易损坏管子，所以在选用二极管时要注意对最大整流电流留有一定余量。此外，没有电容滤波的单相半波整流电路中二极管承受的最大反向电压，为变压器二次电压的最大值 $\sqrt{2}\,U_2$，加了电容滤波后，除承受交流电压负半周电压外，还要承受电容的充电电压。在交流电压负半周最大值时，电容上的充电电压也为最大值 $\sqrt{2}\,U_2$，这样加在二极管上的最大反向电压成为 $2\sqrt{2}\,U_2$，这点在选管时也要加以注意。而对于单相桥式整流电路，当整流二极管都不导通时，两个截止的二极管分担滤波电容两端的输出电压（反向），而有一对二极管导通时，截止的二极管等效反向跨接在变压器二次侧两端，承受最大反向电压 $\sqrt{2}\,U_2$，因此加与不加电容滤波，对二极管的最大反向电压影响不大。

总之,电容滤波电路简单,输出直流电压 $U_0$ 高,脉动程度小,波形较平滑,但外特性差,有冲击电流。因此,电容滤波电路一般用于要求输出电压较高,负载电流较小且变化也较小的场合。

**例 9-1-1**　有一单相桥式整流电容滤波电路如图 9-1-5 所示。已知交流电源频率为 50 Hz,负载电阻 $R_L = 100\ \Omega$,要求直流电压 $U_0 = 12$ V,试选择整流二极管和滤波电容器。

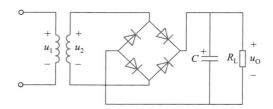

图 9-1-5　例 9-1-1 电路

**解**:(1) 选择整流二极管。流过二极管的电流

$$I_D = \frac{1}{2}I_0 = \frac{1}{2}\frac{U_0}{R_L} = \frac{12}{2 \times 100}\ \text{A} = 60\ \text{mA}$$

按式(9-1-1),取 $U_0 = 1.2 U_2$,则变压器二次电压有效值为

$$U_2 = \frac{U_0}{1.2} = \frac{12}{1.2}\ \text{V} = 10\ \text{V}$$

二极管承受的最高反向电压

$$U_{DRM} = \sqrt{2}\,U_2 = \sqrt{2} \times 10\ \text{V} \approx 14.1\ \text{V}$$

故可选用 2CP10 硅普通二极管,最大整流电流为 100 mA,反向工作峰值电压为 25 V。

(2) 选择滤波电容器。按式(9-1-3),有

$$C \geqslant \frac{2.5TI_0}{U_0} = \frac{2.5I_0}{U_0 f} = \frac{2.5 \times 0.12}{12 \times 50}\ \text{F} = 500\ \mu\text{F}$$

选用电解电容 $C$ 为 500 μF,耐压大于 14.1 V,取 25 V。

### 二、电感滤波电路

在桥式整流电路与负载间串入一电感 $L$ 就构成了电感滤波电路,如图9-1-6所示。

电感之所以能滤波是利用了流过电感的电流不能突变的特性,当流过电感线圈的电流发生变化时,电感线圈会产生感应电动势阻碍电流的变化,从而使流过负载的电流的脉动成分大为减少,达到滤波的目的。

从电路结构看,整流输出电压在电感与负阻电阻串联电路上分压,由于经整流后得到的单向脉动直流电压,其中既含有直流分量,又含有各次谐波分量。电感 $L$ 的感抗 $X_L = \omega L$,对直流分量频率 $f = 0$,$X_L = 0$,相当于短路,直流分量几乎全部降在 $R_L$ 上。对谐波分量频率 $f$ 越高,感抗 $X_L$ 越大,交流分量大部分降在感抗

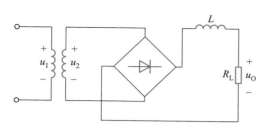

图 9-1-6 电感滤波电路

$X_L$ 上。因此,在输出端得到比较平滑的直流电压,起到滤波的作用。显然,电感越大,电源频率越高,滤波的效果越好。

如果忽略线圈内阻,输出电压 $U_O$ 主要是整流电压的直流分量

$$U_O = \frac{2\sqrt{2}}{\pi}U_2 = 0.9U_2 \qquad (9-1-4)$$

因为电感线圈感应电动势的作用,电感滤波电路中整流二极管的导通角比电容滤波电路的导通角大,流过二极管的冲击电流小,对整流二极管的要求较低,电感滤波的外特性也比较好,负载能力较强,适合负载电流大的场合。但对于大电感,线圈的匝数多,不但体积大,线圈的直流电阻也较大,损耗了一定的直流电压,输出电压减小,使电感滤波电路的应用受到一定限制。

### 三、电感电容($LC$)和电阻电容($RC$)滤波电路

只用电容滤波或电感滤波,往往不能满足要求。为进一步减少输出电压的脉动成分,可采用电感电容($LC$)和电阻电容($RC$)复式滤波电路。

图 9-1-7 是 $LC$ 滤波电路。整流输出电压的各次谐波分量大部分降落在电感线圈上,频率越高,降落得越多,少量谐波分量的残余又大多降落在电容 $C$ 上,只有直流分量能顺利通过电感线圈,而电容对直流分量相当于开路,所以直流分量几乎全部降落在负载电阻 $R_L$ 上。$LC$ 滤波电路实质上相当于进行了两次滤波。

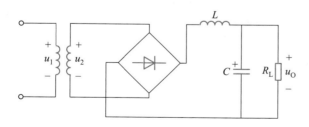

图 9-1-7 $LC$ 滤波电路

由于滤波用的电感线圈一般都有铁心,笨重、体积大,制作和安装都不方便,故电感电容滤波一般只适用于负载电流较大,要求输出电压脉动很少的场合。在一般小功率晶体管型电子设备中,多采用图 9-1-8 所示的 $RC$ 滤波电路。

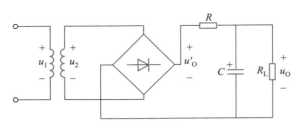

图 9-1-8　RC 滤波电路

在 $RC$ 滤波电路中，电容 $C$ 对 $u_O'$ 的直流分量 $U_O'$ 相当于开路，负载上的直流电压 $U_O$ 为负载电阻 $R_L$ 与 $R$ 对 $U_O'$ 的分压所得

$$U_O = \frac{R_L}{R + R_L} U_O' \qquad (9-1-5)$$

为了使滤波电阻 $R$ 上的直流压降不过大，在选择 $R$ 的阻值时，可按下式考虑

$$R I_O = (0.1 \sim 0.2) U_O \qquad (9-1-6)$$

对于 $u_O'$ 的各次交流谐波分量，只要滤波电容 $C$ 选得足够大，其容抗 $X_C$ 就能远小于负载电阻 $R_L$ 的阻值，它们的并联等效阻抗基本上等于容抗 $X_C$，阻抗值很小。从而并联等效阻抗也远小于滤波电阻 $R$，使得各次谐波电压的绝大部分都降落在滤波电阻 $R$ 上，负载电阻 $R_L$ 上（即并联等效阻抗上）所得的谐波电压很小，这样就达到了滤波的效果。

选取滤波电容 $C$ 时，可从二次谐波出发（根据第 3 章分析，全波整流输出中不含有基波成分，二次谐波的幅值最大），只要电容 $C$ 对二次谐波的容抗 $\frac{1}{2\omega C}$ 比滤波电阻 $R$ 阻值小得多（工程上取 $3 \sim 5$ 倍），就能获得较好的滤波效果，对其他高次谐波的效果就更好，一般可取

$$C = \frac{3 \sim 5}{2\omega R} = \frac{3 \sim 5}{4\pi f \times R} \qquad (9-1-7)$$

**例 9-1-2**　某负载要求直流电压 $U_O = 12$ V，直流电流 $I_O = 100$ mA，拟采用带 $RC$ 滤波器的单相桥式整流电路作直流电源，试计算此滤波器 $R$ 和 $C$ 的值。

**解**：取滤波电阻上的直流压降为

$$R I_O = 0.1 U_O = 0.1 \times 12 \text{ V} = 1.2 \text{ V}$$

故 $R = \dfrac{1.2}{0.1}\ \Omega = 12\ \Omega$，按式（9-1-8）取 $C = \dfrac{5}{4\pi f \times R}$，代入电源频率 $f = 50$ Hz 得

$$C = \frac{5}{4\pi \times 50 \times 12} \text{ F} \approx 663\ \mu\text{F}$$

**四、π 型滤波电路**

为了使滤波效果更好，可以在 $LC$ 滤波电路的前面再并联一个滤波电容 $C_1$，

构成如图 9-1-9 所示的 π 型 $LC$ 滤波电路,它的输出电压 $u_O$ 比 $LC$ 滤波电路更平滑,但整流二极管的冲击电流较大。

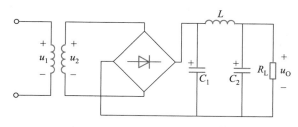

图 9-1-9    π 型 $LC$ 滤波电路

在负载电流较小的场合,图 9-1-9 中的电感常用电阻代替,构成 π 型 $RC$ 滤波电路,如图9-1-10所示,它相当于电容滤波电路后加一个 $RC$ 滤波电路。

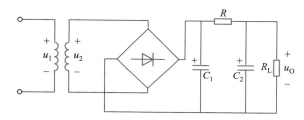

图 9-1-10    π 型 $RC$ 滤波电路

## 9.2　稳压二极管稳压电路

　　经整流和滤波后的电压虽然纹波较小,基本可以满足充电器、电解电镀、直流输电这些要求不太高的电子设备的需要,但是,交流电源电压的波动和负载的变化都会直接引起输出电压不稳定,直流电源电压不稳定会使电路产生测量和计算的误差,引起控制装置的工作不稳定。因此,只经整流、滤波的输出电压还不能满足要求有非常稳定直流电源供电的电子电路,需要在整流和滤波的基础上,再增加稳压电路部分,使得在电网电压波动或负载变化时,都能为负载提供稳定的输出直流电压。

　　实际应用中,要求电压源的输出电压尽可能地稳定,基本与电网电压、负载及环境温度的变化无关,显然,仅仅通过整流和滤波是不能实现这个目标的。本节先介绍一种最基本的直流稳压电源——采用稳压二极管稳压电路的直流稳压电源,在后面的几节还将介绍更普遍使用的几种直流稳压电路。

### 一、稳压二极管稳压电路结构

　　采用稳压二极管稳压的直流稳压电源电路如图 9-2-1 所示,点画线框内是稳压二极管稳压电路。稳压二极管与负载并联,选择合适的限流电阻 $R$,使稳压二极管工作在稳压区(即反向击穿区)内,这样当其电流 $I_Z$ 在一定范围内($I_{Zmin}$~$I_{Zmax}$)变化时能保证其上电压 $U_Z$ 基本稳定,而输出电压 $U_O = U_Z$。

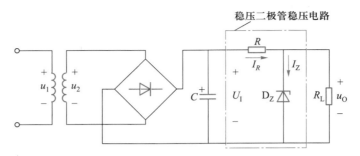

图 9-2-1　采用稳压二极管稳压的直流稳压电源电路

### 二、稳压二极管稳压电路工作原理

引起输出电压不稳定的原因是交流电源（或电网）电压的波动和负载（电流）变化的影响。下面分别讨论这两个因素影响下稳压电路的稳压原理。

当电网电压 $u_1(u_2)$ 升高时，整流滤波输出 $U_I$ 随之升高，引起输出电压 $U_O$ 升高，$U_O$ 即 $U_Z$，由稳压二极管稳压特性（第 5 章）可知，当稳压二极管的反向电压 $U_Z$ 稍有增加，稳压二极管电流 $I_Z$ 显著增加，引起电阻 $R$ 上的电流 $I_R$ 和电压降 $RI_R$ 也迅速增大，这部分增量抵消了因电网电压升高而引起的 $U_I$ 的增量，从而使输出电压保持基本不变，工作原理如图 9-2-2（a）所示。当电网电压 $u_1(u_2)$ 降低时，调节过程与上述相反，读者可自行分析。

(a) 电网电压变化稳压过程 　　　　　　　　(b) 负载变化稳压过程

图 9-2-2　稳压二极管稳压电路的工作原理

若负载电阻 $R_L$ 变小，则负载电流 $I_O$ 可能变大，引起电阻 $R$ 上的电流 $I_R$ 和电压降 $RI_R$ 也增大。由于 $U_I$ 保持不变，可能导致输出电压 $U_O$ 减小。但 $U_O(U_Z)$ 减小将引起 $I_Z$ 显著减小，这部分减量抵消了电流 $I_R$ 的增量，使通过电阻的电流 $I_R$ 和电阻上的压降 $RI_R$ 保持基本不变，因而使输出电压 $U_O$ 基本不变，稳压原理如图 9-2-2（b）所示。负载电流 $I_O$ 减小时，稳压过程与上述相反，读者可自行分析。

稳压二极管稳压电路之所以能保持输出电压 $U_O$ 基本不变，是因为稳压二极管能在稳压值微小变化的情况下自动调节流过自身的电流 $I_Z$ 的大小，并与限流电阻 $R$ 配合，将电流的变化转化为电压的变化（调节 $R$ 上的电压），以适应电网电压或负载的变化，从而达到稳定输出电压的效果。但稳压的前提是 $I_Z$ 的调节必须在 $I_{Zmin} \sim I_{Zmax}$ 范围内，若 $I_Z < I_{Zmin}$，则稳压性能变差；若 $I_Z > I_{Zmax}$，则稳压二极管可能会因过热而损坏。

### 三、稳压电路元件的选择

稳压电路输出电压数值直接由稳压二极管的参数 $U_Z$ 确定。选择稳压二极

管时,一般

$$U_Z = U_O \quad I_{Zmax} = (1.5 \sim 3)I_{Omax} \quad U_I = (2 \sim 3)U_O$$

限流电阻的确定则由多方面因素决定。要使稳压二极管正常工作,则流过稳压二极管的电流必须在 $I_{Zmin} \sim I_{Zmax}$ 之间。如果负载电流的变化范围为 $I_{Omin} \sim I_{Omax}$,电源电压波动使滤波输出电压 $U_I$ 在 $U_{Imin} \sim U_{Imax}$ 之间变化,则当 $I_O = I_{Omax}$、$U_I = U_{Imin}$时,稳压二极管中流过的电流最小,但要求大于 $I_{Zmin}$,即

$$I_Z = \frac{U_{Imin} - U_Z}{R} - I_{Omax} \geqslant I_{Zmin}$$

当 $I_O = I_{Omin}$、$U_I = U_{Imax}$时,稳压二极管中流过的电流最大,但要求小于 $I_{Zmax}$,即

$$I_Z = \frac{U_{Imax} - U_Z}{R} - I_{Omin} \leqslant I_{Zmax}$$

因此,限流电阻的取值范围为

$$\frac{U_{Imax} - U_Z}{I_{Zmax} + I_{Omin}} \leqslant R \leqslant \frac{U_{Imin} - U_Z}{I_{Zmin} + I_{Omax}}$$

如果此范围不存在,则说明稳压二极管稳压电路不能满足要求,需要选用其他型号的稳压二极管(增大最大稳压电流),或采用其他类型的稳压电路。

稳压二极管稳压电路结构简单,但缺点也很明显,首先,$I_Z$ 的调节范围仅仅几十毫安,当电网电压一定时,大大限制了负载电流 $I_O$ 的变化范围,一般只能用于负载变化很小的场合;其次,输出电压 $U_O \approx U_Z$ 固定,难以选择到完全满足负载需要的稳压二极管,而且受到稳压二极管性能的影响,输出电压的稳定性不高,输出电压不可调节。

**例 9-2-1**　直流稳压电源电路如图 9-2-1 所示,已知 $U_I = 30$ V,稳压二极管 $D_Z$(2CW18)的稳定电压 $U_Z = 10$ V,最小稳定电流 $I_{Zmin} = 5$ mA,最大稳定电流 $I_{Zmax} = 20$ mA,固定负载电阻 $R_L = 2$ kΩ。求当 $U_I$ 变化 ±10% 时,限流电阻 $R$ 的取值范围。

**解:**由于输出电压 $U_O = U_Z = 10$ V,固定负载电流

$$I_O = \frac{U_O}{R_L} = \frac{10}{2}\ mA = 5\ mA$$

当 $U_I$ 变化 +10% 时,$U_I = U_{Imax} = 33$ V

$$U_R = U_{Imax} - U_O = (33 - 10)\ V = 23\ V$$

$$I_R = I_{Zmax} + I_O = (20 + 5)\ mA = 25\ mA$$

$$R = \frac{U_R}{I_R} = \frac{23}{25}\ kΩ = 0.92\ kΩ$$

当 $U_I$ 变化 -10% 时,$U_I = U_{Imin} = 27$ V

$$U'_R = U_{\text{Imin}} - U_O = (27 - 10)\ \text{V} = 17\ \text{V}$$

$$I'_R = I_{\text{Zmin}} + I_O = (5 + 5)\ \text{mA} = 10\ \text{mA}$$

$$R' = \frac{U'_R}{I'_R} = \frac{17}{10}\ \text{k}\Omega = 1.7\ \text{k}\Omega$$

故电阻 $R$ 的取值范围为

$$0.92\ \text{k}\Omega < R < 1.7\ \text{k}\Omega$$

### 四、电压可调的稳压二极管稳压电路

图 9-2-1 所示的稳压电源输出电压完全由稳压二极管的稳定电压决定,大小固定,在使用中很不方便。图 9-2-3 是输出电压可调的稳压二极管稳压电路,改变 $R_F$ 值可以调节输出电压的变化范围,并引入电压负反馈使输出电压更稳定。

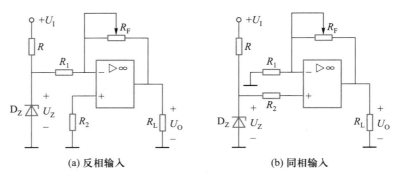

图 9-2-3　输出电压可调的稳压二极管稳压电路

由图 9-2-3(a) 可得 $U_O = -\dfrac{R_F}{R_1}U_Z$,由图 9-2-3(b) 可得 $U_O = \left(1 + \dfrac{R_F}{R_1}\right)U_Z$。电路中,输入电压 $U_I$ 和集成运算放大器的工作电源均由稳压环节之前的整流滤波电路提供脉动直流电压,图中省略了变压、整流、滤波环节。

## 9.3　串联型线性稳压电路

图 9-2-3 所示的稳压二极管稳压电路虽然结构简单,但带负载能力差,一般只用来提供基准电压,不能作为电源使用。为扩大集成运算放大器输出电流的变化范围,将图 9-2-3(b) 所示电路中运算放大器的输出端接到大功率晶体管 T 的基极,而从 T 的发射极输出电压,得到图 9-3-1(a) 所示的稳压电源电路,由于起调整作用的核心元件 T 与负载 $R_L$ 串联且工作于线性放大区,故称为串联型线性稳压电路。其工作原理可用图 9-3-1(b) 所示的框图来说明。图中 $U_I$ 为整流滤波电路输出的脉动电压,图中省略了整流滤波环节。

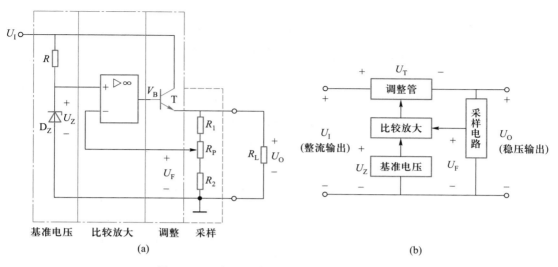

图 9-3-1 串联型线性稳压电路及其原理框图

图 9-3-1 中,$U_I$ 是整流滤波电路的输出电压,存在脉动或纹波;晶体管 T 为调整管;集成运算放大器为比较放大电路;由稳压二极管 $D_Z$ 与限流电阻 $R$ 串联所构成的简单稳压电路产生基准电压 $U_{REF} = U_Z$;电阻 $R_1$、$R_2$ 和电位器 $R_P$ 组成采样网络,从输出电压采样产生反馈电压 $U_F$。

$$U_F = \frac{R_2 + R_{P2}}{R_1 + R_2 + R_P} U_O = F U_O$$

式中,$R_{P2}$ 为电位器触头下半部分电阻值。输出电压的变化量由反馈电路采样,经比较放大电路之后去控制晶体管 T 的 C、E 极间的电压降 $U_{CE}$,从而达到稳定输出电压 $U_O = U_I - U_{CE}$ 的目的。

当输入电压 $U_I$ 发生变化(或负载电流 $I_O$ 变化)时,会导致输出电压 $U_O$ 变化,电路中反馈环路开始动作,如图 9-3-2 所示,维持 $U_O$ 基本恒定。

$$\uparrow (U_Z - U_F) \Leftarrow \downarrow U_F \Leftarrow \downarrow U_O \Leftarrow \downarrow U_I \uparrow \Rightarrow U_O \uparrow \Rightarrow U_F \uparrow \Rightarrow (U_Z - U_F) \downarrow$$

$$\Updownarrow \quad \text{维持输出不变} \quad \Updownarrow$$

$$\longrightarrow V_B \uparrow \Rightarrow U_O \uparrow \qquad \downarrow U_O \Leftarrow \downarrow V_B \longleftarrow$$

图 9-3-2 串联稳压电路反馈调节原理

从反馈放大电路的角度来看,这种电路属于电压串联负反馈电路。反馈越深,调整作用越强,输出电压也越稳定。在深度负反馈条件下

$$U_O = \frac{R_2 + R_1 + R_P}{R_2 + R_{P2}} U_F = \frac{R_2 + R_1 + R_P}{R_2 + R_{P2}} U_Z \qquad (9-3-1)$$

当电位器 $R_P$ 的滑动端移至最下端时,$R_{P2} = 0$,输出电压达到最大值

$$U_{\text{Omax}} = \frac{R_1 + R_P + R_2}{R_2} U_Z \qquad (9 - 3 - 2)$$

当电位器 $R_P$ 的滑动端移至最上端时，$R_{P2} = R_P$，输出电压达到最小值

$$U_{\text{Omin}} = \frac{R_1 + R_P + R_2}{R_2 + R_P} U_Z \qquad (9 - 3 - 3)$$

图 9-3-1(a)中运算放大器可以用晶体管代替，构成非常简单实用的串联型线性稳压电路，如图 9-3-3 所示。

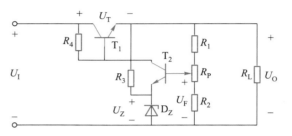

图 9-3-3　晶体管作为比较环节的串联型稳压电路

晶体管 $T_2$ 和 $R_4$ 组成比较放大器，其中 $T_2$ 的发射极电位被稳定在稳压二极管 $D_Z$ 的稳定电压 $U_Z$(基准电压)上。比较放大器的基极接反馈采样电压 $U_F$，完成反馈采样电压与基准电压的比较，比较放大器($T_2$)的集电极接调整管基极，实现对调整管的控制。

为了保证调整管始终处于线性区，要求串联型稳压电路调整管上调整电压应不低于 2~3 V(最不利状况下)，输出电流完全流过调整管，因此，调整管上消耗功率较大，在选用晶体管时应充分考虑功率容量，同时要做好晶体管的散热处理。

串联型线性稳压电路在小功率电子设备中得到广泛的应用，基于这种稳压电路的结构，已经推出了将稳压电路集成在一起的单片集成稳压电路。

## 9.4　集成稳压电路

目前，在电子设备中已广泛使用集成稳压器，它是在图 9-3-1(a)所示的串联型线性稳压电路的基础上，增加电压、电流等保护电路，而制成的单片集成稳压电路。图 9-4-1(a)(b)分别为 78×× 和 79×× 系列稳压器的外形和接线图。因为集成稳压器对外只有输入、输出和公共端三个引出端，故又称为三端稳压器。图 9-4-1(b)中 $U_I$ 为整流滤波电路输出的脉动电压，稳压部分只需在集成稳压器的输入端和输出端与公共端各并联一个电容即可，使用非常方便。$C_I$ 用以抵消输入端较长接线的电感效应，防止产生自激振荡，接线不长时也可以不用。$C_O$ 是为了瞬时增减负载电流时不致引起输出电压有大的波动。$C_I$ 一般在 0.1~1 μF 之间，常用 0.33 μF。$C_O$ 常用值为 1 μF。

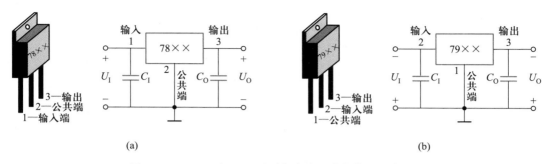

图 9-4-1 78×× 和 79×× 系列集成稳压器的外形和接线图

使用集成稳压器可以避免因采用较多的分立元件而造成接线复杂,具有体积小、可靠性高、使用灵活、价格低廉等优点。

**一、三端稳压器的分类与型号**

根据输出电压的极性和输出值固定与否,三端稳压器分类如下:

(1)三端固定正输出集成稳压器:CW78H/ CW78/CW78M/CW78L。

(2)三端固定负输出集成稳压器:CW79H/ CW79/CW79M/CW79L。

(3)三端可调正输出集成稳压器:CW117/CW117M/CW117L 等。

(4)三端可调负输出集成稳压器:CW137/CW137M/CW137L 等。

78×× 系列输出为正电压,根据输出电流等级不同分为 78L××、78M××、78×× 和 78H×× 等系列产品,最大输出电流分别为 0.1 A、0.5 A、1.5 A 和 5 A。输出电压由 ×× 表示,有 5 V、6 V、9 V、12 V、15 V、18 V 和 24 V 共 7 挡。如 7805 表示其输出电压为 +5 V、最大输出电流为 1.5 A。与 78×× 系列对应的有 79×× 系列,输出为负电压,例如 79M12 表示输出电压为 -12 V 和最大输出电流为 0.5 A。下面介绍几种采用三端集成稳压器的直流稳压电源。

**二、输出固定电压的稳压电源**

一般来说,输出正电压采用 78×× 系列稳压器,输出负电压采用 79×× 系列稳压器,输出正、负电压要同时使用 78×× 和 79×× 系列稳压器。

1. 输出固定正电压的稳压电源

输出固定正电压的稳压电源如图 9-4-2 所示。

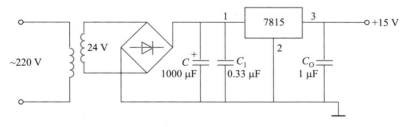

图 9-4-2 输出固定正电压的稳压电源

**2. 输出固定负电压的稳压电源**

输出固定负电压的稳压电源如图 9-4-3 所示。

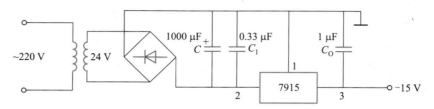

图 9-4-3　输出固定负电压的稳压电源

**3. 同时输出固定正、负电压的稳压电源**

如图 9-4-4 所示,图中稳压器 7815 和 7915 的公共端相连,作为输出电路的公共地端,就可以同时输出 +15 V 和 -15 V。

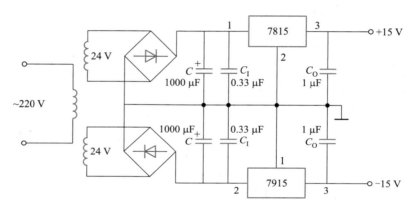

图 9-4-4　同时输出固定正、负电压的稳压电源

**4. 提高输出电压的电路**

图 9-4-5 所示的电路能使稳压电源的输出电压高于集成稳压器的固定输出电压。

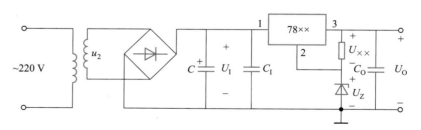

图 9-4-5　输出电压的扩展

图中,$U_{\times\times}$ 为 78×× 稳压器的固定输出电压,电路输出电压为 $U_O = U_{\times\times} + U_Z$。

**5. 输出电流的扩展**

图 9-4-6 是扩大 78×× 输出电流的电路, 晶体管 T 在导通状态下向输出端提供额外的电流 $I_C$, 从而增大输出电流为 $I_O = I_C + I_3$。

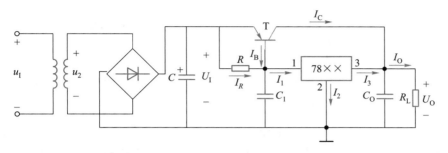

图 9-4-6　扩大 78×× 输出电流的电路

在图 9-4-6 所示电路中, 当输出电流 $I_O$ 较小时, $U_{EB} = U_R < U_{on} = 0.3$ V, 此时晶体管 T 截止, $I_C = 0$, $I_O = I_3$, 无扩展电流的必要。负载过载时, $R_L$ 减小, 因输出电压 $U_O$ 基本不变, 导致负载电流 $I_O$ 和稳压器的输出电流 $I_3$ 增大。一般 $I_2$ 很小可忽略不计, 因此, $I_1 \approx I_3$ 也增大。此时, 电阻 $R$ 的端电压 $U_R$ 增大, $U_{EB} = U_R = U_{on}$, 因此晶体管 T 导通, $I_C > 0$, 使输出电流 $I_O$ 增加为 $I_O = I_C + I_3 > I_3$。

$$I_O = I_3 + I_C \approx I_1 + I_C = (1 + \beta)I_3 - \beta \frac{|U_{BE}|}{R}$$

式中, $\beta$ 是晶体管 T 的电流放大倍数。设 $\beta = 10$, $U_{BE} = -0.3$ V, $R = 0.5$ Ω, $I_3 = 1$ A, 则由上式可得最大输出电流扩大为 5 A。

### 三、输出电压可调的稳压电源

有些应用场合要求输出电压具有一定的调节范围, 可以使用三端可调式集成稳压器。三端可调式集成稳压器, 其三个接线端分别为输入端 IN($U_I$)、输出端 OUT($U_O$) 和调节端 ADJ(adjust)。下面以 LM117 和 LM137 为例, 给出其典型应用电路。LM117 是一种三端可调正输出稳压器, LM137 是三端可调负输出稳压器。

LM117 系列稳压器的基本工作电路如图 9-4-7(a) 所示, 典型应用电路如图 9-4-7(b) 所示。

工作中 LM117 的调整端电流 $I_{ADJ} = 50$ μA, 远小于输入电流 $I_{IN}$, 可以忽略, 输出端和调节端之间存在 1.2~1.25 V 的基准电压 $U_{REF}$, 加在电阻 $R_1$ 上, 产生恒定电流流过可调电阻 $R_2$, 得到的输出电压为

$$U_O = R_2 \left( \frac{U_{REF}}{R_1} + I_{ADJ} \right) + U_{REF} = \left( 1 + \frac{R_2}{R_1} \right) U_{REF} + R_2 I_{ADJ}$$

$$\approx \left( 1 + \frac{R_2}{R_1} \right) U_{REF} \qquad\qquad (9-4-1)$$

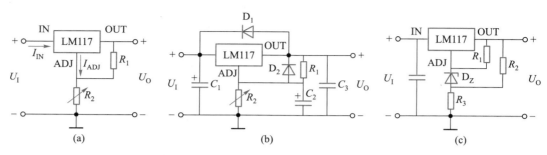

图 9-4-7　LM117 稳压器的应用电路

LM117 系列稳压器本身具有较高的稳压精度,但调节端通过电阻 $R_2$ 接地,这样输出电压的精度会受到 $R_2$ 的变化和调节端电流变化的影响。为消除电阻 $R_2$ 的影响,可以采用高精度稳压二极管代替电阻 $R_2$,电路如图 9-4-7(c)所示,电阻 $R_3$ 可以对输出电压微调,输出电压为

$$U_\mathrm{O} = \left(1 + \frac{R_3}{R_2}\right)(U_\mathrm{REF} + U_\mathrm{Z}) \tag{9-4-2}$$

图 9-4-8 为同时输出可调正、负电压的稳压电路,由 LM117 和 LM137 组成正、负输出电压可调的稳压器。为保证空载情况下输出电压稳定,$R_1$ 和 $R_1'$ 的阻值不宜高于 240 Ω,典型值为(120~240) Ω。电路中 $R_1$、$R_1'$ 两端的电压即 $U_\mathrm{REF}$ = 1.2 V,$R_2$ 和 $R_2'$ 的大小根据输出电压调节范围确定。该电路输入电压 $U_\mathrm{I}$ 分别为 ±25 V,则输出电压可调范围为 ±(1.2~20) V。

注意:这类稳压器是依靠外接电阻来调节输出电压的,为保证输出电压的精度和稳定性,要选择精度高的电阻,同时电阻要紧靠稳压器,防止输出电流在连线电阻上产生误差电压。另外,图 9-4-7、图 9-4-8 中的 $U_\mathrm{I}$ 为整流滤波电路输出的脉动电压,图中省略了整流滤波电路。

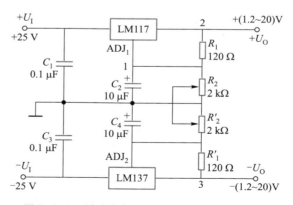

图 9-4-8　同时输出可调正、负电压的稳压电路

380

## 9.5 开关型稳压电路

串联型线性稳压电源通过调节晶体管集电极与发射极之间的电压 $U_{CE}$ 来稳定输出电压,因此晶体管必须工作在线性放大区,其管压降 $U_{CE}$ 为稳压电源输入电压和输出电压之差,且负载电流全部通过晶体管,损耗较大、效率低(40% ~ 60%),有时还需要配备散热器,导致电路的体积增大。为克服这些缺点,可采用开关型稳压电路。开关型稳压器的晶体管一般以 10 ~ 100 kHz 的频率反复翻转于饱和区和截止区的开关状态工作,因而管子的功耗很低,电源效率可以提高到 80% ~ 90%。开关型稳压器能够得到低于或高于输入电压的输出电压,也能得到与输入电压相反极性的输出电压,还可以将开关脉冲信号通过高频变压器的多个二次绕组输出,经整流滤波后得到不同极性、多个数值的直流输出电压。开关型稳压器体积小、重量轻,对电网电压的波动要求低。这些突出的优点使开关型稳压器得到广泛的应用。目前开关型稳压电路技术已经成熟,广泛应用于计算机、通信、宇航等各种电子设备之中。不过,开关型稳压电路也有缺点,由于开关电源的晶体管工作于开关状态,其输出的脉动较大,还会产生尖峰干扰和谐波干扰。用于小信号放大电路时,尚需增加第二级稳压措施,而且对电子设备的干扰较大。

### 9.5.1 串联型开关稳压电路

**一、电路结构与工作原理**

如图 9-5-1 所示,开关型稳压电路由调整管、滤波电路、基准电压、比较放大器、三角波发生器和比较器等部分构成。与串联型线性稳压电路相比较,增加了 $LC$ 滤波电路和固定频率的三角波发生器和比较放大器。此时,调整管工作在开关状态,即饱和导通和截止两种状态,管子的饱和压降 $U_{CES}$ 和截止时的穿透电流 $I_{CEO}$ 极小,管耗主要发生在状态转换过程中,因此电源效率可大大提高。

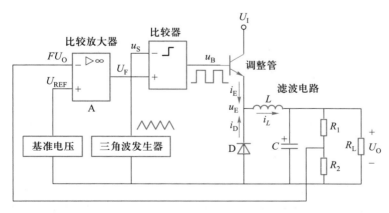

图 9-5-1 开关型稳压电路的电路结构

三角波发生器通过比较器产生矩形波 $u_B$ 控制信号,控制调整管的通断。调整管导通时,向电感存储能量。当调整管截止时,必须给电感中的电流提供一个泄放通路,续流二极管 D 起这个作用,有利于保护调整管。虽然调整管处于开关状态,但由于二极管 D 的续流作用和 L、C 的滤波作用,输出电压是平稳的。

设调整管的导通时间为 $t_{on}$,截止时间为 $t_{off}$,开关转换周期为 $T=t_{on}+t_{off}$。开关动作频率越高,电感电容的滤波效果越好。通常开关电源的开关频率为 20 kHz,因此无须很大的电感和电容器,就能实现平滑滤波。

图 9-5-1 所示电路中,当三角波 $u_S$ 的幅度小于前一级比较放大器的输出 $U_F$ 时,比较器输出高电平,调整管导通,反之输出低电平,调整管截止。如果输出电压 $U_O$ 增大,反馈电压 $FU_O$ 增大,比较放大器的输出 $U_F$ 减小,使得比较器输出矩形波的 $t_{off}$ 时间增加,调整管导通时间减小,迫使输出电压 $U_O$ 下降,起到了稳压作用,这一过程实际上是电压负反馈。

串联型开关稳压电路各点波形如图 9-5-2 所示。由于调整管发射极输出为矩形波,$LC$ 滤波电路使输出电流 $i_L$ 为锯齿波,趋于平滑,因此,输出为带纹波的直流电压。图中 $U_D$ 为二极管 D 续流时的导通压降。

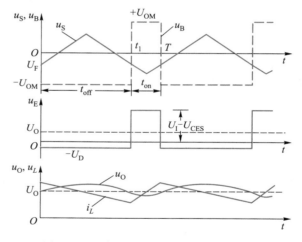

图 9-5-2 串联型开关稳压电路各点波形

忽略电感的直流电阻,输出电压 $U_O$ 即为 $u_E$ 的平均分量。于是有

$$U_O = \frac{1}{T}\int_0^{t_1} u_E \mathrm{d}t + \frac{1}{T}\int_{t_1}^{T} u_E \mathrm{d}t = \frac{1}{T}(-U_D)t_{off} + \frac{1}{T}(U_I - U_{CES})t_{on} = \frac{t_{on}}{T}U_I = KU_I$$

$$(9-5-1)$$

式中,$K$ 为矩形波占空比。可见,在输入电压 $U_I$ 一定时,输出电压 $U_O$ 与占空比 $K$ 成正比,这种控制方式称为脉冲宽度调制(PWM,pulse width modulation)。

换句话说,当输入电压 $U_I$ 或负载 $R_L$ 变化可能导致输出电压 $U_O$ 变化时,电路将自动调整脉冲波形的占空比,维持输出电压 $U_O$ 的稳定。另一方面,当输入电压 $U_I$ 一定时,通过改变比较器输出矩形波的占空比,可以改变输出电压值

$U_{\mathrm{O}}$,这种控制方式称为电压-脉宽调制。

## 二、电路特点

（1）调整管工作在开关状态,功耗大大降低,电源效率大为提高。

（2）调整管在开关状态下工作,为得到直流输出,必须在输出端加滤波器。

（3）可通过控制脉冲宽度方便地改变输出电压值。

（4）在许多场合可以省去电源变压器,减小体积和电磁干扰,减轻重量。

（5）由于开关频率较高,滤波电容和滤波电感的体积可大大减小。

## 三、器件的选择

为了提高开关稳压电源的效率,开关调整管应选取饱和压降 $U_{\mathrm{CES}}$ 及穿透电流 $I_{\mathrm{CEO}}$ 均小的高频功率晶体管;续流二极管 D 选择正向压降小、反向电流小及存储时间短的开关二极管,一般选用肖特基二极管。输出端的滤波电容选用高频电解电容。

开关稳压电源的控制电路通常用电压—脉宽调制器,目前产品种类多,典型产品有 CW3420/CW3520、CW296 和 X63 等。实际的开关电源电路通常还有过流、过压等保护电路,并备有辅助电源为控制电路提供小功率低压直流电源等。

### 9.5.2　并联型开关稳压电路

串联型开关稳压电路的调整管与负载串联,输出电压总是小于输入电压,故称为降压型稳压电路。在实际应用中,还需要将输入直流电源经稳压电路转换成大于输入电压的稳定输出电压,称为升压型稳压电路。在这类电路中,开关管常与负载并联,称之为并联型开关稳压电路。

并联型开关稳压电路的原理图如图 9-5-3 所示。

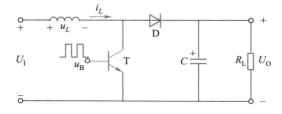

图 9-5-3　并联型开关稳压电路的原理图

当 $u_{\mathrm{B}}$ 为高电平时,开关管 T 饱和导通,电感电流 $i_L$ 近似于线性增长,储存能量。续流二极管 D 因承受反向电压而截止,电容 $C$ 向负载电阻放电,这时电感电压 $u_L = U_{\mathrm{I}}$。

当 $u_{\mathrm{B}}$ 为低电平时,开关管 T 截止,电感电流 $i_L$ 将减小,电感产生感应电压使续流二极管 D 因承受正向电压而导通,电感电流 $i_L$ 向电容 $C$ 充电并给负载电阻供电,这时电感电压 $u_L = U_{\mathrm{I}} - U_{\mathrm{O}}$ 为负,电感将上一阶段存储的能量释放出来。

可以分析得到,输出电压的平均值（直流分量）为

$$U_{\mathrm{O}} \approx \frac{1}{1-K} U_{\mathrm{I}} \qquad (9-5-2)$$

其中 $K$ 是控制信号 $u_B$ 的占空比。可见,输出电压 $U_O$ 比输入整流滤波后的直流电压 $U_I$ 高,当 $u_B$ 的周期不变时,改变占空比 $K$,可以改变输出电压 $U_O$ 的大小,而且占空比 $K$ 越大,输出电压越高。

## 本章主要概念与重要公式

### 一、主要概念

(1) 直流电源由电源变压器、整流电路、滤波电路和稳压电路四部分组成。

(2) 串联型线性稳压电路由调整管、基准电压电路、采样电路和比较放大电路组成。

(3) 线性稳压电路的特点

调整管始终工作在放大状态(或称线性状态),集电极功耗较大,效率较低。

(4) 开关型稳压电路的组成:直流变换(DC-DC 变换)电路和控制电路两部分。

(5) 串联型开关稳压电路

串联型开关稳压电路的开关调整管与负载串联,其输出电压总是小于输入电压,又称为降压型(Buck 型)开关稳压电路。

(6) 并联型开关稳压电路

并联型开关稳压电路的开关管与负载并联,输出直流电压高于输入直流电压,又称为升压型(Boost 型)开关稳压电路。

### 二、重要公式

(1) 电容滤波电路的输出直流电压

$$\begin{cases} U_O = U_2 & (半波整流) \\ U_O = 1.2U_2 & (全波整流) \end{cases}$$

(2) 电容滤波电路的滤波电容选取

$$C \geqslant \frac{2.5TI_O}{U_O} = \frac{2.5I_O}{U_O f}$$

(3) 稳压管稳压电路限流电阻的选取范围

$$\frac{U_{Imax} - U_Z}{I_{Zmax} + I_{Omin}} \leqslant R \leqslant \frac{U_{Imin} - U_Z}{I_{Zmin} + I_{Omax}}$$

(4) 线性串联稳压电路的输出电压

$$U_{Omin} = \frac{R_1 + R_P + R_2}{R_2 + R_P} U_Z \sim U_{Omax} = \frac{R_1 + R_P + R_2}{R_2} U_Z$$

(5) 串联型开关稳压电路的输出电压为

$$U_O = \frac{1}{T}(-U_D)t_{off} + \frac{1}{T}(U_I - U_{CES})t_{on} = \frac{t_{on}}{T}U_I = KU_I$$

(6) 并联型开关稳压电路的输出电压为

$$U_O = \frac{T}{T - T_{on}}U_I = \frac{1}{1 - K}U_I$$

**思考题与习题**

E9-1  如题图 E9-1 所示为一实际电源电路。

（1）该电源包含几种供电方式？分别描述其电路组成。

（2）变压器二次绕组 $N_3$ 的电压有效值为多少伏？

（3）描述电容 $C_2$ 的功能。

（4）接入电池时，是否考虑极性的判断？

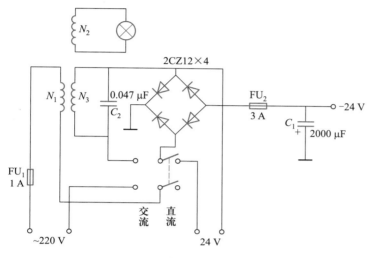

题图 E9-1

E9-2  单相桥式整流电容滤波电路如题图 E9-2 所示，变压器二次电压 $u_2 = 20\sqrt{2}\sin(\omega t)$ V，$R_L = 100\ \Omega$，$R_L C = (3\sim5)T/2$。求：

（1）负载电流 $I_0$，每个二极管的平均电流 $I_D$，二极管承受的反向峰值电压 $U_{DRM}$。

（2）当 $D_1$ 管发生短路时的负载电流 $I_0$，$D_4$ 管的电流 $I_{D4}$。

（3）当 $D_1$ 管发生虚焊断路时的负载电流 $I_0$，$D_4$ 管的电流 $I_{D4}$。

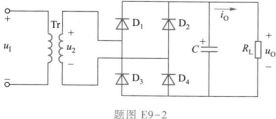

题图 E9-2

E9-3  单相桥式整流电容滤波电路输出 $U_0 = 30$ V，$I_0 = 150$ mA，交流电源频率 $f = 50$ Hz。请选择整流二极管和滤波电容，并与单相半波整流电容滤波电路相比较，二极管承受的最高反向电压是否相同？

E9-4  有一单相桥式整流电容滤波电路，已知其变压器二次绕组电压 $U_2 = 20$ V，现分别测得直流输出电压为 28 V、24 V、20 V、18 V、9 V，试判断说明每种电压所示的工作状态是什么，是正常还是故障。若是故障，试说明是何种故障。

E9-5　正常工作的稳压电源电路如题图 E9-5 所示,负载两端电压 $U_O = 5$ V,流过稳压二极管的电流 $I_Z = 10$ mA,限流电阻 $R = 0.7$ kΩ,负载电阻 $R_L = 500$ Ω。求:

（1）电压 $U_I$ 及变压器二次电压有效值 $U_2$。

（2）流过整流二极管的平均电流 $I_D$ 及二极管所承受的反向峰值电压 $U_{DRM}$。

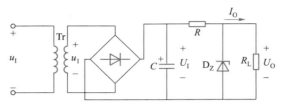

题图 E9-5

E9-6　电路如题图 E9-6 所示,已知 $U_I = 27$ V,稳压二极管的稳定电压 $U_Z = 9$ V,最小稳定电流为 5 mA,最大稳定电流为 26 mA,限流电阻 $R = 0.6$ kΩ,负载电阻 $R_L = 1$ kΩ。

（1）求 $I_O$、$I_Z$ 的值。

（2）如果负载开路,稳压二极管能否正常工作? 为什么?

（3）如果电源电压不变,该稳压电路允许负载电阻变动的范围是多少?

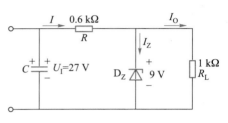

题图 E9-6

E9-7　集成运算放大器构成的串联型稳压电路如题图 E9-7 所示。

（1）在该电路中,若测得 $U_I = 30$ V,试求变压器二次电压有效值 $U_2$。

（2）在 $U_I = 30$ V,$U_Z = 6$ V,$R_1 = 2$ kΩ,$R_2 = 1$ kΩ,$R_3 = 1$ kΩ 的条件下,求输出电压 $U_O$ 的调节范围。

（3）在（2）的条件下,若 $R_L$ 的变化范围为 100～300 Ω,限流电阻 $R = 400$ Ω,则晶体管 T 在什么时刻功耗最大? 其值是多少?

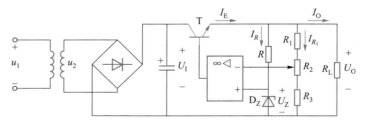

题图 E9-7

E9-8　题图 E9-8 所示电路为串联型晶体管稳压电路。

（1）从负反馈角度看,哪个是输入量? $T_1$、$T_2$ 各起什么作用?

（2）若 $U_I = 24$ V,晶体管 $U_{BE} \approx 0.7$ V,$R_P = 300$ Ω,稳压二极管稳压值 $U_Z = 5.3$ V,$R_3 = R_4 = 300$ Ω,试计算输出电压 $U_O$ 的可调范围。

（3）试求变压器二次电压有效值 $U_2$。

（4）若要使 $U_O$ 值增大,采样电阻 $R_P$ 滑动触头应上移还是下移?

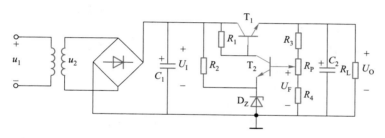

题图 E9-8

E9-9　直流稳压电源如题图 E9-9 所示。

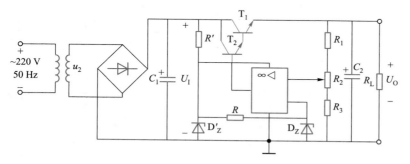

题图 E9-9

（1）说明电路的整流电路、滤波电路、调整管、基准电压电路、比较放大电路、采样电路等部分各由哪些元件组成。

（2）标出集成运算放大器的同相输入端和反相输入端。

（3）写出输出电压的表达式。

E9-10　利用 W7805 固定输出集成稳压器，通过外接电路来改变输出电压值，电路如题图 E9-10 所示，试验证关系 $U_\mathrm{O}=5\times\left(\dfrac{R_1}{R_2+R_1}\right)\left(1+\dfrac{R_4}{R_3}\right)$，并按图中所给数据计算输出电压的调节范围。

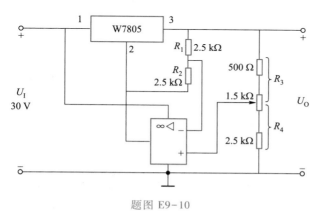

题图 E9-10

387

E9-11 某仪器要求有 ±15 V 两路直流电源,两路的电流均小于 500 mA,请设计该电源,画出电路原理图,并标出变压器二次绕组的电压值和选用器件的型号。

E9-12 分别说明在下面三种情况下,应选什么型号的集成稳压器。

(1) $U_0 = +12$ V,$R_L$ 最小值约为 15 Ω。

(2) $U_0 = +6$ V,最大负载电流为 300 mA。

(3) $U_0 = -12$ V,输出电流范围是 10~80 mA。

E9-13 题图 E9-13(a)、(b)分别为三端固定式集成稳压器与集成运算放大器构成的输出电压扩展电路及恒流源电路。试分别写出题图 E9-13(a)的输出电压 $U_0$ 和题图 E9-13(b)的输出电流 $I_0$ 的表达式。

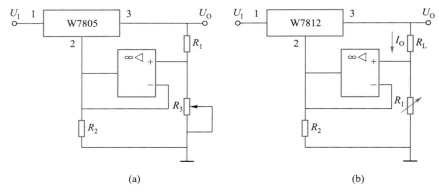

(a)                                    (b)

题图 E9-13

E9-14 电路如题图 E9-14 所示,试问:集成运算放大器工作在什么工作区? 在该电路中起着什么作用? $R_3$ 的作用是什么? 并计算输出电压的变化范围。

E9-15 电路如题图 E9-15 所示,已知 $R_1 = 1$ kΩ,$R_2 = 3$ kΩ,$R_P = 2$ kΩ。求输出电压 $U_0$ 的调节范围。

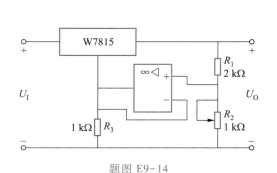

题图 E9-14

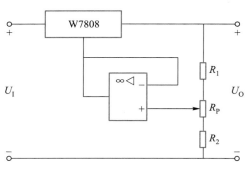

题图 E9-15

E9-16 试分别求出题图 E9-16 中各电路输出电压的表达式。

E9-17 由 LM317 构成的输出电压可调的稳压电路如题图 E9-17 所示,基准电压为 $U_{31} = 1.2$ V,流过 $R_1$ 的电流 $I_{R_1}$ 范围为 (5~10) mA,调整端 1 输出的电流 $I_{ADJ}$ 远小于 $I_{R_1}$。若 $U_1 - U_0 = 2$ V。

(1) 求 $R_1$ 的取值范围。

(2) 当 $R_1 = 210$ Ω,$R_2 = 3$ kΩ 时,求输出电压 $U_0$。

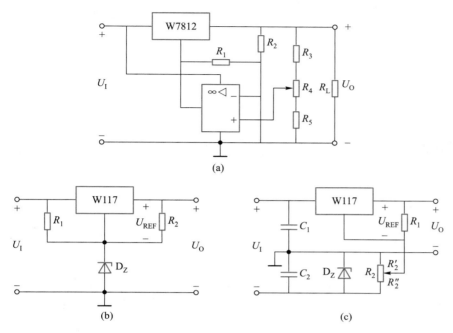

题图 E9-16

（3）调节 $R_2$ 从 $0 \sim 6.2$ kΩ 时，求输出电压的调节范围。

E9-18　电路如题图 E9-18 所示，已知 $R_1 = 1$ kΩ，$R_2 = 3$ kΩ，$R_P = 2$ kΩ，$R_3 = R_4 = 3$ kΩ，求输出电压 $U_O$ 的调节范围。

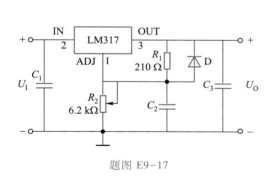

题图 E9-17

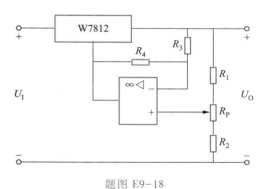

题图 E9-18

389

# 第 10 章　电路与模拟电子技术实验

## 一、实验目的

1. 通过实验,掌握正弦交流电路中电压、电流的相量关系。
2. 理解提高交流电路功率因数的方法和意义。
3. 学会正确使用单相功率表。

## 二、实验原理及说明

1. 实际的日光灯电路可以用一个 $RL$ 串联(感性负载)的电路模型来等效,灯管工作时可以看成是一个电阻,镇流器则可以近似认为是一个电感(其 $r$ 很小)。

给感性负载并联适当容量的电容,可以提高电路的功率因数。这有很大的经济意义:一方面可以提高电源设备的利用率;另一方面可以减小传输线路上的功率损耗,提高电能的传输效率。

2. 电路所消耗的功率为 $P = UI\cos\varphi$,其中 $\cos\varphi$ 为电路的功率因数。只要测出电路的电压 $U$、电流 $I$、功率 $P$,即可求得电路的功率因数。

## 三、实验设备与仪器

1. 日光灯管(40 W)、镇流器、启辉器各 1 个。
2. 单相自耦变压器 1 台。
3. 交流电压表 1 只。
4. 交流电流表 1 只。
5. 单相功率表(瓦特计)1 只。
6. 可变电容箱 1 个。
7. 电流插座盒 1 个。

## 四、预习要求

1. 理解日光灯电路的工作原理。
2. 掌握有关"功率因数的提高"的理论知识和感性负载并联适当电容值提高电路功率因数的方法,理解电容量从小到大变化时,电路功率因数和总电流的变化规律。
3. 了解功率表的工作原理,掌握功率表的使用方法及注意事项。
4. 了解电流表插头及插座盒的结构原理和使用说明。

在测量电流时,可把电流插座盒上的每个插座当作一个电流表串接在被测支路中,电流插头则先接在电流表上待用。当实验电路正常工作后,将电流插头插入电流插座孔,即可从电流表中读出该支路的电流值。

**五、实验内容**

1. 正确接线,将电容器开关全部拨向断开位置。

2. 检查接线无误后,合上电源开关,调节自耦变压器使其输出电压为220 V。此时,电路应正常工作、日光灯管发出可见光。

3. 测量日光灯电路的端电压、灯管端电压、镇流器端电压、灯管电流及功率。

4. 并联电容提高功率因数,找出最佳补偿电容值。

**六、注意事项**

1. 电路接线、换线、拆线一定要在断开电源的情况下进行。

2. 自耦变压器的一次绕组接电源、二次绕组接感性负载电路,千万不能接反!

3. 实验完毕后,应将自耦变压器的输出电压旋至 0 V。

**七、实验报告的要求**

1. 整理测量数据。

分别计算出对应于电路在不同电容值的功率因数,用坐标纸作出 $I = f(C)$ 曲线和 $\cos \varphi = f(C)$ 曲线,并总结电路电流、功率因数随电容值变化的规律。

2. 回答下列思考题。

(1) 为什么 $U \neq U_D + U_{rL}$;$I \neq I_D + I_C$?(注:$U$、$I$ 为电路总电压、电流;$U_D$、$I_D$ 为灯管两端电压及流过灯管电流;$U_{rL}$ 为镇流器两端电压;$I_C$ 为流过电容的电流。)

(2) 日光灯电路并联电容后,电路中哪些量发生变化,哪些量没有变化?为什么?

(3) 并联电容后,提高了电路的功率因数,而感性负载本身的功率因数是否也改变了?为什么?

(4) 给感性负载串联适当容量的电容值也能改变总电压与电流的相位差,从而提高电路的功率因数,但一般不采用这种方法。为什么?

## 10.2  三相电路

**一、实验目的**

1. 掌握对称三相电路线电压与相电压、线电流与相电流之间的相量关系。

2. 熟悉三相四线制供电线路的中性线作用。

3. 学习电阻性三相负载的星形联结和三角形联结方法。

**二、实验任务**

1. 负载星形联结

(1) 负载对称:有中性线、无中性线两种情况下,测量线电压、相电压、线电流、相电流、中性线电压和中性线电流。

(2) 负载不对称:有中性线、无中性线两种情况下,测量线电压、相电压、线电流、相电流及中性线电压和中性线电流。

2. 负载三角形联结

（1）负载对称：测量线电压、相电压、线电流、相电流。

（2）负载不对称：测量线电压、相电压、线电流、相电流。

### 三、预习要求

1. 复习三相电路的理论知识，设计实验任务的实验方案。

2. 根据本次实验的任务要求和实验室提供的电源及仪器设备，实验前必须做好如下准备。

（1）画出负载星形联结（三相四线制）的实验电路图，标出电源电压值和负载的额定值。

（2）在给定的电压表和电流表中，选取合适的量程。

（3）电流插座是配合电流表测量电流用的。由电流插座与插头相配合，用一只电流表就能方便地测量三相电路的各线电流、相电流及中性线电流。电流插座也要求画到电路图中。

3. 预习思考题：

（1）怎样测量中性线电压？

（2）负载星形联结时，中性线起什么作用？ 中性线为什么不能装熔断器和开关？

### 四、实验仪器与设备

1. 电源：三相四线制，线电压 220 V。

2. 负载：25 W，220 V 的三相灯排。

3. 交流电压表 1 只。

4. 交流电流表 1 只。

5. 电流插座盒 2 个。

### 五、注意事项

1. 断电接线，断电换线。

2. 在测量之前，务必将测量电压的表笔接在电压表的接线柱上，测量电流的电流插头接在电流表的接线柱上。

3. 实验过程中可能出现的故障主要有：

（1）短路故障。最严重的是负载短路，这种故障将立即导致电源短路，烧断熔断器，严重时还将烧坏电流表等仪器设备。遇到这种事故，应立即关断电源，更换电源熔断器，检查电路，排除故障。

（2）断路故障。这种故障一般是由于电路中某处有断路而造成，可用电压表逐点测量各点电位，找到故障点。也可在断电的情况下，用万用表的电阻挡检查故障点。

4. 本次实验由于接入电流插座，电路连线较多。因此，接线时电路应整齐有序，仔细检查无误后，方可接通电源。

5. 实验完毕后，先关断电源，才能拆线。

**六、实验报告的要求**

1. 画出实验电路图,整理实验数据。

2. 根据实验结果举例说明产生测量误差的主要原因。

3. 按一定比例尺画出三相负载上的电压电流的相量图。

要求:负载星形联结。

(1)对称、有中性线。

(2)不对称、有中性线。

4. 根据实验结果说明对称负载星形联结和三角形联结时 $U_L$ 与 $U_P$、$I_L$ 与 $I_P$ 之间的关系。

5. 回答下列思考题:

(1)负载对称、星形联结、无中性线。若有一相负载发生短路或断路故障时,对其余两相负载的影响如何?灯的亮度有何变化?

(2)负载对称、三角形联结。若一根端线(火线)发生断路故障时,对各相负载的影响如何?灯的亮度有何变化?

6. 体会与建议。

## 10.3 *RLC* 电路的频率特性

**一、实验目的**

1. 研究 *RLC* 串联电路的频率特性及 $Q$ 值对其的影响。

2. 研究 *RLC* 并联电路的频率特性及 $Q$ 值对其的影响。

3. 学习使用频率特性图示仪。

**二、实验原理**

1. *RLC* 串联电路的频率特性

图 10-3-1(a)所示为 *RLC* 串联谐振电路。

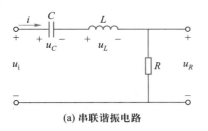
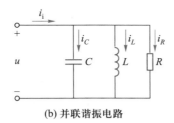

(a) 串联谐振电路      (b) 并联谐振电路

图 10-3-1

当外加角频率为 $\omega$ 的正弦电压时,电路的电流大小和相位都与工作频率有关。如果输入电压的有效值为 $U_i$,初相位为 0,则电流的有效值和相位分别为

$$I = \frac{U_i}{\sqrt{R^2 + \left(\omega L - \dfrac{1}{\omega C}\right)^2}} = \frac{U_i}{R}\frac{1}{\sqrt{1 + Q^2\left(\dfrac{\omega}{\omega_0} - \dfrac{\omega_0}{\omega}\right)^2}}$$

$$\varphi = -\arctan\left(\dfrac{\omega L - \dfrac{1}{\omega C}}{R}\right) = -\arctan\left[Q\left(\dfrac{\omega}{\omega_0} - \dfrac{\omega_0}{\omega}\right)\right] \quad (10-3-1)$$

其中,$R$ 为电路总电阻,包括电感线圈的内阻、电容器损耗电阻、线路电阻和外接电阻,$Q$ 是串联电路品质因数,$\omega_0$ 是电路的串联谐振角频率

$$Q = \dfrac{\omega_0 L}{R} = \dfrac{1}{\omega_0 RC} = \dfrac{1}{R}\sqrt{\dfrac{L}{C}}$$

$$\omega_0 = \dfrac{1}{\sqrt{LC}} \qquad f_0 = \dfrac{\omega_0}{2\pi} = \dfrac{1}{2\pi\sqrt{LC}} \quad (10-3-2)$$

显然,当电路的工作频率为谐振频率时,电感与电容的电抗互相抵消,电路的阻抗达到最小,因此,电流幅度达到最大值(电流谐振)

$$I_0 = \dfrac{U_i}{R} \quad (10-3-3)$$

这时电流与输入电压同相位,电路呈现纯电阻特性。归一化的串联电路幅频特性和(阻抗)相频特性如图 10-3-2 所示,由图可见,品质因数越大,幅频特性越陡,相频特性在谐振点附近的斜率越大。

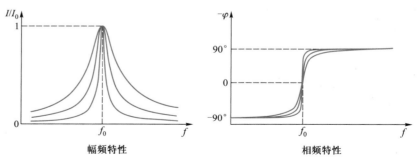

图 10-3-2　归一化的串联电路幅频特性和(阻抗)相频特性

### 2. RLC 并联电路的频率特性

如图 10-3-1(b)所示的 RLC 并联电路,当外加角频率为 $\omega$ 的正弦电流时,电路的电压大小和相位也与工作频率有关。如果输入电流的有效值为 $I_i$,初相位为 0,则电压的有效值和相位分别为

$$U = \dfrac{I_i}{\sqrt{\dfrac{1}{R^2} + \left(\omega C - \dfrac{1}{\omega L}\right)^2}} = \dfrac{RI_i}{\sqrt{1 + Q^2\left(\dfrac{\omega}{\omega_0} - \dfrac{\omega_0}{\omega}\right)^2}}$$

$$\varphi = -\arctan\left[R\left(\omega C - \dfrac{1}{\omega L}\right)\right] = -\arctan\left[Q\left(\dfrac{\omega}{\omega_0} - \dfrac{\omega_0}{\omega}\right)\right]$$

$$(10-3-4)$$

其中,*R* 为电路总电阻,其中包含了电感线圈电阻折算到并联电路两端的等效电阻,*Q* 是并联电路品质因数,$\omega_0$ 是电路的串联谐振角频率

$$Q = \omega_0 RC = \frac{R}{\omega_0 L} = R\sqrt{\frac{C}{L}}$$

$$\omega_0 = \frac{1}{\sqrt{LC}} \qquad f_0 = \frac{\omega_0}{2\pi} = \frac{1}{2\pi\sqrt{LC}} \qquad (10-3-5)$$

显然,当电路的工作频率为谐振频率时,电感与电容的电纳互相抵消,电路的阻抗达到最大,因此,电压幅度达到最大值(电压谐振)

$$U_0 = RI_i \qquad (10-3-6)$$

这时电流与输入电压同相位,电路呈现纯电阻特性。归一化的并联电路幅频特性和相频特性如图 10-3-3 所示,由图可见,品质因数越大,幅频特性越陡,相频特性在谐振点附近的斜率越大。

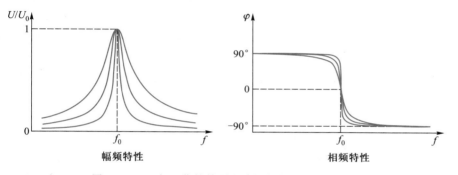

图 10-3-3 归一化的并联电路幅频特性和相频特性

### 三、实验平台及任务

1. 实验平台:Electronics Workbench 5.0 或更高版本。

2. 测试串联电路和并联电路的谐振频率。选择电感器的电感量为 8 mH,带有 3 Ω 的线圈电阻,分别与 0.5 μF、1 μF 的电容和 10 kΩ、5 kΩ 的电阻串联、并联构成谐振电路,测量电路的谐振频率,并将计算结果进行比较。

3. 测试 *RLC* 串联谐振电路谐振曲线及其 *Q* 值的影响。选择电感为 2.5 mH(不含线圈电阻),电容为 10 μF,分别对 *Q* 值为 50、20、10 的三组电路测试其谐振曲线。

4. 测试 *RLC* 并联谐振电路谐振曲线及其 *Q* 值的影响。选择电感为 2.5 mH(含 1 Ω 线圈电阻),电容为 10 μF,分别对 *Q* 值为 50、20、10 的三组电路测试其谐振曲线。

说明:由于并联谐振电路的测试需要加入电流源,而频率特性测试仪只能测量两个端口电压之间的关系,为此,可以通过电阻将电流测量转化为电压,如果将该电阻取作并联谐振电路的谐振电阻,那么就可以得到归一化谐振曲线。

另外,在实验中还可以插入电流表和电压表来指示各个测量点的电压和电流变化。

## 10.4　$RC$ 一阶电路瞬态过程研究

### 一、实验目的

1. 研究 $RC$ 一阶动态电路的瞬态过程及其参数测试。
2. 研究电路参数对动态过程的影响。
3. 学习 $RC$ 电路的设计。

### 二、实验原理

1. 电路的瞬态过程

电路的响应变化规律不再随时间变化时,称为达到稳定状态。当电路中发生输入状态变化、电路结构变化或电路参数变化(通常称为换路)时,电路响应的稳定状态将被破坏,经过一段时间达到另一稳定状态(如果存在),我们把电路从一个稳态到另一个稳态的变化过程称为电路的瞬态过程,也称为电路的过渡过程。瞬态过程的产生,是由于电路中的储能元件(电感 $L$ 或电容 $C$)中所存储的能量在换路的瞬间不能发生突变,从而电容两端的电压和流过电感的电流也不能发生突变(称为电路的换路定律)。

只含有一个独立储能元件的电路,称为一阶电路,描述电路响应和激励关系的电路方程是一阶微分方程,根据分析,电路的瞬态响应(也称固有响应)满足指数变化规律。

2. 矩形脉冲信号作用于 $RC$ 一阶电路

将周期矩形脉冲信号作用于 $RC$ 串联电路,信号的状态为周期变化(从一个电平变化到另一个电平),因此,每当信号的上升沿或下降沿到来时都会使电路开始一个瞬态过程。

当输入脉冲上升为高电平时,脉冲电源通过电阻 $R$ 向电容 $C$ 充电,电容电压按指数规律上升;而当输入脉冲下降为低电平时,电容 $C$ 则通过电阻 $R$ 放电,电容电压呈指数规律下降。电阻电压、电容电压和脉冲电源电压三者满足 KVL。如图 10-4-1 所示,电阻电压和电容电压均按指数规律变化,决定变化快慢的时间常数 $\tau$ 由 $R$、$C$ 确定,$\tau = RC$。

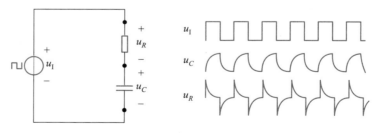

图 10-4-1　矩形脉冲下 $RC$ 电路的响应

3. *RC* 应用电路的设计

周期脉冲信号作用于 *RC* 一阶电路的瞬态过程表明,当电路时间常数变化时,电阻上的电压响应和电容上的电压响应波形都将发生变化,利用不同的时间常数,可以设计出适合需要的应用电路。

（1）*RC* 微分电路

从图 10-4-1 可见,如果 *RC* 电路的时间常数远小于脉冲信号的持续时间（高电平或低电平）,则电阻 *R* 上的电压将变成正、负交替的尖脉冲,脉冲位置指示出信号的上升沿时刻（正尖脉冲）和下降沿时刻（负尖脉冲）,从而把矩形脉冲信号转变成尖脉冲,作为触发信号,这种电路称为微分电路。

*RC* 微分电路的输出取自电阻 *R* 两端的电压,因此负载 $R_L$ 与 *R* 呈并联状态,如图 10-4-2 所示。

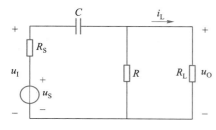
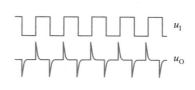

图 10-4-2　微分电路

如果信号源内阻为 $R_S$,在设计电路时,首先根据信号要求确定时间常数的取值,工程上

$$\tau = C(R_S + R \mathbin{/\!/} R_L) \leqslant 0.1 \sim 0.2 t_p \qquad (10-4-1)$$

其中,$t_p$ 为信号源的脉冲宽度。由于决定时间常数的有两个因素（*R* 和 *C*）,所以在设计中有一定选择余地。为了使电路特性尽可能不受外接电路的影响（即 $\tau$ 基本上由 *RC* 决定）,应使所选择的电阻 *R* 满足 $R_S \ll R \ll R_L$,工程上取

$$R \leqslant 0.1 \sim 0.2 R_{Lmin} \qquad (10-4-2)$$

$$R \geqslant 5 \sim 10 R_S \qquad (10-4-3)$$

根据式（10-4-1）～式（10-4-3）可以确定电路参数 *R* 和 *C*。如果无法在式（10-4-2）和式（10-4-3）的范围内确定电阻 *R*,那么说明外接电路条件需要改善,通常信号源的内阻都较小,这时一般在输出端接一个跟随器,提高 *RC* 微分电路的负载电阻。在设计电路时,一般还要考虑信号源的负载能力,通过选择电阻 *R* 保证信号源输出电流在要求指标之内。

（2）积分电路

从图 10-4-1 可见,如果 *RC* 电路的时间常数远大于脉冲信号的持续时间（高电平或低电平）,则在电容 *C* 上的电压变化将变得平缓,呈三角波形状,在信号的高电平期间,电容电压以近似直线上升,而在信号的低电平期间,电容电压

以近似直线下降,平均电压为输入脉冲信号的直流分量。这种电路称为积分电路。时间常数越大,电容电压的上升与下降幅度就越小,也越接近线性,因此,输出三角波幅度与线性是一对矛盾。

RC 积分电路的输出取自电容 $C$ 两端的电压,因此负载 $R_L$ 与 $C$ 呈并联状态,如图 10-4-3 所示。

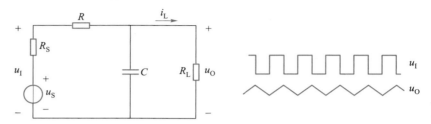

图 10-4-3　RC 积分电路(输出电压波形做了适当放大)

如果信号源内阻为 $R_S$,在设计电路时,首先根据信号要求确定时间常数的取值,工程上取

$$\tau = C\big[(R_S + R) \mathbin{/\!/} R_L\big] \geqslant 5 \sim 10t_p \qquad (10-4-4)$$

其中,$t_p$ 为信号源的脉冲宽度。由于决定时间常数的有两个因素($R$ 和 $C$),所以在设计中也有一定选择余地。为了使电路特性尽可能不受外接电路的影响(即 $\tau$ 基本上由 $RC$ 决定),应使所选择的电阻 $R$ 满足 $R_S \ll R \ll R_L$,工程上取

$$R \leqslant 0.1 \sim 0.2R_{Lmin} \qquad (10-4-5)$$

$$R \leqslant 5 \sim 10R_S \qquad (10-4-6)$$

根据式(10-4-4)~式(10-4-6)可以确定电路参数 $R$ 和 $C$。如果无法在式(10-4-5)和式(10-4-6)的范围内确定电阻 $R$,那么说明外接电路条件需要改善,通常信号源的内阻都较小,这时一般在输出端接一个跟随器,提高 RC 积分电路的负载电阻。在设计电路时,一般还要考虑信号源的负载能力,通过选择电阻 $R$ 保证信号源输出电流在要求指标之内。

(3) 耦合电路

在积分电路中,从电阻两端输出电压,即电路形式与微分电路相同,而电路参数与积分电路一致,那么,根据 KVL,输入信号的直流分量加在电容两端,输出电压中将只有交流分量而无直流分量,又由于积分电路中的交流成分很小,因此输入的交流分量基本上全部输出。这种电路称为耦合电路。电容称为隔直电容或耦合电容。耦合电路常用于系统中前后两级之间,起传递信号、隔离前后级工作点的作用,如图 10-4-4 所示。

设计耦合电路的要求是

$$\tau = C(R_S + R \mathbin{/\!/} R_L) \qquad \geqslant 5 \sim 10t_p \qquad (10-4-7)$$

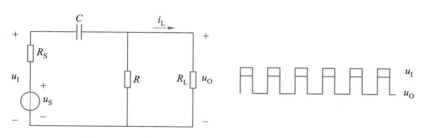

图 10-4-4　耦合电路(输出电压中不含直流分量)

$$R \geqslant 0.1 \sim 0.2 R_{\mathrm{Lmin}} \qquad (10-4-8)$$

$$R \geqslant 5 \sim 10 R_{\mathrm{S}} \qquad (10-4-9)$$

根据式(10-4-7)~式(10-4-9)可以确定电路参数 $R$ 和 $C$。如果无法在式(10-4-8)和式(10-4-9)的范围内确定电阻 $R$,那么说明外接电路条件需要改善,通常信号源的内阻都较小,这时一般在输出端接一个跟随器,提高 $RC$ 积分电路的负载电阻。在设计电路时,一般还要考虑信号源的负载能力,通过选择电阻 $R$ 保证信号源输出电流在要求的指标之内。

### 三、实验平台及任务

实验平台:Electronics Workbench5.0 或更高版本。

电路工作脉冲频率为 100 Hz,幅度为 0~10 V,占空比为 50%。

信号源最大负载电流为 20 mA,$RC$ 电路后接电路最大负载电流为 1 mA。

设计:

(1) $RC$ 微分电路。

(2) $RC$ 积分电路。

(3) $RC$ 耦合电路。

测试记录三个电路的输入输出信号波形(以文件形式存入磁盘)。

将设计调试电路中的情况和结果记录在电路文件的描述(description)中。

## 10.5　低频单管电压放大器

### 一、实验目的

1. 学习用晶体管设计低频单管电压放大器的方法。

2. 学习低频单管电压放大器性能指标的测试和调整。

3. 研究静态工作点对输出电压波形失真与电压放大倍数的影响。

4. 进一步学习示波器、函数信号发生器、数字万用表等仪器的使用。

### 二、实验任务与要求

设计一个用晶体管组成的单管电压放大器,要求:

1. 直流工作电源 12 V。

2. 输入信号源:频率 $f = 1$ kHz,输入电压幅度 $U_{\mathrm{im}} = 3$ mV。

3. 放大器负载:$R_{\mathrm{L}} = 3$ kΩ。

4. 电压放大倍数不小于 40 而输出电压波形又不失真。

5. 最大不失真输出电压幅度(输出电压动态范围)不小于±1 V。

6. 放大器频带：200 Hz~100 kHz。

### 三、预习要求

1. 了解晶体管的基本结构和类型以及放大原理。

2. 熟悉低频单管电压放大器的工作原理,掌握静态工作点的调整、测试及电压放大倍数的测试方法。

3. 掌握本实验所要用到仪器的使用方法。

4. 进实验室前要求写出预习报告,预习报告要求：

（1）画出自己设计的实验原理图并标明各元件参数。

（2）拟定实验方法和步骤：

① 调节静态工作点,使 $U_{CE}$ 分别大于 10 V、小于 1 V、近似等于 4 V,测量每种状态下的静态工作点数值,记录输入信号后的输出电压波形,并判断输出电压波形是否出现失真,若有失真是什么失真,产生失真的原因是什么。

② 调节静态工作点,使 $U_{CE}\approx 4$ V,在电压输出波形不失真的情况下,测量输入电压、输出电压,计算电压放大倍数。

③ 增大输入电压,测量最大不失真输出电压的幅值是否达到设计要求。

④ 检验放大器频带是否满足实验任务要求。如果不满足要求,需要重新调整电路参数。

5. 思考题：

（1）什么是截止失真？什么是饱和失真？它们的输出波形 $u_0$ 是怎样的？

（2）调节静态工作点,一般调节电路哪个元件参数？当输出电压出现截止或饱和失真时,该参数应怎样调节？

（3）$R_C$、$R_L$ 的变化对放大电路的放大倍数有何影响？

（4）要使放大电路最大不失真输出电压增大,静态工作点应该怎样调节？调节 $U_{CE}$ 为多大时比较合适？

### 四、实验条件

1. +12 V 直流电源,用于提供放大电路所需要的工作电压。

2. 低频信号发生器,用于提供放大器的正弦波输入信号。

3. 双踪示波器,用于观察输入、输出波形。

4. 交流毫伏表,用于测量输入、输出信号的交流电压等。

5. 直流电压表,用于测量静态直流电压。

6. 数字万用表,用于测量输入、输出信号的交流电压、静态直流电压、电阻等。

7. 元器件：

（1）晶体管 1 个。

（2）电阻器、电容器若干。

 提示：

测量静态工作点时不接入输入信号。$I_B$、$I_C$ 一般不直接串入电流表测量,而是测量该支路上固定电阻两端的电压,然后再计算出电流的数值。

 提示：

在输入电压 $U_i$ 不变的情况下,分两种情况进行：$R_L$ 不变,改变 $R_C$；$R_C$ 不变,改变 $R_L$。

⚠ 注意：

在改变信号源输出信号频率时,其输出电压的幅值也会有所变动,所以在测量放大器的频率特性时,每次测量均要分别测量放大器的输入输出电压。

#### 五、实验报告要求

1. 画出实验电路图并且标明各元件的参数(该部分在预习时应已完成)。
2. 整理实验数据(加以计算并填好表格):
(1) 静态工作点。
(2) 电压放大倍数。
(3) 最大不失真输出电压的幅值。
(4) 放大器在实验任务要求的频带范围内的电压放大倍数。
3. 讨论:

(1) 用实验结果说明静态工作点对放大电路输出电压波形的影响。注意比较输出电压波形在截止失真、饱和失真、不失真三种情况时 $U_{CE}$ 的值,它是判断放大器处在何种工作状态的重要依据。

(2) 根据实验数据说明 $R_C$、$R_L$ 的改变对放大器电压放大倍数的影响。

(3) 计算测量结果,说明你所设计的放大电路是否满足放大器的频带要求。改变耦合电容对放大器的频带有何影响?

## 10.6 低频功率放大电路的测试

#### 一、实验目的

1. 学习互补对称功率放大电路的原理与调试方法。
2. 学习互补对称功率放大电路最大输出功率和效率的测试方法。
3. 研究产生交越失真的原因及自举电路在电路中的作用。

#### 二、实验原理

由于互补对称功率放大电路不采用变压器耦合,因而体积小、重量轻、成本低,而且能直接驱动负载并输出足够大的功率,因此在低频功率放大电路中得到广泛应用。

图 10-6-1 为互补对称功率放大电路的原理图,电位器 $R_{P1}$ 用于调节 $T_1$ 管的偏置,电位器 $R_{P2}$ 用于调整输出管 $T_2$、$T_3$ 的基极偏置电压,以获得合适的静态电流消除交越失真。由于采用直接耦合方式,所以在调节两个电位器时,要注意它们之间的互相影响,反复调整。

在放大电路的输入端加上正弦信号电压,输入电压的正半周经 $T_1$ 管反相后加到 $T_2$、$T_3$ 管的基极,由于在静态时两输出管处于截止边缘,所以在信号电压作用下,$T_2$ 管进入截止区,而 $T_3$ 管则进入放大区构成射极跟随器给负载输出信号;输入电压的负半周情况正好相反,在信号电压作用下,$T_3$ 管进入截止区,而 $T_2$ 管进入放大区构成射极跟随器给负载输出信号;两管交替导通,处于推挽工作状态。

在理想情况下,放大电路最大输出电压应为电源电压的一半,但是,由于 $T_1$ 管集电极电阻的存在,在输入信号的负半周,$T_2$ 管导通,负载电流增加时,$T_2$ 管的基极电流也增大,当 B 点电位接近电源电压时,$T_2$ 管的基极电流将受到限制而不能增加很多,因而限制 $T_2$ 的输出电流,所以实际输出电压幅度不

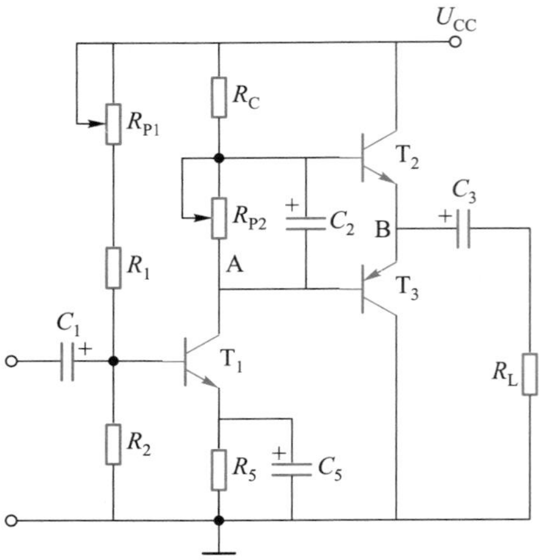


图 10-6-1　互补对称功率放大电路的原理图

能达到理想值，为了扩大输出电压，常常采用在电路中引入自举电路 $R_4$、$C_4$，如图 10-6-2 所示，当输入电压为 0 时，B 点电位为电源电压的一半，只要自举电路的时间常数足够大，电容 $C_4$ 上的电压可以认为基本不变，这样，输入信号负半周时，当 B 点电压增大，D 点电位也相应升高，为 $T_2$ 管提供足够的基极电流，从而扩大输出电压幅度。

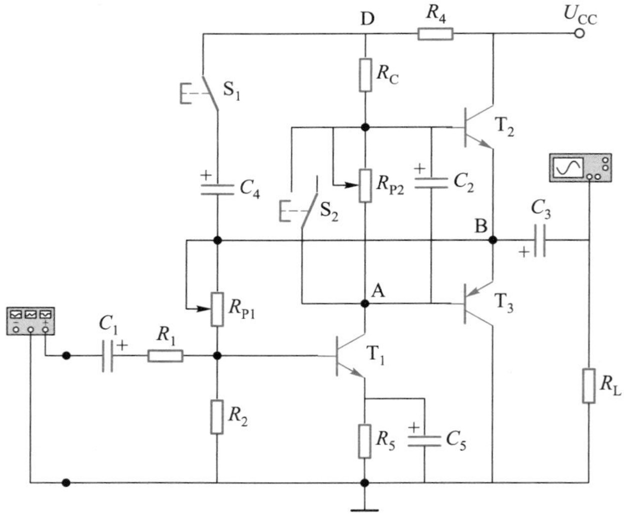


图 10-6-2　互补对称功率放大电路实验电路图

理想情况下，输出管的饱和压降为 0，电路的最大输出功率为 $P_{omax}=U_{CC}^2/R_L$。测量功率放大电路的最大输出功率的基本方法是在功率放大电路的输入端加上 1 kHz 的正弦信号，用示波器观察输出电压的波形，逐渐加大输入信号，使输出波形为临界失真状态，测量此时的输出电压幅度（或有效值），然

后计算输出功率

$$P_{Lmax} = \frac{U_O^2}{R_L} \qquad (10-6-1)$$

理想情况下直流电源供给电路的平均功率为 $P_E = 4P_{omax}/\pi$。实际上，由于电路其他元件的存在，电源功率大于理论值。测量时，给功率放大电路加上 1 kHz 的正弦输入信号，用示波器观察输出电压的波形，逐渐加大输入信号，使输出波形为临界失真状态，测量电源电流的平均值 $I_E$，则电源平均功率为

$$P_E = U_{CC}I_E \qquad (10-6-2)$$

功率放大电路的效率为

$$\eta_{max} = \frac{P_{Lmax}}{P_E} \qquad (10-6-3)$$

### 三、实验平台及任务

1. 实验平台：Electronics Workbench 5.0 或更高版本。

2. 按图 10-6-2 连接功率放大电路。

3. 调整功率放大电路的直流工作点，使电路不出现交越失真。

4. 用示波器观察 $T_2$、$T_3$ 管在有正向偏压（$S_2$ 断开）和无正向偏压（$S_2$ 闭合）两种情况下对交越失真的影响，记录下两种情况的波形。

5. 测量电路的最大不失真输出功率和最大效率。在无交越失真的情况下，测量功率放大电路有自举电路（$S_1$ 闭合）和无自举电路（$S_1$ 断开）两种情况下的最大不失真输出功率和最大效率，并与理想计算值进行比较。

6. 改变电位器 $R_{P2}$，观察输出波形，对观察到的波形作出分析。

### 四、实验电路

实验电路如图 10-6-2 所示，电路中各元件参数：$R_1 = 5.1\ kΩ$，$R_2 = 5.1\ kΩ$，$R_4 = 150\ Ω$，$R_5 = 51\ Ω$，$R_L = 8\ Ω$，$R_{P1} = 47\ kΩ$，$R_{P2} = 100\ Ω$，$R_C = 680\ Ω$，$C_1 = 10\ μF$，$C_2 = 100\ μF$，$C_3 = 100\ μF$，$C_4 = 100\ μF$，$C_5 = 100\ μF$，$T_1$：2n3903，$T_2$：2n2218，$T_3$：2n2904，$U_{CC}$：+6 V。

## 10.7 场效应管放大电路设计

### 一、实验目的

1. 学习场效应管放大电路的设计方法。

2. 巩固负反馈在放大电路中的作用。

3. 学习场效应管放大电路测试方法。

### 二、实验原理

场效应管是一种电压控制型半导体器件，与晶体管相比，场效应管具有输

入电阻高的特点。因此,在要求输入电阻高的放大场合,往往使用场效应管来组成放大电路。

场效应管放大电路的设计方法与晶体管放大电路的设计方法类似,所要注意的是,一般情况下,场效应管放大电路的漏源之间等效电阻一般比晶体管 C、E 之间的等效电阻要小。另一方面,设计场效应管放大电路时,主要考虑的是准确设置偏置电压,而不用考虑偏置电流,所以,设计过程比晶体管放大电路相对简单。

作为放大电路的设计,场效应管放大电路的设计基本与晶体管放大电路的设计相同。

### 三、实验任务与要求

用场效应管设计一个用于测量仪表中放大微弱信号的交流放大电路,具体指标如下:

1. 工作频率范围:10 Hz~100 kHz。
2. 最小输入信号电压:10 mV(有效值)、内阻 50 Ω。
3. 输入电阻:>100 kΩ。
4. 输出电压:>1 V(有效值)。
5. 输出电阻:<100 Ω。
6. 输出电流:<1 mA。
7. 电源电压:15 V。

### 四、实验平台

Electronics Workbench 5.0 或更高版本。

## 10.8　多级放大电路设计

### 一、实验目的

1. 学习多级放大电路的设计方法。
2. 研究负反馈在放大电路中的作用。
3. 巩固放大电路测试方法。

### 二、实验原理

单级电压放大电路由于受到元件参数的限制,放大倍数总是有限的,当要对微弱信号进行大倍数放大时,就需要采用多级放大的方法。

多级放大电路把若干级放大电路级联起来,前级放大电路的输出信号作为后级放大电路的输入信号,信号得到逐级放大。因此,多级放大电路的总电压增益等于各级放大电路增益的乘积,总的输入电阻等于第一级放大电路的输入电阻,总输出电阻等于末级放大电路的输出电阻。

多级放大电路各级之间的耦合方式一般有三种:变压器耦合、阻容耦合、直接耦合。阻容耦合和直接耦合方式体积小、成本低,可以做出较宽频带的放大器,在多级放大电路中应用较多。

设计多级放大电路首先要确定放大电路所需的级数,这主要取决于总电压放大倍数要求和每级放大电路所能提供的放大倍数,由于负反馈能够改善放大电路的多项性能,所以,从放大器稳定和减小非线性失真等方面考虑,一般多级放大电路中往往加入 $F=1/10$ 左右的级间负反馈。因此,在决定放大级数时必须把指标要求的电压增益扩大 10 倍作为开环增益来计算。如果总开环增益为 $A(\text{dB})$,单级放大电路的增益为 $A_1(\text{dB})$,那么放大级数应为

$$m \geqslant \frac{A(\text{dB})}{A_1(\text{dB})} \qquad (10-8-1)$$

一般来说,共发射极放大电路一级放大倍数在一百以内,即小于 40 dB。两级放大可达几百(50~60 dB),三级放大可达几千(70~80 dB)。

多级放大电路的输入级与信号源相连,因此要求它的输入电阻和信号源匹配,如要求高输入电阻(几百千欧~几兆欧),可采用射极输出器或场效应管放大电路;如要求低输入电阻(几百欧以下),可采用共基极电路;如无特殊要求,则一般用共发射极电路。为了改善放大电路的低频特性,输入级往往采用直接耦合方式,输入级对全电路的噪声影响最大,所以要求输入级选用低噪声的高频晶体管,并且为输入级设置较低的静态工作点,一般硅管集电极电流设置为 0.2~2 mA,锗管集电极电流设置为 0.1~1 mA。

多级放大电路的中间级主要完成电压放大倍数的指标,一般要求放大倍数高,工作稳定,多采用共发射极电路,选用 $\beta$ 较高的晶体管,静态工作点应尽可能设置在线性区的中间,一般设置 $I_C=1\sim3$ mA,$U_{CE}=2\sim3$ V 为宜。

多级放大电路的输出级要向负载提供足够大的不失真电压,应按照功率放大电路的设计方法进行电路设计。

**三、实验任务与要求**

设计一个用于测量仪表中放大微弱信号的交流放大电路,具体指标如下:

1. 工作频率范围: 30 Hz~30 kHz。

2. 最小输入信号电压: 5 mV(有效值)、内阻 50 Ω。

3. 输入电阻: >20 kΩ。

4. 输出电压: >2 V(有效值)。

5. 输出电阻: <10 Ω。

6. 输出电流: <1 mA。

7. 电源电压: 12 V。

**四、设计平台及参考电路**

1. 设计平台: Electronics Workbench 5.0 或更高版本。

2. 参考实验电路结构如图 10-8-1 所示。

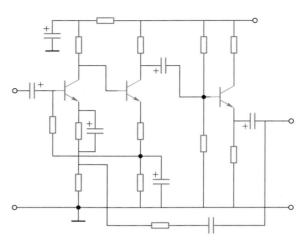

图 10-8-1　参考实验电路结构

## 10.9　差分放大电路

**一、实验目的**

1. 理解差分放大器的工作原理和性能特点,了解零点漂移产生的原因及抑制方法。

2. 学习直流差分放大器主要性能指标的测定方法。

**二、实验任务和要求**

1. 测量图 10-9-1 所示差分放大电路的静态工作点,分析零点漂移产生的原因。

2. 测量差模信号的输入、输出电压,计算差模放大倍数 $A_d$。

3. 测量共模信号的输入、输出电压,计算共模抑制比 $K_{CMRR}$。

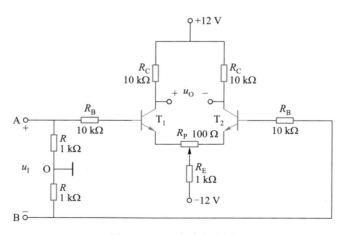

图 10-9-1　实验电路图

### 三、实验设备与器件

1. 直流稳压电源。
2. 数字万用表。
3. 实验箱。
4. 晶体管、电阻、电位器等元件。

## 10.10 集成运算放大器线性应用电路设计

### 一、实验目的

1. 通过实验加深对集成运算放大器性能的理解。
2. 学习集成运算放大器线性应用电路的设计。
3. 学习集成运算放大器应用电路参数的测试和调整。

### 二、实验任务

1. 输入电压信号 $u_1$ 为频率 10 Hz、幅度 10 V 的正弦信号,初相位为 0,最大信号电流为 0.01 mA。

2. 系统输出电压信号 $u_0$ 与输入之间的关系由微分方程描述

$$\frac{\mathrm{d}^2 u_0}{\mathrm{d}t^2} + 5\frac{\mathrm{d}u_0}{\mathrm{d}t} + 100u_0 = 600u_1$$

3. 试用运算放大器设计能满足上面条件的电路。输入一个 1 Hz、10 mV 振幅的正弦波信号,并测量输出信号的幅度和初相位。将实验结果与理论分析结果比较检验设计正确性。

### 三、实验平台及参考实验电路

1. 实验平台:Electronics Workbench 5.0 或更高版本。
2. 参考实验电路如图 10-10-1 所示。

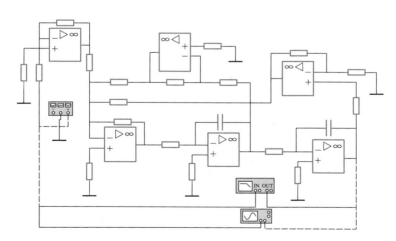

图 10-10-1 参考实验电路

注意:

实验中如果选用实际运算放大器模型(非理想),则必须对运算放大器进行调零,否则将有较大直流输出,另外,实验电路宜采用五端运算放大器模型,以提高仿真精度。

## 10.11　集成功率放大器

**一、实验目的**

1. 了解功率放大器的工作原理。

2. 掌握集成功率放大器外围电路元件参数的选择和集成功率放大器的使用方法。

3. 学习集成功率放大器基本技术指标的测试。

**二、实验设备与器件**

1. 晶体管毫伏表 1 只。

2. 万用表 1 只。

3. 直流稳压电源 1 台。

4. 示波器 1 台。

5. 电阻若干。

6. 电容若干。

7. 集成功率放大器芯片 1 个。

**三、实验原理**

功率放大器的常见电路形式有 OTL 电路和 OCL 电路。功率放大器的作用是给负载 $R_L$ 提供一定的输出功率。当负载一定时,希望功率放大器的输出功率尽可能大,输出信号的非线性失真尽可能小,效率尽可能高。

集成功率放大器由专用集成电路功率放大器芯片和一些外部阻容元件构成。它具有线路简单、性能优越、工作可靠、调试方便等优点,已经成为在音频领域中应用十分广泛的功率放大器。

集成功率放大器电路中最主要的组件为集成功率放大器芯片,它的内部电路与一般分立元件功率放大器不同,通常包括前置级、推动级和功率级等几部分,还有一些具有特殊功能(消除噪声、短路保护等)的电路。其电压增益较高(不加负反馈时,电压增益达 70~80 dB,加典型负反馈时电压增益在 40 dB 以上)。

集成功率放大器芯片的种类很多。本实验以 LA4100~LA4102 集成音频功率放大器为例,学习集成功率放大器外围电路元件参数的选择、使用方法以及基本技术指标的测试。

图 10-11-1 是集成功率放大器 LA4100~LA4102 的内部电路图,它们由输入级、中间级(第二级和第三级)和输出级三部分组成。

输入级是由 $T_1$、$T_2$ 组成的单端输入、单端输出的差分放大电路。外接电源 $U_{cc}$ 经过 $T_3$、$R_4$、$R_5$ 和 $T_5$ 组成的分压网络,在端点 10 上产生直流电压 $U_{10}$,其值等于 $U_{cc}/2$。该直流电压通过电阻 $R_1$ 加到 $T_1$ 的基极,作为 $T_1$ 的基极偏置电压。输出端点 1 通过 $R_{11}$ 接到 $T_2$ 管的基极,实现交直流负反馈。其中,直流负反馈用来稳定输出端点 1 的直流电位,使它维持在 $U_{cc}/2$ 上。交流负反馈用来稳定整个放大器的增益,并改善放大器的非线性失真。

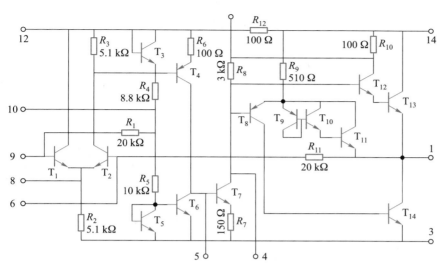

图 10-11-1　集成功率放大器 LA4100～LA4102 的内部电路图

中间级由第二级和第三级组成。其中第二级是由 $T_4$ 管组成的电流串联负反馈放大器，$T_5$、$T_6$ 管组成的镜像恒流源是该放大器的集电极有源负载。因此第二级放大器具有很高的增益。第三级是由 $T_7$ 管组成的电流串联负反馈放大器，它为输出级提供所需的推动电压。

输出级是由 $T_8$～$T_{14}$ 管组成的互补对称功率放大电路。其中，$T_{12}$ 和 $T_{13}$ 组成等效的 NPN 型管，$T_8$ 和 $T_{14}$ 组成等效的 PNP 型管。为了克服交越失真，将 $T_{12}$ 的集电极直流电压通过 $R_8$ 加到 $T_8$ 管和 $T_{12}$ 管的基极，同时，电源电压 $U_{CC}$ 通过 $R_9$ 加到 $T_8$ 管的发射极，并通过 $T_9$～$T_{11}$ 管加到输出端点 1，以保证加到 $T_8$、$T_{12}$ 和 $T_{13}$ 管 B、E 间的静态电压大于各管的导通电压，而 $T_{14}$ 管所需的偏置电压则由 $T_8$ 管提供。

图 10-11-2 是 LA4100 引脚分布。

LA4100（LA4101，LA2102）集成功率放大器的引脚功能如下：

引脚 1——输出端，直流电平应为 $U_{CC}/2$。

引脚 2——接地端。

引脚 3——接地端（或接负电源）。

引脚 4，5——为了消除振荡，应接相位补偿电容。

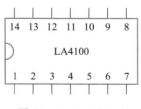

图 10-11-2　LA4100
引脚分布

引脚 6——负反馈端，一般接 RC 串联网络到地，以构成电压串联负反馈。

引脚 8——偏流端，一般不用。

引脚 7，11——空脚。

引脚 9——输入端。

引脚 10,12——为抑制纹波电压,应接入大的电解电容到地。

引脚 13——自举端,应接大的电容到 1 端起自举作用。

引脚 14——电源端,接电源 $U_{CC}$。

LA4100(LA4101,LA4102)集成功率放大器既可接成 OTL 电路形式,也可接成 OCL 电路形式。其电路增益可通过内部电阻 $R_{11}$ 与 6 脚所接电阻决定。

LA4100(LA4101,LA4102)可以采用单电源供电方式接成 OTL 电路,也可以采用双电源供电方式(此时 3 脚接负电源)接成 OCL 电路。LA4100 接成 OTL 电路的形式如图 10-11-3 所示(图中:$R_f = 100\ \Omega$, $R_L = 4\ \Omega$, $C_1 = 10\ \mu F$, $C_2 = C_3 = C_h = 220\ \mu F$, $C_4 = 100\ \mu F$, $C_5 = 0.15\ \mu F$, $C_b = 50\ pF$, $C_c = 470\ \mu F$, $C_d = 560\ pF$, $C_f = 33\ \mu F$)。

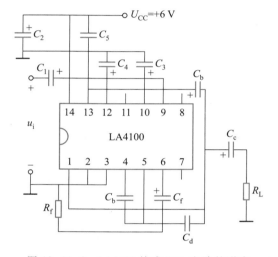

图 10-11-3　LA4100 接成 OTL 电路的形式

该电路外部元件的作用如下:

$R_f$,$C_f$——与内部电阻 $R_{11}$ 组成交流负反馈支路,控制电路的闭环电压增益 $A_{uf}$,即 $A_{uf} \approx R_{11}/R_f$。

$C_b$——相位补偿。$C_b$ 减小,频带增加,可消除高频自激。$C_b$ 一般取几十皮法至几百皮法。

$C_c$——输出端的耦合电容,两端的充电电压等于 $U_{CC}/2$,$C_c$ 一般取耐压大于 $U_{CC}/2$ 的几百微法电容。

$C_d$——反馈电容,消除自激振荡,$C_d$ 一般取几百皮法。

$C_h$——自举电容,接了自举电容 $C_h$ 后,可使推动级提供的最大电压振幅接近 $U_{CC}/2$,从而使负载 $R_L$ 上输出信号的最大电压振幅接近 $U_{CC}/2$。

$C_1$——输入端的耦合电容。

$C_2$,$C_4$——电源滤波,可消除低频自激。

$C_3$——滤除纹波电压,一般取几十微法至几百微法。

$C_5$——用来滤去高音频分量,改善声音质量。

功率放大器的各项指标中,最主要是放大器的输出功率、效率。实验中涉及的有:

1. 电源输出功率 $P_D = U_{CC} I_{DC}$。其中 $I_{DC}$ 为流过放大器的总的直流分量,即流出直流电源 $U_{CC}$ 的直流电流分量。

2. 负载功率 $P_L$——即功率放大器的输出功率 $P_L = \dfrac{U_{Om}^2}{2R_L}$。其中 $U_{Om}$ 为放大器输出 $u_O$ 的幅度。

3. 功率放大器的效率 $\eta = \dfrac{P_{Lmax}}{P_D}$。其中 $P_{Lmax} = \dfrac{U_{Omax}^2}{2R_L}$ 为放大器的最大负载功率(输出功率)。

**四、实验任务**

按图 10-11-3 接成 OTL 电路,直流电源电压 $U_{CC} = +6$ V。

1. 测量直流工作点。

测量集成功率放大器引脚 1、6、9、14 的直流工作电压,验证是否满足 OTL 功率放大器的电压关系。

2. 测量放大器的性能指标。

在输出端接负载 $R_L = 8.2$ Ω,在输入端加入 $f = 1$ kHz 的正弦信号 $u_i$,使用毫伏表测量交流电压,并用示波器监视输出 $u_O$ 的波形。测量如下参数:

(1)最大不失真输出功率 $P_{Lmax}$。

逐渐增大 $u_i$ 的幅度,测出放大器的最大输出 $U_{Omax}$,计算 $P_{Lmax}$。

(2)效率 $\eta$。

调节 $u_i$ 的幅度使输出功率 $P_L = 1$ W。使用万用表的直流电流挡,测量流过放大器的总电流 $I_{DC}$,计算电源供给的直流功率 $P_D$ 及效率 $\eta$,将相关数据填入自拟的表格。

(3)电源电压的改变对输出功率及效率的影响。

改变电源电压 $U_{CC} = 6$ V、9 V,$R_L = 8.2$ Ω 时,分别测量计算 $P_{Lmax}$、$\eta$。

(4)放大器的电压增益 $A_u$。

保持 $P_L = 1$ W,测量此时的输入、输出电压值,计算总的电压增益 $A_u$。

**五、实验报告要求**

1. 整理数据,通过数据分析 OTL 功率放大器的特性(即各因素对功放的影响),得出结论。并将此结论与理论进行比较。

2. 实验中出现的问题分析与处理。

**六、思考题**

1. 如何测量集成功率放大器的输出功率和效率?

2. 电源电压的变化(增加或降低)对输出功率和效率有何影响?

## 10.12　$RC$ 振荡器电路设计

### 一、实验目的

1. 通过实验加深对 $RC$ 正弦波振荡器构成的理解。

2. 学习集成运算放大器 $RC$ 正弦波振荡器的设计。

3. 学习振荡输出参数的测试和调整。

### 二、实验原理

在由运算放大器构成的负反馈放大电路中接入由 $RC$ 串并联网络组成的正反馈,如图 10-12-1 所示,由于正反馈支路具有选频功能,只有在

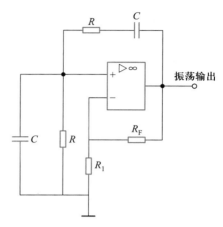

图 10-12-1　$RC$ 振荡器原理

$$f=\frac{1}{2\pi RC} \quad (10-12-1)$$

反馈系数才具有零相位,真正构成正反馈,这时,正反馈系数的幅度为 $1/3$,因此,如果负反馈放大器的放大倍数为

$$\left|A_{uf}\right|=\frac{R_{\mathrm{F}}}{R_1}\geqslant 3 \quad (10-12-2)$$

则满足振荡条件。

由于运算放大器的非理想性,实际电路中往往要求放大倍数稍大一点。另一方面,在振荡器起振时,需要大于 3 的放大倍数,而振荡建立起来后又需要放大倍数降到 3,当振荡幅度比较大时,运算放大器的非线性可以达到这一目标,但是,这也将使振荡输出波形变差。

### 三、实验任务

1. 用运算放大器设计振荡频率为 10 Hz~1 kHz 的桥式 $RC$ 振荡器电路。

2. 要求将频率调节分为两个波段通过电阻切换实现,波段内频率细调通过可变电容来实现。

### 四、实验平台及参考实验电路

1. 实验平台:Electronics Workbench 5.0 或更高版本。

2. $RC$ 振荡器参考实验电路如图 10-12-2 所示。

在构成振荡电路时,根据原理,负反馈电路应保持放大电路部分的电压放大倍数为 3,但是,在起振时,往往要求放大倍数大于 3,使振荡器能快速起振,随着振荡幅度的增大,需要放大电路的电压放大倍数下降,达到振荡要求幅度时稳定电路电压的放大倍数。如果只用电阻器,很难实现这种变阻功能,必须借助非线性元件。常用的方法有采用热敏电阻作为反馈电阻、场效应管反馈、二极管反馈等,利用这些元件的电阻随输出幅度的变化而改变的特点,自适应地调节反馈

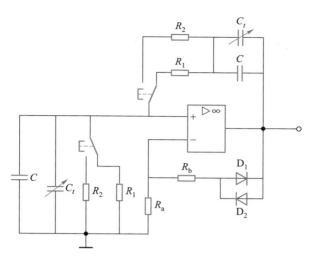

图 10-12-2　*RC* 振荡器参考实验电路

量。参考电路中采用了二极管反馈电路,要求两个二极管具有对称的特性,负反馈电路中的两个电阻之间的比例决定了稳定输出的幅度和输出信号的波形好坏,两者之间需进行综合考虑,选取一个合理的数值。电路中应尽量使用五端运算放大器模型,并且选取一个具体的型号,避免采用理想器件模型,这样可保证仿真结果与实际电路结果吻合。

## 10.13　信号发生电路设计

### 一、实验目的

1. 学习用集成运算放大器组成方波、三角波和锯齿波信号发生电路的方法。

2. 掌握利用示波器测量方波、三角波和锯齿波信号的幅度、频率的方法。

### 二、实验原理

1. 方波-三角波信号发生电路

运算放大器接成开路或接正反馈时,输出的状态将进入饱和,或输出正的最大值,或输出负的最大值,如果把这一信号送往一个积分电路进行积分,积分电路的输出端将生产一个线性上升或下降的波形。根据这一原理,把一个运算放大器接成带滞回的电压比较器,它的输出只有两个状态,将其输出接到反相积分电路的输入端,并将积分电路的输出反馈到电压比较电路的输入端,则可构成一个正反馈环路,如图 10-13-1 所示,从而形成振荡。

2. 方波-锯齿波信号发生电路

锯齿波和三角波之间的差别在于:三角波的上升和下降具有相同的斜率,而锯齿波则上升斜率较小、下降斜率很大,因此,只要控制积分电路正、反向积分的时间常数,就可以把三角波变成锯齿波。控制积分时间常数的最常用方法是利用二极管的单向导电性,在积分电阻中并联单向充电支路,如图 10-13-2 所示。

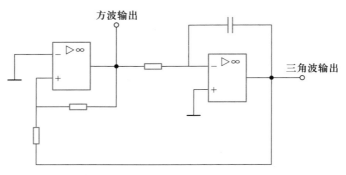

图 10-13-1　方波–三角波信号发生电路原理

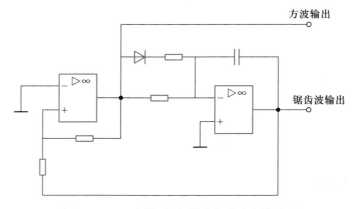

图 10-13-2　方波–锯齿波信号发生电路原理

### 三、实验任务

1. 设计一方波–三角波信号发生电路,要求振荡输出频率为 100 Hz,方波输出幅度为 ±6 V,三角波输出幅度为 ±4 V。

2. 设计一方波–锯齿波信号发生电路,要求振荡输出频率为 100 Hz,方波输出幅度为 ±6 V,锯齿波输出幅度为 ±5 V。

3. 实验使用运算放大器为 LM741C 五端器件,电源电压 ±18 V。

4. 观察设计电路的输出波形,测量信号的幅度和频率,并与设计计算值进行比较。

### 四、实验平台及参考实验电路

1. 实验平台:Electronics Workbench 5.0 或更高版本。

2. 参考实验电路如图 10-13-3、图 10-13-4 所示。

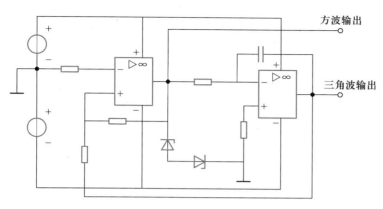

图 10-13-3    方波-三角波信号发生电路参考电路

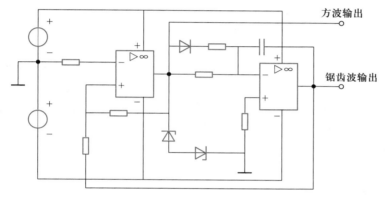

图 10-13-4    方波-锯齿波信号发生电路参考电路

## 10.14　硅稳压二极管稳压电源

### 一、实验目的

1. 研究简单硅稳压二极管稳压电源的组成和各部分的作用。
2. 学习简单硅稳压二极管稳压电源的设计方法。
3. 学习简单硅稳压二极管稳压电源外特性和等效内阻的测量。
4. 进一步学习交直流电压表、电流表、示波器等仪器的使用。

### 二、实验任务与要求

设计一个简单硅稳压二极管稳压电源,应包括桥式整流、滤波、硅稳压二极管稳压等环节。要求:

1. 输入交流电压 14 V±1 V;输出直流电压 7.5 V±1 V。
2. 负载电阻 $R_L = 1$ kΩ。

### 三、预习要求

1. 了解二极管及硅稳压二极管的结构和工作原理,参考第 7 章。
2. 熟悉直流稳压电源的组成和各部分的作用,参考第 7 章。

3. 掌握测量稳压电源外特性和等效内阻的方法。

4. 掌握本实验所要用到仪器的使用方法。

5. 进实验室前要求写出预习报告。预习报告要求：

（1）画出自己设计的实验电路并标明各元件参数。

（2）根据学过的理论知识,计算出整流、滤波、硅稳压二极管稳压电路的输出电压的理论值并画出输出波形。

（3）拟定实验方法和步骤：

① 测量输入电压和输入波形。

② 测量桥式整流电路的输出电压和输出波形。

③ 测量桥式整流电路加电容滤波电路的输出电压和输出波形。

④ 测量桥式整流电路加电容滤波电路,再加硅稳压二极管稳压电路的输出电压和输出波形。

⑤ 测量直流稳压电源的等效内阻。

⑥ 测量直流稳压电源的外特性（至少测量 4 个点）。

6. 预习思考题：

（1）硅稳压二极管稳压电路的限流电阻应该根据什么原则进行选取？选多大的电阻合适？（按输入电压为 14 V,负载电阻 $R_L = 1\ k\Omega$ 算。）

（2）测量输入电压和输出电压值时,能用同一类电压表吗？各自应选用什么电压表？根据算出的理论值选择合适的测量量程。

**四、实验条件**

1. 14 V 交流电源,用以提供电路所需要的输入电压。

2. 双踪示波器,用于观察输入、输出波形。

3. 交流电压表,用于测量输入交流电压。

4. 直流电压表,用于测量输出直流电压。

5. 直流电流表,用于测量输出直流电流。

6. 数字万用表,可用于测量输入交流电压、输出直流电压和电流等。

7. 二极管整流桥,用于组成桥式整流电路。

8. 稳压二极管 BZX55C7V5（$U_Z = 7$ V,$I_Z = 5$ mA,$P_{Dmax} = 300$ mW）。标有黑圈的一端为负极。

9. 电阻器、电容器若干（在实验元件包内）。

**五、实验报告要求**

1. 画出实验电路图并且标明各元件的参数。

2. 整理实验数据：

（1）整理实验所得的整流、滤波、硅稳压二极管稳压电路的输出波形和输出电压值。波形要用坐标纸画出,各波形（包括输入电压波形）的时间零点要对齐,坐标比例要一致,以便于比较。将实验测出的整流、滤波电路输出电压值与理论计算值进行比较,分析产生误差的原因。

（2）根据实验数据算出该直流稳压电源的等效内阻值。

提示：

　　直流稳压电源的外特性,就是指其输出电压 $U_L$ 与输出电流 $I_L$ 的关系曲线。测量该直流稳压电源的外特性,可改变负载 $R_L$ 值,分别测量几组 $U_L$ 与 $I_L$ 的值,根据这些值再逐点描出其外特性。

（3）根据测量数据画出直流稳压电源的外特性。

（4）讨论预习要求中的思考题（1）（2）。

**六、注意事项**

1. 在设计电路时,注意稳压电路限流电阻（调整电阻）的选择。

2. 不能用双踪示波器同时观察输入、输出波形,只能用单踪示波器逐一进行观察。

3. 在测量直流稳压电源的外特性时,负载电阻 $R_L$ 不能取得太大或太小,注意保证在稳压二极管正常工作（5 mA $\leqslant I_Z \leqslant I_{Zmax}$）的条件下进行。

## 10.15　串联型直流稳压电源

**一、实验目的**

1. 加深理解串联型稳压电源的工作原理。

2. 掌握串联型晶体管稳压电源主要技术指标的测试方法。

**二、实验任务和要求**

串联型直流稳压电源实验电路如图 10-15-1 所示。要求:

1. 测量输出电压的调节范围。

2. 测量稳压电源的外特性。

3. 测量稳压系数和电压调整率。

4. 测量纹波系数。

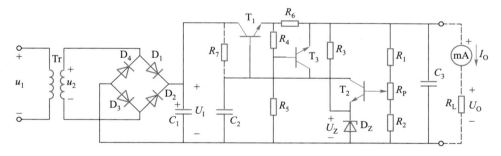

图 10-15-1　串联型直流稳压电源实验电路

**三、实验设备与器件**

1. 可调交流电源（可用自耦调压器）。

2. 直流电压表。

3. 直流毫安表。

4. 交流毫伏表。

5. 滑线变阻器 200 Ω。

6. 电阻、电容等元件。

$T_1$：9013；$T_2 \sim T_3$：9011；$D_1 \sim D_4$：1N4007×4；$D_Z$：2CW12；$C_1$：200 μF/25 V；$C_2$：0.33 μF；$C_3$：0.01 μF；$R_1$、$R_3$：510 Ω；$R_2$：1 kΩ；$R_4$：620 Ω；$R_5$：2.7 kΩ；$R_6$：30 Ω；$R_7$：1.5 kΩ；$R_P$：1 kΩ。

**四、稳压电源的主要性能指标**

1. 输出电压 $U_0$ 和输出电压调节范围

$$U_0 = \frac{R_1 + R_P + R_2}{R_2 + R_{P1}}(U_Z + U_{BE2})$$

其中，$R_{P1}$ 为 $R_P$ 滑动端下半部分电阻，调节 $R_{P1}$ 可以改变输出电压 $U_0$。

2. 最大负载电流 $I_{OM}$

3. 输出电阻 $r_0$

输出电阻 $r_0$ 定义为，当输入电压 $U_I$（稳压电路输入）保持不变，由于负载变化而引起的输出电压变化量与输出电流变化量 $\Delta I_0$ 之比，即

$$r_0 = \frac{\Delta U_0}{\Delta I_0}\bigg|_{U_I = 常数}$$

4. 稳压系数 $S_r$（电压调整率）

稳压系数定义为，当负载保持不变，输出电压相对变化量与输入电压相对变化量之比，即

$$S_r = \frac{\dfrac{\Delta U_0}{U_0}}{\dfrac{\Delta U_I}{U_I}}\Bigg|_{R_L = 常数}$$

由于工程上常把电网电压波动 ±10% 作为极限条件，因此也有将此时输出电压的相对变化 $\Delta U_0 / U_0$ 作为衡量指标，其称为电压调整率。

5. 纹波电压/纹波系数

输出纹波电压是指在额定负载条件下，输出电压中所含交流分量的有效值（或峰值）。纹波系数则是输出纹波电压与输出直流电压之比。

## 10.16　集成稳压电源

**一、实验目的**

1. 掌握集成稳压电源的工作原理。

2. 独立完成集成稳压电源的调整及性能指标的测试。

**二、实验任务与要求**

1. 图 10-16-1 是 +12 V 集成稳压电路，按图接好实验电路，测量其电源外特性、稳压系数及电压调整率、纹波系数。

2. 画出同时输出 ±12 V 的双电压电源电路，测量其电源外特性、稳压系数及电压调整率、纹波系数。

**三、实验设备与器件**

1. 整流变压器。

2. 直流电压表。

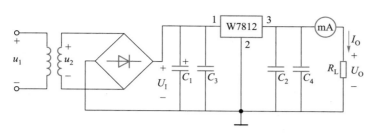

图 10-16-1  +12 V 集成稳压电路

3. 直流毫伏表。

4. 交流毫伏表。

5. 电阻、电容等元件。

整流二极管：2CP10×4；稳压块：7812 和 7912；$C_1$、$C_2$：100 μF，$C_3$：0. 33 μF，$C_4$：0. 1 μF，$R_L$：120 Ω。

**四、实验内容与步骤**

1. 按图 10-16-1 连接实验线路，测量电源外特性、稳压系数及电压调整率、纹波系数，记入自拟表格中。

2. 按照自己设计的 ±12 V 的双电压电源电路接好实验线路，测量电源外特性、稳压系数及电压调整率、纹波系数，记入自拟表格中。

3. 根据测量数据，画出稳压电源 $U_o$ 和 $I_o$ 的关系曲线，并求出其内阻 $r_o$。

4. 根据测量数据，计算稳压系数 $S_r$ 和电压调整率、纹波系数。

5. 根据自己设计的 ±12 V 的双电压电源电路的测量数据，按以上步骤 1、2 进行数据处理和有关性能指标的计算。

# 附录

附录1 模拟量和数字量的转换

　　实际电信号分为两种——模拟信号(量)和数字信号(量)。模拟信号是随时间连续变化的量,而数字信号是非连续变化的量。传递和处理电信号的电路也分模拟电路和数字电路,它们分别处理模拟信号和数字信号,所以在应用中就存在模拟量和数字量之间的相互转换问题。例如,用传感器测得的温度、压力等的电压或电流信号一般都是模拟量,如果要将这些信号送到数字计算机中去进行运算和处理,就要将测得的模拟量转换成数字量;而计算机处理的结果仍为数字量,只有将它转换成模拟量才能去控制原来的被控对象。

　　将数字量转换成模拟量的装置称为数模转换器,简称D/A(digital-to-analog)转换器或DAC(digital-analog converter);将模拟量转换成数字量的装置称为模数转换器,简称 A/D(analog-to-digital)转换器或 ADC(analog-digital converter)。DAC 和 ADC 是数字电路与模拟电路之间的"桥梁",也称为两者之间的接口。附图 1-0 是 A/D 和 D/A 转换的原理框图。

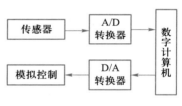

附图 1-0　A/D 和 D/A 转换的原理框图

## 附 1.1　数模(D/A)转换器

### 一、T 形电阻网络 D/A 转换器

　　D/A 转换器是将数字量转换成模拟量的装置。D/A 转换器的电路形式有很多种,下面只介绍目前用得较多的 T 形电阻网络 D/A 转换器。附图 1-1 是一个 4 位的 T 形电阻网络 D/A 转换器。

　　图中,R 和 2R 两种阻值的电阻组成多级 T 形电阻网络(也叫作梯形电阻网络),其输出端接运算放大器的反相输入端;运算放大器接成反相比例运算电路,用以输出合适的模拟电压 $u_O$;$U_R$ 是参考电压;$S_0$、$S_1$、$S_2$、$S_3$ 是电子转换开关,其电路可由晶体管或场效应管组成,具体电路在此不做介绍,读者可参考有关书籍。

　　电子转换开关 $S_0$、$S_1$、$S_2$、$S_3$ 分别由输入数字量 $D_0$、$D_1$、$D_2$、$D_3$ 控制。当某位输入的数码为 **0** 时,相对应的开关接"地";而当输入的数码为 **1** 时,对应的开关接参考电压 $U_R$。当 T 形电阻网络开路(即不接运算放大器)时,A 点对地的电压

420

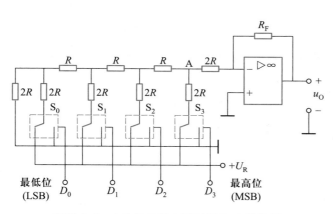

附图 1-1　4 位的 T 形电阻网络 D/A 转换器

$U_A$ 可由戴维南定理和叠加定理求得。首先分别计算当只有 $D_0=1$ 或 $D_1=1$ 或 $D_2=1$ 或 $D_3=1$（其余均为 **0**）时 A 点的电压分量，然后将各分量叠加可得 $U_A$ 的值。

当只有 $D_0=1$ 时，即 $D_3D_2D_1D_0=\textbf{0001}$，其等效电路如附图 1-2(a)所示。应用戴维南定理将附图 1-2(a)点画线框中的电路等效为电压为 $U_R/2$ 的电源与内阻 $R$ 串联，如附图 1-2(b)所示。同理，可以得到附图 1-2(c)、(d)、(e)所示的等效电路。由附图 1-2(e)可知，当只有 $D_0=1$（其余位均为 **0**）时，T 形电阻网络的开路电压等于等效电源电压，即为 $\dfrac{U_R}{2^4}D_0$。

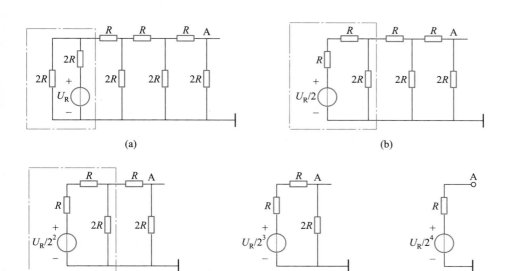

附图 1-2　计算 $D_0=1$ 时 T 形电阻网络的输出电压

同理，当只有 $D_1=1$ 或 $D_2=1$ 或 $D_3=1$（其余均为 **0**）时，分别计算 T 形电阻

网络的开路电压,它们分别为$\dfrac{U_R}{2^3}D_1$、$\dfrac{U_R}{2^2}D_2$、$\dfrac{U_R}{2^1}D_3$。

最后应用叠加定理将这四个电压分量相加,得到输入任意数码时 T 形电阻网络的开路电压 $U_{A0}$ 为

$$U_{A0} = \frac{U_R}{2^1}D_3 + \frac{U_R}{2^2}D_2 + \frac{U_R}{2^3}D_1 + \frac{U_R}{2^4}D_0$$

$$= \frac{U_R}{2^4}(D_3 \cdot 2^3 + D_2 \cdot 2^2 + D_1 \cdot 2^1 + D_0 \cdot 2^0) \qquad (A1-1)$$

所以,T 形电阻网络开路时的等效电路如附图 1-3 所示,其等效电压源的电压为 $U_{A0}$,等效内阻为 $R$。

T 形电阻网络的输出端经 $2R$ 电阻接至运算放大器的反相输入端,如附图1-4所示,所以电路输出的模拟电压 $u_O$ 为

$$u_O = -\frac{R_F}{3R}U_{A0} = -\frac{R_F}{3R}\frac{U_R}{2^4}(D_3 \cdot 2^3 + D_2 \cdot 2^2 + D_1 \cdot 2^1 + D_0 \cdot 2^0) \qquad (A1-2)$$

同理可得,如果 T 形电阻网络 D/A 转换器输入的是 $n$ 位二进制数,则输出模拟电压为

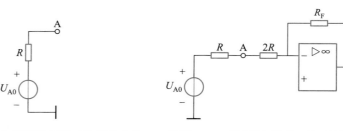

附图 1-3  T 形电阻网络开路时的等效电路　　附图 1-4　T 形电阻网络接运放后的等效电路

$$u_O = -\frac{R_F}{3R}\frac{U_R}{2^n}(D_{n-1} \cdot 2^{n-1} + D_{n-2} \cdot 2^{n-2} + \cdots + D_0 \cdot 2^0) \qquad (A1-3)$$

如果取 $R_F = 3R$,则输出模拟电压为

$$u_O = -\frac{U_R}{2^n}(D_{n-1} \cdot 2^{n-1} + D_{n-2} \cdot 2^{n-2} + \cdots + D_0 \cdot 2^0) \qquad (A1-4)$$

式中,括号内是 $n$ 位二进制数按"位权"的展开式。上式表明,D/A 转换器的输出模拟电压与输入的二进制数成正比,从而达到将数字量转换为模拟量的目的。

由此可见,数模转换实际上就是要将数字量的每一位二进制数码分别按所在位的"权"转换成相应的模拟量,再相加求和得到与原数字量成正比的模拟量。

此外,也常用倒 T 形电阻网络 D/A 转换器,如附图 1-5 所示。

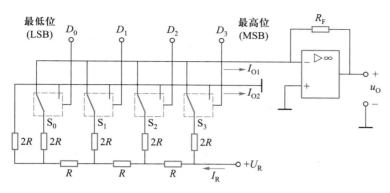

附图 1-5 倒 T 形电阻网络 D/A 转换器

同 T 形电阻网络一样,图中的电子转换开关 $S_0$、$S_1$、$S_2$、$S_3$ 分别由输入数字量 $D_0$、$D_1$、$D_2$、$D_3$ 控制。当某位输入的数码为 **0** 时,相对应的开关接"地";而当输入的数码为 **1** 时,对应的开关接运算放大器的反相输入端。

首先计算倒 T 形电阻网络的输出电流 $I_{O1}$。由于图中运算放大器接成反相比例运算电路,则 $u_- = u_+ = 0$(虚地),倒 T 形电阻网络的等效电路如附图 1-6 所示,也就是说无论输入的数字量为 **1** 或为 **0**,即无论电子转换开关接运算放大器的反相输入端(虚地)或接地,各支路的电流 $I_0$、$I_1$、$I_2$、$I_3$ 是不会改变的。同时 $00'$、$11'$、$22'$、$33'$ 左边部分电路的等效电阻均为 $R$,因此 $I_R = \dfrac{U_R}{R}$。

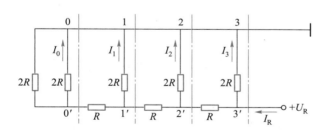

附图 1-6 倒 T 形电阻网络的等效电路

根据分流公式可得

$$I_2 = \frac{1}{4}I_R = \frac{U_R}{R2^2} \quad I_1 = \frac{1}{8}I_R = \frac{U_R}{R2^3} \quad I_0 = \frac{1}{16}I_R = \frac{U_R}{R2^4}$$

倒 T 形电阻网络的输出电流 $I_{O1}$ 为

$$I_{O1} = \frac{U_R}{R \cdot 2^4}(D_3 \cdot 2^3 + D_2 \cdot 2^2 + D_1 \cdot 2^1 + D_0 \cdot 2^0)$$

可得 D/A 转换器输出的模拟电压为

$$u_O = -R_F I_{O1} = -\frac{R_F U_R}{R \cdot 2^4}(D_3 \cdot 2^3 + D_2 \cdot 2^2 + D_1 \cdot 2^1 + D_0 \cdot 2^0) \quad (A1-5)$$

如果输入数字量为 $n$ 位二进制数,则

$$u_O = -\frac{R_F U_R}{R \cdot 2^n}(D_{n-1} \cdot 2^{n-1} + D_{n-2} \cdot 2^{n-2} + \cdots + D_0 \cdot 2^0) \quad (A1-6)$$

当取 $R = R_F$ 时,则为

$$u_O = -\frac{U_R}{2^n}(D_{n-1} \cdot 2^{n-1} + D_{n-2} \cdot 2^{n-2} + \cdots + D_0 \cdot 2^0) \quad (A1-7)$$

式(A1-7)与式(A1-4)相同,即 D/A 转换器的输出模拟电压与输入的二进制数成正比。

**二、D/A 转换器的主要技术指标**

1. 分辨率

D/A 转换器的分辨率是指转换器输出模拟电压可能被分离的数目。例如,D/A 转换器输入的二进制数为 $N$ 位,则按照上述定义,该转换器的分辨率应为 $2^N$。有时也直接用输入二进制数的位数 $N$ 表示其分辨率。

D/A 转换器分辨率的另一种表示方法是以转换器输出的最小电压(对应的输入二进制数为 **1**)与最大电压(对应的输入二进制数的各位全为 **1**)之比来表示。例如,D/A 转换器输入的二进制数为 $N$ 位,则其分辨率为 $1/2^{N-1}$。

2. 精度

D/A 转换器的精度是指转换器输出的模拟电压与理想的输出值之间存在的最大偏差,也就是 D/A 转换器实际的转换特性曲线与理想转换特性曲线之间的最大偏差。

3. 建立时间

建立时间是指 D/A 转换器的输入从全 **0** 突变为全 **1**(或从全 **1** 突变为全 **0**)时,转换器输出达到与最终稳定值相差 $\pm 1/2$ LSB 范围内所需要的时间,也叫作满量程建立时间。

建立时间是描述 D/A 转换器转换速度的重要性能指标。

4. 非线性误差

非线性误差也称非线性度或线性度,是指 D/A 转换器的实际传输特性曲线和平均传输特性曲线之间的最大偏差。

5. 传输延迟

从数字输入变化到模拟输出,电流达到其最终值的 90% 所需的时间。

6. 静态功耗

D/A 转换器的功耗是指转换器在规定负载条件下,其输入数字代码为全 **0** 和全 **1** 时所消耗的最大功率。

7. 电源电压抑制比

电源电压抑制比是指由电源电压单位量变化所引起的 D/A 转换器模拟量输出的变化。

### 三、集成 D/A 转换器 CDA7520

目前,D/A 转换器的集成件很多。按输入的二进制数的位数分类有 8 位、10 位、12 位和 16 位等。

CDA7520 是 10 位 D/A 转换器集成件,其内部采用倒 T 形电阻网络,与附图 1-5 所示电路类似。其内部集成了 CMOS 型电子开关,但没有运算放大器,需外接。附图 1-7 是 CDA7520 的外引线排列图,各引脚的功能如下:

1 脚是模拟电流 $I_{01}$ 输出端,接运算放大器的反相输入端。

2 脚是模拟电流 $I_{02}$ 输出端,一般接"地"。

3 脚是接"地"端。

4~13 脚是数字信号的输入端。

14 脚是 CMOS 电子转换开关的电源接线端。

15 脚是参考电压接线端,可接正电源,也可接负电源。

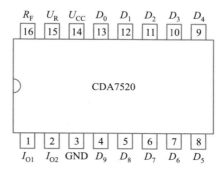

附图 1-7　CDA7520 的外引线排列图

16 脚是内部反馈电阻 $R_F$ 的一个引出端,该电阻作为运算放大器的反馈电阻,内部接 $I_{01}$ 端,所以该脚应接运算放大器的输出端。

## 附 1.2　模数(A/D)转换器

A/D 转换器的功能是将输入的模拟信号转换成数字信号输出。由于输入的模拟信号在时间上是连续变化的,而输出的数字信号是不连续的,所以转换只能在某些瞬间对输入进行采样,然后将这些采样值转换成数字量输出。

因此,A/D 转换的过程是先对输入的模拟信号进行采样,然后进入保持,在保持时间内将采样的信号转换为数字量,并按一定编码形式输出。如此反复进行。

实现 A/D 转换的电路形式有很多,下面介绍逐次逼近型 A/D 转换器和双积分型 A/D 转换器。

### 一、逐次逼近型 A/D 转换器

逐次逼近型 A/D 转换器是一种直接转换式 A/D 转换器。以天平称重为例来说明逐次逼近的过程。设某物体的质量为 13 g,现有四个砝码,其质量分别为 8 g、4 g、2 g 和 1 g,天平称重的过程如附表 1-1 所示。

附表 1-1　天平称重的过程

| 顺序 | 砝码质量 | 比较判别 | 砝码是否保留 | 顺序 | 砝码质量 | 比较判别 | 砝码是否保留 |
|---|---|---|---|---|---|---|---|
| 1 | 8 g | 8 g<13 g | 保留 | 3 | 8 g+4 g+2 g | 14 g>13 g | 去除 |
| 2 | 8 g+4 g | 12 g<13 g | 保留 | 4 | 8 g+4 g+2 g+1 g | 13 g = 13 g | 保留 |

逐次逼近型 A/D 转换器的工作过程与上述天平称重的过程类似。逐次逼近型 A/D 转换器由顺序脉冲发生器、逐次逼近寄存器、D/A 转换器和电压比较器等几部分组成,其原理框图如附图 1-8 所示。

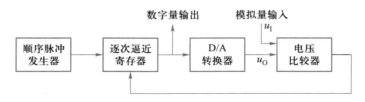

附图 1-8　逐次逼近型 A/D 转换器的原理框图

转换开始前先将寄存器清零。转换开始,顺序脉冲发生器首先将寄存器的最高位置 $1$,即寄存器的输出为 $100\cdots00$。该数字量经 D/A 转换器转换成相应的模拟电压 $u_0$,并送入比较器与输入模拟电压 $u_1$ 进行比较。若 $u_0 > u_1$,说明数字量过大,即此位的 $1$ 应去掉;若 $u_0 < u_1$,说明数字量还不够大,即此位的 $1$ 应保留。然后,再将次高位置 $1$,比较 $u_0$ 和 $u_1$ 的大小,以确定该位的 $1$ 应该去掉还是应该保留。这样逐次比较下去,一直到最低位为止。这时,寄存器里的数字就是对应于输入电压 $u_1$ 的输出数字量。

下面结合附图 1-9 所示的具体电路来说明逐次逼近的过程。附图 1-9 是 4 位逐次逼近型 A/D 转换器的原理电路,电路由以下几部分组成。

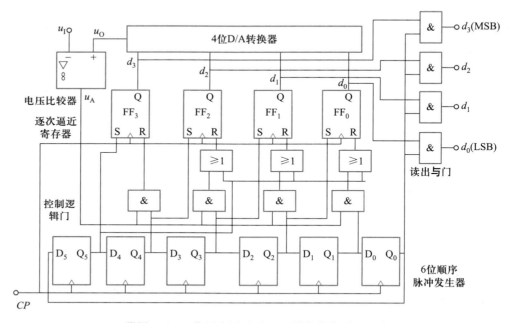

附图 1-9　4 位逐次逼近型 A/D 转换器的原理电路

## 1. 逐次逼近寄存器

由四个 $RS$ 触发器 $FF_3$、$FF_2$、$FF_1$ 和 $FF_0$ 组成,其输出是 4 位二进制

数 $d_3 d_2 d_1 d_0$。

### 2. 顺序脉冲发生器

由六个 $D$ 触发器组成环形计数器,其输出 $Q_5$、$Q_4$、$Q_3$、$Q_2$、$Q_1$、$Q_0$ 在时间上有一定先后顺序,在时钟脉冲 $CP$ 作用下,依次右移 1 位。6 位顺序脉冲发生器的输出波形如附图 1-10 所示(转换开始前 $Q_5 Q_4 Q_3 Q_2 Q_1 Q_0 =$ **100000**)。$Q_5$ 端接触发器 $FF_3$ 的 $S$ 端(置位端)和三个**或**门的输入端;$Q_4$、$Q_3$、$Q_2$ 和 $Q_1$ 分别接四个**与**门的输入端,其中 $Q_4$、$Q_3$、$Q_2$ 还分别接 $FF_2$、$FF_1$、$FF_0$ 的 $S$ 端,$Q_0$ 接至读出**与**门的输入端,作为读出控制信号。

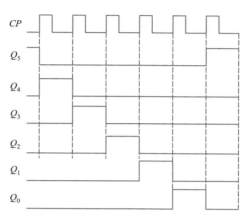

附图 1-10　6 位顺序脉冲发生器的输出波形

### 3. D/A 转换器

采用 T 形电阻网络 D/A 转换器,其输入来自逐次逼近寄存器的输出。D/A 转换器的输出送到电压比较器的同相输入端。

### 4. 电压比较器

由运算放大器组成。当 $u_I \geqslant u_0$ 时,电压比较器的输出 $u_A$ 为 **0**;当 $u_I \leqslant u_0$ 时,则输出 $u_A$ 为 **1**。$u_0$ 接至四个**与**门的输入端。

### 5. 控制逻辑门

由四个**与**门和三个**或**门组成,用以控制逐次逼近寄存器的输出。

### 6. 读出与门

由四个**与**门组成。当顺序脉冲发生器的 $Q_0$ 端为 **0** 时,四个**与**门被封锁;当 $Q_0$ 端为 **1** 时,四个**与**门打开,输出转换后的二进制数为 $d_3 d_2 d_1 d_0$。

下面分析附图 1-9 所示电路的转换过程。设 D/A 转换器的参考电压 $U_R =$ 8 V,输入模拟电压 $u_I = 5.52$ V。

转换开始前先将触发器 $FF_3$、$FF_2$、$FF_1$、$FF_0$ 清零,并将顺序脉冲发生器置为 $Q_5 Q_4 Q_3 Q_2 Q_1 Q_0 =$ **100000** 状态。

第一个时钟脉冲 $CP$ 的上升沿来到时,$FF_3$ 被置为 **1**,$FF_2$、$FF_1$ 和 $FF_0$ 被置为 **0**,逐次逼近寄存器的输出为 $d_3 d_2 d_1 d_0 =$ **1000**,加到 D/A 转换器的输入端上,D/A 转换器的输出端得到相应的模拟电压

$$u_0 = \frac{U_R}{2^4}(d_3 \cdot 2^3 + d_2 \cdot 2^2 + d_1 \cdot 2^1 + d_0 \cdot 2^0) = \frac{8}{16} \times 8 \text{ V} = 4 \text{ V}$$

由于 $u_I > u_0$,所以比较器的输出 $u_A =$ **0**,同时顺序脉冲右移 1 位,使 $Q_5 Q_4 Q_3 Q_2 Q_1 Q_0 =$ **010000**。

第二个时钟脉冲 $CP$ 的上升沿来到时，$FF_2$ 被置为 **1**，$FF_1$ 和 $FF_0$ 被置为 **0**，由于原来 $u_A =$ **0**，则 $FF_3$ 的 **1** 状态保留，即 $d_3 d_2 d_1 d_0 =$ **1100**，加到 D/A 转换器的输入端上，此时相应的模拟电压 $u_O =$ 6 V，由于 $u_1 < u_O$，所以比较器的输出 $u_A =$ **1**，同时顺序脉冲右移 1 位，使 $Q_5 Q_4 Q_3 Q_2 Q_1 Q_0 =$ **001000**。

第三个时钟脉冲 $CP$ 的上升沿来到时，$FF_1$ 被置为 **1**，$FF_0$ 被置为 **0**，由于原来 $u_A =$ **1**，则 $FF_2$ 被置为 **0**，即 $d_3 d_2 d_1 d_0 =$ **1010**，加到 D/A 转换器的输入端上，此时相应的模拟电压 $u_O =$ 5 V，由于 $u_1 > u_O$，所以 $u_A =$ **0**，同时使 $Q_5 Q_4 Q_3 Q_2 Q_1 Q_0 =$ **000100**。

第四个时钟脉冲 $CP$ 的上升沿来到时，$FF_0$ 被置为 **1**，由于原来 $u_A =$ **0**，则 $FF_1$ 的 **1** 状态保留，即 $d_3 d_2 d_1 d_0 =$ **1011**，加到 D/A 转换器的输入端上，此时模拟电压 $u_O =$ 5.5 V，由于 $u_1 > u_O$，所以 $u_A =$ **0**，同时使 $Q_5 Q_4 Q_3 Q_2 Q_1 Q_0 =$ **000010**。

第五个时钟脉冲 $CP$ 的上升沿来到时，由于原来 $u_A =$ **0**，则 $FF_0$ 的 **1** 状态保留，即 $d_3 d_2 d_1 d_0 =$ **1011** 不变，这就是转换结果，同时顺序脉冲右移 1 位，使 $Q_5 Q_4 Q_3 Q_2 Q_1 Q_0 =$ **000001**。由于此时 $Q_0 =$ **1**，转换结果通过读出**与**门送到输出端。

第六个时钟脉冲 $CP$ 的上升沿来到时，顺序脉冲右移 1 位，使 $Q_5 Q_4 Q_3 Q_2 Q_1 Q_0 =$ **100000**，返回到初始状态。同时由于 $Q_0 =$ **0**，读出**与**门被封锁，转换输出信号也随之消失。

这样就完成了一次转换，转换过程如附表 1-2 和附图 1-11 所示。

附表 1-2　4 位逐次逼近型 A/D 转换器的转换过程

| 顺序 | $d_3$ | $d_2$ | $d_1$ | $d_0$ | $u_O$/V | 比较判别 | 该位的 1 是否保留 |
|------|-------|-------|-------|-------|---------|----------|------------------|
| 1 | **1** | **0** | **0** | **0** | 4 | $u_O < u_1$ | 留 |
| 2 | **1** | **1** | **0** | **0** | 6 | $u_O > u_1$ | 去 |
| 3 | **1** | **0** | **1** | **0** | 5 | $u_O < u_1$ | 留 |
| 4 | **1** | **0** | **1** | **1** | 5.5 | $u_O < u_1$ | 留 |

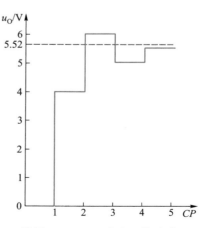

附图 1-11　$u_O$ 逼近 $u_1$ 的波形

上例中的转换误差为 0.02 V。转换误差取决于转换器的位数,位数越多,误差就越小。

### 二、双积分型 A/D 转换器

双积分型 A/D 转换器是一种间接转换式 A/D 转换器,它首先把输入的模拟电压信号转换成与之成正比的时间宽度信号,然后在这个时间宽度里对固定频率的时钟脉冲计数,计数的结果就是正比于输入模拟电压的数字信号。

附图 1-12 是双积分型 A/D 转换器的结构框图,它由积分器、比较器、计数器、控制逻辑和时钟信号发生器等几部分组成。

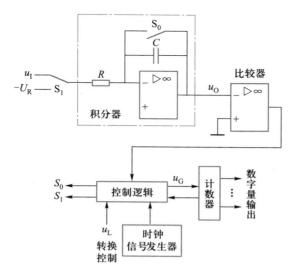

附图 1-12　双积分型 A/D 转换器的结构框图

下面分析其工作过程。

转换开始前($u_L = 0$),先将计数器清零,$S_0$ 闭合,使积分电容 $C$ 完全放电。转换控制信号 $u_L = 1$ 时,将 $S_0$ 打开,转换开始。

首先令开关 $S_1$ 接到模拟输入信号 $u_1$,积分器对 $u_1$ 进行固定时间 $T_1$ 的积分。积分结束时积分器的输出电压为

$$u_O = \frac{1}{C} \int_0^{T_1} -\frac{u_1}{R} dt = -\frac{T_1}{RC} u_1 \qquad (A1-8)$$

积分器的输出电压 $u_O$ 与输入电压 $u_1$ 成正比。

其次令开关 $S_1$ 接到参考电压 $U_R$,积分器反方向积分。设积分器的输出电压上升到零时所需的时间为 $T_2$,则

$$u_O = \frac{1}{C} \int_0^{T_2} \frac{U_R}{R} dt - \frac{T_1}{RC} u_1 = 0 \qquad \frac{T_2}{RC} U_R = \frac{T_1}{RC} u_1$$

由此得

$$T_2 = \frac{T_1}{U_R} u_1 \qquad (A1-9)$$

$T_2$ 与输入信号 $u_1$ 成正比。令计数器在 $T_2$ 时间里对固定频率为 $f_c = 1/T_c$ 的时钟脉冲计数,则计数结果也与 $u_1$ 成正比,即计数结果 $D$ 为

$$D = \frac{T_2}{T_c} = \frac{T_1}{T_c U_R} u_1 \qquad (A1-10)$$

若取 $T_1 = NT_c$(其中 $N$ 为整数),则上式可化简为

$$D = \frac{N}{U_R} u_1 \qquad (A1-11)$$

上述双积分过程由控制逻辑电路来完成。

双积分型 A/D 转换器的优点是抗干扰能力强,工作性能稳定。由于采用了积分器,故可有效抑制各种平均值为零的噪声。又由于转换过程中两次积分的 $R$、$C$ 参数相同,所以转换结果与 $R$、$C$ 的值无关。因此可以用精度较低的元器件做成精度很高的双积分型 A/D 转换器。

双积分型 A/D 转换器的主要缺点是工作速度低,一般都在每秒几十次以内,所以它主要应用于对转换速度要求不高的场合。

### 三、A/D 转换器的主要技术指标

1. 分辨率

分辨率是指 A/D 转换器能够分辨最小的量化信号的能力,一般以输出二进制数或十进制数的位数表示,它说明 A/D 转换器对输入信号的分辨能力。位数越多,误差越小,转换精度越高。

2. 量化误差

A/D 转换器的量化误差是由于转换器的有限分辨率(量化单位有限)而造成的。量化误差又称为最低有效位误差或分层误差。

3. 最大线性误差(即精度)

A/D 转换器的精度是指其实际传输特性曲线与理想传输特性曲线之间的最大偏差。

4. 转换速度

转换速度是指 A/D 转换器完成一次转换所需的时间。转换时间是指从接到转换控制信号开始到输出端得到稳定的数字量输出所经过的这段时间。

5. 电源电压抑制比

电源电压抑制比是指在输入模拟电压不变的前提下,当转换电路的电源电压发生变化时,对输出产生的影响,一般用输出数字量的绝对变化量来表示。

### 四、集成 A/D 转换器 ADC0809

ADC0809 是 CMOS 8 位逐次逼近型 A/D 转换器,其结构框图如附图 1-13 所示,附图 1-14 是其外引线排列图。

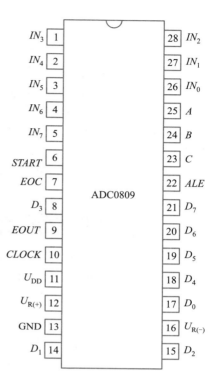

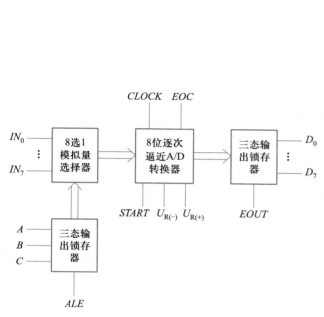

附图 1-13　ADC0809 的结构框图

附图 1-14　ADC0809 的外引线排列图

ADC0809 为 28 引脚的集成芯片,各引脚功能如下:

$IN_0 \sim IN_7$ 为八通道模拟量输入端。由 8 选 1 模拟量选择器选择其中一个通道的数据送往 A/D 转换器进行转换。

$A$、$B$、$C$ 为 8 选 1 模拟量选择器的地址输入端。三条地址线共有八种组合,以便选择相应的输入信号,8 选 1 模拟量选择器的功能表如附表 1-3 所示。

附表 1-3　8 选 1 模拟量选择器的功能表

| $C$ | $B$ | $A$ | 输出 | $C$ | $B$ | $A$ | 输出 |
|---|---|---|---|---|---|---|---|
| 0 | 0 | 0 | $IN_0$ | 1 | 0 | 0 | $IN_4$ |
| 0 | 0 | 1 | $IN_1$ | 1 | 0 | 1 | $IN_5$ |
| 0 | 1 | 0 | $IN_2$ | 1 | 1 | 0 | $IN_6$ |
| 0 | 1 | 1 | $IN_3$ | 1 | 1 | 1 | $IN_7$ |

$ALE$ 为地址锁存信号输入端,高电平有效。其上升沿将 $A$、$B$、$C$ 三条地址线的状态锁存,选择器开始工作。

$D_0 \sim D_7$ 为数字量输出端。

$EOUT$ 为输出允许信号端,高电平有效,当 $EOUT$ 为高电平时,A/D 转换器

431

的转换结果通过三态输出锁存器输出。

$CLOCK$ 为时钟信号输入端。

$START$ 为启动信号输入端。该信号的上升沿将内部所有寄存器清零,下降沿使转换工作开始。

$EOC$ 为转换结束信号。当转换结束时,$EOC$ 从低电平转为高电平。

$U_{DD}$ 为电源端,电压为 +5 V。

GND 为接地端。

$U_{R(+)}$ 和 $U_{R(-)}$ 为参考电压输入端。该电压确定输入模拟量的电压范围。若将 $U_{R(+)}$ 接 $U_{DD}$,$U_{R(-)}$ 接 GND,当电源电压 $U_{DD}$ 为 +5 V 时,输入模拟量的电压范围为 0~+5 V。

## 附录 2　电子电路仿真软件 Multisim 简介

电子设计自动化(electronic design automation,EDA)是计算机辅助设计(computer aided design,CAD)在电子学领域的应用。利用 EDA 软件平台可在计算机上自动实现逻辑编译、化简、分割、综合、优化、布局、布线和仿真,直至完成对特定目标芯片的适配编译、逻辑映射和编程下载等工作,EDA 技术极大地提高了电路设计的效率和可操作性。Electronics Workbench(简称 EWB)是加拿大 Interactive Image Technologies Ltd. 研制的基于 Windows 的虚拟电子工作台电路仿真软件,1999 年起,电路仿真部分启用新名称 Multisim,其属于该公司电子设计自动化软件套装的一部分,可以进行原理图输入、模拟和数字混合仿真,以及 SPICE 方式分析,2005 年 2 月,Electronics Workbench 被 NI 收购,并与 Labview 结合成为 NI Circuit Design Suite(电路设计套件)。本附录以最新版 Multisim14.0 软件为基础介绍电路分析与设计中的基本应用操作。

EWB 软件的特点是采用直观的图形界面,在计算机屏幕上模仿真实实验室的工作台,用屏幕抓取的方式选用元器件、创建电路及连接测量仪器。软件仪器的控制面板外形和操作方式都与实物相似,可以实时显示测量结果,并可以交互控制电路的运行与测量过程。

EWB 软件带有丰富的电路元件库,提供多种电路分析方法。作为设计工具,它可以同其他流行的电路分析、设计和制板软件交换数据。EWB 还是一个优秀的电子技术训练工具,利用虚拟仪器可灵活地进行电子线路实验,仿真电路的实际运行情况,从而熟悉常用电子仪器的测量方法。

### 附 2.1　Multisim 的操作界面和基本操作

#### 一、操作界面

启动 Multisim,可以看到 Electronics Workbench 主窗口,由主菜单、系统工具栏、Multisim 设计工具栏、器件工具箱、原理图编辑窗口、虚拟仪器工具箱和仿真开关按钮等组成,如附图 2-1 所示。

从图中可以看到,Multisim 模仿了一个实际的电子工作台,其中最大的区域

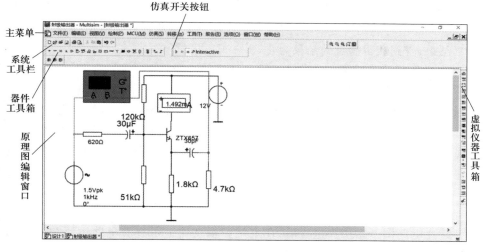

附图 2-1　Multisim 主界面

是电路工作区(原理图编辑窗口),在这里可以进行电路的连接和测试。从主菜单中可以选择电路连接、实验所需的各种命令;系统工具栏包含常用的操作命令按钮(新建、打开、保存、剪切、复制、粘贴、打印、帮助);Multisim 设计工具栏包含电路设计与分析按钮;器件工具箱分 14 类,包含了电子电路实验所需的各种元器件;虚拟仪器工具箱包含各种测试仪器,与早期版本不同,Multisim14.0 中每种仪器的使用数量不再限定为一个,而且单独给出了一些经典品牌的测试仪器,如 Tektronic 示波器、Agilent 函数发生器和 Agilent 示波器等;仿真开关按钮用来运行、暂停和停止电路仿真,并增加了仿真类型选择按钮。

**二、基本操作**

1. 启动/结束/暂停仿真进程

开始仿真电路时,单击主菜单的"仿真(S)"按钮,从弹出菜单上选择"运行(R)",Multisim 开始进行电路仿真运算。在仿真过程中,有关仿真结果和问题都被写到"仿真错误记录信息窗口"记录中,终止仿真时,该记录自动显示出来。如果希望监视整个仿真进程,可执行菜单命令"仿真(S)/仿真错误记录信息窗口(e)",从而可以在整个仿真进程中一直显示该记录。

为了暂停仿真进程,单击主菜单的"仿真(S)"按钮,从弹出菜单上选择"暂停(D)"。如果希望从暂停点继续仿真,可再次单击"仿真(S)/运行(R)"按钮。

为了结束仿真,单击主菜单的"仿真(S)"按钮,从弹出菜单上选择"停止(S)"按钮。如果结束仿真进程后再启动,则仿真进程将重新开始。

启动、暂停和结束仿真进程还可以直接点击菜单栏的仿真开关按钮 ▶ Ⅱ ■ 。

2. 交互式仿真

Multisim 最独特的性能是可以进行交互式仿真,通过键盘简单地改变交互式元件的参数,即可得到相应的仿真结果。交互式元件包括电位器、可变电阻、可变电容、可变电感和开关等元件。在电路设计中,有时需要改变一些元件参数

（例如改变偏置电阻），但每次更改元件参数都需要重新启动仿真，这很不方便。在 Multisim 中可利用可变参数元件，通过键盘逐渐调整元件参数值，实时地观察仿真结果，直到获得满意的结果为止。

3. 电路一致性检查

对电路进行仿真分析时，应首先进行电路一致性检查，以确认电路是否符合逻辑规则，例如，是否设置接地等。系统将检查出来的错误写入错误日志，提醒设计者哪些原因可能导致仿真出错，在进行仿真之前改正，从而加快仿真速度。注意，电路一致性检查是检查可能导致仿真错误的一类问题，并不检查电路的性能是否有效。

### 三、Multisim 的仿真机理与过程

1. 电路仿真机理

建立电路图开始仿真进程后，在系统虚拟仪器上可查看电路运算和生成的数据，仿真器是 Multisim 求解电路数值方程的组件。

电路中的每一个元件都有相应数学模型，进行仿真时，数学模型与电路窗口中建立的电路图（拓扑）连接，进行仿真运算。元件模型的精确程度决定了仿真结果与电路实际性能的差异。描述电路工作的是一组非线性微分方程，仿真器的主要任务是求解方程组。基于 SPICE 的仿真器将非线性微分方程转化为非线性代数方程，利用修正的 Newton-Raphson 方法进一步线性化这些方程，得到一组线性代数方程，然后求解代数方程组。

2. 电路仿真的四个阶段

Multisim 仿真器进行电路仿真包含四个主要阶段：输入阶段、设置阶段、分析阶段和输出阶段。

（1）输入阶段

仿真器读入电路信息（电路图，元件值，分析类型）。

（2）设置阶段

仿真器构造和检查包含电路完整描述的一套数据结构。

（3）分析阶段

根据输入阶段得到的电路信息，仿真器运行指定的电路分析。该阶段占用 CPU 大部分时间，是电路仿真的核心。分析阶段建立和求解指定分析的电路方程，所有直接输出和后处理器需要的数据都在该阶段产生。

（4）输出阶段

观察仿真结果，可在各种虚拟仪器和图示仪上观察仿真结果。

### 附 2.2　Multisim 的分析与仿真

#### 一、直流工作点分析

直流工作点分析用于确定电路的直流工作点，在直流（DC）分析中，交流（AC）源被置零，电路处于直流稳态，因此电路中的电容开路、电感短路。执行菜单命令"仿真（S）/分析和仿真/直流工作点"可进行直流工作点分析的设置和运

行,如附图 2-2 所示。

直流工作点分析没有需要特别设置的分析参数,但由于各种原因,直流工作点分析可能无法收敛。可能的原因包括:节点电压的初始估计值偏差太大,电路不是稳态或是双稳态(电路方程非唯一解),模型可能存在不一致问题或电路中包含不切实际的阻抗。

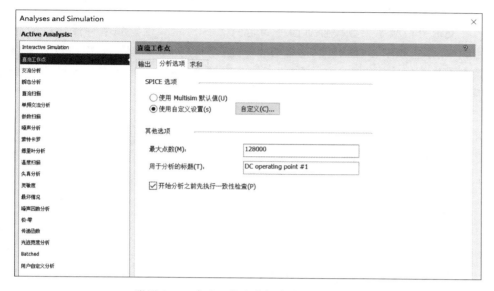

附图 2-2　直流工作点分析参数设置对话框

注意,在分析过程中产生的所有出错和警告信息都会出现在错误日志/监视记录中。

为了避免收敛问题和分析失败问题,应确定是哪种分析引起的问题(记住:直流工作点分析常作为其他分析的第一步),然后按下列步骤检查或尝试,直至解决问题。

(1)检查电路拓扑和连接是否正确。

(2)在"直流工作点"翻页标签下点击"分析选项",选择"使用自定义设置",点击"自定义(C)"-"直流",将"直流迭代限制(ITL1)"从 100 提高为 200~300,系统在退出分析之前,进行多次反复运算。

(3)在"直流工作点"翻页标签下点击"分析选项",选择"使用自定义设置",点击"自定义(C)"-"全局",将"模拟节点到地线的分流电阻(RSHUNT)"值减小 100 倍。

(4)在"直流工作点"翻页标签下点击"分析选项",选择"使用自定义设置",点击"自定义(C)"-"全局",将最小电导(GMIN)值增大 100 倍。

## 二、交流分析

在交流分析前,应首先进行直流工作点分析,以便对所有非线性元件作线性化小信号模型,得到电路方程组。交流分析对直流电源置零,交流电源、电容和电感用不定频率的相量模型表示,非线性元件线性化为交流小信号模型。在交流分析中,所有信号源都默认为正弦源,如果信号发生器设置为方波或三角波,也将被自动转化为正弦波。交流分析实际上是仿真分析电路的频率特性。

执行菜单命令"仿真(S)/分析和仿真/交流分析"可进行交流频率响应分析的设置和运行。

1. "频率参数"设置

交流分析频率参数设置对话框如附图 2-3 所示。设置频率特性分析的起始频率、停止频率、扫描类型、每十倍频点数、垂直刻度。默认的频率参数为起始频率 1 Hz,停止频率 10 GHz,单击"重置为默认值"按钮可将所有参数设置恢复为缺省值。

附图 2-3 交流分析频率参数设置对话框

2. "输出"设置

设置待分析频率特性的网络函数或电路输出变量。

3. 交流分析的结果显示

单击"Run"按钮执行交流分析,将"输出"设置中的网络函数或电路变量分幅频特性和相频特性两个图形按"频率参数"的设置范围与方式显示。

**三、瞬态分析**

在瞬态分析中,Multisim 将仿真电路的瞬态响应。由于电容和电感的初始储能影响电路的瞬态响应,因此需要对初始条件进行设置,有 4 个选项:自动确定初始条件、计算直流工作点、用户自定义、设为零。

执行菜单命令"仿真(S)/分析和仿真/瞬态分析",出现如附图 2-4 所示的瞬态分析参数设置对话框。

瞬态分析缺省设置的瞬态响应从 0 s 开始到 1 ms 结束,可根据需要进行调整,分别设置"起始时间"(应大于或等于 0)"结束时间"(大于起始时间)。选中"最大时间步长(TMAX)"复选项,并在对应框内输入希望的最大时间步长。选中"设置初始时间步长(TSTEP)",并在对应框内输入希望的初始时间步长。

附图 2-4　瞬态分析参数设置对话框

在"输出"对话框中选择将要分析瞬态响应的电路变量或表达式。"分析选项"对话框中还可设置一些其他参数。

运行瞬态分析时,利用设置的初始时间步长,仿真不能收敛,那么系统将自动减小时间步长并重复进行。如果时间步长减小得过多,系统将给出消息提示发生错误,放弃当前的仿真分析。如果出现这种情况,可尝试在"分析选项"对话框中"使用自定义设置(s)"调整分析参数。

**四、直流扫描分析**

直流扫描分析的作用是计算电路在不同直流电源下的直流工作点。利用直流扫描分析,假设电路中一个或两个直流电压源或电流源在一定范围内取值,计算直流工作点,这样可以快速检验电路的直流工作点,相当于多次模拟同一个电路,每次直流电源取不同的值。

执行菜单命令"仿真(S)/分析和仿真/直流扫描",在出现的"直流扫描"对话框的"分析参数"翻页标签下设置直流源的开始、结束和增量值,如附图 2-5所示。

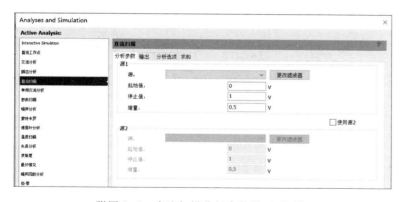

附图 2-5　直流扫描分析参数设置对话框

进行分析之前先检查电路,确定扫描的直流电源和分析的节点。一般只设置扫描一个直流电源,给出的就是输出节点的响应与该直流电源的关系曲线。如果同时扫描两个直流电源,则输出曲线的个数将等于第二个直流电源被扫描

的点数。每一条曲线都表示第二个直流电源等于其相应扫描点值时,输出节点响应与第一个直流电源的关系。

### 五、单频交流分析

单频交流分析实际上执行了对电路的相量分析,执行菜单命令"仿真(S)/分析和仿真/单频交流分析",在出现的"单频交流分析"对话框中设置频率参数、选择输出对象、调整分析选项,如附图 2-6 所示。

附图 2-6  单频交流分析参数设置对话框

分析结果的显示可设置为实部和虚部形式,也可以设置为幅值和相位形式,分析对象可设置为电路中的电压或电流相量,也可以对电压、电流相量的代数表达式进行分析。

## 附 2.3  分析举例

晶体管放大电路如附图 2-7 所示。其中,信号源 $V_1 = 0.1 \sin(2\pi \times 2 \times 10^4 t)$ mV,双极型晶体管的型号为 2N5224。下面利用 Multisim 对该电路进行仿真分析。

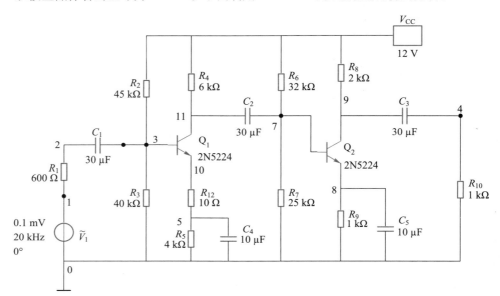

附图 2-7  晶体管放大电路

438

1. 直流工作点分析——计算各节点电压和支路电流

执行菜单命令"仿真(S)/分析和仿真/直流工作点",直流工作点分析参数设置如附图 2-8 所示,选择所有变量作为分析对象。按下"运行",直流工作点分析结果如附图 2-9 所示。

附图 2-8　直流工作点分析参数设置

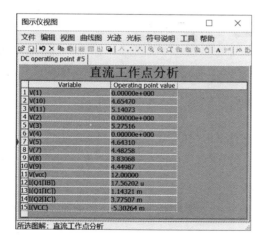

附图 2-9　直流工作点分析结果

图中,左边一列表示所分析的节点变量,右边为对应各变量的直流数值。

2. 交流分析

采用每 10 倍频扫描重 10 点的方式,分析 1 Hz~10 GHz 频带内电路的频率特性。执行菜单命令"仿真（S）/分析和仿真/交流分析"，设置交流分析参数如附图 2-10 所示，选择输出节点 4 作为分析对象，如附图 2-11 所示。按下"运行"，交流分析结果如附图 2-12 所示。

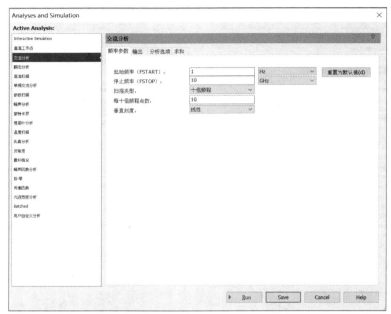

附图 2-10　设置交流分析参数

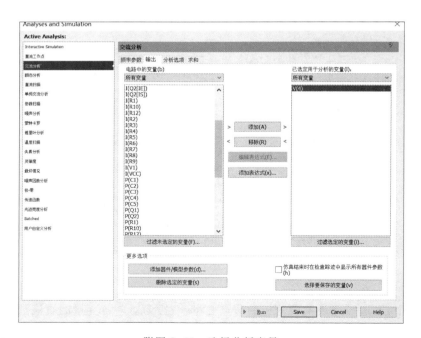

附图 2-11　选择分析变量

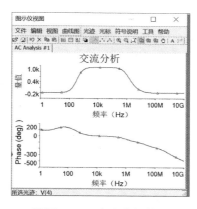

附图 2-12　交流分析结果

从分析结果可以看出,放大器频带为 500 Hz ~ 1 MHz,中频电压放大倍数为 $A_{us} = 943$。注意,分析的结果是输出对信号源 $V_1$ 的频率特性。

3. 瞬态分析

分析 0 ~ 0.2 ms 内电路的瞬态特性。执行菜单命令"仿真(S)/分析和仿真/瞬态分析",设置瞬态分析参数如附图 2-13 所示,选择第一级基极节点 3、第二级基极节点 7 和输出节点 4 作为分析对象,如附图 2-14 所示。按下"运行",瞬态分析结果如附图 2-15 所示。

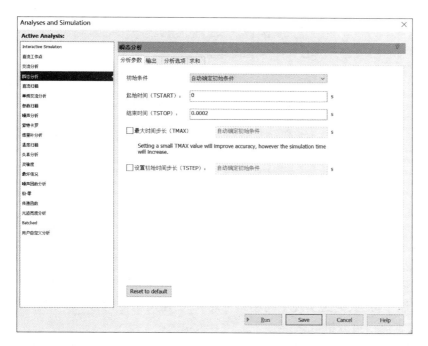

附图 2-13　设置瞬态分析参数

附图 2-14　选择瞬态分析变量

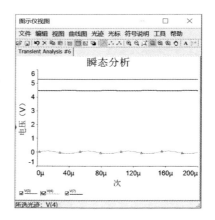

附图 2-15　瞬态分析结果

从图中可以看到,由于三个电压不在同一个数量级,因此在同一个坐标下难以很好地显示,故可以采取分次分析的方法,每次分析一个变量,最后将三条曲线按不同坐标复制到一起进行比较,如附图 2-16 所示。

从图中可见,电路实现了同相无失真放大,输出幅度约为 150 mV。

### 4. 直流扫描分析

在晶体管 $Q_1$ 基极与地之间接一个 5 V(静态值)直流电源 $V_2$,对 $V_2$ 进行直流扫描分析,得到 $Q_1$ 集电极、$Q_2$ 集电极电压对 $V_2$ 的直流电压传输特性。从而估算出各级输出电压的动态范围。

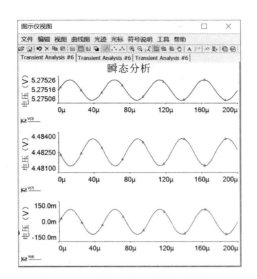

附图 2-16　采用不同坐标显示每个曲线

　　执行菜单命令"仿真(S)/分析和仿真/直流扫描",设置直流扫描分析参数如附图 2-17 所示,选择第一级集电极节点 11、第二级集电极节点 9 作为分析对象,如附图 2-18 所示。按下"运行",直流扫描分析结果如附图 2-19 所示。

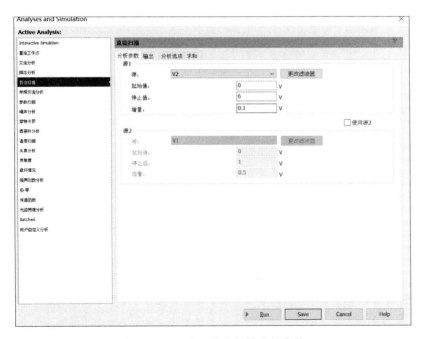

附图 2-17　设置直流扫描分析参数

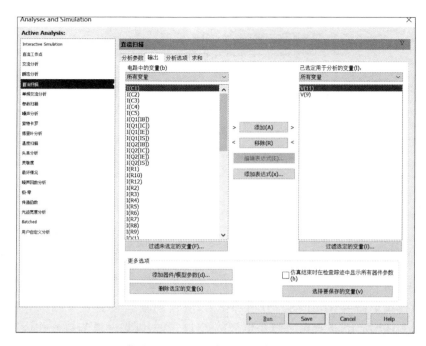

附图 2-18　选择直流扫描分析变量

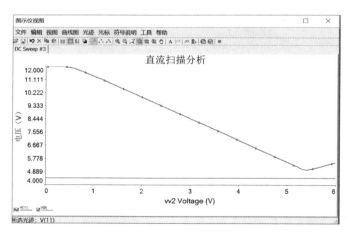

附图 2-19　直流扫描分析结果

　　从图中可以看出,第一级基极直流电位 $V_2$ 的变化不会影响第二级集电极电位 $V_9$,这是阻容耦合放大电路的特点,扫描分析显示,第一级放大集电极电位的动态范围为 5~11.9 V。

　　5. 单频交流分析

　　执行菜单命令"仿真(S)/分析和仿真/单频交流分析",将频率设置为 20 kHz,显示方式选为幅值/相位形式,设置分析输入电源电压(节点 1)、$Q_1$ 基极(节点 3)电压、$Q_1$ 集电极(节点 11)电压、$Q_2$ 基极(节点 7)电压、$Q_2$ 集电极

（节点 9）电压、负载电阻（节点 4）电压，如附图 2-20 所示。

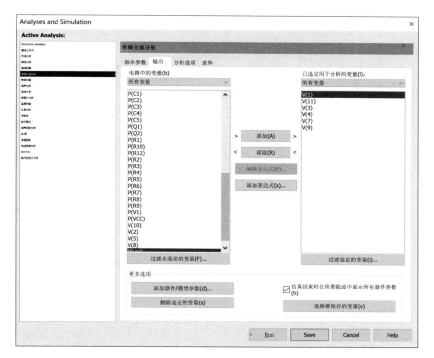

附图 2-20 单频交流分析输出变量设置

按下"运行"，单频交流分析结果如附图 2-21 所示。

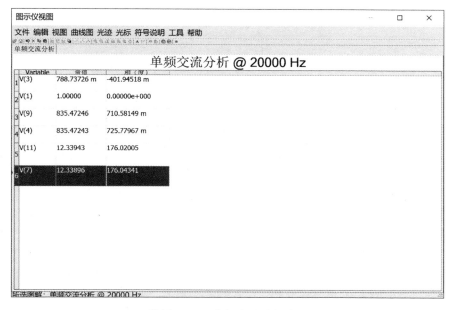

附图 2-21 单频交流分析结果

从图中可以看出,Multisim 单频交流分析的结果是以信号源归一化的,即设置信号源 $V_1$ 为参考相量 1。根据分析结果可见,该电路第一级电压放大倍数为 $A_{us1} = \dfrac{\dot{U}_7}{\dot{U}_1} = 12.34 \angle 176°$,二级总电压放大倍数为 $A_{us} = \dfrac{\dot{U}_4}{\dot{U}_1} = 835.47 \angle 0.726°$。

### 6. 参数扫描分析

将电路修改为带有负反馈结构($R_{11}$、$C_6$)的电路,如附图 2-22 所示,分析负反馈对输出的影响。设置电阻 $R_{11}$ 从 10 kΩ线性增长到 10 MΩ,以 10 倍频方式作 5 次分析电路的输出电压瞬态特性。

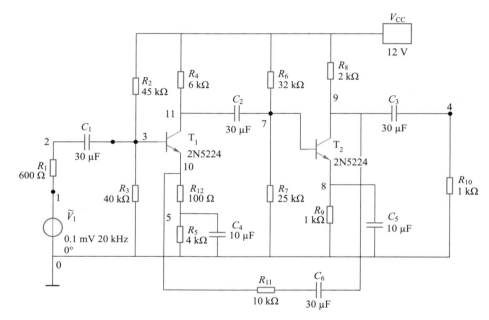

附图 2-22　带负反馈放大电路

执行菜单命令"仿真(S)/分析和仿真/参数扫描",参数扫描分析参数设置如附图 2-23 所示,选择输出节点 4 作为分析对象,如附图 2-24 所示。按下"运行",参数扫描分析结果如附图 2-25 所示。

从分析结果可以看出,随着反馈加深($R_{11}$值减小),输出幅度减小,说明负反馈降低了放大电路的放大倍数。类似地,可以定点分析在特定反馈情况下的输出电阻以及输入电阻等参数。

除了以上介绍的分析内容,利用 Multisim 还可以进行多种电路分析。另外,Multisim 还有一个更直观的分析方法,就是通过其提供的虚拟仪器观察电路中的响应,限于篇幅,不再一一介绍。

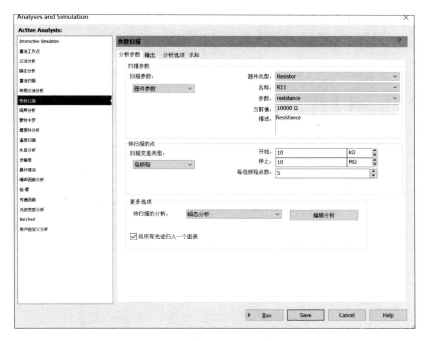

附图 2-23　参数扫描分析参数设置

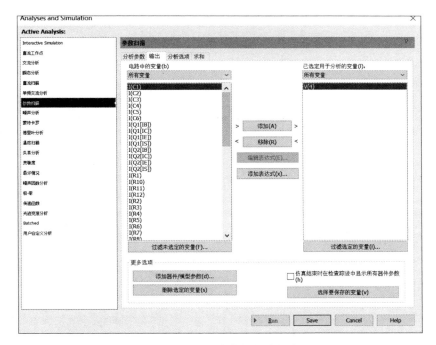

附图 2-24　选择参数扫描分析变量

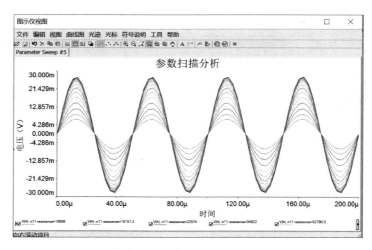

附图 2-25　参数扫描分析结果

# 参考文献

[1]  秦增煌. 电工学(上、下册)[M]. 7 版, 北京: 高等教育出版社, 2014.

[2]  邱关源原著, 罗先觉修订. 电路[M]. 5 版, 北京: 高等教育出版社, 2006.

[3]  童诗白, 华成英. 模拟电子技术基础[M]. 5 版, 北京: 高等教育出版社, 2015.

[4]  Hambley Allan R. Electronics[M]. 2nd ed. Prentice Hall, Inc, 2000.

[5]  殷瑞祥. Electronics Workbench 使用指南与电子电工技术 EDA 实验[M]. 广州: 华南理工大学出版社, 1999.

[6]  韩力. Electronics Workbench 应用教程[M]. 北京: 电子工业出版社, 2001.

[7]  闻跃. 基础电路分析[M]. 北京: 北京交通大学出版社, 2002.

[8]  周树南. 电路与电子学基础[M]. 北京: 科学出版社, 2000.

[9]  殷瑞祥. 电路分析原理与电子线路基础(上册·电路分析原理)[M]. 北京: 高等教育出版社, 2020.

[10]  殷瑞祥. 电路分析原理与电子线路基础(下册·电子线路基础)[M]. 北京: 高等教育出版社, 2020.

防伪查询说明

用户购书后刮开封底防伪涂层，使用手机微信等软件扫描二维码，会跳转至防伪查询网页，获得所购图书详细信息。

防伪客服电话　　（010）58582300

网络增值服务使用说明

一、注册/登录

访问http://abook.hep.com.cn/，点击"注册"，在注册页面输入用户名、密码及常用的邮箱进行注册。已注册的用户直接输入用户名和密码登录即可进入"我的课程"页面。

二、课程绑定

点击"我的课程"页面右上方"绑定课程"，正确输入教材封底防伪标签上的20位密码，点击"确定"完成课程绑定。

三、访问课程

在"正在学习"列表中选择已绑定的课程，点击"进入课程"即可浏览或下载与本书配套的课程资源。刚绑定的课程请在"申请学习"列表中选择相应课程并点击"进入课程"。

如有账号问题，请发邮件至：abook@hep.com.cn。